海外工程施工与管理实践丛书

海外燥热地区项目价值工程和关键施工技术

Project Value Engineering and Critical Construction Technology in Extremely Overseas Hot Region

王力尚　肖绪文　编著

中国建筑工业出版社

图书在版编目（CIP）数据

海外燥热地区项目价值工程和关键施工技术/王力尚，肖绪文编著. —北京：中国建筑工业出版社，2014.8
（海外工程施工与管理实践丛书）
ISBN 978-7-112-17102-6

Ⅰ．①海… Ⅱ．①王…②肖… Ⅲ．①建筑工程-国际承包工程-工程施工-研究-中国 Ⅳ.①TU7

中国版本图书馆 CIP 数据核字（2014）第 155076 号

本书主要介绍在中东燥热地区项目施工新技术，总结了大量建筑结构、基础、装饰工程的成功案例，介绍了在该地区如何利用传统的施工技术顺利实施工程，为中国建筑企业走出去提供帮助，提高我国对外承包工程施工技术和管理水平。书中主要内容包括价值工程篇、混凝土工程篇、支撑工程篇、地基与基础工程篇、围护结构工程篇和钢结构工程篇。各篇通过项目实例，根据工程特点和难点，采用先进的工艺方法，创新思路，克服燥热地区施工中的困难，所有项目都获得了成功。本书可供建筑行业技术和管理人员参考，也可作为高等院校相关专业的教学参考资料。

* * *

责任编辑：李春敏 曾 威
责任设计：张 虹
责任校对：张 颖 刘 钰

海外工程施工与管理实践丛书
海外燥热地区项目价值工程和关键施工技术
王力尚 肖绪文 编著
*
中国建筑工业出版社出版、发行（北京西郊百万庄）
各地新华书店、建筑书店经销
霸州市顺浩图文科技发展有限公司制版
北京中科印刷有限公司印刷
*
开本：787×1092毫米 1/16 印张：26 字数：646千字
2014 年 9 月第一版 2014 年 9 月第一次印刷
定价：**75.00** 元
ISBN 978-7-112-17102-6
（25892）

编著者简介

王力尚，高级工程师，国家一级建造师，英国皇家资深建造师，1971年3月生，安徽省萧县人，中共党员。1994年毕业于青岛理工大学工民建专业本科，2003年毕业于清华大学土木水利学院土木工程专业硕士，2012年就读于美国霍特国际商学院工商管理硕士（EMBA）。现社会兼职：中国建造师协会会员、英国皇家建造师资深会员（FCIOB）、中国建筑学会工程建设学术委员会会员、中国建筑绿色建筑与节能专业委员会会员、中国建筑BIM学术委员会会员。

1994年至今，先后在青岛建设集团公司、中建总公司系统任职现场施工技术员，现场经理，项目总工，项目经理，部门经理及公司技术负责人，公司副总工等。2009年"国际工程总承包RFI编制管理方法"等4项工法获得中建海外一等奖、二等奖工法，2009年获得中建海外科技优秀成果一等奖，2010年获得第20届北京市优秀青年工程师奖励，2011年获得第3届全国优秀建造师，2011年获得中建总公司优秀施工组织设计二等奖，2012年第7届全国优秀项目管理成果一等奖，2012年"燥热临海地区桩基负极保护施工工法"获得中建总公司省部级工法，2013年"阿联酋超高层液压式建筑保护屏施工工法"获得中建总公司省部级工法等奖励。

主要专长：公司技术管理/项目管理/施工技术与质量/课题研究，国际工程技术管理的创新与思路，国际项目工程的深化设计与RFI编制管理，国际EPC项目总承包与项目管理，价值工程在国际EPC项目中的应用，翻模施工技术在构筑物中的应用，钢管高强混凝土结构研究，大跨度异型网架滑移施工技术，群塔施工技术等。出版论著2部，专利5项，已在《建筑结构》、《工业建筑》、《施工技术》、《混凝土》、《建筑科技》、《建造师》等期刊发表论文80余篇。

肖绪文，中国工程院院士，1953年4月生，陕西山阳县人。1977年毕业于清华大学工业与民用建筑专业，现任中国建筑股份有限公司技术中心顾问总工。肖绪文同志是我国著名的建筑工程施工技术专家，先后主持完成近百个工业与民用建筑工程项目的设计和施工，其中重大工程十余项。坚持开展复杂混凝土结构施工技术、空间预应力结构施工技术、绿色施工技术的创新研究，较早启动并大力倡导绿色施工研究，为我国施工技术进步和绿色施工发展作出了重要贡献。

经历业绩：从基层施工技术员做起，历经结构设计、结构施工和科技管理等工作，形成了扎实的专业理论功底和丰富的工程经验。在40多年的工作中完成了多项重大项目，取得了优异的科技工作业绩，主持完成国家级课题2项、省部级课题8项，出版论著8部，发表论文20余篇，获得专利23项，其中发明专利4项，另有13项发明专利进入实审，获国家科技进步奖2项，省部级科技奖13项。

社会兼职：先后兼任山东省建筑学会预应力专业和结构专业委员会副主任委员、全国高校土木工程专业评估委员会委员、中建总公司科协副主席、"鲁班奖"工程视察组组长等职务，先后获评"中建总公司功勋员工"、"'十一五'全国建筑业优秀专家"、"中国建筑工业出版社优秀'作译者'"、"上海市科技创新领军人物"、"上海市职工科技创新标兵"、"全国优秀科技工作者"等荣誉称号。

出版著作：主编《建筑工程施工技术标准》《体育场施工新技术》《污水处理系统成套施工新技术》《建筑工程施工操作工艺手册》《建筑节能工程施工技术要点》等。

编写委员会

编　　著：王力尚　肖绪文

编委会成员：肖绪文　毛志兵　蒋立红　张晶波　于震平
　　　　　　郭海山　单彩杰　李　健　李树江　王建英
　　　　　　余　涛　吴　鸣　田三川　王茂盛　董　伟
　　　　　　朱建潮　杨春森　王力尚　许　辉　姚善发
　　　　　　刘仍光　纪　涛　梁志国　吴慎金　李　晶

自　　序

随着全球经济一体化的发展，地球显得越来越小，经济文化交流越来越深入，商业贸易越来越广泛，建筑行业也在区域化和国际全球化。由于规范标准的不同、自然环境的差异及社会环境的不同，我们中国建筑承包商还没有真正国际化，仍然局限于非洲、中东以及南美等区域，我们目前的质量标准和技术水准仍然进入不了欧美一些发达国家。也许以后的方式是投资建设、以点带面等方式进去，但也面临着生存能力问题。而在中东地区，中国建筑承包商逐渐融入竞争激烈的国际建筑市场，并随着承包合同额的增长，也逐渐出现了一些困难和难点，比如一些技术问题、施工程序问题、成本合约和价值工程等问题。这都体现了我们中国建筑承包商对海外建筑环境的不适应，以及海外项目的复杂性，这就要求中国建筑承包商必须找到一条适合自己发展的道路，尤其是像中东地区。

中东地区的燥热自然环境、社会环境以及英国殖民地历史遗留问题，导致了中东地区的建筑施工技术更加特殊。很多中国建筑承包商由于不了解当地历史文化传统，不清楚FIDIC条款下的施工程序及特殊的外界环境，致使许多进入中东地区的建筑承包商困难重重。而中建中东有限责任公司在中东地区已经成功经营了许多年，比较熟悉当地的项目管理方法及关键施工技术。基本适应了当地文化、政治经济环境，参与了完全市场化的激烈竞争，虽然完成了一些项目，取得了一些成绩，但也吃了很多苦头，管理程序还需要进一步完善。海外燥热地区项目施工关键技术研究在这样的背景下应运而生，它是一项传统的施工关键技术，如何能够从设计到施工及验收等过程实现专业化、程序化、标准化、国际化，主要内容包括价值工程、混凝土工程及钢结构工程三大部分。

"中建建筑"目前经营区域有二十七个国家和地区，自2007年开始，中建总公司成功进入世界500强企业行列，2012年位居财富500强第100位，2013年排名财富500强第80位。一直以"培育具有国际竞争力的世界一流企业"为要求，坚持"一最两跨，科学发展"的战略目标不动摇，积极实施"专业化、区域化、标准化、信息化、国际化"的战略举措。

在国际工程承包领域，截至2012年底，中国建筑海外业务累计完成合同额1077亿美元，累计实现营业收入827亿美元。中国建筑先后在全球116个国家和地区承建了5000多项工程，合同额、营业收入、利润总额三项指标始终保持中国对外承包企业榜首地位。同时，"中国建筑"是一个敢于负责任的企业，在推进"国际化"的企业进程和举措时，愿意与中国同行企业共享一些自己的经验总结和教训，以及一些科技成果，特编著本书。希望中国建筑承包商能够有机会进入欧美一些发达国家，从而达到真正的国际化和全球化。

肖绪文

前　言

为响应国家号召，越来越多的中国企业走向国际市场，特别是中国建筑承包商。在海外的项目管理与国内的项目管理是完全不同的两种管理模式。很多中国国际承包商的国际项目的亏损反映了我们中国建筑承包商的不成熟，对海外建筑环境的不适应，特别是像中东沿海燥热地区。首先，中东地区的自然环境恶劣，沿海燥热，常年不下雨，只分冬夏两季。冬季温度最冷气温一般在 7℃～10℃，夏天为 50℃高温；第二，中东地区社会环境特殊；第三，遵守的规范不一样，当地采用英标、欧盟标准、美国标准等；第四，采用国际 FIDIC 条款，但又有阿拉伯世界的特色。目前国内外还很难找到可供参考的完整的中东燥热地区结构施工新技术。为此，我们开发研究涉及别墅、高层建筑、机电和基础设施的一系列技术，从理论和实践上为燥热地区的项目施工提供示范和指导，以有利于中国建筑企业的质量管理水平的提高。

中建中东有限公司在中东燥热地区具有十几年的项目管理历程，并积累了较为丰富的经验。近年来，先后管理了别墅项目、高层建筑项目、机电项目和基础设施项目等，特别是目前开展了设计加建造以及融投资带动总承包的管理模式，并结合中东燥热地区的特点，总结了各种类型项目的管理特色，从价值工程、混凝土工程、模板脚手架工程、地基与基础工程、围护结构工程、钢结构工程等多个方面进行全面研究分析，形成了中东燥热地区结构施工新技术成果，对于中东燥热地区的项目管理、工程施工具有指导借鉴意义。对于使用 FIDIC 条款的其他海外项目管理和实践也有一定指导和借鉴意义，希望本书的出版能对我国建筑承包商走向国际与全球贡献一份力量。

本书基于实际应用，且遵循以下思路：

（1）对燥热地区的项目技术创新管理进行系统的总结。

（2）在总结的基础上，实现对燥热地区的一般项目具有实用性和指导性。

（3）充实现有的工程实体，并加以扩展。

（4）力求覆盖燥热地区的几类项目施工，并突出重点。

（5）以阿联酋迪拜 Al Hikma 项目为研究基础，以阿联酋天阁项目、阿联酋城市之光项目、科威特中央银行新总部大楼为进一步的研究载体，并针对不同点进行扩展，力求能对燥热地区的项目管理和施工具有指导作用。

《海外燥热地区项目价值工程和关键施工技术》是包括设计、施工及验收等过程如何进行专业化、程序化、标准化、国际化的技术升华。在自然环境如此燥热和地理环境如此特殊的情况下如何正常进行项目施工？在不同社会环境情况下如何与业主、监理沟通交流？在施工规范不一样的情况下如何解决国内规范与国外规范的差异问题？在国际 FIDIC 条款下如何进行国际项目管理？目前我们在中东阿联酋地区虽然完成了一些项目，取得了一些成绩，但还处于研究阶段，管理程序还需要进一步完善。这也是中国企业走出国门必修的第一课，会越来越发挥更大更广泛的应用。

　　基于《海外燥热地区项目价值工程和关键施工技术》研究成果，本书的出版是全体课题组成员和相关项目技术人员、管理人员的共同成果，是在中建股份有限公司、中建海外事业部、中建中东有限公司各级领导关怀下完成的，亦得益于各方面专家和学者的支持，编辑过程中，得到肖绪文院士、阎培渝教授的悉心指导，以及课题研究小组许辉、梁志国、纪涛、周　静、李　晶、吴慎金、郭海、彭飞、董洪雨、谈创朝、汪莹滢、李焱、张双等同事的大力支持，在此一并感谢。本书多处引用了国内外相关论文和书籍的内容，在此向各位相关作者深表谢意。

　　由于时间仓促，加上编者的水平有限，本书的不足之处在所难免，希望同行专家和广大读者给予批评指正。

王力尚
于中东阿联酋迪拜

目　　录

第 1 章 研 究 背 景

1.1 中东燥热地区项目施工新技术开发背景

1.1.1 中东燥热地区项目施工新技术研究现状

（1）混凝土结构的国内外研究进展

混凝土结构的研究在建筑行业来说是一项传统技术，在国内外的发展都已经比较成熟，混凝土专家大多都是在研究混凝土的强度如何更强，如何降低混凝土的脆性，如何增加混凝土的耐久性，研究轻质混凝土和自密实混凝土等问题。但这些都是基于温和的气候或者严寒地区，而在海外燥热地区下，混凝土工作性能及混凝土施工研究仍然是空缺。

大家知道，影响高强混凝土强度的主要因素是水胶比，作为胶凝材料的组成部分，我们国内大多选择粉煤灰和水泥，但是在中东地区没有粉煤灰这种材料。粗骨料和细骨料与国内的材料系数也有所差异，外加剂的化学成分也有差异。

在中东地区，靠近波斯湾，气候比较干燥炎热，而且大部分建筑都是高层甚至超高层建筑，例如，世界第一高楼——"哈利法塔"，这就大大加长了混凝土泵送时间，在如此高温下，如何保证混凝土不因过多失水而造成坍落度下降，这在国内是很少遇见的问题。同时由于外界燥热，混凝土中的水分损失的速度远远超出我们的想象，往往混凝土刚浇筑一个小时，混凝土表面就会出现龟裂，这就需要我们的现场施工操作在 1 小时左右就要完成所有的施工操作工序，否则混凝土质量就很难得到保证，裂缝宽度和长度的标准均超出规范要求标准。

另外，就是混凝土的模板拆除问题，特别是楼板和大梁的横向结构，中东地区由于没有自己独立的混凝土施工规范，施工采用的规范大多是英国规范 BS8110 等规范，该规范规定混凝土浇筑几天后就要拆除脚手架和模板支撑，然后进行局部回撑，以更快周转脚手架材料。这与我们国内的混凝土施工规范是不一样的，会导致一些板的裂缝，这是中东地区普遍存在的混凝土质量问题。所以高强度混凝土的研究从配合比基础试验开始，到运输、现场浇筑、模板拆除及养护的施工方法都需要特殊的措施。

（2）帆船式高空异型板框钢结构和 LED 液晶板艺术画像的研究进展

国内的钢结构发展异常迅速，东方明珠塔、央视新办公大楼等一批超高层钢结构项目建设完成，给我国钢结构的发展积累了丰富的经验及技术数据，已经为超高层的钢结构项目提供很好的理论和技术支持，而且这些理论和技术已经在其他项目中得到了很好的验证。距离世界第一高楼"哈利法塔"仅一步之遥的 Al Hikma 项目中的超高空板框钢结构与 LED 板结构相结合的情况，对全世界来说尚属首例。

（3）国内外价值工程（优化设计、深化设计）的研究进展价值工程在美国主要被政府部门应用于建筑业，基本上成为控制项目造价的手段。价值工程在美国发展的一个特色，就是 50 多年来价值工程的发展是依靠法律来推动的。

价值工程在日本大量应用于建筑业，但日本模式的价值工程有其自己的特色。具体表现在以下两个方面：首先，日本的价值工程是在民间自发的基础上得到政府的支持而发展起来的。其次，日本企业在应用价值工程时将其作为企业管理技术的一种，与其他技术相结合在公司内部综合使用。日本企业搞"VIQ"结合（V 是价值工程，I 是工业化，Q 是全面质量管理），使之成为企业取得竞争优势和经济发展的一个"法宝"。

价值工程在 20 世纪 60 年代传入西欧，继而传入澳洲。英国在引入价值工程理念后，价值管理在时间和研究内容的范围上拓宽了，由设计、施工阶段向前延伸到项目决策阶段，向后延伸到项目的运营阶段，研究内容包括对项目功能和目标的分析、评价和论证，因此价值管理是英国企业对价值工程的继承和发展。

我国从 1978 年引进价值工程，到今天的 30 多年时间里，在学术界和企事业单位的共同努力下，价值工程在我国不断发展，应用领域不断扩大。但是在各个行业中的理论研究和实际应用，发展情况很不平衡，与机械行业相比，建筑业在价值工程的理论研究和实际应用方面，处于一种比较落后的状况。

国外建筑市场的价值工程发展时间长，技术与经验已经非常成熟，而我们却处于刚刚起步的阶段，是否具有与国际工程管理相结合的价值工程的实力已经成为衡量一个公司核心竞争力的指标之一。由此看来，这项工作显得异常紧迫。

同时，由于翻译的问题，我国建筑承包商对价值工程（Value Engineering）的理解还有一定的差异。还有一个重要问题就是我们国内的体制，设计单位和建筑承包商是分离的，每一个现场工程师大概都有一个思想误区，即照图施工，完全没有一个深化设计和优化设计的概念。所以很多国内施工专家去进行国际项目管理时，思想上还不能完全适应价值工程（优化设计、深化设计）。

国内很多图集（比如 GB101）的存在及设计的规范存在，一方面为我们的施工提供了依据，同时也限制了我们的思想，没有发掘出广大建筑承包商的价值工程（优化设计、深化设计）。这是我们国家的历史问题，以后会随着我们国家的国际化交流和合作，逐渐地进行完善。价值工程（优化设计、深化设计）的程序化、专业化、标准化、国际化的解决，会为我们未来建筑承包商在海外工程的施工提供宝贵的借鉴意义。

1.1.2　中东燥热地区项目施工新技术的问题

（1）问题的提出

随着我国越来越多的建筑企业走出国门，海外的项目管理与国内的项目管理是两种完全不同的管理模式。从沙特某交通项目的亏损，到利比亚很多项目的撤退，都体现了我们中国建筑承包商对海外建筑环境的不适应，以及海外项目的复杂性，特别是像海外燥热地区。中东地区的自然环境恶劣，海外燥热，常年不下雨，只有冬夏两季。冬季温度最低温度一般在 7℃～10℃，夏天最高温度可达 50℃；同时中东地区社会环境特殊；再者遵守的规范不一样，当地采用英标、欧盟标准、美国标准等；第四是采用 FIDIC 条款，但又有阿拉伯世界的特色。

海外燥热地区项目施工关键技术研究在这样的背景下应运而生，它是一项传统的施工关键技术，如何能够从设计到施工及验收等过程实现专业化、程序化、标准化、国际化？在自然环境如此燥热和地理环境如此特殊的情况下如何正常进行项目施工？在社会环境很不相同的情况下如何与业主、监理沟通交流？在施工规范不一样的情况下如何解决国内规范与国外规范的差异问题？在国际 FIDIC 条款下如何进行国际项目管理？目前我们在中东阿联酋地区虽然完成了一些项目，取得了一些成绩，但还处于研究阶段，管理程序还需要进一步完善，因此，对海外燥热地区项目施工关键技术研究并进行示范工程建设很有必要。

（2）在海外燥热地区的混凝土问题

如前 1.1.1 所述，中东燥热地区混凝土的失水及模板的过早拆除所造成的裂缝问题是中东地区普遍存在的混凝土质量问题。高强混凝土的研究从配合比基础试验开始，到运输、现场浇筑、模板拆除及养护的施工方法都需要特殊的措施。

（3）在海外燥热地区的钢结构问题

本课题以中东阿联酋迪拜商务湾区 Al Hikma TOWER 项目为载体，该项目为 2B＋G＋M＋60 层，最高高度达 282.36m，周围高楼林立，距世界第一高楼迪拜塔仅咫尺之遥，是该区域又一座地标性建筑。本项目的主要结构为框架剪力墙结构，上部为帆船式超高空板框钢结构及 LED 板艺术画像。对于钢结构施工来说，由于燥热问题，在钢结构焊接施工的过程中更应该考虑温度应力问题。一些钢结构单元构件的尺寸确定，需要通过建立设计 3D 模型，设计施工详图，在工厂地上预拼、分单元组合试验，模拟在现场实际操作过程中可能会发生的问题。因此，如何进行帆船式高空异型板框钢结构的施工是一个难题。

对于一般正常尺寸的液晶平面展示的艺术画像，就像我们家庭里的电视一样比较容易处理，直接购买安装就可以。但对于超大面积的艺术画像就需要由很多块 LED 电子屏幕板组合构成，并且艺术画像是一个曲面，如何保证最后艺术肖像表面平滑，以及每一块 LED 电子屏幕板的精确定位？因此，高空 LED 液晶艺术画像的设计与施工也是个难题。

（4）价值工程（优化设计、深化设计）的本质概念

价值工程是英语单词 Value Engineering 翻译过来的，在工程建设领域，其原意是通过建设项目工程的重新设计，使项目的建造成本降到最低。

中建中东有限公司是在中建系统内实施价值工程的"先行者"，希望价值工程的实施经验，能够为中建总公司（中建股份）在全系统范围内建立统一、有效的价值工程管理系统提供一定的借鉴。通过对价值工程（优化设计、深化设计）的运作方式研究，为在海外的项目管理提供经验，使我们中国建筑承包商能够熟练运用 FIDIC 条款，使海外项目能够顺利进行。

1.1.3　中东燥热地区项目施工新技术的必要性

（1）高强混凝土在海外燥热地区的施工关键技术研究，有重要的现实意义

混凝土结构的实施和应用，在人类社会的近几百年来，还是占着建筑界很重要的地位。我们在国内温和的气候条件下进行混凝土结构施工没有问题，在严寒地区施工可能也没有问题，但是在海外燥热地区进行混凝土结构施工还是一个空白。材料资源的不同将导致混凝土配合比的差异，燥热环境的不同将导致混凝土水分的过快损失，使用规范的不同将导致混凝土的施工工艺进行改进、拆模和养护也要进行重新分析改进，同时具有中东特

色的混凝土裂缝机理分析还是个比较大的难题。因此，进行高强度混凝土在海外燥热地区的施工关键技术研究有利于海外炎热地区建筑业的发展。

（2）帆船式超高空异型板框钢结构及 LED 板艺术画像的准确定位研究的意义

距离世界第一高楼的"哈利法塔"仅一步之遥的 Al Hikma 项目中的超高空板框钢结构与 LED 板结构相结合的情况，全世界来说尚属首例。这两项施工关键技术的研究成功，将提供超高层建筑高空作业的技术数据及得到此类结构的分析计算模式及核心数据，提高超高层板框钢结构设计水平和板框钢结构 3D 建模的技术水平；同时可提供超高层高空 LED 安装的技术参数，得到了超高空的 LED 显示屏幕安装精确度的数据，解决目前我国超高层建筑中的帆船式高空板框钢结构及艺术画像的设计和施工关键技术空白。

（3）价值工程（优化设计、深化设计）研究成功有着更为重要的经济意义和现实意义

世界 500 强之一的中国建筑股份有限公司，在整体上市、竞争环境加剧的大形势下，无论是资本市场还是商品市场，都对其业务管理能力提出很高的要求。作为中国建筑企业的领军企业，为了提高中国建筑在海外市场的竞争力，对价值工程的研究显得异常紧迫。

本研究的分析基础、实施方法和预算、风险分析，都是立足于中建股份扩大海外事业，中建中东公司作为价值工程的实践先行者，为中建总公司积累了经验、创新了思路。

1.1.4　中建中东有限公司的项目施工水平

自 2003 年进驻中东市场以来，中建中东公司承建了很多代表性的项目工程，赢得了当地社会的广泛称赞。在房建领域，我们先后承建了被称为"世界第八大奇迹"的迪拜棕榈岛别墅项目、迪拜莫迪夫别墅公寓项目、迪拜天阁高层建筑群项目、阿布扎比城市之光项目以及由阿联酋总统捐助的拉斯海马谢赫哈利法特护医院项目等；在基础设施领域，我们先后承建了迪拜瓦菲立交桥、迪拜平行路、迪拜酋长路改造项目、乌母盖万绕城高速公路项目以及阿布扎比莎姆哈保障性住房基础设施开发工程等。

目前公司已经开始实施区域化战略，通过整合阿联酋、科威特、沙特、卡塔尔的经营管理团队，建立中东区域统一的市场开拓平台、项目实施平台以及经营管理平台，优化配置区域内各项优质资源，实现中东区域内的集约经营。我们将以阿联酋市场为核心，同时以项目为载体，积极开拓卡塔尔、科威特、沙特、阿曼等海湾国家潜力市场，重点跟踪区域内的战略性项目、市场高端项目、工业工程项目（油气领域）、基础设施项目以及中国政府投资项目。

在经营模式上，正在努力创新经营模式，积极推进战略转型和产品结构转型，尽快实现从单一的工程承包向融投资带动总承包业务模式的转变。同时积极探索 BOT、PPP、买方信贷等经营模式，以实现公司业务结构的升级转型；在经营范围上，我们还在致力于提升专业领域，如油气、钢结构、电力领域的技术水平和竞争实力，打造专业化经营团队，实现业务结构的升级转型。

在施工技术研发方面，以复杂项目为载体，从技术投标阶段开始到项目竣工后总结，贯穿于整个项目管理过程，使科技研发成果与项目管理和施工结合起来，实现效益最大化，从而达到"产、学、研"有效统一。一是价值工程方面，由于翻译及中国文化传统思想的原因，中国承包商对价值工程（Value Engineering）的理解还有一个思想误区，不懂得深化设计和优化设计，所以接触国际项目管理时，思想上不能转变，以适应价值工程

（优化设计、深化设计）的要求。二是燥热地区钢结构工程技术研究，重点解决燥热地区（超）高层建筑的钢结构设计、拼装及安装的一系列问题等。三是燥热地区混凝土工程研究，重点解决混凝土的物理化学反应，以及燥热地区混凝土水分过快挥发和较快硬化带来的一系列问题等。下一步主要进行绿色施工技术、BIM 建模系统研究以及超大跨复杂钢结构技术研究等。

到目前为止，中建中东公司在技术投标、项目施工管理和技术总结、科技报奖、课题研究方面取得了显著成效，发表国家核心期刊论文约 90 多篇、省部级工法三项、省部级优秀施工组织设计两项、全国优秀项目管理成果一等奖、境外鲁班奖、国家级课题研究等。在科技研发、设计管理与经验方面，中东公司技术坚持在实践中积累，在运用中提炼，逐渐形成了自己的特色与优势。

1.2　中建中东有限公司的现代化建筑

1.2.1　朱美拉棕榈岛别墅项目（The Palm Jumeirah Villas-Garden Homes）

棕榈岛工程由朱美拉棕榈岛、阿里山棕榈岛、代拉棕榈岛和世界岛 4 个岛屿群组成，计划建造 1.2 万栋私人住宅和 1 万多所公寓，包括 100 多个豪华酒店以及港口、水上主题公园、餐馆、购物中心和潜水场所等设施。阿联酋迪拜朱美拉棕榈岛（PALM JUMEIRAH）是阿联酋棕榈岛工程的一个部分，因用人工吹砂所填岛屿外形似棕榈树状而得名。它由主干和 17 个枝叶及围绕其的环形防波岛组成，是世界上最大的填海造地项目之一，号称"世界第八大奇迹"。这个由别墅、公寓和公共生活娱乐休闲区组成，功能齐全，景色优美，是世界上独一无二的旅游休闲圣地。整个工程计划耗资 140 亿美元。其中包括主干和 17 个枝叶，外加一个圆环挡水岛，防浪堤宽 150m，长 10000m；主干宽 350m、长 4000m，17 个枝干宽 75m，长 2000m 左右（图 1-1）。迪拜朱美拉棕榈岛上，分布在 11 个枝干上的 818 套别墅由中建总公司承建，建筑面积为 155012m^2，合同额 6 亿迪拉姆，约合 1 亿 6 千万美元。该项目业主为 NAKHEEL 公司，监理为 SPP 公司和 KEO 公司。中建总公司于 2003 年 7 月 26 日中标承建。

1.2.2　穆迪夫别墅项目（Mirdif Villas and Apartments Project）

迪拜 Mirdif Villas 项目位于阿联酋迪拜东部 251-4313 号地块，北面与 Mirdif 小区相邻，西面是阿尔及利亚路，南面是迪黎波里路，东面与阿联酋国家公园相接，占地面积74.3 万 m^2（图 1-2）。本项目属于住宅项目，共有 317 栋建筑，分别由别墅和公寓两部分组成，其中别墅 275 栋，每栋 2 层，共 668 户，建筑面积 19.8 万 m^2；公寓 42 栋，每栋 4 层，共 1428 户，建筑面积 21.8 万 m^2，总建筑面积 41.6 万 m^2。本项目由 DUBAI PROPERTY 投资，咨询工程师为 KLING CONSULTANT 公司。总工期为 570 天，投资总额超过 11 亿迪拉姆。

1.2.3　天阁项目

"天阁"（SKY COURTS）项目工程位于迪拜- 阿莱茵与迪拜新主干道 611 路的交界

图 1-1 朱美拉棕榈岛项目

图 1-2 穆迪夫别墅项目

处，即迪拜地区集休闲、娱乐、观光为一体的核心地带——迪拜乐园（DUBAILAND）。是迪拜新开发区 DUBAILAND 的门户项目。该项目由拉卡萨设计有限公司设计，业主为阿联酋国家地产公司，监理为拉卡萨监理有限公司，合同额约 3.65 亿美元。该项目是集住宿、休闲、购物及餐饮为一体的综合性住宅项目，由 6 栋高层建筑组合成建筑群，工程占地 40000m²，总建筑面积为 416119m²（每层停车场面积约为 4 万 m²），车库面积约 20 万 m²；标准层层高为 3.3m，地下一层，地上 26 层，建筑总高度为 124.7m。原币（125，148.82）34，072.64 万美元。"天阁"项目由整体式裙楼和塔楼组成：地下一层和 GF（GROUND FLOOR）是停车场，P1（PODIUM1）至 P3 三层是消费娱乐区及停车场和零售店面，标准层是六栋 21 层的塔楼，22 层为屋面设备层，共 2300 套高档精装修公寓，全部为住户。屋顶为景观花架梁。该项目不仅造型设计优美，功能实用合理，而且采用了人性化的设计，在裙楼屋面设置了游泳池、儿童游乐设施及绿化景观。更为令人称赞的是在每栋塔楼都有贯通 7～8 层用于观景及休憩的"天阁"，也就是该项目名称的由来（图 1-3）。

1.2.4　迪拜平行路

业主：迪拜公路局；合同额：1.63 亿美元；业主单位：ROAD AND TRANSPORT AUTHORITY；监理单位：PARSONS，DE LEW. CATHER OVERSEAS LIMITED。开工时间：2007 年 2 月 20 日；竣工时间：2009 年 2 月 18 日。平行路项目工程基本是对原有道路的改建，总长近 33km。该工程主线基本与迪拜主干线 Sheikh Zayed Road 平行，起点位于 Al Barsha 别墅区，横穿 Al Quoz 工业区，于 Al Quoz 别墅区终止，并通过纵向主干线 Umm Suqeim Road 和 Muscat Road 同 Sheikh Zayed Road 相连，是迪拜未来南北向交通主干线（图 1-4）。工程包括东、西两条平行线，其中西平行线长 12.34km，与 8 条现有道路十字交叉，和 36 个路口丁字交叉；东平行线长 11.81 km，与 10 条现有道路十字交叉，与 19 个路口丁字交叉。另外，与东西平行路相交道路的改造线路长度为 9km，各种新建管线总长度 187.131km，旧管线的拆除长度 34.625 km，新建桥梁两座，合计 420m。

我们施工的是第一标段，平行路项目工程是中建中东公司在迪拜基础设施市场的一个重要里程碑，是在与 Japan's Shimizu Corporation，Turkey's Yuksel and Emirates Road Contracting 公司竞争中标的，合同造价：599981835.19 迪拉姆。

图 1-3　天阁项目　　　　　　　　　　　图 1-4　迪拜平行路项目

1.2.5　瓦菲桥

业主：迪拜公路局；合同额：744 万美元。本工程位于迪拜市 Wafi City 附近，是对 Sheikh Rashi 路上的 Wafi City 立交桥的改进。项目包含建造一座由 Sheikh Rashi 路向右至 Oud Metha 路的新桥。而且，还要提供 Wafi City 立交桥到 Dubai Health Care City 的入口（图 1-5）。新桥为 5 跨预应力桥，主桥全长 132m，两侧挡土墙全长 250m。

同时，项目还包含改造 Wafi City 立交桥附近市政管线。包括敷设 $\phi1600$mm、$\phi400$mmGRP 两条污水管线，长度分别为 510m 和 455m；一条 $\phi250$mmUPVC 雨水管线，长度为 332m；两条 $\phi225$mm、$\phi600$mmAC 上水管线，长度分别为 314m、275m；一条 $\phi150$mmPVC 灌溉管线；对桥区附近穿越公路的 11kV、132kV 电缆进行改造和保护等。

1.2.6　湖景公寓 B2

业主：Lake View Company LLC；合同额：4300 万美元。项目业主：Lake View Company LLC；咨询公司：Al Gurg Consultants；项目位置：Jumeira 湖景公寓 393-108/B2。项目概况：该项目为地下 3 层，地上 37 层及 2 个设备层的商住两用楼。设计总建筑面积 59588 m^2；设计建筑总高度 146.65m；设计停车位 548 个（图 1-6）。FIDIC 合同总价约为 2 亿迪拉姆，包括土建及机电安装工程。合同工期为 2006 年 6 月 27 日至 2007 年 12 月 31 日。主要施工方法是预应力后拉。

图 1-5　瓦菲桥工程

图 1-6　湖景公寓项目

1.2.7　阿布扎比城市之光项目 （City of Lights Project）

城市之光项目位于阿联酋首都阿布扎比 AL REEM 岛，毗邻阿布扎比商业中心、扎伊德港。由 TAMOUH INVESTMENTS 投资开发，P & T ARCHITECTS & ENGINEERS 监理，合同总金额为 16.142（165509.2）亿迪拉姆，约合 43864（45061.04）万美元，合同工期 32 个月。该项目由两个连体塔楼群组成，一个为两栋连体、一个为三栋连体，共 5 座塔楼，总建筑面积约为 39 万 m^2，地上最高层为 45 层，建筑标高为 192.2m，建成后将是该地区高端豪华海景住宅写字楼（图 1-7）。业主是塔穆投资公司。

1.2.8　阿布扎比南方酒店项目 （Southern Sun Hotel Project）

Southern Sun Hotel 项目工程位于阿布扎比市中心，临波斯湾海滨仅数百米。业主为阿联酋知名国际性投资集团 DAS Holding 下属的 United Group Holdings，项目管理公司是 Cumming，设计及监理单位分别是 Aedas 和 Derby Design。项目地下四层、裙楼四层、地上二十四层的四星级酒店，建筑总高度为 104.75m（图 1-8）。合同工作范围包括结构、装修、机电、室外工程等，总建筑面积约为 4.79 万 m^2，工期 27 个月，合同金额为 2.2 亿迪拉姆，约 6000 万美元。

图 1-7　阿布扎比城市之光项目

图 1-8　阿布扎比南方酒店项目

1.2.9　拉斯海马谢赫哈利法特护医院项目

谢赫哈利法特护医院项目（Sheikh Khalifa Specialist Hospital）是以阿联酋国王的名字命名并由其出资建造的高等专科医院，是阿联酋现任国王 Sheikh Khalifa 送给拉斯海马酋长的礼物。该医院项目坐落于阿联酋的拉斯海马酋长国，位于迪拜通向拉斯海马必经之路的主干道 311 公路的 119 号出口旁，称其为拉斯海马酋长国的门户工程一点都不为过。这个项目主体建筑是一栋地上 6 层，半地下室一层的综合诊疗楼，总建筑面积约 6.3 万 m^2（图 1-9）。除此之外，还有机电功能房、洗衣房、泵房、停机坪等多个附属建筑。该项目的监理公司是来自美国的 Perkins Eastman 和阿联酋当地的 BAYATY 组成的联合体。这个医院集合了世界上最先进的医疗设备及配套设施，如线性加速器系统（Linear Accelerator）、近距离放射治疗系统（Brachytherapy）、气动输送管系统（Pneumatic Tube System）等。在建筑设计方面，更是贯穿了以患者为上帝的理念，设计有各种各样的诊疗室、休息室和康复室，以保证治疗的连续性，并最大程度地保护患者隐私。中建中东公司作为总承包商，其合同内容包括土建的结构和装修工作、机电安装工作和医疗设备的总协调及安装。

1.2.10　迪拜海科玛办公楼项目（Al Hikma TOWER Project）

Al Hikma 项目地处迪拜中央商务区，毗邻迪拜"长安街"——Al Sheikh Zayad 大道和迪拜轻轨，背靠世界最高楼哈利法塔，业主为现任阿联酋总统的弟弟 H. H. AL SHEIK AISSA BIN ZAYAD AL. NAHYAN。该项目建筑面积 57945 m^2，地下两层，地上 62 层，总高 284.85m，屋面为 54.08m 的钢结构造型，将悬挂阿联酋奠基人 H. HALSKEIKH. ZAYAD BIN SULAN AL. NAHYAN 的巨幅 LED 照片，塔楼四个角上安装有 32 个具有阿拉伯造型风格的鱼鳍造型钢结构，主体采用框架-核心筒体系，基础采用桩筏基础，整栋建筑从下到上由方到圆，面积逐层收缩，最后汇聚成圆（图 1-10）。该项目总造价为 603000000 元人民币。业主：谢赫伊

9

莎扎伊德阿拉嫣公司，合同额：1.03亿美元。

图1-9 谢赫哈利法特护医院项目　　　　图1-10 海科玛（Al Hikma）办公楼说明

1.2.11 酋长路升级改造工程

"酋长路升级改造工程二期/一阶段"（英文：R902/1-Improvement of Emirates Road Stage 2/Phase 1），位于Emirates Road从阿拉伯农场立交至杰布拉里自由区的区段内，主要工作是将合同范围内的现有双向三车道升级改造为六车道，平面交叉升级改造为大型立交。

合同内容包括6.6km的主线，16km的支线，两处大型立体交叉枢纽工程，一座跨线桥和两座地下通道工程以及合同范围内的雨水、给水、电力、通信、路灯等附属工程（图1-11）。桥梁均为预应力现浇连续箱梁，下部结构为钻孔桩、承台和墩柱，桥梁总长约为4km，总面积约为6.5万m^2，灌注桩1400根。管线工程1.4万m；道路面积56万m^2。该项目是业主迪拜公路交通管理局（RTA）2008年度授出的最大合同额项目，此次中标标志着中建中东公司迈入迪拜基础设施领域的大型承包商行列。合同额：约合255962995.22美元（940408044.22迪拉姆）。项目工期：开工日期为2008年7月3日，竣工日期为2010年4月23日，总工期为660天。

1.2.12 科威特中央银行新办公楼

业主：科威特中央银行；合同额：4.06亿美元。总建筑面积163464m^2，总用地面积25872m^2，建筑高度238.475m，地下室建筑面积47343m^2，地下室层数2层（局部3层），裙楼建筑面积59439 m^2，地上裙楼层数3层（局部6层），主楼40层，标准层高4.6m（图1-12）。

图 1-11　酋长路升级改造工程

图 1-12　科威特中央银行新办公楼项目

1.2.13　多哈高层办公楼

业主：H. E. Sheikh Saoud Bin Mohammed Bin Ali Al Thani；合同额：1.17 亿美元。2012 年世界高层建筑和城市住宅学会中东及非洲地区最佳高层建筑奖和世界最佳高层建筑奖。2012 年 MEED 卡塔尔杰出建筑奖和 GCC 国家房建项目杰出建筑奖。多哈高层办公楼项目（图 1-13）位于卡塔尔首都多哈的东面、滨海路的北侧，南距多哈喜来登饭店 400 m，与波斯湾仅隔 100 m，周围目前无高大密集建筑群，地势基本平坦。

该项目用地总面积 15510m²，呈五边形，总建筑面积为 130000 余 m²（其中塔楼部分 113000 余 m²，健身中心部分 15000 余 m²，设备楼部分约 3000m²）。圆形塔楼 44 层（另有一层夹层），直径约 45m，总高为 231.00m（其中结构高度为 204.00m，塔尖防雷桅杆高度为 27.00m），顶部为钢结构穹顶，塔楼地下室为 4 层，局部为 2~3 层。健身中心地上 2 层，建筑高度为 19.85m，地下室为 4 层。设备楼位于塔楼与健身中心之间，地上 2 层，建筑高度为 13.1m，地下室为 4 层。

圆形塔楼围护结构材料采用单元式铝框玻璃幕墙（钢化中空玻璃），并因气候原因，整个塔楼外包铝质百叶遮阳处理。塔楼的外侧布置为 9 组螺旋形钢筋混凝土圆柱，直径由 1700mm 逐渐变至 800mm，塔楼中心由电梯井、楼梯等构件组成的钢筋混凝土核心筒。健身中心外围护材料主要采用双层石膏板外墙（内含 100mm 厚岩棉保温填充），外饰双层不锈钢网格装饰幕墙。

图 1-13　多哈高层办公楼

第2章 研究目标和技术路线

2.1 研 究 目 标

通过技术查新，目前国内外在燥热地区项目前期策划、工程设计、施工新技术等方面均缺少系统的研究和技术集成。通过对海外燥热地区混凝土结构的研究，对帆船式超高空板框钢结构设计与施工研究，并对价值工程（优化设计、深化设计）在海外工程中的应用研究，最终得出海外燥热地区混凝土结构、钢结构的施工关键技术，形成一套完整的国际项目价值工程管理流程，弥补国内此课题的空缺，为中国建筑承包商提供借鉴。预期研究得出该地区混凝土的特殊配合比、混凝土的浇筑特殊措施、拆模与养护的依据标准。同时得出帆船式超高空板框钢结构设计与施工工艺、LED 液晶板块拼装组成艺术画像的施工工艺。

2.2 整体开发思路

整体开发过程的主要思路：

（1）对燥热地区项目关键施工技术全面总结。

（2）超越高层建筑项目，力求对一般项目的设计与施工具有实用性和指导性。

（3）结合中东地区燥热项目，进行验证和内容扩展。

（4）建立优秀的团队和设备齐全的试验室，试验数据可以通过电脑来统计，建立数据模型，同时可以按照模拟安排合理的试验顺序。对试块的破坏过程绘制应力应变曲线图，对同等级混凝土试块试验进行统计分析，计算其平均值。最后对试验所得成果进行鉴定论证。

（5）为了节约，国内先出样板，然后再按照样板进行施工模式的材料浪费问题，我们采用电脑制作合成效果图的模式，通过效果图，能够直观地表达需要安装的构件的具体情况，同时可以按照模拟安排合理的施工顺序。既节省了材料，同时也不至于发生不必要的时间浪费，尽管前期可能会在监理批复环节遇到一些阻碍。

（6）将经济效益最大化，项目部招聘了一批有丰富优化设计经验的结构工程师，负责结构设计和优化的管理工作，并对设计分包提供的设计图纸进行初步优化和最终优化。

（7）借助优势与科技院校和专业公司合作。

课题组由中建中东有限公司副总工王力尚担任负责人，邀请清华大学、阿联酋大学、Reem Ready Mix 混凝土专业公司等单位参加，组成了实力强大的研究攻关小组。

课题实施中，结合工程特点，分别成立了三个攻关小组（价值工程、混凝土工程、钢结构工程）。针对个别专业难题，与合作单位一起，编制详细的试验研究方案，并对试验结果进行认真地理论分析和验证。同时，对于本公司所承接的工程项目，用已经形成的成套理论指导新的工程施工，如此反复，逐步形成目前的研究成果。

第3章 主要研究内容

3.1 中东燥热地区项目施工技术的特点、难点分析

（1）混凝土的拌制和运输：为了控制混凝土的出仓温度，混凝土拌制时应采取措施控制混凝土的升温，并一次控制附加水量，减小坍落度损失，减小塑性收缩开裂。

（2）混凝土浇筑及修整：在炎热高温气候条件下浇筑混凝土时，要采取措施降低混凝土温度，并要求配备足够的人力、设备和机具，以便及时应付预料不到的不利情况。

（3）混凝土的养护：海外地区燥热高温环境下浇筑混凝土，如养护不当，会造成混凝土强度降低或表面出现塑性收缩裂缝等，因此，必须加强对混凝土的养护。

（4）材料风险：考虑到混凝土的质量，首先要对混凝土组成成分加以分析。

（5）质量风险：中东地区昼夜温差可达30℃以上，冬夏最大温差在50℃以上，年降雨量约130mm，降雨次数少，时间短，雨量大，雨停数分钟后即烈日当空，极易引起混凝土表面开裂。

（6）帆船式高空板框异型钢结构设计与施工要圆满完成。

（7）超高空异型钢结构的3D测量精确定位。

（8）海外项目价值工程（优化设计、深化设计）的标准化运作程序。

（9）价值工程（优化设计、深化设计）的发展方向。

中东燥热地区项目除了上述几个难点有待研究解决外，还有其他一些难点：如模板脚手架工程、燥热临海地区桩基负极保护施工技术、项目深基坑腰梁拆除技术、中东地区锚杆系统在摩擦桩静载试验中的应用、停机坪设计与施工、鱼鳍造型钢结构设计与优化等，都是需要解决的难题。

3.2 中东燥热地区项目施工新技术研究内容

1. 价值工程专项技术

（1）国际工程总承包RFI编制管理。

（2）SHOP DRAWING编制及其管理。

（3）城市之光超高层建筑图纸前期深化设计。

（4）城市之光超高层建筑结构优化设计。

（5）迪拜MIRDIF别墅群预制空心板设计及施工。

（6）全预制装配式别墅项目结构施工技术。

（7）国际工程现场管理技术。

（8）国际工程技术资料管理工作。

（9）国际工程分包图纸和材料申报的程序及管理。

（10）国际工程材料采购中的成本控制与分包商、供应商管理。

（11）海外工程项目跨文化管理中的问题和对策。

（12）国际 EPC 项目的价值工程应用。

（13）中东地区高层建筑设计建造项目的价值工程应用。

（14）科威特中央银行项目工程变更管理。

（15）科威特中央银行新总部大楼机电分包工程管理。

（16）海外市政工程图纸设计与管理。

（17）迪拜 Al Hikma 大厦电气系统。

（18）电气深化设计的价值工程法。

（19）电气工程采购报价要点。

（20）电缆桥架的选择。

（21）GGD 动力配电柜的人性化设计制造。

2. 混凝土工程专项技术

（1）阿联酋的混凝土生产与质量控制。

（2）阿联酋与中国的混凝土配合比设计方法比较。

（3）超吸水树脂对高温干燥环境中混凝土早期开裂的改善作用。

（4）燥热环境中混凝土早期开裂的改善措施研究。

（5）阿联酋与中国混凝土配合比设计方法所设计的 C40 混凝土的比较。

（6）SAP 对中东地区高温干燥环境下混凝土早期开裂改善作用试验研究。

（7）高强度混凝土在阿联酋 Al Hikma 超高层建筑中的应用。

（8）阿联酋 Al Hikma 超高层建筑高强度混凝土裂缝产生原因及鉴定。

（9）科威特中央银行新总部大楼自密实混凝土施工技术。

（10）科威特中央银行新总部大楼地下室防水混凝土施工技术。

（11）城市之光项目现浇混凝土斜柱施工技术。

（12）超长细比钢筋混凝土造型柱的施工技术。

（13）城市之光超高层建筑预应力施工技术。

（14）中外高层项目现浇 PT 楼板施工技术的比较分析及应用。

3. 模板脚手架工程技术

（1）建筑施工模板应用技术简析。

（2）燥热地区高层建筑项目模板拆除技术。

（3）科威特中央银行新总部大楼 PERI 爬模施工技术。

（4）国际高层项目台模施工技术。

（5）阿联酋 Al Hikma 超高层建筑液压爬模系统的应用与改进。

（6）阿联酋 Al Hikma 超高层建筑液压式保护屏系统的应用及改进。

（7）南方酒店项目临时支撑系统拆除探讨。

（8）天阁项目群塔施工技术方案分析及应用研究。

4. 地基与基础工程技术

（1）燥热临海地区桩基负极保护施工技术。

（2）英标规范下中东地区超高层建筑筏板施工。

（3）阿布扎比南方阳光酒店项目深基坑腰梁拆除技术。

（4）加筋土挡墙计算分析。

（5）燥热沙漠地区锚杆系统在摩擦桩静载试验中的应用技术。

（6）某地下通道深化设计。

（7）谢赫哈利法特护医院地下通道施工技术。

（8）谢赫哈利法特护医院停机坪设计与施工。

5. 围护结构工程技术

（1）迪拜天阁项目玻璃幕墙施工技术。

（2）蒸压加气混凝土砌块在迪拜天阁项目中的应用。

（3）科威特中央银行新总部大楼清水实心砌体施工技术。

（4）科威特中央银行新总部大楼层面种植区防水施工。

（5）预制混凝土楼板湿区域地面装修方法。

6. 钢结构工程技术

（1）阿联酋 Al Hikma 超高层建筑鱼鳍造型钢结构设计与优化。

（2）阿联酋 Al Hikma 超高层建筑鱼鳍造型钢结构施工技术。

（3）阿联酋 Al Hikma 超高层建筑风帆造型钢结构施工技术。

（4）阿联酋 Al Hikma 超高层建筑钢结构设计与优化。

（5）阿联酋 Al Hikma 超高层建筑悬空钢结构幕墙施工技术。

（6）科威特中央银行新总部大楼钢结构安装技术。

第4章 创 新 内 容

4.1 国际工程技术管理的思路及创新

通过比较国内外项目工程技术管理的差异，以及国际项目管理中对技术管理影响的因素，论述了国际项目工程技术的管理内容和管理思路，并探讨了国际项目技术管理的创新管理。从而实现降低项目施工成本、向技术要效益的目标。

4.1.1 概述

国际项目工程的特点是要求工程师熟悉国际与当地通用规范和 FIDIC 条款，并且由于企业员工来自很多国家，如中国、印度、阿联酋、埃及、黎巴嫩、希腊、英国、新加坡、南非、马来西亚等多个国家。这就使国际项目工程的技术管理内容与国内项目工程技术管理有很大的差异，我们希望通过国内外技术管理的内容比较，能够给国际项目工程管理者带来一点一滴的启迪，并丰富和完善国际项目技术管理的内容，理清国际工程技术管理思路，加强技术创新。

4.1.2 国内外工程技术管理内容的差异

国内工程建设中的技术管理内容和程序都非常明确和具体，而且经过多年的不断完善已形成比较固定的管理制度和模式。国内的项目技术管理内容和程序用于项目技术内部管理，对现场施工进行技术支持，以保证工程项目的顺利施工。有独立的设计院，设计与施工工作是独立分开的。

但在中东地区的国际工程项目就没有国内明确和具体，执行的是一个技术文件（就是通常所说的项目规范，标准是英国标准和美国标准），国际工程技术管理内容主要包括三个方面：一是施工图纸二次深化（SHOP DRAWING）设计（包括 RFI（设计技术问题答疑）申报、图纸申报等），以及其他分包图纸设计。二是现场施工技术方案。三是材料报验和分包资格预审。也就是说，国外项目工程的技术管理内容除了包括国内项目技术管理的内容外，还把设计院的那一大块设计工作和材料报验及分包资格预审也包括进来了。国外工程技术管理的工作量往往是国内项目工程技术管理工作量的两倍或三倍，增加了技术管理的工作难度。

4.1.3 国内外项目工程监理的管理权限差异很大

国外的监理工程师是从工程设计、选材、施工质量和进度的全过程管理，因此他们的管理权限远远大于国内监理工程师的管理权限。技术管理的绝大部分工作均需要监理的批复，主要包括结构、建筑与机电施工图纸（SHOP DRAWING）、分包图纸、施工方案、分包资格预审、材料、质量计划、技术建议等报验以及 RFI 申报。这样从程序上无疑增加了工作难度。一般的 FIDIC 条款要求承包商申报资料的批复时间为 14 天，那么一项申报资料需要申报两次的话，加上整改及整理的时间，一项申报资料的批复可能需要 40 天。在 40 天之内，目前科技比较发达的现代环境与业主很紧的工期要求，项目工程在 40 天内要发生很多事情。如果监理的水平较高的话，从某方面来说会帮助我们施工承包商工作；反之，可能会阻碍工作。希望承包商能够认清这一点，只有勤和监理沟通协调，缩短监理批复时间，才会有助于技术管理工作。

4.1.4 国内外工程质量标准的差异

（1）经历了许多工程的投标和项目技术支持，认识到无论是投标过程还是项目施工过程，我们需要仔细分析项目规范（Project Specification），同时不明白的地方需要进行咨询，这样才能了解、领悟工程的具体质量标准。不同项目执行的项目规范要求是有差异的。国内则有相应的技术标准、国家施工规范等，比较明确具体。

（2）在国际项目工程中，对工程用材料有明确的执行标准，而且执行起来非常严格。技术标书中需要有材料供应商和分包商名单；项目施工期间，承包商不能随意更换通过业主/监理资格审核的材料供应商和分包商。对项目所进行的各类技术性能测试和检查也极其严格。

（3）混凝土等的技术要求，对混凝土的施工条件要求非常严格，如外界气温高于 35℃时，混凝土的搅拌、运输、浇筑和养护都有特殊的要求。

4.1.5 结构、建筑及机电施工图纸设计程序的逻辑关系

设计的一般原则是建筑在前，结构与机电在后。但是根据工程的实际进展情况，现场结构施工在前，装修施工在后，且属于三边工程。这样就容易造成图纸设计工作的困难。如，有时候结构图纸已经得到监理和业主的批复，由于建筑与机电图纸的滞后，往往会产生一些矛盾。最后结构图纸还得要回到符合建筑与机电的要求，导致结构图纸再申报和批复，额外增加技术管理的工作量。同时，现场施工又急需要批复的结构图纸。这样的大环境要求项目工程的前期重点是技术管理工作，没有批复的结构、建筑施工图纸和施工技术方案，现场工作就无法开展，施工进度更无从谈起。

4.1.6 国际工程技术管理的 RFI

RFI（Request for information）就是承包商向业主、监理获取技术信息、确定技术方案，即技术问题答疑。承包商解决工程施工过程中遇到的技术问题、技术难点，获取足够的技术信息，并最终为工程的顺利施工并通过竣工验收，为建筑承包商争取更大的经济效益。目前 RFI 在国际各大建筑市场中得到广泛的应用。

在项目施工过程中，承包商对于由于设计失误、忽略、错误、各专业之间脱节、设计与现场条件不符、节点不细化、设计变更及其他需要业主/监理进行确认才可以继续有效施工的技术问题进行收集整理，以 RFI 相对固定的格式，正式书面报给业主/监理审批。业主/监理以书面形式在规定的时间内，对承包商在工程施工过程中遇到的图纸、技术疑难问题给予解决。

根据 RFI 的批复情况主要有以下三种处理方式：①对于"批准"的分项，可根据其内容直接编制洽商交底，并深化设计成施工详图，下发给施工现场进行施工，并根据具体情况向业主提出索赔；②对于"有条件的批准"的分项，可将我方接受其条件的分项编制成洽商交底，根据其条件并深化设计成施工详图，下发给施工现场进行施工，并根据具体情况向业主提出索赔；对于"有条件的批准"但条件不合理的分项，如果需要将提出合理建议继续进行 RFI 报审程序；③对于"不批准"的分项，如果需要将提出合理建议，继续进行 RFI 报审程序。

4.1.7　国际工程的施工图纸设计

到目前为止，中东公司的项目就承包性质来说有两种：一种是传统的单建造的项目；另一种就是设计加建造项目。前一种项目，业主雇用的设计方负责提供施工图纸（CON-STRUCTION DRAWING），我方负责二次设计（SHOP DRAWING）并报监理公司批准，获得批准后方可施工。后一种设计加建造项目，由于设计的责任在我方，我们会与设计公司紧密合作，参与设计阶段的设计协调与管理工作，最后由设计公司出一套施工图纸，报业主批准，作为项目合同文件。我们在此基础上画 SHOP DRAWING，并报业主聘请的监理方批准。这与国内设计单位完成设计是不同的。

国际工程设计管理包括两方面的管理：一方面是对设计方提供的设计和设计变更进行管理，主要通过各专业图纸（变更）会审制度来领会设计意图，明确技术要求，发现设计文件中的差错和问题，提出修改和洽商意见，避免技术事故和产生经济与质量问题；另一方面是由于工程总承包商承担深化设计（shopdrawing）及设计协调（coordination）责任，需对施工图设计及设计协调的实施进行相应的组织、管理控制，最终提供经各专业充分协调，现场完全能直接施工的施工图。上述两方面设计管理中，前者是对检查别人的出（初步设计）图质量、进度的管理，后者是对自己供（施工）图质量、进度和成本的管理。

4.1.8　国际工程技术资料管理

国际工程技术资料与国内工程的比较相对简单一些，大量的文字资料比较少，通常用表格形式表达，附件通常为图纸，或者是来往信件，条理性非常强。所有表格均由监理咨询公司提供样本，按其要求填写就可以，要求的内容实质基本类似，但是不同的监理咨询公司的表格是不同的。基本上每道工序，每一个预制构件都要填写一张表格，工作量比较大。最后，监理咨询公司向政府移交工程技术资料。

4.1.9　国际工程技术管理的思路

（1）强化现场技术管理

因为劳务队伍来自好几个国家，操作技能也各不相同，工人本身的技术素质存在差异，加上对国际工程的技术要求缺乏了解，有时单靠技术交底不能完全解决问题，必须进行现场指导和监督，充分了解各类工程做法、技术要求和作业程序，强化技术复核工作，这样才能避免出现返工和差错，所以需要有个设计协调和技术协调人员作为技术部和工程部的联系纽带，工作重点应该放在施工现场。

（2）对工作要有预见性

由于海外工程项目的许多程序需要业主/监理批准后才可以继续施工，往往一项报告和工程资料需要很长时间（20～60 天）才能批准下来，这就要求项目施工需要一个严谨并灵活的施工进度计划。对工作的开展需要有预见性，否则会造成工程施工的被动局面，比如 SHOP DRAWING 二次设计。对于工程材料和构配件要提前报审、订货，发现问题及时解决。

（3）严格落实设计方案和施工方案

项目工程的整个施工过程都需要技术管理，由于施工工人来自很多国家，对施工对象的理解观念有差异，现场技术指导和监督就非常重要，因此经业主/监理批准的设计方案和施工方案要在施工中严格执行。

（4）与监理要有良好的沟通关系

FIDIC 条款下的监理工程师是从工程设计、投资、选材、施工质量和进度的全过程管理，因此他们的管理权限远远大于国内监理工程师的管理权限。由于某些客观原因不能满足监理要求时，需要与监理进行沟通和解释，取得他们的理解和认可。

（5）逐渐落实责任工程师制

大家知道，工程施工质量是做出来的，不是检查出来的。检查只是对施工质量的一个评价，由于工程施工的有序性和单一性，往往会有亡羊补牢或者返工的现象。因此，需要加强施工人员的技术培训，提高现场工程师和工人的技术素质和质量意识，才是我们立足中东建筑市场长远目标的根本。

（6）先进的施工技术和机械装备是保证工程质量和进度的重要因素。

如迪拜的城铁轨道桥梁施工是一家外国公司承包施工，采用预制加预应力吊装技术，进行空中连接施工，节约大量的劳动力，施工进度得到保证，有核心专利技术。中东公司自己承包的 MUDON 别墅项目，采用的是全预制吊装技术，节约了大量的劳动力，保证了施工质量，使公司的劳动力紧张状况得到了缓解。

（7）提高技术工程师的素质和管理水平

公司技术部为适应公司技术发展的需要，已经开展了系列技术培训，创办《中东工程技术》杂志，加强大家的科技创新意识，逐渐提高我们的技术水平，努力学习国际工程项目管理模式和管理制度（FIDIC 条款），同时提高专业英语水平，以适应国际市场的需要。

4.1.10 国际工程技术管理的创新探讨

（1）创新思路的改变

土木工程专业内，由于力学（理论力学、材料力学、结构力学、结构动力学、弹性力学、塑性力学、断裂力学、流体力学）的不断发展，施工技术的发展已经远远突破了经验的总结，已经从经验走向理论的发展。运用新的力学理论对建筑结构和施工技术进行计算一次，往往发现得到的结果与规范是不同的，这就是创新成果。因此创新既不是教条主义，也不是经验主义，而是实实在在的科学。

（2）创新体制的改变

1）技术创新的动力来自市场的需要。科研院校的研究成果通常是纯学术性、基础性和理论性。一些学术专家、学者教授们虽然有很高的理论水平，但是大多在高校、科研机构从事教学、学术研究，对现场施工的把握则远远不如现场施工的工程师。这说明了技术创新受到潜在的及明显的体制制约。而我们建筑承包商关注的则是科研成果的实际应用性、可操作性，并能给企业带来直接经济效益的科研成果。

2）企业内需要有上下领导的支持，商务人员的配合。一般施工技术方面的论文，系统分析和计算的深入弱；另一方面，现场工程技术人员没有足够的理论深度总结建筑技术资料、设备及施工技术方面的研究成果和实践经验，这就需要我们的技术创新人员既要有丰富的现场实际施工经验，还要有足够的研究理论水平。

（3）施工技术的区域化和全球化

中东施工技术的发展既反映了区域的地方化，也反映了全球化。由于规划的超前性和经济实力的支持，迪拜成了世界最高建设技术与建筑艺术的试验田。上千米高的建筑、世界之最记录都将在这里一次又一次地被重新改写，而其他任何国家大约都无法与之比拟。中东地区属于海洋－沙漠气候、英语语言和阿拉伯世界、执行 FIDIC 条款、红线设计、SHOP DRAWING 设计、RFI 管理，且各项建筑资源相对比较短缺。阿联酋国家至今没有自己的建筑设计及施工规范，对英国规范实行"拿来主义"，英国规范的适用条件和环境与阿联酋还是有所区别的。同时又有世界各国的建筑承包商，虽然执行英国规范，但也是结合具体国家规范的杂交，因为每个国家的技术工作人员还有自己的一些理解和思维惯性。因此阿联酋的建筑技术有自己的独特性，与其他国家有很大的不同，是区域化和全球化的结合。

（4）技术创新思路必须要冲破标准和规范的限制

标准和规范的制定是科学技术和实践经验相结合而又反复经过试验研究和验证的产物。由于事物的复杂性、人们对事物认识的不同经历，以及科学技术发展的不平衡等因素，在标准和规范的制定过程中必然会有不同的意见，因此可以说标准和规范并不代表着最先进的技术。尽管标准和规范在不断的修订，但仍然落后于最先进的施工技术。如果机械地搬用当前的标准和规范，就可能阻碍新技术的推广应用而不利于科学技术的发展，而且有时还会使自己陷入"无法"解决的矛盾之中。现在通过几个事例来说明一下：

事例一，国内（DL/T 5085—1999）规程中的钢管混凝土承载力和（CECS104：99）规程中的钢管混凝土承载力的计算公式是有差别的，但是反映钢管混凝土结构的自然规律只有一个，因此这种差别正好可以告诉我们钢管混凝土理论的空白，需要我们去研究和补充。

事例二，早期混凝土施工规范里，混凝土现场搅拌的混凝土坍落度为 $3\sim5cm$，塔吊吊运，每个振捣点的时间通常为 $15\sim30s$；后来由于混凝土泵送技术的发展，减水剂的发明，混凝土坍落度通常为 $12\sim18cm$，现场搅拌或者搅拌站搅拌，每个振捣点的时间通常为 $5\sim10s$；再后来混凝土泵送时的坍落度高达 $18\sim30cm$，每个振捣点的时间通常为 $1\sim10s$；目前抛落、顶升及自密实混凝土技术的发展，混凝土不需要振捣就可以满足要求；根据混凝土坍落度的大小决定着振捣时间的具体长短，没有规范明确的说明，只能根据工程实践总结确定。

事例三，《混凝土结构设计规范》（GB 50010—2002）里混凝土受压应力-应变曲线方程，上升段 $(0\leqslant x\leqslant 1)$，$y=ax+(3-2a)\ x^2+(a-2)\ x^3$；下降段 $(x\geqslant 1)$，$y=\dfrac{x}{b(x-1)^2+x}$；分段式中，公式所用的参数规定如下：

$$a = 2.77 - 0.029 f_c$$
$$b = 7.26 f_c^2 \times 10^{-4}$$

此公式的混凝土强度适用范围是：$0 \leqslant f_c \leqslant 95.5 \text{MPa}$，即 a 不能为负值，a 也不能大于 3。因为 $a > 3$ 时，y 在 $0 < x < 1$ 的范围内，出现一个峰值点，相应值大于 1，这与混凝土的本构关系明显不符，需要进一步改进，这些情况都说明规范有一定的滞后性。现在已经开始使用《混凝土结构设计规范》（GB 50010—2010），混凝土本构关系已经修正了，但还存在其他很多争议。

事例四，在阿联酋国家，由于国家建筑科技发展还没有自己独立的体系，大多都是借用英国规范、美国规范还有欧盟规范等，不同的设计咨询监理公司针对项目所发布的项目规范是不同的。试想一下，欧美等国家和阿联酋国家的自然环境、社会环境是有很大差异的，所以肯定会有很多的争议。

上面四个事例足以说明，标准和规范并不代表着最先进的施工技术，而是滞后于最先进的施工技术。

总之，国际项目技术管理的目标主要是降低项目施工成本、使项目施工方法更加优化，从而体现技术的重要性，向技术要效益。中建中东公司承包的项目处于海外燥热沙漠地区，要与当地的技术相结合，建立适应当地环境的技术体系，积极支持公司的市场开拓，理清国际工程技术管理思路，超越目前一些规范和标准的局限性，才会有更强的竞争力，才会在中东地区站稳脚跟，达到真正的创新和发展，把建筑技术发挥到最佳程度。

4.2　专利成果与工法

在形成上述价值工程 22 项技术、混凝土方向 14 项技术、模板脚手架 8 项技术、地基与基础 8 项技术、围护结构 5 项技术、钢结构方向 6 项技术的基础上，运用分析归纳等方法，把科学管理和先进技术结合起来，经过项目实践，对一些发明和创新进行了专利保护；对成熟的技术进行工法认定，以便随时指导相应项目工程的施工。目前已经授权 5 项专利；形成 9 项工法，其中省部级工法 4 项，企业级工法 5 项；发表 EI/SCI 和国家核心期刊论文 70 多篇。

本中东燥热地区项目施工新技术是基于英标/美标规范下的各项新技术系统组成，内容基本包括了中东地区项目工程施工的关键工序和施工全过程的管理。

4.3　技术水平和综合效益

4.3.1　技术水平

中东燥热地区项目施工新技术是基于英标/美标规范的技术研究，其水平自然是国际水平，有四篇国际会议论文被 EI/SCI 录用搜索，其中的高层建筑液压式保护屏系统、燥热临海地区桩基负极保护施工技术、鱼鳍造型钢结构施工技术、风帆造型钢结构的施工技术、施工现场特殊垃圾螃蟹清理器技术均处于国际领先水平。

4.3.2 综合效益

"中东燥热地区项目施工新技术"通过在中建中东有限公司推广应用,施工过的项目在技术管理、质量、安全文明等方面均取得了良好的结果。

中建中东有限公司承建的天阁(Skycourts)项目,被评为中建总公司的"中建杯"、"全国优秀项目管理成果一等奖"、"境外鲁班奖"、"迪拜政府安全文明奖"、"中建优秀施组"、"中建管理银奖"、"北京市优秀青年突击队"、"中建总公司青年文明号"等大奖。施工过程中,阿联酋迪拜天阁项目工程建设过程中,先后有当地政府的一些王子和政府的领导及业主单位的领导来工地暗访和考察,他们对现场的项目管理、工程结构、装修水平、机电安装、施工环保、安全文明给予了高度的评价。天阁项目之后,我公司先后承接了拉丝海马医院项目和环城高速公路项目、阿布扎比城市之光项目和女子俱乐部项目、迪拜黑格玛写字楼项目、阿布扎比南方酒店等项目,为公司在阿联酋的建筑市场开拓起到了"中建品牌"效应,也是在2008年经济危机以来艰难的市场开拓支持和后盾。很多项目的实践证明了课题研究成果处于领先水平。

我们施工的 Al Hikma 高层建筑项目,由于紧靠世界最高楼哈利法大楼,在施工过程中一直备受公司领导和当地政府的一些王子的关注,以及监理和业主领导的现场视察。目前项目已经有2项省部级工法,发表10篇核心期刊论文,以及"北京市优秀青年突击队"和"中建总公司青年文明号"等奖励。目前又先后承接了艾麦勒医院项目、Al Falah 城市立交项目、科威特国民银行钢结构工程、迪拜机场四号候机楼机电工程、阿布扎比机场机电工程、棕榈岛总督酒店项目、朱美拉公寓项目等。这些项目大多数都在施工过程中,中东燥热地区项目施工新技术也已经在多个项目进行应用,进一步验证了本新技术的科学性与合理性,避免了项目管理混乱、质量通病等负面影响,对项目的价值工程、安全文明起到了指导作用。

第 5 章　价值工程篇

5.1　国际工程总承包 RFI 编制管理

5.1.1　概述

在履行国际项目工程合同时，在业主、监理、承包商共同管理的项目施工过程中，由于设计失误、忽略、错误、各专业之间脱节，设计与现场条件不符、节点不细化、设计变更，项目进行中监理履行着设计职能等原因，使项目在进行中出现技术疑难问题，图纸信息、节点不细化的问题，现场与设计不符的问题，各专业冲突的问题及其他需要业主/监理根据现场实际情况发出指令才能继续施工的问题，这就需要我们建筑施工承包商履行Request for Information 报审程序。及时、有效的 Request for Information 报审程序将会使我们大大地加快施工进度，减少返工工作量，节省材料和人力，缩短工期，提高项目效益。

5.1.2　特点

RFI（Request for information）就是承包商向业主、监理获取技术信息、确定技术方案，即技术问题答疑，是承包商解决工程施工过程中遇到的技术问题、技术难点，获取足够的技术信息，并最终为工程的顺利施工，通过竣工验收，为建筑服务商争取更大的经济效益，目前在各大建筑市场中得到广泛的应用。

5.1.3　适用范围

适用于海外项目工程中业主、监理与承包商中的技术答疑工作。

5.1.4　编制原理

在项目施工过程中，承包商对于由于设计失误、忽略、错误、各专业之间脱节，设计与现场条件不符、节点不细化、设计变更及其他需要业主/监理进行确认才可以继续有效地施工的技术问题进行收集整理，以 RFI 相对固定的格式，正式书面报给业主/监理审批。业主/监理以书面形式在规定的时间内，对承包商在工程施工过程中遇到的图纸、技术疑难问题给予解决。对于批准的分项作为洽商交底，并深化设计成施工详图，下发给施工现场进行施工，并根据具体情况向业主提出索赔；对于有条件批准并且我方接收其条件的分项作为洽商交底，根据其条件并深化设计成施工详图，下发给施工现场进行施工，并根据具体情况向业主提出索赔；对于有条件批准但条件不合理的分项，如果需要，将继续进行 RFI 报审程序；对于不批准的分项，如果需要，将继续进行 RFI 报审程序。

5.1.5 编写应用流程

RFI 的编写及应用流程见图 5-1。

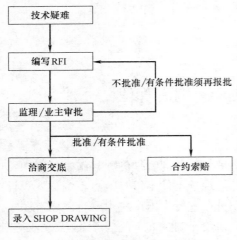

图 5-1 RFI 编制应用流程图

5.1.5.1 技术疑难

在国际建筑市场中，原始的概念设计（Drawing for Conception）通常由设计咨询公司完成，由于设计周期比较短，合同形式的差异，而且各专业的概念设计来自不同地区的设计咨询公司，缺乏必要的协调，因此概念设计图纸的质量非常差，不具备具体施工的可行性。

面对这样的概念设计图纸，在项目进行中业主通常委任监理公司负责整个工程技术图纸的深化设计（二次设计）—边设计边施工，继续完善概念设计图纸，以保证项目的实施可行性。

概念设计图纸本身存在的质量问题及各专业之间的技术冲突，这就注定了承包商在工程实施过程中会遇到很多技术疑难问题，需要更多的图纸技术信息。这些技术疑难没有得到有效的解决，工程施工将无法进行下去。

另外，由于现场条件千变万化，是个动态的施工管理过程，现场具体施工情况与图纸设计内容不符，也就不可避免地产生疑难问题信息。

在国际项目工程中，承包商在项目进行过程中遇到的这些技术疑难，都需要通过履行 RFI 审批程序得到解决。

5.1.5.2 编写 RFI

当承包商在收到概念设计图纸后，将在极有限的时间内集中各个专业的技术力量进行图纸会审，集中地发掘图纸中技术问题、缺少的图纸信息、各专业之间的冲突问题，并以最快的速度履行 RFI 报审程序，以保证工程的顺利开工。

在工程实施过程中，在技术上遇到图纸节点不全、不明确，各专业之间不对应等影响工程继续顺利开展的技术问题，技术部门必须编写 RFI，以能尽快解决这些技术问题。主要在承包商疑问栏中用英语准确、清晰、恰当地描述承包商的技术疑问，并提出承包商建议的解决方案，其他常项根据具体情况及要求填写完毕。对于用语言表达不清楚的技术疑难，必须附加图纸、图片、表格等技术资料。

5.1.5.3 洽商交底

根据规范要求，监理/业主将在 14 个工作日内对承包商报批的 RFI 进行答复（注：各个项目的具体规范不一样，RFI 的回复期限略有不同，但大多在 15 个工作日之内）。

当 RFI 得到监理/业主的批准或有条件批准并且承包商同意其条件时，技术部将根据施工队伍的要求翻译成中文洽商交底，尽快下发到各施工队，以免影响现场施工或引起返工。

当 RFI 得到监理/业主的有条件批准，但承包商不同意其中的条件或没有得到批准时，此 RFI 将存档；如有必要，技术部将根据其原因重新报审 RFI（第二个版本 RV.2）。

5.1.5.4　合约索赔

如果回复的 RFI 直接影响到项目的工期、成本，合约部将根据 RFI 的具体回复情况，向业主提出工期、经济索赔。

5.1.5.5　录入 SHOP DRAWING

根据批复的 RFI 的技术信息内容，技术部将此技术变更、技术信息录入最新版二次设计图纸。

5.1.6　编制准备

5.1.6.1　收集信息

在收到概念设计图纸后，承包商要集中各个专业的技术力量进行图纸会审，收集整理由于概念设计图纸本身的质量所带来的技术问题；在项目实施过程中，收集现场技术人员、施工队的技术问题反馈，结合材料市场、工期要求、成本因素的问题，认真收集整理。

5.1.6.2　编写 RFI

根据设计、技术、现场情况收集技术疑问信息（Information），并按要求有效地编写 RFI。

（1）信息整理

按照现场条件（Site Condition）、协调（Coordination）、设计（Design）三个方面进行分类整理。

（2）承包商的疑问

根据分类整理的信息，分析对工作范围、施工成本、进度产生影响的一些信息疑问。在向业主/监理申请的同时，承包商可以提出自己解决疑难问题的建议。

（3）业主/监理的答复

业主/监理以书面形式在规定的时间内，对承包商在工程施工上的技术疑难问题、信息短缺给予解决。

5.1.6.3　洽商变更

RFI 的内容与图纸及相应规范、文件对比确认，如果有影响工期和成本的 RFI 内容，则应视为洽商变更。

5.1.6.4　合约索赔

收集业主对承包商施工进度计划的批复、业主或监理下达的设计变更文件和指令，承包商与业主签订的合同或招标投标文件中的工程量清单、预算定额、编制办法、机械台班单价，地方性的定额补充和编制办法，以及在施工过程中发生的往来文件资料，以便对索赔价款或工期进行计算。

5.1.6.5　录入 SHOP DRAWING

整理业主对承包商施工进度计划的批复，业主或监理下达的设计变更文件和指令。

5.1.7　质量控制

RFI 编制的质量将直接影响技术疑问的解决与否、现场施工进度及项目的经济效益。

RFI 编制的质量取决于以下几个方面：①技术疑问切入点要准确，信息收集要齐全、准确，防止内部信息自相矛盾，信息不齐全，证据不充分，重点放在作业现场；②编制用语要专业、准确，表述要清晰，方案建议要具体、明确；③信息资料传递要迅速，RFI 得到监理/业主的确认以后，要在第一时间将确认信息传达到现场，防止误工、返工；④合约索赔要及时、细致、全面，在国际工程中，RFI 的索赔直接影响着项目的成本和经济效益；⑤特别重视 RFI 资料的归档、保存，对于已经生效的 RFI，技术部要及时做好归档的工作。RFI 的丢失、损坏，可能直接影响工程的后续施工、影响合约索赔，很大程度上决定项目的成败与赢利。

5.1.8　经济效益分析

阿联酋迪拜某一超大别墅项目通过运用 RFI 的技术管理方式的成功应用表明，RFI 不仅有效地解决了边设计、边施工给承包商带来的技术问题，及时地解决了项目进行过程中遇到的所有技术问题；更为重要的是，承包商可以通过 RFI 形式向监理、业主提供更有效的技术方案、技术措施，建议使用更合理、更经济的建筑材料；既保证了项目在技术上能够顺利进行，又为业主、承包商争得了更大的成本空间。通过 RFI 流程，依靠自身技术力量，特别是在我们国内总承包商对当地的建筑市场不甚了解、对当地的技术规范不熟悉的情况下，成功地应用和推广 RFI，使这一别墅项目工程能够顺利开展，解决了工程实施中所遇到的技术难题，培养了一批懂 RFI 技术管理、懂国际工程管理模式、懂外语的复合型技术人才。同时降低了工程成本，加快了工程进度，为在中东市场的发展、壮大提供了强有力的技术支持，产生了显著的经济、社会效益。

5.2　SHOP DRAWING 编制及其管理

5.2.1　概述

在国内项目工程施工时，设计单位设计图纸，施工单位按图施工，工程一旦出现设计问题和设计变更，影响工程顺利进行的单位是设计单位，不是业主/监理/施工单位，项目管理的水平会因为体制问题得不到发挥。

在国际项目工程合同中，工程设计和工程监理是一体的，监理工程师既负责工程的设计和招标（合同）文件的编写，同时又负责工程施工期的合同管理。工程设计是为工程建设服务和为业主服务的，业主/监理有权修改和推翻设计。承包商负责 SHOP DRAWING 深化设计图纸内容，承包商只有以最快的速度完成深化设计报审程序，并得到咨询监理公司的批准，才能使项目顺利地开工、实施。有效、合理的深化设计理念、技术节点方案、建筑用材选择，将会使承包商大大地加快施工进度，节省材料和人力成本，缩短工期，提高项目经济效益。

5.2.2　特点

Shop drawing 就是承包商根据概念设计图纸，重新深化图纸内容，并向项目咨询监理公司报审全套工程图纸的技术工作程序。概念图纸的质量决定了完成 Shop drawing 的报审工作量，承包商必须组建强大的工程技术队伍，在 Shop drawing 绘制、报审过程中，承包商可以建议采用自己的设计理念、技术节点方案、建筑用材，这就表明通过 Shop drawing 绘制、报审工作，可以为承包商、业主争取更大的利润空间。随着项目的进行，各阶段要求的 Shop drawing 种类有：结构施工时期，以 structure shop drawing、MEP shop drawing 为主；装修施工时期，以 architecture shop drawing、MEP shop drawing、finishing shop drawing 为主。在国际项目中，项目的利益相关方业主、咨询设计公司、咨询监理公司、承包商除来自世界各国，特别是来自中国的承包商，由于对项目所在地的规范、常规做法、建筑材市场不了解，语言上的沟通障碍等，致使 Shop drawing 技术工作要随着项目进行相当长的一段时间，Shop drawing 的报审版本也相当多。同时，Shop drawing 技术工作的成功与否，直接影响现场施工。

5.2.3　编制原理

当承包商与业主确定项目合同并收到 drawing for construction 后，由于咨询设计公司完成的概念设计图纸相当粗糙、图纸内容相当概念化、表面化，不可直接用于现场施工。为了能让项目顺利开工，并顺利地开展下去，承包商要根据概念设计图纸重新设计、绘制、向监理咨询公司报审承包商自己的施工图纸，在得到监理的批准后，直接用于现场施工的技术工作程序。在项目进行过程中，承包商对于由于图纸不全、技术节点缺乏、设计失误、忽略、错误、各专业之间脱节、设计与现场条件不符、节点不细化、设计变更等因图纸质量影响现场施工的图纸问题，在施工过程中设计深化图纸，并向监理咨询公司报审，得到批准后用于现场施工；对于有条件批准的图纸，承包商将参照咨询监理公司的意见，用于现场施工并根据咨询监理公司的意见重新修改图纸，重新报审；对于没有得到批准的图纸，承包商除将根据咨询监理公司的意见，修改、完善后重新报审；对于已经得到批准的图纸，承包商除将直接用于施工外，同时，承包商还将批准的图纸与投标图纸、投标时的工程量清单进行比较，如有单项变更、工程量增加的项目，将根据批准的图纸进行合约索赔工作。

5.2.4　编写应用流程

SHOP DRAWING 深化设计的编写及应用流程见 "SHOP DRAWING 报审流程图"（图 5-2）。

5.2.4.1　Drawing for construction

在国际建筑市场中，当承包商与业主签订项目承接合约后，咨询监理公司将会向承包商下发一套完整的概念设计图纸——drawing for construction。原始的概念设计图纸通常由设计咨询公司完成，它是对投标图纸的进一步完善。由于用于概念设计的时间周期比较短，业主与设计咨询公司的合同形式不同，而且各专业的概念设计出自不同地区的设计咨询公司，缺乏必要的协调，因此概念设计图纸的质量非常差，不具备具体施工的可行性，不能直接用于施工。

5.2.4.2　设计、绘制第一版 Shop drawing

面对这样的概念设计图纸，承包商在工期的压力下，必须集中技术力量在最短的时间内根据 drawing for construction，完成第一版 Shop drawing，并争取得到咨询监理公司的

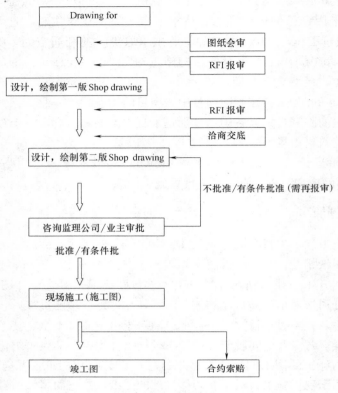

图 5-2　Shop drawing 报审流程图

批准，以保证项目能顺利开工。

当承包商在收到的概念设计图纸后，将在极有限的时间内集中各个专业的技术力量进行图纸会审，集中地发掘图纸中技术问题、缺少的图纸信息、各专业之间的冲突问题，并以最快的速度履行 RFI 报审程序。与此同时，根据 RFI 内容、缺少的图纸信息以及现场施工工序的需要，组织技术力量在最短的时间内完成第一版本的 Shop drawing（RV.1），并向咨询监理公司报批，以保证工程的顺利开工。

因为项目开工、工期的压力，用最短的时间完成第一版的 Shop drawing 的报审工作显得尤其重要。所以在这个时期内，项目技术部需要大量的技术工程师及绘图员。

5.2.4.3　设计、绘制第二版 Shop drawing

（1）在工程实施过程中，在技术上遇到图纸节点不全、不明确，各专业之间不对应等影响工程继续、顺利开展的技术问题，项目技术部门将编号 RFI，以解决这些技术问题。当 RFI 得到批准后，为了不延误现场的施工进度，批准的 RFI 内容将以洽商的形式下发到现场。当项目进行一段时间后，RFI、洽商交底的内容将积累得相当多，技术部、现场对这些零散技术资料的管理、使用不便，将给项目的进行带来延误、返工等。这时候就需要汇总此前所有的 RFI 内容、洽商交底等，并绘制成最新版本的 Shop drawing（RV.2）。

（2）根据项目规范要求，咨询监理公司/业主将在 14 个工作日内对承包商报批的 Shop drawing 进行批复（注：各个项目的具体规范不一样，Shop drawing 的批复期限略有不同，但大多在 15 个工作日之内）。

当报审的 Shop drawing 得到咨询监理公司/业主的批准，或有条件批准，不需再报时，技术部将批准的 Shop drawing 下发到各施工队，用于现场施工。

当报审的 Shop drawing 得到咨询监理公司/业主的有条件批准，需再报或不批准时，技术部将根据咨询监理公司的意见修改、完善，并重新上报第二版 Shop drawing（RV.2）。

根据不同项目的具体条件，这个工作程序将持续进行，如第三版 Shop drawing（RV.3）、第四版 Shop drawing（RV.4）等，直到项目施工完成，进入竣工图阶段。

同时，这个阶段的技术力量与准备第一版 Shop drawing 相比较而言，可以适当减少，人员配置将趋于稳定。

5.2.4.4　监理审批

国外监理是对工程项目从设计、投资控制、材料订货、施工质量与进度的全过程管理，管理权限较大，但工作方法也较认真、教条。当某些客观原因制约工程进展的时候，需要与监理进行沟通和解释，以取得他们的理解和认同。对于比较合理且有利于施工承包商的 SHOP DRAWING，要积极争取监理的同意。

5.2.4.5　现场施工（施工图）

批准的 Shop drawing 将作为施工图下发到现场各施工队，下发时根据具体情况须注明，最新版本的 Shop drawing 内容将替代上次下发的 Shop drawing 版本。

5.2.4.6　合约索赔

承包商的 Shop drawing 得到咨询监理公司的批准后，项目合约部将对批准的 Shop drawing 与投标图纸、投标时的工程量清单进行比较，如有单项变更、工程量增加的，根据批准的图纸进行工期、经济索赔工作。

5.2.4.7　竣工图

当项目施工结束时，项目技术部根据最后版本的 Shop drawing，结合所有的 RFI 内容、洽商交底内容和现场条件，绘制成项目的竣工图。

5.2.5　报审准备

5.2.5.1　对 Drawing for construction 进行会审

在收到概念设计图纸后，承包商要集中各个专业的技术力量进行图纸会审，收集整理由于概念设计图纸本身的质量所带来的技术问题，并报审所有的 RFI。根据概念设计图、图纸会审的结果及所有的 RFI 内容，完成第一版本的 Shop drawing。

5.2.5.2　设计、绘制、报审准备

根据项目的规模、性质以及工期等条件要求，项目必须提前就以下各方面做好充分的准备工作。

1. 人力资源准备

（1）技术工程师的准备：根据各专业的需要，配备具有一定设计经验、海外工作经验、现场经验的专业技术工程师，主要负责图纸的会审、RFI 的报审、指导完成 Shop drawing 等工作。

（2）绘图员的准备：根据对图纸工作量的评估，提前配置所需的各专业绘图员，在专业技术工程师的带领下主要负责 Shop drawing 的绘制工作。

（3）资料管理员的准备：由于国际项目中，各项目业主、监理所要求的资料管理、技术报审的系统不同，再加上语言上的要求，技术部在进行 Shop drawing 工作时，应配备一个既懂工程知识又熟悉当地语言的资料管理员，主要负责所有 Shop drawing、RFI 的报审和技术资料下发工作。

（4）合约索赔人员的准备：Shop drawing 与投标图纸之间、各版本的 Shop drawing 之间有比较大的技术变更和工程量增减，所以项目合约部应配备专门负责人员负责 Shop drawing 所带来的变更索赔工作。

2. 办公硬件准备

Shop drawing 报审的工作量、图纸量非常大，而且不同项目的业主/咨询监理公司对报审的纸面要求也不尽相同，因此项目部应根据具体情况配备相应的软硬件设施等。

5.2.5.3 **Shop drawing 归档**

在国际项目中，完整的技术资料记录、保存将对项目的顺利进行起到至关重要的作用，特别是各版本的 Shop drawing 将作为一项重大的、阶段性的变更记录，对项目的继续进行、项目的顺利竣工、项目的合约索赔起到重大的支持作用。

5.2.6　质量控制

Shop drawing 的质量将直接影响技术疑问的解决与否、现场施工进度及项目的经济效益；Shop drawing 的质量取决于以下几个方面：

（1）专业技术力量的强弱，包括专业技术工程师、绘图员和资料管理员等。

（2）结合经济成本因素，Shop drawing 设计、绘制时技术方案建议要具体、明确，做法节点要详细、合理。

（3）信息资料传递要迅速，经确认的 RFI 内容要及时录入 Shop drawing，得到咨询监理公司批准的 Shop drawing 要在第一时间下发到现场，以免影响现场的施工进度。

（4）合约索赔要及时、细致、全面，在国际工程中，对 Shop drawing 的索赔直接影响着项目的成本和经济效益。

（5）特别重视 Shop drawing 资料的归档、保存，对于已经批准的 Shop drawing 原件，技术部要及时做好归档的工作。Shop drawing 的丢失、损坏，可能直接影响工程的后续施工，影响合约索赔，很大程度上决定项目的成败与盈亏。

5.2.7　应用实例

目前中建中东公司在阿联酋迪拜多个超大型项目的施工工程均采用 SHOP DRAWING，各项目技术部从项目开工到现在已完成了项目实施过程中所需要的所有的施工图纸，包括竣工图纸。进展过程中得到了业主、咨询监理公司以及项目内部的一致认可，使工程得以顺利进行，并提高了公司的技术管理水平，为今后的发展奠定了坚实的基础。

5.3　城市之光超高层建筑图纸前期深化设计

"设计-建造"这样的字眼，我们只在课本中看到过。当接触海外工程之后才知道在国际项目工程合同中，工程设计和工程监理大都是一体的，监理工程师既负责工程的设计和招标（合同）文件的编写，同时又负责工程施工期的合同管理。工程设计是为工程建设服务和为业主服务的，业主/监理有权修改和推翻设计。承包商负责施工图深化设计图纸内容。从事承包单位施工图的深化设计的人员，在做好与设计、机电协调和绘制施工图，并紧张有序地配合现场顺利完成施工任务的过程中，将体会到图纸优化工作的重要性，尤其是在控制工程成本方面显得尤为突出。

5.3.1 工程概况及设计简介

城市之光项目位于阿联酋首都阿布扎比 AL REEM 岛上，是中建中东公司在阿布扎比承接的第一个工程总承包项目。此项目由五栋塔楼与两区裙房组成，投标时总建筑面积为 387896.11m²。五栋塔楼分为两组（图 5-3），一组是 C2、C3 及其裙房组成的高档住宅楼，分别是 35、31 层，最高建筑高度为 146m，两栋楼由裙房连通；另一组是 C10、C10a和 C11 组成为住宅及办公楼，分别为 36、44、36 层，其间有 P1～P4 四块裙房构成，最高建筑高度为 203.35m。主楼均属框架—筒体结构，从 L1 层开始都设计有玻璃幕墙饰面，在全球变暖的大背景下，采用这种结构既能够充分利用当地日照资源，又增加了室外景观的佳装效果。裙房大部分构件采用后张拉预应力结构。在裙房的屋顶均设有游泳水池，多标高、多构件的设计增加建筑的层次感，突显了生活、娱乐为宗旨的设计理念。

(a)   (b)

图 5-3 城市之光项目效果图
(a) C2、C3；(b) C10、C11、C10a

5.3.2 筏板配筋的优化

以 C2 塔楼筏板为例，C2 塔楼筏板建筑面积约 1940m²，平均厚度 3.45m。监理下发的设计图纸，筏板配筋图是非常散乱的，在同一标高处的板面存在 3～9m 长度不等的钢筋。如果按照这样的配筋将图纸直接发往现场，并且依照这样的方式下料，势必造成极大的浪费。我们就根据现有的钢筋定尺长度（12m）对筏板进行钢筋优化，在尽量保证定尺长度的情况下，使搭接数目减少，使截断的钢筋端头尺寸尽量维持在 3m 以上（以备再利用）。经过优化后的筏板配筋，实际用钢材量为 508t（仅 C2 筏板），比设计图纸节约近20t。钢材作为三大主材之首，在很大程度上影响着项目的成本，在建的五栋塔楼都经过这样的优化是一个巨大成本的节约，在此我们也深感责任之大。

就塔楼筏板形状还是比较规整的，钢筋长度存在比例变化的地方也比较少。但是当我

31

们着手做裙房大面积的弧形筏板时，情况就大不一样，C2、C3 的裙房筏板面积约 4300m²，平均厚度为 500mm（图 5-4）。设计图中的钢筋（B1&T1）都是沿着轴线的方向布置（轴线共用一个圆心），这样就存在一个问题，即指向圆心的钢筋势必在接近圆心的位置出现钢筋过密，而无法浇筑混凝土。

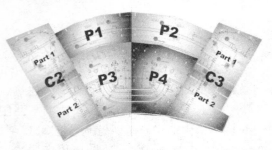

图 5-4　C2、C3 塔楼及其筏板

对此，我们采用分区施工、分区搭接的方式，避开了这个问题。现场按照后浇带的划分将此筏板分成四个区域，每个区域的钢筋都沿着相应的轴线布置，在划分区域的搭接处保证钢筋间距即可。通过这样分区施工、分区搭接的处理方式，也就避开了钢筋在向着圆心方向进而产生拥挤的现象。

5.3.3　楼梯、坡道处的坡度

在楼梯和坡道等构件中，存在非常突出的坡度问题。首先，在楼梯的踏步做法中，在踢脚与踏步之间存在 82° 的夹角。而在做这部分的时候，我们发现结构配筋图中并没有反映出这个夹角，对于整个项目五栋塔楼的所有楼梯都存在这个问题。这样的问题看似小问题，但是之所以提出这样问题是因为有部分楼梯做成了直角，原因很简单，问题就出在我们的技术人员没有很好地对照建筑图，这对后期的装修工作势必造成很大的麻烦，同时也给我们敲响警钟，即使很小的问题，如果一直没有被重视起来，将来就有可能造成难以估计的损失。

我们再来看一下坡道方面存在的问题。下面以 C2、C3 裙房的坡道为例。C2、C3 为两道双向交叉、半螺旋上升的坡道，在其不同的层及同层不同的区段都有不同的坡度。首先我们以 P&T 事先提供的建筑图为依据，准备好了施工图的初始图样。待施工时，我们遇到了塔吊基础与坡道污水沟相互交错的现象（图 5-5、图 5-6），根据排水设计要求需在排水沟的端部做一个污水井，污水井的位置正好坐在了塔吊基础的一端，当时塔吊基础的钢筋已经绑扎完毕，而且要挪动塔吊基础位置的可能性已经不大了，后经与建筑、机电协商就将污水井的位置做了调整。但问题又产生了，坡道的坡度是从污水井的边沿算起的，自然坡度也要跟着更改，在建筑设计中，坡道的起始一段比较缓和，改动了污水井的位置，而又不影响的起始坡度，就需要再次设计三段坡度，坡度改变了，相应地针对坡度改动处的坐标也要重新处理了。

从这两个关于坡度问题的例子，我们不难看出，及时正确地处理坡度问题，不仅关系装修的最终效果，更重要的是满足它的正常使用。这就要求我们及时做好与建筑、机电的协调工作，及时将问题解决，以便施工顺利进行。

5.3.4　主楼与裙房的连接

本项目是由五栋塔楼和其裙房共同组成的，在地上部分它们依托收缩缝和沉降缝为纽带，将居住、办公、停车场自然地连接起来。对于沉降缝来说，主楼与裙房之间的连接就相对简单一些。对于使用收缩缝连接的塔楼来说，就相对复杂一些。从主楼伸出一段托梁

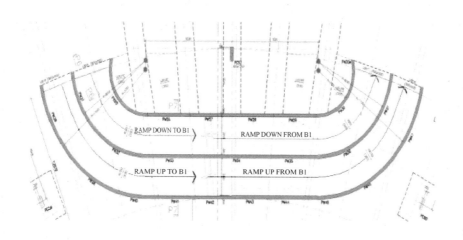

图 5-5　位于坡道污水井旁的塔吊基础

用来支撑裙房的 PT 板（图 5-7），问题主要是 GF 层的托梁比较复杂。GF 层多变的标高极大地影响了主楼的施工进度，从支撑模板到最后浇筑混凝土持续时间将近两个月。

托梁也在几个区段做了相应的标高调整，接下来要做的就是调整托梁局部的厚度。在 PT 板上有几道 2000mm 宽的梁是搭接在托梁上的，而这几道梁也不是上反梁，这就要求托梁局部位置变薄。这一点在设计图中也是没有体现的，这也正是我们要做的，即提供节点并报送 P&T，待审批通过后，再下发现场。主楼、裙房的分期施工，尤其是像这样主楼与裙房通过伸缩缝连接的地方，除了要求我们仔细核对设计公司给的尺寸，更重要的是要考虑是否影响后期的施工，一经发现问题就要及时反馈设计公司，同时也可以提出自己的意见。

图 5-6　位于坡道污水井旁的塔吊基础

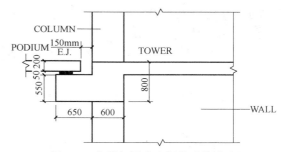

图 5-7　主楼与裙房之间的连接节点

5.3.5　钢筋的搭接与代换

在处理钢筋搭接和代换的时候，体现的不仅仅是"照本宣科"，更重要的是要处理"本"上不能看的内容。我们既要考虑现场的可操作性，又要考虑经济可行性。如图 5-8 所示，梁 B34、B35、B36、B37 及 B38 为一连续梁，在轴线 R7 与 R8 之间的梁为 B34、B35，从图中可以看出在这两道梁之间有梁 B44 与之相交。根据梁表提供的配筋，在 B34、

B35 之间的配筋是断开的，而且都要取大跨度梁长的 1/3 处相互搭接，这样一来，两端钢筋相互交错，其间的缝隙就很难满足混凝土的浇筑要求；再考虑此处梁的大角度走向及大直径的钢筋，如果在此将钢筋截断进行搭接连接的话，一是大直径钢筋刚度大，不易弯曲；二是此处的模板是由若干个小单元的木板拼装起来的，要保证钢筋牢固的固定在指定的位置就需要对此处的模板特别加强。如果按照节点图进行钢筋搭接，势必会给现场带来很多的麻烦，而且加大了成本。综合以上情况，最后我们决定钢筋不在此处搭接，而是选择大型号的钢筋代换，使用通长钢筋代替搭接的方法。

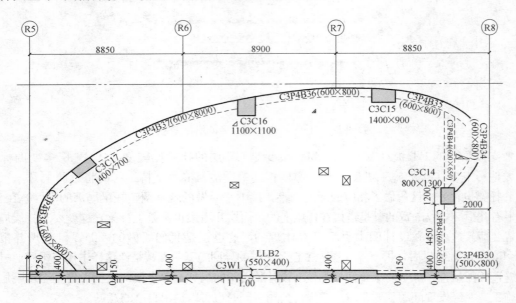

图 5-8　C2、C3 塔楼两端弧梁

利用大直径代换小直径钢筋，也许有人会问：这样做不是存在浪费吗？回答是否定的。在此处我们减少了两处搭接（搭接长度都超过 1m），这样算下来每栋塔楼有两处这样的情况，每层可节约 960kg，对于 C2、C3 两栋塔楼可节约 61t；再者，采取这样的处理减小了钢筋弯曲的难度，从某种意义上讲，节约了时间，更节约了人工。

类似用大直径代换小直径、减少搭接的情况还有很多，只要我们细心观察并仔细计算一下，就有可能控制质量的同时，也在很大程度上控制了成本。

5.3.6　设计图中的其他问题

设计图纸中还存在一些比较突出的问题，下面就是在实际操作过程中遇到的情况。

如在 CAD 图上测量出的尺寸与其标注的数字不符。当然有些边沿构件，我们可以根据建筑图就很容易判断出，但是如果是楼体内部的构件就很难推断了。比如，有一道墙，在设计图中被填充成 300mm 厚，而实际标注的尺寸为 200mm 厚。又如，从图纸上量得住户房间一道梁的宽度为 500mm，而图上及梁表上表示的都是 550mm，从它的使用功能上我们就很难判断这道梁是从一边加宽 50mm，还是从两边同时进行加宽。诸如此类的问题比比皆是，在处理这类问题的时候，我们多写几封信、多报几份 RFI，争取在下料前将其解决。前面讲到筏板，可以说钢材是唱主角的，那么如果说屋面，就不得不提及模板了。为了达到装修立体效果，屋顶就采用多构件、多标高的设计，除长钢筋要仔细核对，另一方面就是构件的标高处理，要计算梁及板的底标高。有些板底面就低于梁底面，形成了板无支座的现象，很明显即便将板的钢筋作简易的弯曲，将板搭在梁的上面，可是这样一来就给模板的搭设造成了很大的麻烦。C2、C3 裙房顶层就存在 5 种标高，而且在浇筑低标高处的构件时，就要将高标高处的插筋预埋。

针对此层的深化设计，包括从接到图纸开始，其间跟设计协调，提出疑问及改进方案，占用一月有余时间。跟其他层不一样就是，在施工图的每一道梁上都标有标高，这虽然算不上是一个创新，但至少给现场减少了疑问，节约了部分时间。

针对裙房顶层，还存在坐标标注问题。同一构件从楼地面到跃层在不同的图 Level 和 UP Level 的目测尺寸就不一样，如：在 Level 某梁与柱子同宽，而在 UP Level 就有标注此梁比柱子宽，而且 CAD 上标注的尺寸和实际尺寸是一样的。就要求我们在 Level 不能对此梁打坐标点，否则洞口就做大了（此梁为一道深梁，其一则为板洞口）。看似小问题，但是却不容忽视，在进行坐标打点的时候一定要特别重视每个构件的尺寸，发现有不符之处就要及时解决，尽快完成一份正确的坐标定位图纸。若是缺少以上过程，就有可能影响后期幕墙、保护屏、电梯及其他构件或设备的施工。

5.3.7　体会

在遵照设计总说明及 BS 前提下，我们还结合国内规范，对二次设计图纸进行优化，无论是纵向钢筋按 50% 错开搭接，还是尽可能使用定尺长度以减少钢筋废料的产生，最终只为一个目的，那就是在既定的合同价格的前提下，使我们人、材、机的消耗费用达到最少。在国内进行投标的时候，深知进行清单报价的艰辛过程，面对来之不易的工程，我们在看到工程质量的同时，成本控制因素更是不容忽视。五栋塔楼都做到了标准层，相对前期的准备工作来说，任务相对会少些，基础、地面层及顶层是土建工程中相对较麻烦的三个部分，对于屋顶来说，存在钢筋优化的地方仍然很多，我们会一如既往地做好每一项工作，为后面工作的开展提供强有力的技术支持。

5.4　城市之光超高层建筑结构优化设计

在中东地区，传统施工承包商往往把控制项目成本的主要精力放在施工图设计上和施工阶段，这种控制的方法尽管也有效果，但是最多只能做到不浪费，其实质是使工程造价不超过设计阶段的限度的数值，对造价控制的作用是有限的。而设计阶段的造价控制是事前的、动态的造价控制。在这个阶段进行造价控制，可以起到事半功倍的效果。据文献统计，设计阶段对工程项目投资的影响程度见表 5-1，设计显然是项目工程造价控制的重点。

设计阶段	设计内容	影响项目投资的程度
初步设计	建筑物的结构形式、外观设计、平面标准及装修标准	75%～95%
技术设计	工程设计的合理性和可行性分析确定	35%～75%
施工图设计	工程设计的细化	5%～35%

在设计加建造（Design & Built，称为 D&B 项目）总承包管理模式下，总承包商不仅要承担着设计与施工双重任务，而且也承担着更大经济风险。为了降低经济风险，在项目设计阶段进行优化设计成为承包商工程造价控制的关键。下面以城市之光项目结构优化设计为例，探讨结构优化设计控制思路和管理实践，并结合具体措施和案例，从技术设计和施工图设计两个阶段分析，来对工程造价有效控制。

5.4.1 项目概况

该项目位于阿布扎比 Al Reem 岛上，由 4 栋超高层公寓楼及 1 栋超高层办公楼组成，建筑总面积约为 40 万 m²，如图 5-9、图 5-10 所示。其中 C2、C3、C10、C11 公寓楼的结构形式为桩上筏板，筏板厚度为 3m，主体结构为剪力墙加核心筒结构，地下 3 层，地上 35 层；C10a 办公楼结构形式为桩上筏板，筏板厚度为 3.5m，地下 3 层，地上 45 层，建筑高度为 204m；地下室与裙楼主要为停车库。该项目采用 D&B 总承包合同模式，合同签订时，业主方已经完成初步方案设计。业主为 Tamouh 投资，监理方为 P&T 设计咨询公司。

图 5-9 C10、C10a、C11 塔楼

图 5-10 城市之光项目全景

5.4.2 结构优化设计的管理措施

以施工为主营的总承包商在海外 D&B 项目中，面临着诸多挑战，就本项目而言，主要面临问题有：①由于项目的特殊性，业主方已经完成项目的结构方案的设计，虽规避了部分设计风险，同时也失去了设计的主动权。不仅对结构优化设计产生一定的局限性，而且还需承担原设计存在的缺陷风险。②由于设计规范、法律、文化背景与国内情形有很大差别，仅仅依靠承包商自身技术力量难以完成设计任务。③采用设计分包，设计的核心技

术往往由设计方控制,承包商多以被动接受,难以有效进行技术控制。④结构设计方案与现场施工脱节问题。⑤结构优化设计,涉及多部门多专业工种,技术协调工作繁重。⑥项目合同工期压力大,五栋塔楼的合同工期为 32 个月。针对上述问题,制定了相应的控制思路和具体管理流程:

5.4.2.1　控制思路

(1) 改变管理观念和意识

在传统施工承包模式下,由业主方提供设计文件,承包商没有得到工程师相关变更指令,必须"按图设计与施工",原则上不得对原设计进行任何的改动。然而在 D&B 项目,承包商造价控制关键在设计阶段。因此,要从根本上改变传统施工总承包管理观念和意识,建立适应 D&B 项目总承包项目特点的新型设计施工管理体系,充分发挥优化设计的核心作用和优势。

(2) 优选设计公司,组建优化团队

1) 在结构技术设计阶段,采用设计分包,并优选国际知名的设计咨询公司,为城市之光项目提供高质量的方案和设计支持。2) 为了发挥优化设计的核心作用和优势,联合本地一家声誉好,结构优化设计经验丰富的工程咨询公司,对设计方提供结构设计方案,再进行优化设计。一方面弥补自身技术力量薄弱,另一方面对设计方案进行技术监督与控制。

(3) 树立优化设计与施工集成思想

结构设计方案常常能满足建筑功能和结构安全可靠度的要求,然而往往由于设计人员施工经验不足,对施工流程和工艺不熟悉,致使设计与现场施工脱节,造成施工难度加大,成本支出增加。因此结构优化设计阶段,始终树立优化设计与施工集成思想。同时要求施工技术人员积极参与设计方案讨论,紧密结合建筑结构特点和所采取的施工措施,将技术、材料和施工工艺进行综合考虑,以达到降低施工难度和工程造价。

(4) 各个专业统筹兼顾,力争全局协调一致

在工程设计过程中,涉及多部门多专业工种,包括结构、建筑、电气、给水排水、暖通煤气等专业工种。由于各个专业各自独立设计,势必造成设计方案从局部看是合理经济的方案,但从全局看未必是合理优良的方案。因此结构优化设计时,不仅要满足建筑功能及规范的要求,而且还需各个专业统筹兼顾,力争全局协调一致,达最优方案。

5.4.2.2　管理实践

根据上述的控制思路,并结合城市之光项目的特点,制定优化设计施工管理体系的流程,分阶段对设计方案进行优化,如图 5-11 所示。

5.4.3　结构优化设计技术措施

1. 在技术设计阶段,结构优化措施

为了满足建筑功能的要求,结构设计往往不是唯一的,不同的结构方案会使工程造价和工程质量产生很大的差别,甚至决定项目建设的成败。因此在满足建筑功能和结构的安全可靠性的前提下,着重分析结构设计的先进性和经济性。通过对原结构设计方案的分析发现,原设计结构平面布置较为均匀,东西对称,竖向荷载传递是合理的。但是,首先对设计方提出结构优化设计的具体措施:①提高结构材料的利用率,尽量采用高强度的钢筋

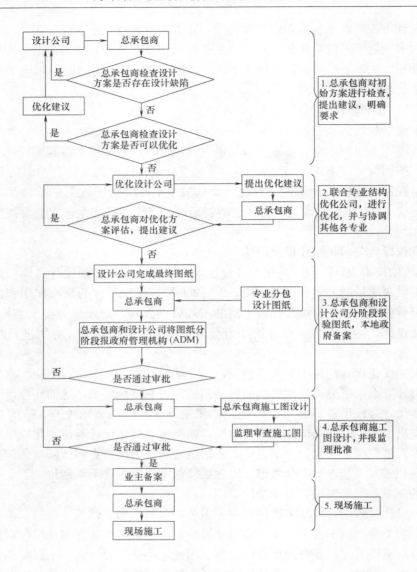

图 5-11　优化设计实施流程

及混凝土；②对五栋塔楼筏板以及裙楼筏板重新验算与设计；③对于水平承载构件，尽量采用预应力混凝土无梁板；④选择正确的结构计算；⑤优化设计与施工集成思想。然后再根据设计方提供的结构设计方案，联合专业的结构公司通过最优的结构验算，再进行优化，实现设计方案的技术监督与控制，提高设计的质量。

（1）提高材料的利用率

结构优化设计目的是提高结构设计的性价比，对结构材料的选用要合理，利用要充分。要根据结构构件的不同受力特点、工作环境和材料本身力学性能，选用合适结构材料，对于高层建筑尤为重要。①采用高强度的钢筋，主要优点有减少钢筋用量，减小结构构件的尺寸，减轻结构自重。如本项目采用强度级别为 460 N/mm^2 热轧带肋钢筋。②尽可能采用高强度的混凝土，充分利用混凝土的抗压性能，不仅减小构件的截面，增加使用空间，而且减轻自重，提高设计质量。如五栋塔楼的竖向结构混凝土等级主要为 C60，水平承载结构混凝土强度为 C40。③对于高层结构的转换层和受力结构复杂的节点部位，采用型钢混凝土结构和预应力混凝土结构，利用材料的各自的力学性能，组合使用，已达到适用、安全、经济的目的。如 C10A 塔楼的 L16 剪力墙（outrigger wall）采用型钢混凝土结构，将原来 8 道混凝土剪力墙，减少到 4 道。

（2）塔楼和裙楼的筏板基础

1）塔楼筏板基础

该项目五栋塔楼基础为筏板基础，原设计方案为 C2、C3 和 C10、C11 塔楼的筏板厚度为 3m；C10a 塔楼筏板为 3.5m，通过分析发现，可以减小筏板厚度和配筋率，提出两种优化方案。

方案一：保持筏板顶标高和厚度不变，减少 5％的钢材用量。

方案二：保持筏板顶标高不变，筏板厚度减小 500mm，同时可以减少 15％混凝土用量和 5％的钢材用量。

对两方案比较，方案二的经济效益明显较好。但是，由于桩基础现场已经施工完成，即桩头标高已定。如果采用此方案，保持筏板顶标高不变，因桩顶标高低于筏板底 500mm，难以实现。如果保持筏板底标高不变，B3 地下室净空间增大 500mm，一方面是业主不认可，另一方面因净高的增加，致使一系列的结构构件需要重新设计，如楼梯、坡道等，不经济。因而最终采用方案一，节约 5％塔楼筏基钢筋用量。

2）裙楼筏板

C10、C11 裙楼浅筏板的总面积约为 5945m²，C2、C3 裙楼浅筏板的总面积约为 4297m²，设计方提供的方案为：筏板的厚度均为 500mm，其中桩帽区域钢筋为，T1&T2 为 T16-150；B1&B2 为 T25-150，非桩帽区域为，T1&T2 为 T12-125；B1&B2 为 T16-175。为此，联合专业结构优化设计公司计算分析，发现原筏板设计过于保守。提出具体优化措施：①利用裙楼筏板钢筋取代桩帽上部钢筋；②裙楼筏板的厚度从 500mm 减至 400mm；③合理减小钢筋配筋率，为双层双向 T12-150mm 网片，如图 5-12、图 5-13 所示。

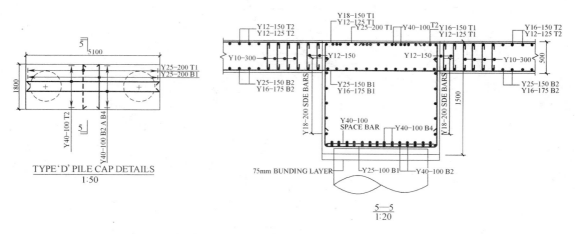

图 5-12　C10、C11 裙楼筏板的节点

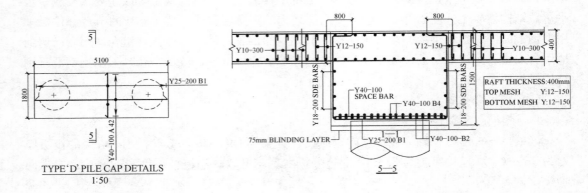

图 5-13 优化后 C10、C11 裙楼筏板的节点

（3）水平承载构件，尽量采用预应力无梁板

采用预应力无梁混凝土板相对于普通混凝土梁板的最大优点在于节约钢材用量和降低施工难度。原设计方案中，五栋塔楼的楼板全部为普通混凝土板，裙楼楼板为普通混凝土板加局部应预力板，预应力板所占的比重较少。为此，优化具体措施为：①4000mm×4000mm×375mm 柱帽构造措施，取消部分混凝土梁；②由于裙楼面积较大和预应力板的钢绞线张拉限制，设置多条后浇带；③将五栋塔楼核心筒外围的混凝土板全部设计为预应力板；④对于跨度较大的混凝土梁，设计成后张法预应力钢筋混凝土梁。如 C10A 塔楼的 F3 和 F5 轴线之间混凝土梁，最大跨度达 17.2m，采用后张法预应力混凝土梁，不仅降低施工难度，而且减少钢筋和混凝土用量。以 C10、C11 裙楼 L6 层为例，原设计 PT 的面积占层总面积 25%，优化后 PT 的面积占层总面积 79%，大大提高预应力混凝土板的比例，如图 5-14、图 5-15 所示。

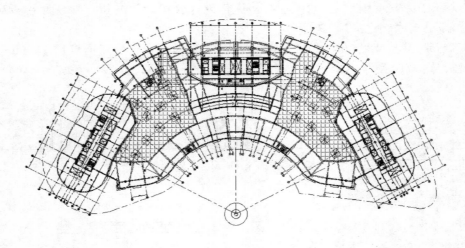

图 5-14 C10a L6 PT 板区域

（4）选择正确的结构计算

在结构优化设计的过程就是对结构方案追求完美的过程。然而在结构优化设计的过程中，设计方重视设计速度，以完成任务为前提，往往设计人员不注重工程造价，常常为了

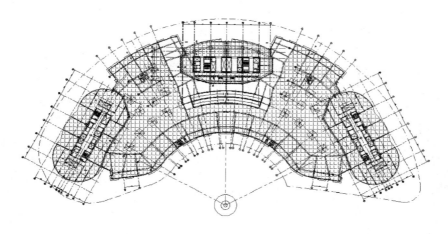

图 5-15　C11 L6 PT 板区域

保险起见，加大安全系数，只要保证设计方案不出现大的质量问题，方案的好坏、造价的高低无关紧要。因此选择正确的结构计算尤为重要，为此联合专业结构优化设计公司，对结构设计方案进行技术监督与控制。例如，对裙楼挡土墙及剪力墙，通过建立结构模型，重新分析验算，使结构达到最优化。C10、C10a、C11 塔楼 505m 长地下室挡土墙，原设计方案共有 5 种类型，从 B3 至 GF 层墙体厚度都为 500mm，并设计不同类型的拉结钢筋，间距为 Y12-125mm（Max），如图 5-16 所示。

为此，结合相关设计参数和地质勘探报告，根据不同深度的土壤对挡土墙水平侧压力不同和竖向承载力的变化，对挡土墙进行再验算。优化结果：①墙厚范围：B3 至 B2 为 400mm，B2 至 B1 为 300mm，B1 至 GF 为 250mm；②根据美标 ACI318-05 14.3.6 的规定，如果竖向钢筋的配筋率不大于 0.01，则可不设置水平方向拉筋。但考虑现场施工要求，设置 T10 间距为 450~500mm 水平拉筋，便于竖向钢筋固定；③拉钩：按结构设计总说明的要求，拉筋两端为 180°弯钩，施工难度较大，为此优化拉筋样式为一端 90°，一端 180°。

（5）优化设计与施工集成思想

在技术设计阶段，始终树立优化设计与施工集成思想。应紧密结合建筑结构特点和所采取施工措施，将技术、材料、施工工艺和施工措施的优点集中体现在优化设计方案中，避免设计与施工脱节，造成施工成本增加，同时降低施工难度，保证了工期。以 C2、C3 塔楼台模水平运输为例。C2、C3 塔楼剪力墙预留洞口，便于台模水平运输。C2、C3 塔楼楼板采用台模体系，由于结构形式为剪力墙加核心筒结构，如图 5-17 所示，剪力墙与核心筒相连，使得台模水平运输困难。如果利用塔吊周转台模，施工难度大和施工进度慢。为此根据结构特点和施工要求，采用预留施工洞口，即在剪力墙上预留 4.0m（W）×2.9m（H）洞口，如图 5-18 所示，以方便台模水平周转运输。经与设计方协商，在保证结构安全前提下，通过优化设计，C2 塔楼从 L7 至 L32 层，在周线轴线 RC/RD/RE 可以在每层预留 6 个此洞口；C3 塔楼从 L7 至 L28 层，在周线轴线 RK/RL/RM 可以在每层预留 6 个此洞口，待结构施工完成，洞口将用砖墙砌筑。

41

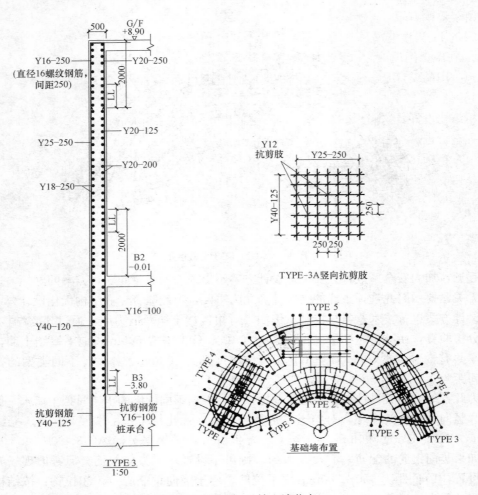

图 5-16　TYPE—3 挡土墙节点

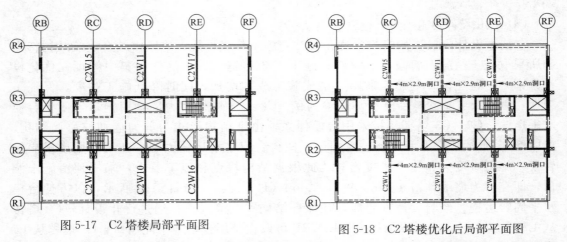

图 5-17　C2 塔楼局部平面图　　　　图 5-18　C2 塔楼优化后局部平面图

通过上述措施，一方面降低施工难度，显著提高施工进度，另一方面用砖墙代替混凝土，减少钢材和混凝土用量。

由于篇幅有限，其他案例不再赘述。如 C10a 梁上柱临时支撑，调整柱子竖向钢筋布置，C10C11 裙楼电梯井剪力墙 PW3-5，设备房剪力墙，水箱墙体等案例。

2. 在施工图设计阶段，结构优化措施

施工图的设计是根据已经批准的设计图纸进行的深化设计，施工图质量对现场的施工质量起到至关重要的影响。为此，通过对结构的施工图纸进行优化设计，主要采取的措施有：精细化设计，采用标准设计，以及控制局部小的变更在现场施工之前的措施，进一步对工程造价进行控制。

（1）精细化设计

结构的施工图纸越是精细程度，不仅有影响现场的施工，而且易于发现局部设计差异。为此：①针对结构构件，如梁、板、柱、墙，精细到每一类钢筋，标明钢筋尺寸及根数、长度、搭接位置及长度等；大大降低钢筋放样阶段浪费；②针对复杂结构，精细到每个节点，标明尺寸高度等；③对于结构构件平面定位，不仅标明具体的尺寸，而且精确到每个坐标点。

（2）标准设计

在施工图设计阶段采用标准设计可以降低工程造价，具体为：减少深化设计的工作量，提高设计的效率，大大缩短施工图设计周期；采用标准构件可以加快工程施工的进度，减少材料的浪费，标准设计有较强的通用性，可以大量重复使用，较为经济。如梁上洞口标准加钢筋节点，设备基础标准配筋节点，圈梁构造柱节点，剪力墙（upstand wall）标准配筋节点等。

（3）尽量控制局部小变更在现场施工之前

在施工图精细过程，对于局部设计差异，及时与设计方沟通，并通过变更节点直接用于现场施工；对于施工难度较大节点，及时提出合理建议，调整局部设计，降低施工难度。将此类局部小变更控制在现场施工之前，避免现场返工，有利于对施工成本的控制。

5.4.4　结构优化设计经济效益

通过结构优化设计，在本项目上取得了很好的经济效益，节约了大量的材料，降低了劳动力的使用量，加快了施工进度。仅与优化公司联合优化的部分，就节约了混凝土 2.7 万 m³，钢筋约 136t，合计减少材料成本 1680 万迪拉姆。具体见表 5-2。

结构材料优化金额　　　　　　　　　　　　　　　　　　　　　表 5-2

项目	C2、C3 塔楼及裙楼	C10 塔楼	C11 塔楼	C10a 塔楼	C10、C11 裙楼	总计
混凝土（AED）	4989525	2002672	1922886	0	4073322	12988405
钢筋（AED）	900724	806223	594549	1695613	−194023	3803086

5.4.5　体会

通过在本高层项目设计阶段的结构优化设计，总结了在 D&B 总承包合同模式下结构优化设计控制思路与管理实践，并结合具体项目措施与案例分析。实践证明，以传统施工承包商在 D&B 项目中采用结构优化设计，有效控制工程造价，并取得良好的经济效益。

同时也给同类 D&B 项目，提供结构优化设计借鉴。但是在 D&B 总承包合同下，对优化设计也面临一些认识不足的问题：①设计方重视设计速度，以完成任务为前提，通常提供单一化的方案，可比性不强；②所有的优化方案必须经原设计方的认同并作修改，再次审批和施工图评审，导致设计周期延长，甚至影响现场施工进度；③对设计方案存在的缺陷，缺乏量的界定、责任的划分和可供操作的处罚条款，是不负经济责任的设计对造价控制缺乏基本的原动力，还有待在实践中不断加以完善和提升。

5.5 迪拜 MIRDIF 别墅群预制空心板设计及施工

5.5.1 项目简介

阿联酋迪拜 Mirdif 区别墅项目群为当地屈指可数的大型高档别墅公寓住宅项目，总占地面积 $743365m^2$，建筑面积 $402148m^2$。采用钢筋混凝土现浇框架结构，其中别墅 275 栋，公寓 42 栋，中心主题俱乐部一座，花园洋房 3 栋。别墅为二层框架结构，基础为独立柱基；公寓为四层框剪结构，筏板基础。从二层板至屋面板均采用预制空心板作为楼板和屋面板。其具体做法是：每一层现浇柱、梁完成之后，吊装 200mm 厚预制空心楼板，在其上浇筑一层 60~80mm 厚 structure screed（叠合）层，内配 T10-200 单层双向钢筋网片，板的边缘与梁内原有预留钢筋搭接形成一个整体、稳定的现浇层（图 5-19）。在叠合层内可预埋 MEP 的电线套管与水管（直径小于 DN20）。

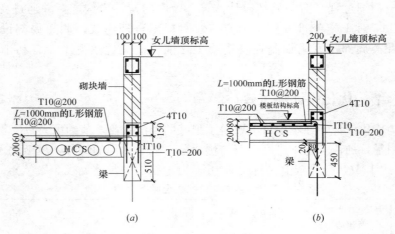

图 5-19 空心板与柱梁关系图

预制空心板是一种预应力板，是预制构件厂家在工厂内预制的。板厚度为 150~500mm，分为六种类型，板的标准宽度为 1.2m，可根据需要选定。本项目采用 1.2m×200mm 厚标准板（图 5-20）。空心板内部开圆孔洞，在混凝土肋内预留预应力钢筋，均为单向板，每块预制板内的预应力钢筋数量都是预制板厂家经过设计与计算得出的，板的长度可根据设计图纸需要的跨度与进深来决定。

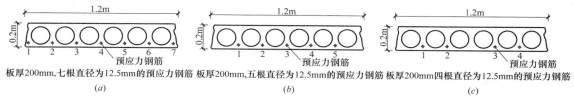

板厚200mm,七根直径为12.5mm的预应力钢筋 板厚200mm,五根直径为12.5mm的预应力钢筋 板厚200mm四根直径为12.5mm的预应力钢筋

(a)　　　　　　　　　　　　　　　(b)　　　　　　　　　　　　　　　(c)

图 5-20　预制空心板截面图

5.5.2　设计工作中遇到的问题及解决办法

进行 shop drawing 的设计，应注意预制构件与现浇连接处的详细节点，并明确给出做法。设计时各专业（包括建筑、结构、电气、水、空调等专业）应相互配合，提供设计条件时一次到位，以提高设计的准确性。

1. 节点设计力求详细

Shop drawing 应详细绘制出节点做法，以利于现场施工人员更好地把握工程质量，减少后期出洽商与变更的数量。尤其是结构专业应明确给出预制构件与现浇连接处的详细节点。例如，柱边长大于 400mm 时与预制板连接，则要进行加固处理，小于 400mm 的则不需要。当在预制板上开洞时，根据洞口所在位置与大小，决定是否对预制板进行加固，如果需要加固，则明确标出加固的方法。

2. 加强各专业设计之间的协调配合

预制空心板是在工厂内提前预制的，不能在已完成的空心板上随意开洞、穿管，必须在板设计前就要提供准确的洞口、预埋管的尺寸和位置，故对建筑、电气、水、空调等各专业预留孔洞的尺寸及位置应在预制板设计前便提供给结构设计人员，避免事后开洞，造成不必要的浪费。设计时各专业应互相配合，在初步设计图纸的基础上，进一步深化图纸，提出设计条件，建筑专业应先交底，表明设计意图以及要达到的效果，结构专业应先就预制板搭板方向及梁的位置、尺寸等提供给其他专业，水、电、空调专业根据建筑结构给定的设计条件，初步确定管线位置，洞口尺寸、位置等，将这些条件提供给结构专业，是否将管线和洞口预留在适宜的位置，结构专业与该专业进行磋商，议定结果，之后应避免再三的改动。

因此，要求设计人员要具备较高的设计水平，把握设计图纸的准确性和完整性，并要求设置设计协调人员总揽全局，对各专业设计均要有所掌握，能够协调解决建筑、结构、水、电、空调各专业之间的矛盾。在该项目的施工过程中，因空调专业预留洞口的尺寸几次改变，使得结构板设计变动较大，不得已时，将洞口位置处的原预制板改为现浇板（图5-21），增加了结构设计难度和现场施工难度。

3. 注意梁板起拱对其内部预埋管线的影响

水、空调及电气专业设计预埋水平电线管时应考虑沿板边缘靠近梁侧的位置布置管线。因 Screed 层厚度为 80mm，除去双向 T10 的钢筋网片筋及钢筋保护层之后，只能敷设 DN20 及以内的管（规范规定：钢筋混凝土现浇楼板内的电线管最大外径不宜超过板厚的 1/3），还因预制空心板本身起拱，使得板中部的 screed 层的厚度不能达到 80mm。机电专业设计人员应预先向结构专业了解预制板的布置方式，使管线尽量沿预制板边缘靠

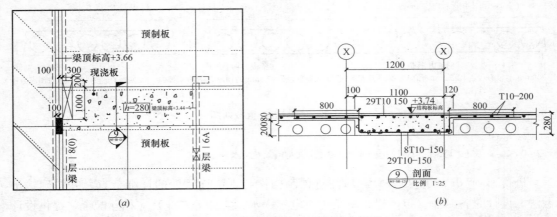

图 5-21　预制板改变为现浇板实例图

近梁侧的位置敷设管线，且尽量避免两管交叉，不得已时，也尽可能地布置在梁侧和板的最低处，以避免钢筋或管裸露在混凝土外。

4. 梁柱的定位和截面尺寸的重新确定

由于改现浇楼板为预制空心楼板，建筑的主体框架的受力形式和传导方式都发生了变化，导致柱和梁的定位、截面尺寸、标高的改变。经过公司技术部齐心协力的研究和验算，最后得出令设计单位和监理都满意并通过的技术方案。具体方案见图 5-22 所示。

在图纸上标明定位及截面尺寸有改动的柱子、梁，并绘制梁的边缘线。以确定空心板在梁上的搭接长度。在图纸上标明定位及截面尺寸有改动的洞口，以便机电专业核对。在图纸上标明没有表示清楚的节点，作进一步的解释。

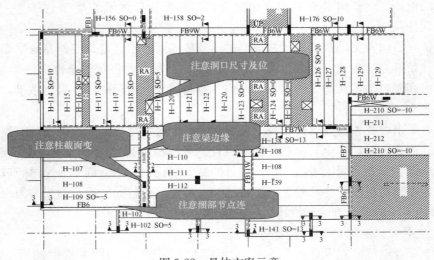

图 5-22　具体方案示意

5. 梁托和牛腿的设计

为了支撑预应力空心板，公司技术部组织大量技术骨干设计出适应不同情况的牛腿和梁托。

（1）预制板边没有梁，空心板直接支撑在柱子上，在柱子上增设牛腿（图 5-23）。难点在于计算牛腿的配筋、牛腿的高度以及牛腿受压截面，并验算空心板传递到牛腿上的压应力。为保证空间的净空，保持吊顶标高无变化，设计单位要求不能降低梁标高搭设空心板，所以增设梁托。

（2）梁上预留机电洞口附加梁托设计（图 5-24）。

（3）梁高较低，吊顶标高确定，直接在梁底增设梁托设计（图 5-25）。

（4）吊顶及梁底标高适宜，直接搭设空心板，无需梁托设计，具体做法如图 5-26 所示。

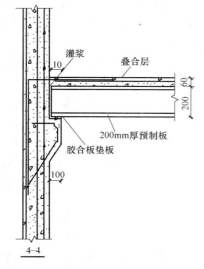

图 5-23　牛腿支撑预制板

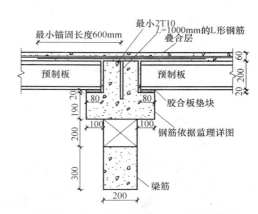

图 5-24　机电洞口附加梁托支撑预制板

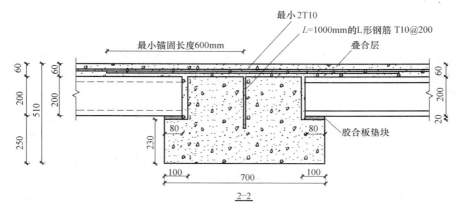

图 5-25　梁底增设梁托预制板

5.5.3　施工中遇到的问题及解决办法

现场实际施工时，需要注意许多问题，例如要通过计算确定空心板在存放、运输及吊装时支撑点和吊点的位置，还要切实落实好设计图纸中要求的柱与板连接处的节点做法，梁柱的尺寸和位置要控制准确，避免偏位过大。

1. 采取有效措施减少板的起拱度

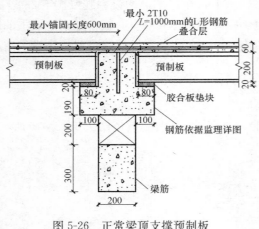

图 5-26　正常梁顶支撑预制板

预制空心板作为预应力单向板的一种，必然会在板中部产生弧度，当弧度过大会对板面标高有影响，必须采取减少弧度的技术措施。

一方面，要对预制板生产厂家提出要求，从源头控制起拱的弧度不得超过一定的标准。在张拉预应力时要严格控制张拉应力，防止超张拉；必要时可在台座上设置反拱，以抵消部分起拱度；还要严格控制放张时混凝土的强度，强度达不到要求，不得施加预应力；板生产出来之后在存放期间要采取减小起拱的措施，例如码放，在起拱部位施以重压等，此外要合理安排

工期，避免板的存放时间过长，以致安装时拱度过大。

另一方面，在施工现场也要采取措施消除板的起拱带来的影响，板被吊装至梁上后，在板顶混凝土铺装层施工之前，也在板起拱部位加载重物，还可以在板底起拱部位抹灰找平（一般应用于没有吊顶的情况），板底找平的房间，找平层不可太厚，一般不得超过 20mm，如图 5-27 所示。

2. 严格控制梁柱位置及尺寸，确保板的安装精度

梁柱的定位与尺寸要准确，偏差必须控制在（+4，−5mm）的范围内。因设计要求预制空心板搁置在梁上的有效长度为 80mm，如果梁的定

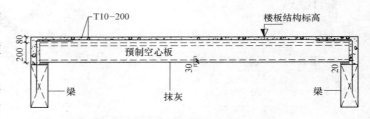

图 5-27　预制空心板加载重物

位不准确，就会使板搭在梁上的尺寸减小；预制空心板因起拱较大，板的直线长度会缩短，且板长本身有误差（误差范围为：4.5m 及以下为 ±9mm；4.5～6.0m 为 ±12mm；6.0～12.0m 为 ±18mm）；而梁的钢筋保护层为 40mm；如果偏差较多的话，实际搭在梁上的尺寸达不到 80mm，有可能板会搭在梁的保护层上，留下隐患。过程控制至关重要，首先，测量放线人员应认真仔细、精确地定位，控制好水平位置与垂直标高，满足图纸及规范要求。其次，现场施工人员与质量控制部门的检测人员应严格按照质量标准和相应质检要求，加强模板支撑，避免跑模，引起柱墙位置的偏移。

3. 板的运输、吊装及存放时要注意支撑点的合理选择

在预制空心板运输、吊装及存放时要注意支撑点的选择。如果支撑点选择有问题，将会使空心板产生破坏。在运输及存放过程中，每块板之间要有软性材料作支撑，支撑点的位置要选择准确，应在预制板受力方向的两端约 30～40cm 的地方，一般采用 6～8cm 厚的方木作为支撑材料，不易滑动，且不易压碎。每摞板码放时高度应控制在 7～8 块板为一摞，不宜太多，也不应太少，太少容易浪费材料堆放场地，太多就会使下面的板破损。材料进场后，起吊时也要注意起吊点的选择，板每端的吊点宜为板长的 1/5～1/6，

如果吊点位置有误，也会对板产生损坏，为工程留下隐患。

4. 加强预制板的出厂验收

预制板的出厂验收要严格把关，现场由于预制板的数量很多，成千上万块，往往容易忽略板的检测。主要检验其平整度、起拱高度及是否有裂纹，如果有细微裂纹，则要根据裂纹所处位置及方向、长度等判断此裂纹是因为什么因素形成的，尤其是板底受力方向的裂纹，必要时板就要作报废处理，不能使用。

5. 防渗漏措施

由于预制板搭接的时候板与板之间会有缝隙，所以为了保证结构的防渗透质量，我们采取了以下措施。在设计上，在整个板上添加叠加层，保证预制板的密实性和整体性，在施工方法上，整浇叠合层与空心板之间的构件，具体做法如图 5-28 所示。

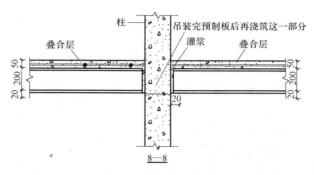

图 5-28　预制板叠合层构造图

6. 保证结构整体性的方法

在梁和空心板的连接处加设钢筋，浇筑混凝土，加固板梁相交节点。在柱和空心板的连接处加设钢筋，浇筑混凝土，加固板柱相交节点。在叠合层内加设钢筋网，空心板相接处加设钢筋。具体做法如图 5-29 所示。

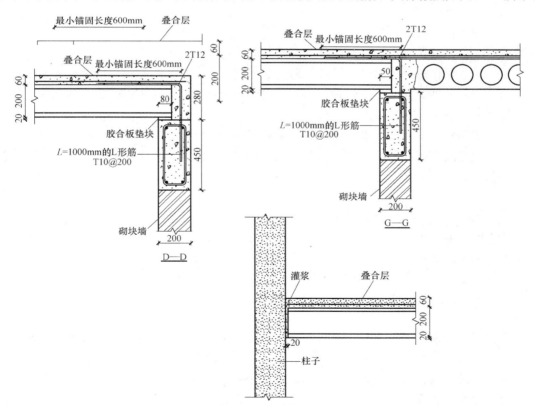

图 5-29　结构整体性处理措施

5.5.4　体会

该项目顺利施工并有可能提前完工的关键，在于制定了一个确实可行的设计方案，方案的核心技术内容，就是如何能在保证建筑使用功能的前提下，合理地支撑预应力空心板，以及用什么施工方法和工艺克服预制板结构本身的抗渗透性能差和整体性差等缺点。工程实践表明，公司高质、高效地完成了施工任务，满足了业主和设计单位提出的各项标准要求。

5.6　全预制装配式别墅项目结构施工技术

当大批建设相同或类似户型的建筑物或建筑物中大量重复出现规格相同的建筑构件时，例如户型简单、单一的别墅群项目建设，在设计、施工过程中采用预制构件体系，能够实现预制构件场外批量工厂化生产，大幅度减少工程建设工期和现场劳动力等资源投入，取得节省工程造价的效果。近年来建筑市场扩展迅速，大规模别墅群建设项目层出不穷，传统的现场浇筑施工方法在此类建设项目中对劳动力资源投入、施工物资耗用等方面要求很高，工期难以保证。此外，一些地区面临气候条件恶劣，劳动力缺乏，建材供给困难等制约因素，此种情况下全预制构件别墅施工工法优势显著。

5.6.1　施工特点

（1）施工速度快，施工工期短，可规模化施工，加快业主投资回报。

（2）工程机械化程度高，有效降低劳动力成本对承包商的压力。

（3）通过对构件模板的构造设计，易实现建筑物外表面凹陷花纹等特色设计风格。

（4）预制构件完成面光洁美观，例如室内墙面可直接上漆，省去砌筑、抹灰等工序的同时能够增加室内实际使用面积。

（5）预制构件可以在远离现场的工厂车间完成，且批量化生产能够大幅减低成本。

（6）能有效克服高温或多雨的恶劣施工环境，混凝土质量易于保证，适于工人室外作业条件恶劣的地区。

5.6.2　适用范围

适用于工期要求紧、开工面积大的规模化别墅群建设，特别是建筑结构形式简单，风格统一的别墅群项目；适用于地震烈度较低，可提供高度机械化施工作业场地项目；适用于施工气候条件恶劣，劳动力资源、施工物资等供应受限制的地区。

5.6.3　工艺原理

全预制构件别墅施工工艺原理是通过预制构件系统的二次设计，实现预制构件在场外工厂进行批量化生产，现场同时进行地基基础施工，预制构件运输到场后，与基础、地梁等已完成构件连接、吊装，组装后进行灌浆连接，将个体连接成整体，发挥结构整体效用。与普通预制装配式建筑相比，全预制装配式别墅除基础外所有的结构构件均为工厂预制、现场装配，而普通预制装配式仅部分结构构件预制且连接节点需要现浇。

5.6.4　施工工艺流程及要点

1. 工艺流程

全预制装配式别墅群施工工艺流程如图 5-30 所示。

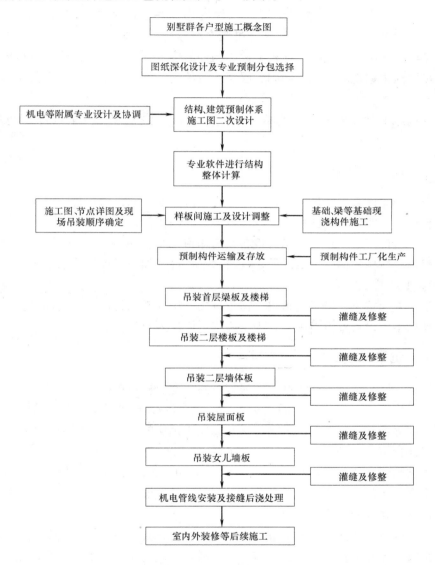

图 5-30　全预制装配式别墅施工工艺流程

2. 工艺要点

（1）全预制构件别墅系统的前期设计协调。全预制构件系统具有不可改动性，在预制系统设计阶段，建筑、给水排水、电气、空调专业要同时做好配合工作。预制构件具有模数化生产的特点，具有不可再生和不可更改性，各专业需要的标高或洞口、预埋管线、电线盒等的位置和尺寸均要提交给预制厂家的设计人员，并经过多方协调，最终确定墙、板、梁等预制构件内及墙与板之间线槽、管道等的走向、开洞位置及其他可能影响预制构件外形、尺寸的因素，并在预制体系设计图中标明，用于进行预制构件批量生产。

（2）运输及吊装构件需要大型的交通机械，总承包商应该协调现场的道路及作业面，方便吊装及施工。

（3）首层墙体预制构件需要与基础、地梁衔接组合，现浇基础施工时必须严格根据图纸要求预埋连接钢筋，作为与竖向构件的连接件。预制构件的吊装顺序为：首层楼板现浇→吊装首层墙板→吊装楼梯→吊装 2 层楼板→吊装女儿墙。

（4）基础板面浇筑完成后，在板上标出构件的位置及编号，以方便吊装和检验。

（5）吊装前根据现场情况明确同一层竖向板的安装顺序，预制工厂将依此顺序供应预制构件。

（6）现场施工时，机电设备完成安装后，进行后浇处理。其中构件之间节点为湿节点。

5.6.5　材料与设备

（1）专业预制体系生产厂家批量顺序生产供应外保温墙、内承重墙、非承重墙、预应力预制多孔楼板、梁、室内楼梯、女儿墙等各种预制构件。

（2）预制构件厂构件预制、吊装设备及运输拖车等。

（3）根据结构构件的受力方式，现场将水平构件（如空心板等）水平叠放，竖直构件（如墙板等）竖直堆放。

（4）汽车式起重机、塔式起重机、拖车等预制构件现场转运、吊装设备。

（5）现场吊装设备及人员配置，根据施工进度计划及作业面确定。

5.6.6　质量控制

（1）构件工厂生产由电脑控制生产流程，并按专业质量规范标准进行生产、养护和验收。预制体系构件从工厂化生产的质量控制，包括混凝土材料及钢筋的验收、模板的验收、养护监控等，都需要专门的表格记录及混凝土试块的试验数据报告。生产工厂的质量控制才能保证合格的构件到现场进行运输吊装。

（2）运输到现场装配时，机械化吊装配合熟练的工人，在调整、校正过程中要做好监督和管理工作，尤其构件之间连接的节点细部做法是关键性的工作。如预留插筋的位置与墙体或楼板预留孔洞的位置要一致。

（3）严格按照安装图纸要求，精确安装每个预制构件。在每一个阶段的吊装工作完毕，经过验收后才能进行灌浆。每一道工序都需要监理与总承包密切配合，充分发挥预制体系的优势。

5.6.7　典型节点

节点施工关系到各种构件的连接，并最终使各个构件组合为一个建筑整体，是预制体系结构质量控制和施工成败的关键。

（1）垂直方向应用 UPCS40-292 材料灌浆，插销灌注材料是 UPCS60-294，水平向的灌注材料是 UPC dry mix S40-293，如图 5-31 所示。

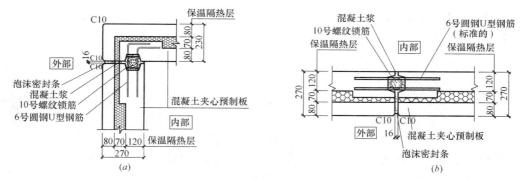

图 5-31　预制构件竖向接缝示意

（2）灌浆养护 6h 以上，且所有的垂直方向加设侧向支撑后，开始水平方向空心楼板吊装。吊装时板底应该设置竖向支撑，水平方向灌浆养护 10h 以上，拆除竖向支撑。

（3）连接节点处采用满足规范要求并经监理审批的材料进行封闭，如图 5-32 所示。

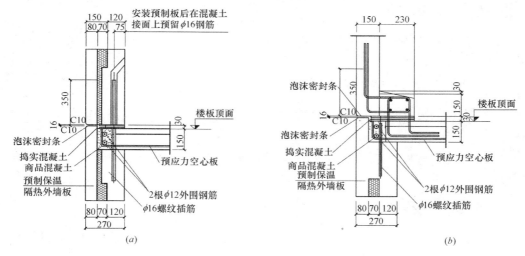

图 5-32　水平与垂直构件连接节点
（a）PD-10；（b）PD-11

（4）竖向板之间的连接、插筋孔及水平方向的预制空心板与支撑点之间灌注的混合物砂浆不能通用。

（5）吊装过程中需对竖向板和水平预制空心板进行必要调整。通过调整临时支撑来调节垂直度，并通过竖向板构件的水平标志线校验。此外，还可以调整竖向板构件的砂浆垫层，以达到验收要求。

（6）通过 PVC 垫片实现水平预制空心板与支撑点之间的调整，也可使预制空心板形成更符合结构设计的简支受力模型。

（7）预制构件加工时，要求截面尺寸偏差控制在 ±3mm 内，钢筋位置偏差在 ±2mm 内，构件安装偏差水平位置控制在 ±3mm 内，标高偏差控制在 ±2mm 以内。

5.6.8　安全措施

（1）全预制构件别墅施工体系有效减少了现场工人和管理人员，节省了施工周转材料等，降低了施工事故发生概率。此外，高度机械化施工也对全预制构件别墅施工体系的安全措施提出了更高的要求。

（2）项目需成立安全部并受公司安全部门领导和监督，建立项目安全文明施工系统。由项目安全管理部门，组织对工程进行管理监察。

（3）工人、管理人员等现场作业人员和任何出入现场的其他供货人员、监理工程师等都要严格遵守现场安全法规和规定，做到安全措施全面、到位，预防为主，安全第一。

（4）每个进入现场作业的施工人员都必须经过安全培训，需要配有完整的个人防护用品，如安全帽、安全鞋、个人眼罩，如进行有粉尘或高分贝噪声环境下的作业，则必须带有面罩、耳塞等。

（5）各个机械操作人员必须持有当地认可的驾驶操作证，各种吊装用的铁链等也都需要认证。从事高处吊装时候，沿边都应有防护措施等。高空作业时，须搭设安全操作平台，平台应满足设备布置和人员操作空间需要，操作人员必须系挂好安全带。

5.6.9　环保措施

（1）建立。HSE（职业健康安全、环保）体系，并成立安全环保小组，并设立相关施工管理措施，专人专项执行项目安全、健康、环保措施。

（2）预制构件工厂的生产、运输等环节要符合国家或地方的职业健康、环保相关法规和规定。

（3）施工时应对施工废料进行集中收集和分类，并按照国家和地方环保要求进行相应处置。

（4）在施工过程中应严格遵守相关职业健康法律法规，保证场内作业人员的安全，并保持生活区的卫生。

5.6.10　效益分析

全预制构件别墅体系实现了预制构件的工厂化生产，由预制厂家通过专业的设计软件进行设计，计算每个构件的形状、尺寸、受力及配筋，根据构件的特征加工定型钢模板，在计算机控制下进行生产。预制完成后运输至现场完成装配、调整、校正和安装。

此施工工法在缩短项目施工工期、节约工程造价等方面效果明显。全预制构件别墅系统设计及施工系统可以广泛应用于类似的别墅群项目。与现浇结构相比，全预制装配式体系经济效益十分明显，可直接节约施工成本 15% 以上，同时能够有效缩减施工工期和劳动力、脚手架的施工资源的投入。

5.6.11　应用实例

中建中东公司摩登别墅项目为一大型住宅别墅群项目，位于阿联酋迪拜 Dubai land，地块号为 900-1061，占地面积为 760hm²。具有五种阿拉伯城市传统风格的户型，其中开罗风格是一期的主要户型，包括 350 套 2 层的连体别墅，总建筑面积约为 12.13 万 m²，总工期为 745 d。因摩登项目结构形式简单、户型单一、数量较多，经技术人员的反复论证与方案比较，在征得了业主、咨询监理公司及当地政府的认可，该项目由现浇结构改为地上全预制结构体系，新设计使得施工现场的作业更为简洁、流畅，施工质量和安全得到可靠保证。

预制构件以其快捷、方便的特点作为建筑物常用施工方法，得到阿联酋政府当局及业主的批准和认可，并且因其减少了资源投入，加快了施工进度，受到施工单位的青睐。

5.6.12 总结

采用全预制体系的设计和施工方法，产生了良好的经济和社会效益，取得令人满意的成果。包括成本效益：节约了大量的脚手架材料、模板、劳动力、机械设备等；经济效益：缩短工期、减少管理人员及管理费用，产生较大经济效益；社会效益：设计方案优秀，施工质量优异、合同工期提前，得到政府、业主、监理的满意，扩大了中建中东公司在中东地区的影响力，继而扩大市场，扩大中建公司的影响力。

5.7 国际工程现场管理技术

从中建中东公司在阿联酋施工项目运作的组织机构设置可以看出，现场工程师是项目运作的最基层管理者，也同时为项目顺利开展发挥着至关重要的作用。纵观现场工程师的日常工作，除了严格执行项目施工工艺及相关报验程序外，其主要的职责就是正确处理与项目参与各方的关系，即协调工作。作为一名现场工程师到底需要协调哪些关系，如何将这些关系处理好，好的协调工作与整个项目的顺利进展有何影响，下面将结合在城市之光项目工作期间的一些心得作一介绍。

5.7.1 正确处理与分包商的关系

在总承包项目实施过程中，有很多分项分部工程由分包单位参与施工，如桩基分包、主体结构分包、预应力分包、商品混凝土供应商、防水分包、机电分包（包括电梯分包）、室内外装饰分包（如幕墙分包）等分包商。如何正确处理与这些分包商之间的关系，并且很好地协调不同分包商间因工作面、工作内容分配中的冲突，需要现场工程师充分发挥自身处理人际关系的优势，促进各项工作按计划顺利进行。

1. 与结构分包的关系

现场工程师是项目部与结构分包联系的最为密切者，也是项目部最基层的管理人员，其主要职责是配合结构分包及时报验，按时验收各项工作，指导结构分包的施工技术，及时发现并督促结构分包整改施工过程中的质量、安全文明等问题。同时，现场工程师是协调结构分包与其他分包之间关系的一座桥梁。因此，现场工程师要处理好其他多项关系的前提，就是要和结构分包人员和睦相处、相互了解，采取合情合理的方式方法解决问题。但是，不能因顾及与结构分包的关系（如下属分公司），而忽视对其项目实施过程中进度、质量、安全文明等方面的监督管理。

所以，现场工程师在处理与结构分包关系的时候应把握一个度，何时需要严格管理、何时需要适度放松，应正确协调，使整个结构施工按照项目部的计划和目标开展。

2. 与防水分包的关系

如果参与过管理防水分包的话，那么肯定深有体会，防水分包是比较让人头疼的分包之一。因为在协调防水分包的工作中，主要是一些繁杂的小事，考验的是忍耐力以及努力程度。

在结构施工阶段防水分包的管理中，重要的是协调其与结构分包的关系，因为在防水分包工作开展之前，需要结构分包做好一些准备性工作，而这些工作的及时完成，需要工程师对结构分包做很多思想工作，重要的是注重方式方法，注意言词举止。必要时，研究双方的合约条款，明确告诉结构分包哪些工作完成后是可以签工的，这样才能很好地提高其完成工作的积极性。

地下工程防水是项目能否成功的一项关键任务，必须对其质量做到万无一失，因此，现场工程师需要时刻跟踪防水工作的开展情况，监督其工作完成的进度和质量。如果发现质量问题，应及时通知防水分包整改，把问题解决在萌芽状态。必要时，要拍照做好记录，以作为日后发生扯皮或索赔时的有力证据。

3. 与降水分包的关系

降水工作是项目开展前期需要重视的一项工作，如果降水工作出现问题长时间不能解决，势必会对项目正常开展造成影响，甚至此项工作会前功尽弃。因此，现场工程师要做到尽职尽责，每日多次查看。若发现降水设备出现故障，或由其他原因造成的降水管破裂，都应迅速通知降水分包及时抢修。另外，工程师应通知结构施工队等其他分包注意对降水管的保护工作，如在拆除楼板底模时，最好事先用胶合板覆盖，以免因模板、钢管掉落破坏降水管，带来不良后果。

4. 与预应力分包的关系

预应力施工是项目的又一项重要工作，一般负责此项施工的是国际上比较有实力的公司，它们在施工现场随时都有工程师负责配合结构施工，监理对它们的施工质量比较放心。现场工程师与预应力分包关系处理中，重点是在预应力梁板浇筑完成后，在收到试块达到要求的试验报告后及时地通知其进行张拉工作，提醒其按时提供预应力张拉等相关报告，并跟踪后续的灌浆、切割封堵等工作。

预应力板的按时按规定程序做好张拉工作，对于结构施工进度是一项非常有利的事情。如果下层楼板张拉工作拖延势必会延误上层结构混凝土的浇筑。因此，需要现场工程师重视这一环节工作的开展，做好与预应力分包的联系。如果预应力板在张拉过程中出现钢绞线断裂、张拉口附近混凝土爆裂等问题，应该严格按照技术部或监理批准的技术文件执行。有验收程序要求的，应提前通知预应力分包配合监理进行验收，确保工程质量。

5. 与机电分包的关系

机电分包是每个项目必不可少的分包商之一。无论在结构施工还是在装饰阶段，时刻要考虑到结构施工与机电施工的先后顺序，提前与机电相关负责人联系，做好工作安排，以免工作面或工序颠倒，导致后续返工或出现质量问题。与机电分包处理好关系就是要需要相互间时刻本着配合的态度，既要保证相互工作的完成，又要保证对相互完成工作质量的保护。结构施工时曾出现过机电预留管被结构施工人员破坏，或机电人员随意在墙上开洞等问题，为避免类似事件再次发生，工程师应提前通知对方，经双方协商后制定可行方案后进行改正或修补。在装修阶段，机电隐蔽性工程更是工序多、程序杂，需要各方密切保持配合的态度，避免各干各的，造成不必要的返工或损坏。

以上几个分包仅仅是结构施工阶段接触较多的分包商，随着项目的开展，会有如电梯分包、幕墙分包、室内装饰分包、室外装饰分包等更多分包商进入现场参与施工。所以，对于现场工程师来说，将面临更多的关系处理和问题协调。因此，现场工程师在处理各方关系时，还必须运用好"现场通知单"、"工作联系单"、"质量安全罚款单"等文件，以作为有效的控制手段。

5.7.2　正确处理与项目不同职能部门的关系

1. 与物资部的关系

项目要想顺利地开展，必不可少的就是物资的及时供给。项目所需物资能否及时供应，关系到项目进度计划的执行。因此，需要现场工程师事先了解各分包的物资使用情况，并按照项目进度计划提供物资需求计划，上报领导核批。在计划上报后，要跟踪所需物资的到货情况，做到既不影响现场施工，又不要出现过量积存某些物资的现象，做到合理贮存、节约使用。

2. 与合约部的关系

合约部是确认不同分包商实际完成工程量的核准部门，但很多支持索赔、罚款或确定工程量的信息、数据、文件是需要现场工程师提供的。这就要求现场工程师在与分包商的交往中，多积累一些有用的信息资料，并做好相关工作完成情况的记录，以备合约部核准工程量、索赔等之用，避免出现问题无证据可查。比如现场雇用的零星劳务作为现场施工人员不足的一个补充，在对这些劳务分包的管理中，现场工程师应从其入场开始就要做好考勤表、当日工作分配记录、阶段性完成工程量、材料领用记录、小型工具设备使用记录、安全质量罚款记录等，并定期或者分包结算时一并提供合约部作为核算的有效依据。

3. 与技术部的关系

现场施工所需的所有图纸、技术资料都来自于技术部。由于图纸变更频繁，变更项目繁多，现场工程师要非常清楚地使用图纸指导现场施工确实是件难事。因此，在出现某些问题自己拿不准的时候，必须咨询技术部相关负责人，把参照哪一版图纸或交底搞清楚，做到正确指导施工。另外，要随时做好图纸接收情况记录，更重要的是做好图纸变更记录，现场施工使用哪一版本图纸都需要作出明确的登记，以备后续查询或作为出现问题时追查的依据。

4. 与设备部的关系

机械设备是施工项目不可缺少的资源。充分、及时地安排相关设备配合施工，是项目顺利开展的前提。现场工程师是多个分包商联系的纽带，因此需要现场工程师参与安排设备或协调设备使用。例如，结构施工浇筑混凝土时，需要联系搅拌站预定混凝土泵车或联系设备部人员提前安排地泵、塔吊、垃圾清理车辆等；分包商材料进场时，需要安排塔吊或起重设备卸货；塔吊、施工电梯、地泵等设备出现故障时，需联系设备部人员及时检修等。

5. 与安全部的关系

安全文明施工一直是项目开展的重点。因此，在项目开展过程中，仅仅靠安全部仅有的几个安全官很难做到安全施工的，而应要求各分包商随时配合安全部门进行安全检查，并对有安全隐患的部位及时作出整改。现场工程师就是安全文明施工的最好监督者。他们时刻处于与不同分包的交往中，因此，可以随时向不同分包提出其安全文明工作做得不完善的方面，并要求其整改，必要时拍照或发出书面指令，严重违规或拒不改正者罚款处理，严格执行安全部门提出的要求和项目安全技术规章。

当然，项目职能部门还有如测量部、行政部、后勤部等，这些关系的正确处理也是现场工程师顺利开展工作的有效辅助和支持。

5.7.3 正确处理与监理工程师的关系

监理工程师作为业主代表，在施工现场监督项目施工质量、进度、费用及安全文明施工等多方面工作。现场工程师每天都需要接触监理工程师，如向监理工程师提交第二天报验单，并事先与监理工程师约定时间到现场检查完成工作的质量情况。监理工程师也是现场工程师用来约束分包的一个有效手段，因此，必要时现场工程师可以借助监理工程师的名义要求结构分包或其他分包做好现场安全文明施工。

另外，现场工程师在验收各项工作之前，应事先检查，及时把问题解决在监理查验之前，给监理留一个好印象，让监理相信我们的前期工作很充分。这样在以后时间内，验收工作可以节约双方很多时间，避免重复查验，但前提是做到按图施工，确保工程质量。简单地讲，就是让监理感受到真诚和可信。

5.7.4 正确处理现场管理人员的内部关系

在施工现场的项目部内部的关系处理上，现场工程师一是要按内部的岗位分工，摆正各自的位置，必须在现场经理（或施工经理）的组织管理下统筹协调项目现场施工的工作，达到步调一致、团结协作、分工合作；二是要在各自的工作岗位上，认真履行工程师职责，做到尽职尽责；三是要遵守工作纪律，形成紧张有序的工作群体，以提高工作实效。

城市之光项目工程部是由现场经理和多名现场工程师组成。现场经理是指导、督促现场工程师工作的直接领导，按照现场经理的工作分配，每个现场工程师完成自己管辖范围内的工作，做好与各分包商的协调工作。现场工程师在完成自身职责内的工作时，如个别问题解决不了时，应及时告知现场经理。不能出现自己解决不了的问题隐瞒不报，会造成严重后果，甚至拖延工期。

虽然项目内每个现场工程师都有自己的工作范围或分工，但是由于现场随时都有加夜班的可能，因此会出现某位现场工程师因加班第二天不能上班的情况，这时需要另外一位或两位工程师来承担其负责的工作，这方面最好由该值班工程师事先在《工作移交单》中注明，做好工作交接，避免出现工作无人做的情况。另外，现场工程师工作之间是有联系的，不是完全孤立的，因此需要他们之间多交流工作开展情况，以提醒对方做好工作安排。比如挡土墙钢筋的绑扎完毕，需要及时安装止水带和注射管，这就需要负责防水的工程师知道挡土墙钢筋绑扎完成时间和模板安装计划，事先完成该部位施工缝的防水工作，做到其他分包工作不影响结构施工进度。

5.7.5 总结

从上述可以看出，现场工程师处理与众多分包的关系，既要处理好相互关系，又要严格监督管理，把握一个度。现场工程师处理与其他职能部门的关系就是要密切联系，多多交流，更大程度地保证信息完备和信息准确。现场工程师处理与监理工程师的关系，重点是要建立一个信任机制，使他们通过信任每一个现场工程师，从而增加对我们企业的信任度。最后，现场工程师在处理施工现场管理人员内部关系中，既要秉着严格分工、团结协作，更要注重工作间相互渗透，随时可作为对方的有效替补者。总之，说起来容易做起来难，也许只有真正参与过方能有更深的体会。

5.8　国际工程技术资料管理工作

随着建筑市场的迅猛发展，国内外建筑业的不断规范，做好建筑工程资料管理工作显得越来越重要。总体来说，国际工程技术资料是记载项目施工活动全过程的一项重要内容。做好工程技术资料管理工作，能真实有效地反映工程的实际情况；能及时完整地提供必要的技术支持；更能积极主动地搭起技术部与工程部、合约部、安全部等部门和各施工队伍之间的沟通桥梁。因此从某种意义上讲，管理好工程资料与建设好工程具有同等重要的价值。下面就搞好工程技术资料管理工作谈一些体会，并简单介绍国际工程常见技术资料的中英文名。

5.8.1　国际工程技术资料员的工作职责

正确理解资料员（即 Document Controller）的工作职责有助于深入了解资料管理的具体要求，掌握日常工作的相关环节要点，确保工作的细致到位。

1. 资料员的定义

资料员的工作既不是对日常文件的简单复印，也不是将文件普通收发。实际上，资料员的工作集合了对整个项目技术资料工作的统一管理，对于日常资料文件处理讲究条理性、及时性和完整性。

2. 国际工程技术资料员的工作要求

资料员的工作不是单会电脑操作就可以做的。懂电脑操作是开展资料管理工作的基础。在国际工程技术资料管理中，还要确保资料员有较好的英文水平，才得以从容处理各类往来文件。同时需要了解建筑工程技术资料和监理/业主等基本知识才能知道要处理什么资料；了解基本建设程序才能知道这些文件是什么，有什么用，资料之间有什么联系；了解文书知识才能知道怎么收文，怎么处理文件；了解档案管理知识才能懂得怎么整理文件。具体来说，资料员的工作特点是讲效率和重沟通。

（1）讲效率，提倡及时收集，及时整理

及时性是做好技术资料管理的前提。技术资料应随着工程进展而及时收集、及时整理，杜绝事后突击整理资料的做法。及时收集、及时整理可以对存在问题及时处理，不足的可以及时补上。及时收集、及时整理，资料的连续性、系统性好，差错少；突击整理则连续性、系统性差，差错也多。

（2）重沟通，做好承上启下工作

资料管理员一定要遵循领导的旨意，对资料收集、整理、分类；归档中存在的问题要及时向上级主管领导汇报。同时，资料员要充分调动技术部所有成员的积极性，要求大家都来参与和关心报审资料的收集、整理工作。广大技术工程师是报审资料的第一线人员，及时向他们收集资料并及时整理、上报，并将结果向他们反馈，对其中需要进一步收集的数据向他们提出要求，确保原始资料的全面性和可靠性。

明确了资料员的工作要求，重点理清技术资料工作的管理思路，归纳资料的种类、形式，设定可行的管理办法。

5.8.2　国际工程项目技术资料的组成

工程技术资料就是指从工程项目立项后开始的图纸深化设计、现场施工、上报监理、业主的报审文件、日常内外往来信函等直至竣工的全过程中形成的一系列应当归档保存的文件资料。

1. 技术资料管理的工作内容

在国际工程项目中，技术资料管理工作从构成上讲，主要分为对外报审资料的收发、对内文件资料的收发以及与业主、监理和各分包商之间的沟通信函的收发。

（1）对外报审资料的收发。对外报审资料的收发，即向业主发文与收文。主要包括技术问题答疑（Request for Information）、设计施工图纸（Shop Drawing）、施工方案（Method Statement）、技术方案（Technical Proposal）、材料报审（Pre-qualification & Material Submittal）等由业主上报监理批准的各类文件。

（2）对内文件资料的收发。

对内文件资料的收发，即项目内部发文与收文。主要形式是技术交底（Technical Explanation）、部门之间往来信函（Internal Memo）等各类书面文件的下发和接收。书信资料主要涵盖与业主、监理和各分包商沟通的来往书信的收发（Outgoing Letter & Incoming Letter）。

2. 资料管理工作流程

由于以上提及的技术资料的类别与功能的不同，现将资料管理工作流程表述如下：

（1）对外收发文（即向业主发文和收文；向分包商发文和收文）。

① 向业主发文/向分包商发文，其程序如图 5-33 所示。

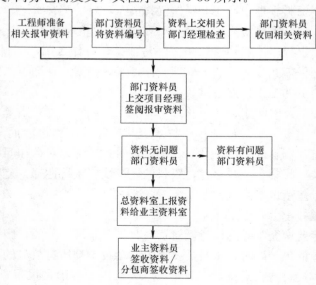

图 5-33　向业主发文/向分包发文程序

② 向业主收文/向分包商收文，其程序如图 5-34 所示。

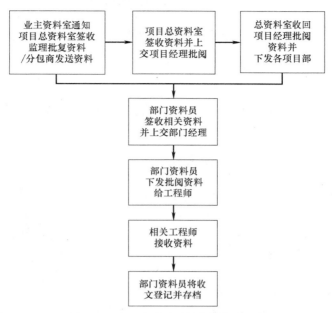

图 5-34 向业主收文/向分包收文程序

（2）对内收发文（即对项目内部 Internal Memo 的收发和技术交底的下发）。

① 对项目内部发文，其程序如图 5-35 所示。

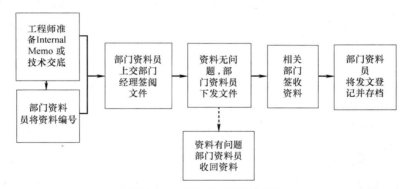

图 5-35 对项目内部发文程序

② 对项目内部收文，其程序如图 5-36 所示。

图 5-36 对项目内部收文程序

5.8.3 技术资料管理工作的规范化、条理化和档案化

拥有了清晰明确的工作流程，使我们的技术资料管理工作走向了规范化、条理化和档案化。

5.8.3.1 技术资料管理工作的规范化

首先在规范化上，就要求资料员必须做好工程技术资料的收集和记录。规范化的工作流程有效地保证了文件的及时传输，保障了项目承包商与业主、监理等多方的良好沟通。因此，文件目录索引记录在资料管理工作中扮演了一个十分重要的角色。一般来说，对外报审资料记录要清楚记载文件序列号（Series No.）、编号（Reference No.）、主题（Description of Subject）、编制人（Initiated By）、版本号（Revision）、批复状态（Status）以及报审日期与批复日期（Submission Date 与 Replied Date）。其中正确注明每份上报文件的版本号和批复状态尤为重要，因为这两项记录切实反映监理的批复意见，确保现场按照正确版本的图纸进行施工。对于往来信函的记录则要表明收发文件的来源和分类区别（即 Client/Consultant/Sub-contractor Outgoing Letter 和 Incoming Letter），以便在日常信件查找中目标明确，方便快捷。

5.8.3.2 技术资料管理工作的条理化

从条理上讲，就是要求文件格式统一，内容表达正确，资料讲究井井有条。由于资料员每天都要编写不同类型的书面文件，例如报审资料封面、技术交底封面、内部发文封面或对外发函等，做好这些工作的重点在于文件模板的运用。通常情况下，工程师会将他们准备的报审资料或下发资料的初稿交给资料员，资料员可以套用正确的模板编辑相关文件，将文件编号，并且检查书写措辞是否规范。在模板的辅助下，大大提高了文本编辑效率。另一方面，针对所有下发的技术交底，交底内容是图纸的，必须加以盖章，标明是施工图纸还是参考图纸（For Construction 或 For Information）。拥有认真的态度，资料管理工作就能做到井然有序。

5.8.3.3 技术资料管理工作的档案化

档案化，就是将形式多样的文件分门别类进行归档，真正充当项目中存放各类文件和图纸资料的"图书馆"。

1. 报审资料的分类

整体上说，所有报审资料的档案都要分为两个部分，上报资料和监理批复文件（Submission 和 Reply）。为了节约资料存放空间，建议资料员保存所有上报资料的电子版（soft copy）；所有监理批复文件保存书面资料（hard copy）。在条件允许的情况下，可以将监理批复的文件封面进行扫描制成电子版以方便在日后工作中查找所需信息。

2. 图纸的分类

在我们的技术资料管理中，图纸在整个施工过程中起到了举足轻重的关键作用。工作的第一步是先把图纸分为两大类管理：①结构图纸；②建筑图纸。有了这两个大方向以后，使得我们技术资料的归档工作方向明确，重点突出。如果一个项目的规模是好几栋塔楼，还要将各个塔楼的图纸也按结构和建筑两个大类分开保存。

具体来说，我们所存放的图纸都是监理批复回来的施工图纸原件（Original Shop Drawing）。

图纸批复状态（Action Status）共分五种：

（1）无条件批准（Approved，缩写为 APP）。

（2）有条件批准（Approved As Noted，缩写为 AAN）。

（3）有条件批准，并重新上报（Approved As Noted，Resubmit，缩写为 ANR）。

（4）没有需要（Not Required，缩写为 NR）。

（5）没有批准（Not Approved，缩写为 NA）。

熟悉了图纸批复状态，有助于资料员核对工程师下发的施工图纸正确与否，使得现场工作顺利进行，监理验收有章可查、有规可循。

3. 其他

除此以外，工作中还会收到部分有关图纸的文件，例如前期技术工作需要的投标图纸（Tender Drawing）、合约图纸（Contract Drawing）、施工设计图纸（Construction Drawing）以及在日常工作中收到来自政府批准的相关板图（Slab）、梁图（Beam）和柱子图（Column）等。这些图纸的特点是涉及广、数量多，比较实用的办法是将每份图纸以组卷的方法，并在图纸上贴上标签注明图纸名称，便于保管存放和日后查阅。

总之，技术资料和文件的分类方法多种多样，但不论采用何种分类方法，卷内要反映出文件的有机联系，卷外要有突出的特征。无论怎样分类，都以方便工作为原则，灵活处理，便于查找。

5.8.4　技术资料管理工作的注意事项

项目技术部是一个与项目内外各部门沟通的重要窗口，面对繁杂的技术资料管理工作，现结合工作实践列举几个工作中需要注意的问题：

（1）收发资料的完整性

认真查收每份资料，尤其注意是否有附件，比如附加光盘或图纸。

（2）报审资料的正确性

不同报审资料的人员审核栏内签字要齐全；上报资料的复印件要清晰；上报的图纸列表要与上报图纸名称一致；上报资料的附件上应一一注明页码号。

（3）报审资料的妥善保管

对于监理的批复资料，如施工图纸（Shop Drawing）、施工方案（Method Statement）、供应商资质预审（Pre-qualification）、材料（Material）等。同一类型的文件需要按照相应的文件编号依次放入文件柜。面对数量繁多的报审资料，特别是图纸，建议自制一些纸盒存放，并在每个盒子粘贴标签和添加索引列表。

（4）图纸的盖章

对待下发的图纸要加以盖章，避免混淆。常用印章有施工图纸（For Construction）、参考图纸（For Information 或者 For Reference）、已被取代图纸（Superseded）。

（5）资料文件夹的名称书写

各类的收发文件需要大量文件夹存放，当同一类型的文件放入多个文件夹时，文件夹名称建议以文件夹一、文件夹二（即 File 1，File 2）予以区别。

（6）资料文档和记录的检查更新

日常工作中，许多资料借阅频繁，资料员的一个重要职责是将借阅人员、借阅资料和借阅日期记载清楚；同时还要定期检查资料库内文件是否齐全。对于收发文件的登记，尤其是报审资料的批复记录要及时更新。

（7）资料文件的共享

由于技术资料的种类和数量繁多，为了方便工程师和相关施工人员在工作中查找所需文件，资料员在指定的计算机中建立一个共享文档，真正发挥资料管理的现实意义。

5.8.5 总结

以上是从面到点探讨了技术资料管理工作的注意事项，可以看出工程资料管理工作是工程建设过程中不可或缺的一项重要工作，是一项系统工程，是涉及各个专业技术部门的一项复合性工作。我们需要建立一套科学的文档管理系统来保证工程竣工资料完整、准确、系统、齐全，真实地记录和反映施工及验收的全过程。一名合格的资料管理员不仅应当掌握多方面的知识，并且需要不断加强自身业务能力和管理水平。只有这样才能保证形成一流的工程施工资料，从而为建设一流工程项目提供资料方面的保证。实际上，技术资料管理在现实工作中还会有许多细节方面的要求。资料员只要本着细心、耐心和专心的敬业精神对待本职工作，就能不断提高工作效率，逐步改进技术资料管理工作方法，使自己在工作道路上迈向一个新台阶。

5.9　国际工程分包图纸和材料申报的程序及管理

在阿联酋项目施工过程中，首先要得到监理和业主批准的图纸、材料和方案，方可在现场施工。所以对于任何一个分部分项工程，首先图纸、材料和方案的报批必须先行，才能保证该分部分项工程的按时开始。根据中建中东公司 SKY COURT 项目分包材料和图纸的报批过程中所遇到的问题和经验，谈一下在阿联酋施工过程中，分包图纸和材料报批的程序和注意事项。

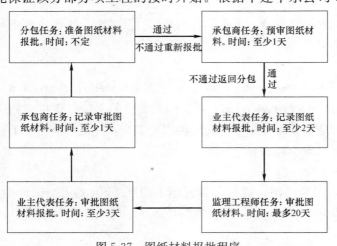

图 5-37　图纸材料报批程序

5.9.1 图纸和材料报批的程序

在阿联酋项目管理中，业主方的管理由业主代表和业主选定的监理公司共同组成，分包图纸和材料报批的流程如图 5-37 所示。

5.9.2 图纸报批过程中的一些方法及注意事项

在阿联酋项目施工过程中，需要在业主下发的施工图基础之上，以项目规范为依据，对其进行深化设计，完成现场施工图纸，然后报批给监理和业主并得到其的批准。根据 SKY COURT 项目分包图纸报批所遇到的问题和经验，总结以下方法和注意事项。

（1）在刚开始阶段，一定要求分包尽早完成其现场办公室的建设，然后安排它们的技术部搬到现场办公，这一点在开始尤为关键，这样可以节省大量的时间，因为有任何问题和要求，都可以找其技术部进行及时的沟通。

（2）尽早要求分包报图纸目录，即该分包图纸共包含哪些图纸，然后根据经验确认其图纸目录的完整性。例如，绿化分包的图纸包含：软绿化图纸、硬绿化图纸、标高图纸、总平面图、砖墙图纸以及铁栏杆和门的详图等。

（3）根据分包的施工顺序，排列出分包图纸使用的先后顺序，然后和分包确定详细和严格的图纸报批计划，每周和分包定期开会跟踪。

（4）图纸报给监理和业主后，也要进行跟踪，确认监理的结构（建筑）工程师能够及时收到图纸，监理是否在审批所报图纸。如果没有开始审批，一定要弄清是什么原因，监理什么时候能够开始审批，这些情况都要了如指掌，这一环节如果不能及时跟踪，很容易造成所报图纸被押，无人问津。

（5）监理和业主返还图纸后，要有人及时通知分包索取图纸，这一环节也必须有人跟进。

（6）一般来说，图纸报批很难一次被批准。图纸返还给分包后，如果是监理有批复意见需再报批或图纸被监理拒绝了，首先是要和分包确定下次报批的时间，然后是必须知道监理的批复意见，以保证下次报批监理之前分包已经更正所有监理的批复意见。

（7）如果分包对监理的批复意见有疑问或监理意见有错误，一定要在下次图纸报批前和监理和业主及时沟通，四方达成共识。

（8）如果有比较着急的图纸，一定要和监理商量采用 SUPERSEDED（取代上一版）方式。即：监理审完所报图纸后，如果不批准，不要拒绝所报图纸，而是直接和我们联系，把其意见直接给我们，然后分包根据这些意见修改图纸，然后用 SUPERSEDED 的方式报给监理，一直到图纸得到批准，这样可以大大节省时间，因为每次图纸返回至少要6天时间。

（9）图纸报批和批准过程中，有时会涉及一些变更，这些变更一定要及时通知合约部门。以便及时和业主确定变更及价格。

5.9.3　材料报批过程中的一些方法及注意事项

在阿联酋项目施工过程中，材料必须经过监理和业主的批准方可在现场使用，所以材料的报批对工程的顺利实施非常重要。材料的报批包括：（1）样品板。需要制作一个样品板，上面固定所报样品，如图 5-38 所示；（2）材料的报审文件。材料的报审文件一般包括：①材料目录；②材料生产厂家或供应商的资格证书；③材料的技术参数；④材料的试验室合格证书；⑤材料的使用部位（附相关图纸）；⑥材料的使用保证期；⑦附规范对该材料的具体要求。根据 SKY COURT 项目材料报批的经验，材料的报批要注意以下事项：

（1）尽早要求分包报材料的目录，然后根据图纸确认分包材料目录的完整性。

（2）根据现场施工的先后顺序，确定材料报批的先后顺序，然后和分包制订详细和严格的

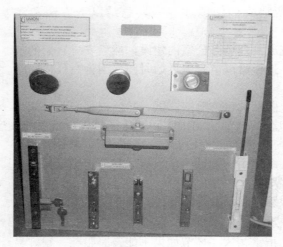

图 5-38　样品板

材料报批计划，每周定期开会进行跟踪。

（3）材料的第一遍报批一定要早，目的是尽快拿到监理和业主的批复意见。

（4）拿到监理和业主批复意见后，首先和分包沟通确认一下监理和业主的批复意见能否被满足，哪些批复意见是监理的误解。

（5）然后在材料的下次报批之前和监理（业主）代表沟通，对于一些不能满足监理意见或规范的，寻找其他方法进行代替，直到监理和业主同意为止。

（6）对于工程附加结构（如少量的钢结构）的材料报批，一定要有结构计算书。

（7）在材料报批过程中，一定要在各个环节上进行跟踪。如分包报批时间，材料报批文件什么时候到的监理手中，哪个监理工程师审批材料，该工程师有何疑问和要求，材料大约什么时候返回等。

（8）如果材料不能达到规范的要求或监理业主的一些要求，建议最好让监理推荐相关材料。

（9）一些情况下，分包所要报批材料中有很多是和总录报批过的一些材料是一样的，这时候要和分包及我们的供应商开会，如果分包同意从我们的供应商采购材料，然后通知监理，监理如无异议，这些材料就不需重新报批。例如绿化分包的一些土建材料（水泥、砌块等）和一些机电材料（排水管、电管和电缆等）是和我们已经批准的材料是一样的，如果分包同意从我们的供应商采购，就可以节省大量的时间。

5.9.4　总结

综上所述，在分包材料和图纸报批过程中，要把握以下几大方面：

（1）要给分包制订详细和严格的报批计划，让分包有一定的压力，过程中一定要不断的跟踪。通过研究图纸，要确保图纸和材料目录的完整性。

（2）要对项目的规范了解熟悉，对各个专业的协调要把握到位。

（3）各个环节都要跟进，保证报批的流畅性。

（4）在和监理、业主接触的过程中，逐步建立彼此的信任和良好的关系，达到不管遇到什么问题都能有回旋的余地。

（5）要在报批的前后，和分包、监理、业主有充分的沟通，保证信息的传递流畅。

5.10　国际工程材料采购中的成本控制与分包商、供应商管理

5.10.1　概述

国际工程，是指一个工程项目的参与者来自不止一个国家，并且按照国际上通用的工

程项目管理模式进行管理的工程,其具有如下特点:

(1) 具有合同主体的多国性。国际工程签约的各方通常属于不同的国家,受多国不同法律的制约,而且涉及的法律范围极广。

(2) 影响因素多、风险大。国际工程受到政治、经济影响因素明显增多。

(3) 严格的合同条件和国际规范。国际工程的参与者采用国际上已多年形成的严格的合同条件和工程管理的国际惯例进行管理。

(4) 技术标准、规范和规程庞杂。合同文件中需要详尽的规定材料、设备、工艺等各种技术要求,通常采用美国国家标准协会标准、英国国家标准等严格的要求。

国际工程建筑材料采购,指的是国际工程项目业主一方买方通过招标、合同、询价等形式选择合格的供货商卖方,购买国际工程项目建设所需要的建筑材料的过程。建筑材料采购不仅包括单纯的采购工程建筑材料等货物,还包括按照工程项目的要求进行建筑材料的综合采购,包括购买、运输、安装、调试等,以及交钥匙工程即工程设计、土建施工、设备采购、安装调试等实施阶段全过程的工作,具有相当的复杂性。

一般来说,物资采购价格的范围包括企业所采购物资的价格及相关费用。采购的成本,有广义和狭义之分。狭义的采购是指企业购买工程材料和服务的行为;而广义的采购则是一个企业获得工程物资和服务的过程,它是物流和资金流结合转换的过程,也是企业之间信息交换的过程。采购的成本控制应包含广义采购的范围,控制的是整个采购过程中发生的各种成本、费用的总和。

在这种背景下,能否经济有效地进行采购,直接关系到能否降低项目成本,也关系到项目建成后的经济效益。这是因为在项目施工中,建筑材料等费用通常占整个项目费用的主要部分。一般建筑工程消耗的材料价值约占工程总造价的 60%～80%,因此加强材料管理工作非常重要,而其中材料采购是关键,直接影响着工程成本和决定着工程质量。如果采购到的建筑材料不符合项目设计或规范要求,必然降低项目的质量,甚至导致整个项目的失败。同时,良好的采购工作可以有效避免在建筑材料制造、运输、移交、检验等过程中各种纠纷的发生,也为业主和供货商树立良好的信誉和形象。

建筑材料成本占整个工程成本的比例巨大,尤其是在市场风险较大的海外市场,如何控制好材料采购成本,进行成本控制,是国际工程盈利的关键之一。下面以中建中东公司为例,简述工程材料采购过程中的成本控制和分包商/供应商管理。

5.10.2　价格管理及分包商/供应商管理

1. 材料采购现状分析

中建中东公司施工工程的主要特点,具体表现在如下方面:

(1) 不同的国际建筑技术规范对材料的要求不一致,给材料采购带来一定困难。目前,中东公司在施的工程中,既有执行英国标准的项目,也有部分项目执行美国标准。不同的技术规范,对材料的规范要求不同。在材料采购过程中,需要根据项目的规范进行材料采购,多样化的技术规范将给采购带来一定的困难。

(2) 施工地点分散,而且流动性较大,给采购带来一定困难。目前,中东公司在施工程 9 个(含新中标即将开工项目 1 个),施工工程分布在迪拜、阿布扎比、拉斯海马等不同酋长国。施工工地常会出现在不同地点,或同一酋长国的不同区域。分散的施工地点,对于材料的采购、运输，造成一定困难。

（3）材料采购种类繁多。建筑产品类型的多样性，也决定了建筑材料采购的多样化。单一建筑产品所用的建筑材料种类就达上千种，不同建筑产品对建筑材料的要求不同，所用的建筑材料更是千差万别。中东公司总部采购部采购的材料，分为建筑装修类和结构类两大类，在每一大类下，又有很多庞杂的材料，总数多达数百种。如此繁多的材料，管理起来存在不小的难度。

（4）大部分材料采购以分包的形式实现，小部分材料仍采用不定期订购形式实现。

目前，中东公司采购大部分根据合约部和技术部提供的 BOQ（Bill of Quantity 工程量清单）材料需求量，事前和分包商/供应商进行询价、比价、谈判，签订分包合同，完成工程量。同时，某些结构阶段需求的材料，因为不能合理预计其需求，故在项目的施工过程中，将会根据项目提交的需求，不定期采购结构类材料，满足项目的用料需求。

（5）材料采购涉及数量繁多分包商/供应商，如何有效管理分包商/供应商，这是一个难点。中东公司每年需要采购的建筑材料种类繁多，分包商/供应商数量达到上百家。但是分包商/供应商素质良莠不齐，其规模、实力、产品质量也各不相同，给分包商/供应商管理工作带来极大困难。缺乏对分包商/供应商的有效管理，将造成采购工作效率低下，使公司的采购管理工作成效差，常常处于被动、落后的一环。

（6）材料采购中涉及的分包商/供应商来自于不同国家，存在一定的交流障碍。中东地区市场是世界建筑承包市场的新兴热点地区，该市场的分包商/供应商来自于全球各地。在对材料询价的过程中，由于对技术规范、材料要求的理解不尽相同，会造成很大的障碍，增大了材料采购的成本。

2. 如何更加有效控制采购过程中的成本

一般来说，采购过程中的成本可以分为两个部分：第一是材料的价格，第二是采购过程中除材料价格外的管理费用。

（1）材料价格的控制。采购方最终支付的材料价格，是由材料成本因素和外部市场因素共同作用的结果。材料成本因素包括物流因素、技术因素和组织因素三个方面。成本因素的变动可能涉及人工成本的变动、材料成本的变动、能源成本的变动、劳动生产率等因素。市场因素是一些能够改变一种产品在一个给定的市场上可用性的因素，它们可分为经济因素、社会政治因素以及技术发展因素。市场因素的变动可能起源于：需求的变动、供应的变动以及供应方生产能力利用率的变动等。以 ΔP 表示价格总变动，ΔC 表示材料成本变动因素，ΔM 表示市场因素变动，则有下式成立：

$$\sum \Delta C + \sum \Delta M = \Delta P$$

对于中建中东公司的采购材料而言，一些物资的价格变动几乎完全取决于成本因素的变动，而另外一些物资的价格变动则完全取决于市场因素的变动，还有些物资取决于这两者。

（2）对于价格主要受市场因素影响的材料，采取大宗集中采购方式。对于某些价格受市场因素影响很大的材料（图 5-39），如钢材类材料，进一步强化大宗物资材料集中采购的策略，把公司各项目的钢材类材料集中到一个采购部门，通过采购数量上的量大优势，充分体现价格优势，签订合同，获取稳定的材料供应渠道，强化企业整体购买能力，避免市场风险影响项目进展。

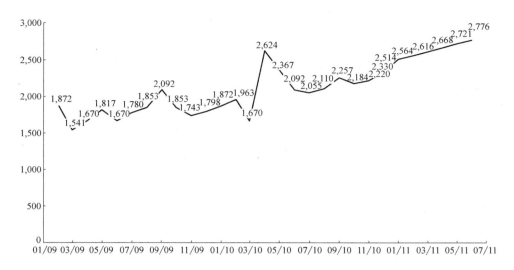

图 5-39 迪拜钢材价格走势：金融危机后下跌，后价格逐步回升（单位：迪拉姆/t）

（3）对于价格受市场因素和成本因素双重影响的材料，采取广泛询价竞争方式，取得最优报价（图 5-40）。对于此类材料的供应商，总包有较为充分的选择和转换的余地。因此，对这类物资在保持要求的质量水平和供应连续性的条件下，通过广泛询价，促进分包商/供应商之间的竞争，争取以最低的价格进行采购。

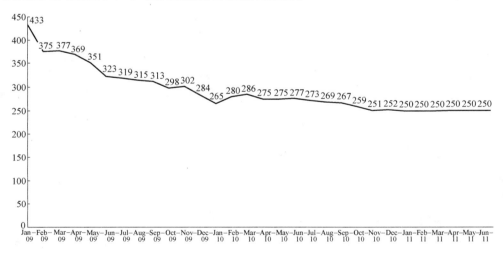

图 5-40 中建中东公司水泥采购价格走势：成本和市场因素导致价格一直下跌（单位：迪拉姆/t）

（4）对于价格主要受成本因素影响，需求量少的材料，采取协议期间内固定价格，项目自行采购模式（表 5-3）。对于需求量小，材料价格主要受到成本因素影响的材料，通过与供应商谈判，在一定期间内固定材料单价，并把该价格信息告知项目，项目只需和供应商协调材料的需求用量、送货时间等，大大简化采购流程。同时，通过固定需求量少且主要受成本因素影响的材料的价格，可以有效地规避成本变化带来的材料价格风险。

69

中建中东公司采取协议期间内固定材料价格的材料（部分）　　表 5-3

序号	材料	序号	材料
1	聚乙烯建筑板材	9	横拉杆、翼型螺母和极
2	胶合板	10	石膏粉
3	工字型波纹板	11	绿色安全网
4	中密度板	12	聚氯乙烯管
5	水泥钉	13	聚氯乙烯锥套
6	铁钉	14	封口胶带
7	绑扎用钢丝	15	自攻螺钉
8	工字型止水带	16	发泡聚苯乙烯

3. 管理费用的控制

高效、简明的采购流程设计，能降低材料采购发生的各种间接成本，主要体现为在采购流程中发生的各种管理成本，实现采购成本的优化。通过以下几个措施，可以在一定程度上提高采购的效率和效能，控制采购间接成本。

（1）选择合适的供应商，并对其进行适当的管理，降低管理费用。分包商/供应商是影响材料采购最直接因素，也是保证企业产品质量、价格、交货期的关键因素。一个好的分包商/供应商能跟随着我方共同发展，为我方发展出谋划策，节约成本，管理起来也很省心；不好的分包商/供应商则会带来很多的麻烦。

（2）采购部门必须和物资、技术、合约部门建立良好的材料反馈信息机制。采购部门是采购的责任部门，但它离不开其他职能部门的支持和帮助，一是依靠物资部门提供产品生产进度计划和物资需求计划，才能在分包商/供应商正常的提前期内进行采购并获得最优惠的价格；二是依靠技术设计部门来提供必要的技术支持和评价使用替代物资在成本方面的利弊；三是依靠合约部门提供准确的 BoQ，采购部据此制订合理的采购计划。

（3）盘活物资，减少闲置物资管理费用。采购物资，要以最少的支出获得最大的效益。生产物资的积压使企业承担了巨额的仓储费用，而超额的物资储备使企业的资金周转日益艰难。解决这些问题的良策是以调整企业库存结构，盘活超储（积压）物资，加快资金周转，减少储备资金占用为主线。

（4）采购环境的利用。在市场变化较大的市场上，对于采购的战略性物资，则必须增加物资的保险储备，以防存货不足影响生产。采购环境按价格变动情况，可分为价格上涨的采购环境和价格下降的采购环境。在物价上涨的情况下，企业应尽量提前进货，以防物价进一步上涨而遭受损失，这就要求在存货上投入较多的资金；反之，在物价下降的环境里，应尽量随使用随采购，以便从价格下降中得到好处，也可在存货上尽量少占用资金。

5.10.3　建立有效的分包商/供应商管理机制

建立有效的分包商/供应商评审制度，能建立良好的采购渠道，确保分包商/供应商提供符合公司规定要求的材料和服务，提高采购效率。每年应组织采购部门、项目相关部门、财务部门等对分包商/供应商进行考核。主要考核价格、品质、履约及时性、服务态度、是否符合 QHSE（质量、健康、安全、环境）标准 5 个方面，并按百分制的形式来计算得分。得分在 60 分以上的分包商/供应商为合格分包商/供应商。

1. 提供的材料价格指标因素为首先要考虑的因素

价格指标满分 30 分。这一指标最能体现分包商/供应商提供材料的价格优势。根据市场同类材料最低价、最高价、平均价自行估价，然后计算出一个较为标准、合理的价格。此价格赋分 6 分，在此价格基础上，每上浮 0.5% 扣减 1 分，直到 0 分为止；每下浮 0.5% 增加 1 分，直到满分 30 分为止。

2. 材料质量、分包合同履约质量

品质指标满分 30 分。品质指标主要考查分包商/供应商提供产材料与服务的好坏；又分返工（退货）率、平均合格率、总合格率三个分项指标。每个指标满分 10 分。返工（退货）率指根据一年的返工（退货）率来判定品质的好坏。返工（退货）率越高，表明其品质越差，得分越低。以返工（退货）率 1%～2% 中间的某数为基准，赋值 6 分，在此基础上每浮动 0.5% 赋 1 或 −1 分，直到扣减至 0 分或增加至 10分。平均合格率指根据每次履约、交货的合格率，再计算出每一季度合格率的平均值来判定品质的好坏。合格率越高，表明品质越好，得分越高。以合格率 95%～100% 中间某数为基准 6 分，在此基础上每浮动 0.25% 赋 1 或 −1 分。总合格率指根据某一年时间内总的合格率来判定品质的好坏。合格率越高，表明分包履约、提供材料越好，得分更高。以总合格率 95%～100% 中间某数为基准 6 分，在此基础上每浮动 0.5% 赋 1 或 −1 分。

3. 是否定期运抵材料、履约

履约的及时性指标满分 20 分。主要考查分包商/供应商的履约能力，又分为交货率与逾期率两个分项指标。每个指标满分 10 分。交货率越高，得分就越多。以交货率 90%～100% 中间某数为基准 6 分，在此基础上每浮动 1.5% 赋 1 或 −1 分。逾期率越高，得分更少；逾期率越长，扣分越多；逾期造成停工待料，则加重扣分。以逾期率 1% 为基准 6分，在此基础上每浮动 1.5% 赋 1 或 −1 分。

4. 服务指标是对分包商/供应商合作意识的考查

服务指标满分 10 分。基准分为 6 分，服务越好，得分越多。以采购、合约、物资等各部门综合打分，再折合成 10 分制为最后得分。这一指标主要考查分包商/供应商在履约时的服务态度与处理售后相关事务的反应速度等方面。这一指标不具体量化，以重要性作为判断标准。如果有一单重要业务，分包商/供应商在售后服务方面不配合，或配合不及时，有得 0 分的可能。

5. 提供分包工程项目/材料是否符合 QHSE 标准

是否符合 QHSE 指标满分 10 分。基准分为 6 分，服务越好，得分越多。这一指标也不具体量化，以重要性作为判断标准。越符合安全标准，得分越高。将以上 5 项分数相加得出总分，为最后考核评比分数，以此来考核分包商/供应商的绩效。

5.10.4　总结

立足于中建中东公司所处的采购环境，按照影响材料价格的材料成本因素和外部市场因素权重不同，分为3种类型材料进行采购。对主要受市场因素影响的材料，采取大宗集中采购，规避市场风险；对于既受市场因素影响，又受成本因素影响的材料，进行广泛询价采购；对于主要受成本因素影响的物资，采取协议期间内固定价格，项目自行采购模式。同时，从供应商遴选、信息维护、采购流程优化等诸多方面，降低管理费用。与之同时，加强对分包商/供应商的管理，按照量化指标，从价格因素、履约/材料质量、履约/送货及时性、服务态度/质量、是否符合 QHSE 标准5个方面，赋予不同的权重，具体化对分包商/供应商的管理，评估分包商/供应商的绩效。中国建筑企业正在不断"走出去"，中国建筑企业在世界市场上所占的份额也在逐渐上升。但在材料采购的高效性建设上，还需进一步加强，如何适应不同的标准体系和市场环境，选择适合企业自身特点的采购方式，需要不断地摸索。以上仅从采购的成本控制和分包商管理上给出一些试验性的观点，需要在实践中不断地探索新的模式。

5.11　海外工程项目跨文化管理中问题和对策

5.11.1　概述

项目跨文化管理是指对来自不同地域、文化背景的人员、组织机构等进行的协调、整合的管理过程，是海外工程项目管理中重要组成部分。

项目跨文化管理对海外工程项目管理是非常重要的。因为在海外工程项目中，承包商往往来自不同地域，如果对当地的文化、风土人情、法律政策等了解不够，就可能产生重大误解，从而导致管理者对工程项目的实际情况判断失误，管理产生误差，进而严重影响项目的进展，最终可能导致项目的失败。

以下侧重对海外工程项目跨文化管理中的问题和对策进行探讨，并列举应用实例。

5.11.2　海外工程项目跨文化管理中的问题

1. 项目内部矛盾

（1）项目员工与当地环境的矛盾。员工初到项目，会与当地环境格格不入，从而经历一个很不适应的过程，在工作上，由于不了解当地的行为方式，不适应当地的工作氛围，往往效率低下，甚至出现返工的情况；生活上，语言不通，交流不便，无法适应当地的风俗人情、宗教信仰、生活方式。

（2）不同地域员工与工程项目管理的矛盾。不同地域、不同文化背景的人员对工程项目管理的理解是不一样的，在诸如时间观念、职权观念、规章制度执行方面都存在很大的差异。

一般情况下，中国工程公司在海外工程项目管理上，时间观念强，加班加点，对规章制度的执行往往以口头传达为多，可是很多其他国家的人员对此很不适应，可能会导致管理关系紧张，矛盾重重，工程项目进展不顺。

2. 项目外部矛盾

（1）与当地宗教信仰、政治团体之间的矛盾。如果对当地的宗教信仰习俗不熟悉，或者与当地的政治团体之间产生矛盾，就会造成很多误解，给工程项目管理带来相当大的影响和风险。

（2）与当地法律、政策之间的矛盾。劳资矛盾一直是工程项目管理中的突出矛盾，如果项目雇用了外籍员工，就要尽快熟悉当地相关的法律政策，否则很容易陷入劳资纠纷之中。

（3）与当地政府之间的矛盾。中国公司一般都习惯了与中国政府部门打交道，容易形成固有的思维和处理方式。可一旦到了国外，这些固有的方式就不一定适合了，很容易出现沟通不畅的情况，从而给项目工作的开展带来很多麻烦，造成不利影响。

（4）与合作单位、当地承包商、供货商的矛盾。在海外工程项目运作过程中，要经常与当地的企业、业主、监理或项目管理公司合作。但是由于文化背景的不同，在做事方式、思维方式、行为方式、管理模式等方面存在很大的文化差异，从而导致与这些合作方的合作产生分歧。

5.11.3　海外工程项目跨文化管理问题的对策

要保证海外工程项目进展顺畅，解决管理中的跨文化冲突，必须采用高效的项目跨文化管理。项目管理团队必须充分尊重工程所在国的文化，主动融合当地社会、文化、宗教信仰、政策法规，形成全新的工程项目自身文化，从而达到海外工程项目跨文化管理的目的。

1. 整合工程项目管理团队的文化

工程项目管理团队应该充分分析和认识自身文化与国外文化的差异，以及这些文化差异对工程项目管理的影响，组织项目人员学习工程所在国的文化，消除因跨文化因素差异产生的管理风险，具体措施包括：

（1）主动学习，积极融合不同文化

了解、学习不同语言和文化，在学习和交流中积累；尊重不同的风俗、文化、宗教和传统的生活方式，避免主观臆断，坚决抛弃自身文化优越感的错误思想；从不同文化中汲取经验，正确引导自身行为和做事方式。

（2）消除文化差异，形成项目管理认同感

一是整合项目价值观，这是跨文化整合的重点，管理团队在管理过程中要通过宣传，将不同价值观统一成与项目管理相一致的价值观；二是整合项目制度文化，这是项目管理文化因素的重要方面，管理团队要积极吸收和适应当地宗教信仰、风俗习惯、法律制度，进而完善项目管理的规章制度，加强项目规范化管理；三是整合项目物质文化，管理团队要积极采取措施，改善物质条件，比如统一着装、改善办公条件、企业 CI 规范化实施等，使员工对项目产生认同感，进而形成文化的统一。

2. 改进用人机制，提高员工素质

（1）建立灵活用人机制

不拘一格用人，善于选拔任用懂技术、会管理的优秀人员，并因人而异，取长补短，根据海外员工构成特点实行优化组合，使人尽其才，人尽其能，实现人力资源的最优化配置。对于海外项目管理层人员多给予些精神层面上的照顾，及时了解和掌握员工的思想动态，从生活上、工作上和再教育方面给予重视；对于属地化和其他外籍员工在管理的同时，要充分尊重不同地域的习惯，并尽可能提供一些必要的帮助。

（2）强化员工培训

通过组织员工培训，培养员工在海外工程管理中对不同文化背景的适应能力，培训内容应包括当地文化背景、风土人情、语言、交流方式、法律规范以及发生纠纷时的解决方法等。

（3）推进人才本土化

在海外工程项目管理中适当聘用当地人才来协调相关事宜，是海外工程项目管理的必要措施。人才的本土化可以极大地促进海外工程项目管理的文化融合和统一，避免因文化差异造成的管理失误，而且能够充分获得当地政府、民众的信任和好感，增强与当地政府、民众交往的能力，有利于项目的顺利实施。

3. 建立内部沟通机制，保证项目内部管理顺畅

在工程项目管理中，要进行合理的内部组织机构设计，做到权责明晰、衔接恰当、沟通顺畅。

（1）建立项目内部冲突解决机制。以书面形式告知项目每个成员的职责权限和沟通方式，并设置专门的内部冲突解决机制，及时处理解决项目内部出现的矛盾和冲突。

（2）定期召开会议。在定期会议的平台上，项目人员可以沟通交流，达到认同。

（3）经常举办集体活动。举办集体活动，可以丰富员工的业余生活，促进员工对项目的认同感和对企业的归属感，并可增强项目团队的凝聚力。

4. 工程项目管理民主化

（1）密切内部关系。加强团结，强化内部交流与沟通，充分调动项目团队的积极性，形成凝聚力和向心力，提高项目团队的管理能力。

（2）全员参与项目管理。充分发挥民主优势，集思广益，形成良好的协作氛围；建立项目建议制度，鼓励所有与项目有关人员对工程项目的各个方面提出建议和意见，并设立专门的组织机构，对建议进行审核、奖励。

（3）建立工程项目管理决策公示制度。对项目管理中的重大事件、决策、后勤保障等方面的规定要建立定期公示制度，形成民主监督，增强项目成员的主人翁意识和归属感。

5.11.4 海外工程项目跨文化管理应用

阿联酋是伊斯兰国家，官方语言为阿拉伯语，通用英语。中建中东公司自重返阿联酋市场以来，实施了棕榈岛项目、Mirdif 别墅项目、Skycourt 高层项目等一批具有相当影响力的项目，其中棕榈岛项目被载入中国改革开放三十年成果展。近几年，中建中东公司在海外工程项目跨文化管理方面进行了有益的尝试。

以 Skycourt 高层项目为例。位于迪拜与阿莱茵主干道 611 路交界处的 Skycourt 六栋整体高层项目是中建中东公司 2007 年承接的施工总承包项目，占地约 4 万 m²，总建筑面

积约 42 万 m²。项目业主为阿联酋国家地产公司；项目管理公司（EDARA L. L. C）、监理和设计单位（LACASA）均为当地公司，目前该项目已全面竣工并交付使用。

在 Skycourt 高层项目上，管理团队采取了以下措施进行跨文化管理：

（1）项目价值观念的整合。项目团队由来自多个国家的人员组成，文化背景复杂，项目通过学习、沟通、活动等方式将来自不同文化背景的人员的价值观和文化习惯等统一起来，加强了团结。

（2）项目制度文化的整合。项目通过对规章制度的建立和完善，明确对工作的要求，规范员工行为，强化项目管理。

（3）项目 CI 形象的规范统一。项目严格按照公司 CI 标准对项目外部形象、人员着装、车辆标识、文件资料以及营地等都进行了规范，使所有员工产生了对公司的认同感。

（4）抓住适当时机，宣传项目品牌。项目经常参加当地的节庆活动，并积极与政府、业主、项目管理公司、监理及相关合作方保持密切沟通，以确保项目正常实施，并不断提升公司在当地的影响力。

（5）灵活用人，强化培训。项目善于选拔任用懂技术、会管理的优秀一线工程操作人员，通过培养使其人尽其才，人尽其能，同时通过系统的强化培训，使其逐步掌握与项目管理相适应的管理技能和沟通能力。

（6）员工本土化使用。为了更好地融入当地文化，便于项目顺利实施，项目聘用了一定数量的本土化管理人员，主要负责对外协调和处理外部纠纷，为项目的正常管理发挥了良好作用。

（7）注重细节管理。项目特意为信教人员设置了专门的祈祷室，充分尊重不同地域文化背景的人员。

（8）重视质量安全全过程管理。项目通过全员质量安全责任管理，严格执行当地规范和政府要求，建立了灵活的奖惩措施，充分调动员工的积极性和责任意识，在形成文化认同感的同时，大大提高和巩固了公司在当地的品牌效应。

5.11.5　结语

目前海外工程市场竞争越来越激烈，中建海外市场也取得了一定的成绩，并且形成了自身的品牌优势，但从总体来说，国际工程的管理能力和企业的核心竞争力还与其他国际工程公司存在很大差距，必须正确对待，认真反思和总结。

完善、成熟的海外工程项目管理的核心是品牌的管理，这是以跨文化管理为支撑的；只有成功的实施了跨文化管理，才能建立完善的管理体系，形成强有力的管理能力。

5.12　国际 EPC 项目的价值工程应用

5.12.1　概述

目前关于价值工程的论文很多，研究发现，有一些论文还比较有真知灼见，但有一些论文对于真正价值工程的理解还仅仅局限于国内，没有走出国门到真正的国际化。

所以很多国内施工专家去进行国际项目管理时，思想上还不能完全适应价值工程（优化设计、深化设计）。价值工程是给我国建筑承包商走出国门、走向世界必须经历的第一课。

国内很多图集（GB101）及设计的规范，一方面为我们的施工提供了依据，同时也限制了我们的思想，没有发掘出广大建筑承包商的潜能和价值工程（优化设计、深化设计）。这是我们国家的历史问题，以后会随着我们国家的国际化交流和合作，逐渐地进行完善。价值工程（优化设计、深化设计）的程序化、专业化、标准化、国际化的解决，会为我们未来建筑承包商在海外工程的施工提供宝贵的借鉴意义。

5.12.2　国际项目的合同格式及设计分类

国际项目的合同格式主要有《施工合同条件》、《生产设备和设计-施工合同条件》、《设计采购施工（EPC）/交钥匙工程合同条件》和《简明合同格式》四种合同格式。本文主要介绍《设计采购施工（EPC）/交钥匙工程合同条件》，这种方式项目的最终价格和要求的工期具有更大程度的确定性，由承包商承担项目的设计和实施的全部职责，雇主介入很少。交钥匙工程的通常情况是，由承包商进行全部设计、采购和施工（EPC），提供一个配备完善的设施，"转动钥匙"即可运行。

5.12.3　国际 EPC 项目的设计内容和过程

根据 FIDIC 合同条款，真正意义上的 EPC 工程应该由总承包商全权负责设计、采购、施工，包括施工过程中的监理工作，业主介入很少，但目前国际市场上的情形有所不同，大多数业主采用不完全的 EPC 概念，如将监理的工作合同由业主直接签订，还有业主雇用了一个设计公司，做了前期设计，到了某一个阶段，再将设计转到承包商名下，由承包商继续并完成设计，往往是边设计，边施工，以节省时间。EPC 项目合同形式也因业主不同而千变万化。

从项目的整个建设周期讲，EPC 项目设计一般分为三个设计阶段，分别是概念设计阶段（Concept Design）、初步设计阶段（Preliminary Design）、详细设计阶段（Detail Design）。施工图设计（Shop drawing）与详细设计（Detail Design）仅差一步之遥，EPC 项目执行时，这两个工作可以合在一起，作为一个阶段工作完成。在每一个阶段，都有代表性的设计成果，即图纸/文件/规范的完成。据统计，初步设计阶段对项目成本的影响可达 $75\% \sim 95\%$，施工图设计阶段对项目成本的影响则下降到 $5\% \sim 25\%$。设计的质量和水平，关系到资源配置是否合理，建设质量的优劣和投资效益的高低。因此，EPC 项目实施的成功与否，很大程度上取决于设计是否成功。

EPC 项目的设计过程是连续的、渐进的，从概念设计到详细施工图设计的过程是逐步深化和细化的，前一阶段的工作成果通常是后一阶段的输入条件，只能深化而不能否定，否则就可能导致设计的返工。EPC 总承包商开展设计工作时必须搞清楚 EPC 总承包项目的设计是从哪个设计阶段开始设计的，避免出现大的返工。EPC 项目设计阶段的划分不是整齐统一的，不同的业主对不同设计阶段的设计内容和设计深度有不同的要求。但原则上，对有需要当地政府有关部门审批的阶段设计，其深度与要求应按照该部门的规定。

5.12.4　价值工程的概念

追根溯源，价值工程是英语单词 Value Engineering 翻译过来的，其原意就是在工程建设领域，通过建设项目工程的重新设计，使项目的建造成本降低到最低。这与人们仅仅从字面意思上的理解是有很大差异的。由于翻译的问题，我国建筑承包商对价值工程（Value Engineering）的理解还有一定的差异。还有一个重要问题就是我们国内的体制，设计单位和建筑承包商是分离的，每一个现场工程师大概都有一个思想误区，照图施工，完全没有一个深化设计和优化设计的概念。

5.12.5　价值工程在 EPC 项目的作用

EPC 项目的实施过程中，由于总承包商承担了全部设计的责任，合约上来讲这是权利与义务的结合。义务方面，不言而喻，总承包商有 100% 的义务与责任向业主提供所要求的产品，所以总承包商在设计过程中，一定要贯彻"业主要求"，了解与界定这个要求非常重要。俗话说"一分钱，一分货"，就是这个道理。这个道理对于 EPC 承包商而言十分重要，因为假如不明白业主的要求，执行过程中就会产生很多不必要的误解，甚至争论。这与传统的建造项目有很大的不同，传统施工项目，承包商按设计的图纸和文件报价，业主的要求已通过设计表达得十分清晰，争论就较少。

另一方面，EPC 总承包商在设计方面应享受其权利。这个"权利"，我们可以将其当作"价值工程"来理解。承包商可以通过"优化设计"，在满足业主需要的前提下，进行效益与利益的最优化。比如，承包商可以将其施工方面的经验直接放入设计中，使设计服务于施工的高效与低成本要求。

我们做了一个 Design & Build 的项目，在地下室围护桩的设计时，设计人员想采用混凝土连续桩（Secant Pile），但是经过对土质报告的分析及对周围类似工程的实地考察，发现一层地下室采用 H 型钢桩与预制混凝土板的围护桩形式经济又方便，H 型钢桩还可以循环利用。结果，这种围护桩设计被采纳，工期与造价都明显下降，起到了多赢的效果。这就是价值工程带来的好处。

5.12.6　EPC 项目中的价值工程程序

我们将 EPC 总设计公司定义为设计公司 A，而将优化设计公司命名为设计公司 B（有时候，A 与 B 可以为同一家设计公司），我们假定这是两家不同的设计公司。价值工程的全过程应与 EPC 设计过程同时穿插进行，我们将其分为初步优化设计与详细优化设计两个阶段，过程如下：

1. 初步优化阶段

在设计公司 A 的图纸进行到初步设计阶段末期或结束后，总承包商聘请一家有资质的设计公司 B 作为优化设计公司，总承包商与 B 公司一起商讨优化方案，由 B 公司将初始优化设计方案上报总承包商，由承包商审核后，将优化的建议反馈给 A 公司。A 公司根据总承包商提供的优化建议，修改设计图纸，将修改后的图纸上报总承包商，这就是价值工程实施的初步优化阶段。

2. 详细优化阶段

设计公司 A 继续下一个阶段的设计——详细设计。在设计进行到详细设计阶段末期或初步结束后，设计公司 B 再一次与总承包商一起对设计公司 A 的详细设计图进行审查，并提出优化建议，由设计公司 A 最后将合理的优化建议放在设计里面，形成可以上报的图纸。在需要政府部门批准的情况下，A 公司将最终设计图纸上报给当地政府相关部门进行审批，政府管理部门审核无误后，将批准的设计图纸交给 A 公司。最后总承包商将批准的设计图纸上报给业主备案并发送现场施工。如果不需要政府部门批准，则总承包商直接将最终设计图上报业主备案并发送现场施工。这就是价值工程实施的最终优化过程。

价值工程实施流程如图 5-41 所示。

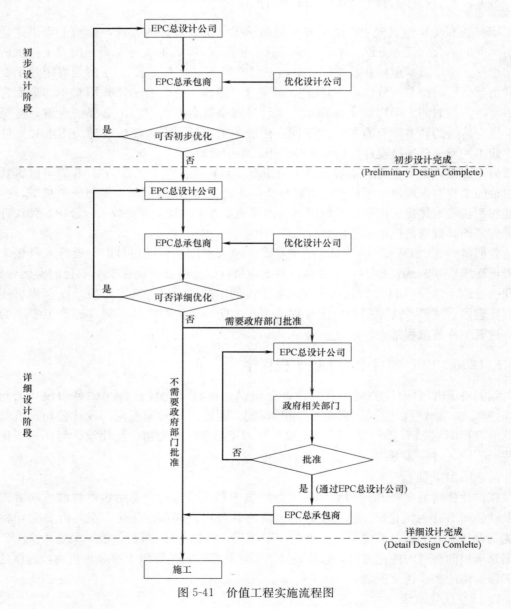

图 5-41 价值工程实施流程图

5.12.7　总结

价值工程作为一门系统性、交叉性的管理科学技术，它是以功能创新作为核心，实现经济效益作为目标，寻找出工程建设项目中重点改进的研究对象，再创新优化，提高建设项目的整体价值，将技术、经济与经营管理三者紧密结合的方法。

通过大量的研究调查表明，工程建设项目的各个阶段对成本都有影响，但影响的程度大小不一。人们已经认识到，对建设项目成本影响较大的是决策和设计阶段。但是如何在这两个阶段进行成本的有效控制，尤其是在建设项目设计阶段的研究较少。前文通过分析建设项目设计阶段成本的预测、预控的要点，提出了在这个阶段成本与功能的正确配置，是能否进行有效成本控制的核心，而价值工程理论正好为成本与功能的正确配置提供了应用的条件。

5.13　中东地区高层建筑设计建造项目的价值工程应用

5.13.1　概述

价值工程又称为价值分析，是一门新兴的管理技术，是降低成本提高经济效益的有效方法。最初仅仅是应用于材料采购与代用领域，随着其研究内容的不断丰富与完善，其研究领域也从材料代用逐步推广到工程建设领域。所谓价值工程，指的都是通过集体智慧和有组织的活动对产品或服务进行功能分析，使目标以最低的总成本（寿命周期成本），可靠地实现产品或服务的必要功能，从而提高产品或服务的价值。价值工程主要思想是通过对选定研究对象的功能及费用分析，提高对象的价值。

国际工程项目的设计工作一般包括：概念设计、初步设计、施工图设计、现场装配图深化设计四个阶段。国际工程项目总承包的模式常用的有两种情况：一种是设计加建造模式，也就是业主给予总承包商的设计图纸停留于概念设计和初步设计阶段，需要总承包商方面进行下一步的施工图以及现场装配图的深化设计工作。另外一种是建造模式，也就是业主给予总承包商的实际图纸已经是完善的施工图，需要承包商做的设计工作仅剩下现场装配图的深化设计。当然业主给予总承包商的设计权限越大，可以实施价值工程的范围也就越广，可能取得的经济效益也就越大。但无论是设计加建造总承包模式还是只有建造的总承包模式，设计过程中的价值工程都是必不可少的，可以获得的经济效益都是可观的。

5.13.2　项目介绍

某一高层项目位于阿联酋首都阿布扎比市阿尔瑞姆岛上，此项目由五栋塔楼与两区裙房组成，投标时总建筑面积为 387896.11 m^2。五栋塔楼分为两组（图 5-9、图 5-10），一组是 C2、C3 两栋塔楼及其附属裙房组成的高档住宅楼，分别是 35、31 层，最高建筑高度为 146m，两栋塔楼由裙房连通；另一组是 C10、C10A 和 C11 三栋塔楼及其附属裙房组成的高档住宅及现代办公楼，分别为 36、44、36 层，最高建筑高度为 203.35m。所有塔楼均采用框架—核心筒结构体系，裙房部分构件采用后张拉预应力结构体系，建筑外立面全部采用玻璃幕墙饰面，在全球变暖的大背景下，采用这种外立面饰面装饰既能够充分利用当地日照资源，改善生活环境，同时也使得整个高层建筑的造型新颖独特，具有现代高层建筑的典型特征。在裙房的屋顶均设有游泳水池，绿化景观，娱乐休闲设施，多层次、多变化和多功能的设计理念增强了建筑的艺术气息，突显了以人为本的现代生活、办公、娱乐的建筑风格设计理念。

5.13.3 初步设计和施工图设计中的价值工程分析

该项目是一个非常典型的设计加建造总承包模式工程。在这个项目的实施过程中，业主与承包商签订合同之时设计阶段的工作还处在初步设计阶段，由于工期比较紧张，经过业主与总承包商商议，原先与业主直接签订合同的设计公司，转为总承包商的设计分包继续完成其设计阶段工作，至此，相应的建筑设计工作的责任和义务就转移到了总承包商身上，在设计过程中进行价值工程的分析也从此时正式开始。在初步设计和施工图设计阶段，设计分包公司将其完成的设计图纸呈递给总承包单位进行审查，总承包商根据多年的施工经验会同第三方优化设计公司一起对建筑结构的设计工作进行价值工程分析，寻找价值工程关键点，然后反馈给原设计公司进行修改，最终完成了整个项目的设计工作。

5.13.3.1 项目价值工程实现的具体实例

现介绍一些在本项目的初步设计和施工图设计阶段中，如何进行结构设计优化以及价值工程分析的具体实例。

（1）筏板基础

项目的五栋塔楼及其裙房均采用桩承台和钢筋混凝土筏板基础，筏板基础厚度为3.5m，经过对筏板基础设计图纸进行优化设计分析，提出过两套优化设计方案：

方案一：保持筏板的原有设计厚度不变，钢筋用量减少10%；

方案二：将筏板厚度减小0.5m，整个筏板基础的混凝土用量可减少15%，同时钢筋用量也可以减少5%。

将两套方案进行经济效果分析，方案二的经济效果较好，但由于总承包商承接此项目之前，业主委托给基础分包公司的桩基础部分工作已经先期完成，从而筏板基础的底部标高已经确定。所以最终只好选择了方案一，只减少筏板的钢筋用量，而保持筏板基础厚度不变。

（2）地下室挡土墙

由于在设计过程中过于保守，并没有充分考虑建筑的混凝土桩对土体水平荷载的抵挡作用，地下室挡土墙的设计厚度过厚，经过与设计公司会商后，在建筑基础部分挡土墙的设计计算过程中，考虑桩对土体水平作用的抵抗效应，将厚550mm和500mm的挡土墙优化为厚400mm、300mm、250mm三种厚度的挡土墙，既节省了混凝土的使用量，又节省了钢筋的使用量。

（3）地下室水箱墙

在地下室水箱墙最初设计图纸中，靠近挡土墙的一侧也有水箱墙，其中，挡土墙和水箱墙之间有50mm的间距。为了便于现场施工，经过优化分析，此处的水箱墙完全可以由挡土墙代替，并且挡土墙的水平侧向荷载可以由垂直方向的水箱墙抵抗，对挡土墙是也有利的，因此取消了该处的水箱墙。

（4）桩帽/柱帽

在设计分包的提供的设计方案中，在桩帽及柱帽顶部钢筋与筏板及楼板顶部钢筋存在重复配筋现象，不仅导致钢筋的大量浪费，而且由于该处钢筋过于密集，给现场混凝土的浇筑及振捣工作带来极大困难。经过与设计分包协商和重新计算，用板的顶部钢筋代替桩帽的顶部钢筋同样能够满足结构的受力要求，此项优化措施使得桩帽的配筋量降低了30%。由于整个裙房部分的结构采用的是无梁预应力板体系，所以桩帽的数量很大，因此节省了大量的钢筋。

（5）地下室墙内钢筋马凳的分布

项目的结构设计是根据美标 ACI 标准进行设计的。根据美标 ACI-318-05，地下室墙体部分内外钢筋网片之间是不需要钢筋马凳的，但是原始设计中给了 $\phi12@250mm$ 钢筋马凳的分布标准。由于需要的数量巨大，所以存在明显的钢筋浪费现象。经过与设计公司进行设计会商，在满足施工要求的基础上，最终选取了 $\phi10@500mm$ 钢筋马凳分布标准。

（6）塔楼的竖向结构

在设计公司提供的设计图纸中，部分塔楼的剪力墙存在厚度和选配钢筋直径不合理现象，剪力墙内选配的钢筋采用的是最小配筋率，与剪力墙的过大设计厚度形成鲜明反差，存在明显的材料浪费现象。在结构优化设计过程中可以选择增加配筋率，同时减小墙体的厚度，考虑到后期模板的运输使用问题，也减小了剪力墙的长度。

（7）预应力混凝土板

在最初的设计方案中，绝大多数的楼板是普通的钢筋混凝土楼板，经过比较分析，预应力楼板不管是从经济方面考虑还是从施工方面考虑，都是最划算的，当然在这一优化设计的过程中，也少不了专业分包商的支持。

5.13.3.2　项目价值工程的经济效益分析

通过在本项目的结构设计优化过程中应用价值工程分析，取得了较好的经济效益，节约大量的材料（表 5-4），降低劳动力的使用量，保证了项目工期，赢了业主的口碑，为中建中东公司在阿布扎比承包市场上的不断开拓打下了扎实的基础。

混凝土和钢筋材料节约数量及金额　　　　　　　　　表 5-4

材料	C2、C3	C10、C10A、C11	合计
混凝土（m³）	10271	16755	27026
钢筋（kg）	321687	1105852	1427539
合计（万元）	990	1887	2877

从表 5-4 可以看出，通过在项目初步设计以及施工图设计阶段，对整个工程项目进行结构优化设计和价值工程分析，仅就混凝土和钢筋这两项施工材料的用量就节省了 2877 万元（人民币）（图 5-42、图 5-43），创造了相当可观的经济效益，而且为现场钢筋的绑扎和混凝土的浇筑工作提供了便利的条件，因此节省了大量的劳动力，也加快了建筑项目的施工速度。

根据帕累托图法（也叫主次因素分析图法），处在 0%～80% 百分比区间的因素为 A 类因素，为重点控制对象；处在 80%～90% 百分比区间的因素为 B 类因素，为次重点控制对象；处在 90%～100% 百分比区间的因素为 C 类因素，为一般控制对

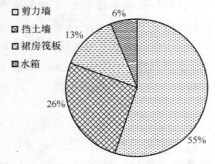

图 5-42 混凝土节约量构成分布图

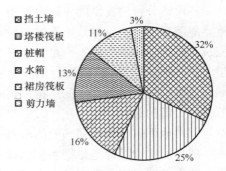

图 5-43 钢筋节约量构成分布图

象。从图 5-42 和图 5-43 可知，对于混凝土这一主要建筑材料进行结构优化设计和价值工程分析，剪力墙和挡土墙为 A 类因素，进行重点控制；裙房筏板为 B 类因素，进行次重点控制；水箱为 C 类因素，应进行一般控制。而对于钢筋这一主要建筑材料进行结构优化设计和价值工程分析，挡土墙、塔楼筏板、桩帽及水箱为 A 类因素，进行重点控制；裙房筏板为 B 类因素，进行次重点控制；剪力墙为 C 类因素，应进行一般控制。

5.13.4 现场装配图的深化设计中的价值工程分析

诚然在初步设计和施工图设计阶段过所作的价值工程分析效果相当显著，在接下来的现场装配图的深化设计阶段进行优化设计和价值工程分析虽然不会像初步设计和施工图设计阶段那样效果显著，但是也不应忽视。以下是一些施工图深化设计过程中进行的价值工程分析具体实例，主要体现在钢筋选材和搭接的控制上。

5.13.4.1 筏板基础现场配筋的设计优化

塔楼 C2 筏板，建筑面积约为 1940m²，平均厚度 3.45m。根据设计公司的筏板配筋施工图纸，同一标高处的板顶及板底配筋存在 3～9m 范围内长度不等的钢筋，而现场整料钢筋的长度为 12m，如果严格按照施工图纸的钢筋的长度进行下料工作，会产生大量短钢筋，这类短钢筋由于尺寸过小，无法应用在工程其他部位，不仅会造成大量材料浪费，也给现场的钢筋加工工作增加了不必要工作量。经过与设计公司进行技术协商，在充分满足美标 ACI 和设计公司的设计说明的前提下，重新对 C2 筏板钢筋施工图进行进一步深化设计，重新设计了钢筋下料长度和搭接位置，尽量使用 12m 的整料钢筋长度，减少钢筋搭接数目，同时使钢筋余料长度控制在 3m 以上，以便能够在建筑结构的其他部位使用。经过这一钢筋优化措施，最终塔楼 C2 筏板钢筋的实际用量为 508t，比原设计施工图减少钢筋用量约 20t。由于塔楼 C2 筏板钢筋是先期施工项目，此后将这一优化措施扩张到其他四栋塔楼筏板基础配筋及裙房的浅筏板基础部位，包括 C2 塔楼在内，共节省钢筋用量约 150t，折合 70.5 万（人民币）。

5.13.4.2 弧形连续梁现场配筋的设计优化

如图 5-44 所示，B34、B35、B36、B37 和 B38 号梁为一道弧形连续梁。位于轴线 R7 和 R8 之间，与 B44 号梁相接的 B34 和 B35 号这两道梁之间的钢筋连接，配筋表要求其在各自跨度 1/3 处分别进行顶部纵筋搭接，由此一来，由于各道梁的顶部及底部钢筋较多，在 B34、B35 和 B44 号这三道梁的交汇处，搭接锚固钢筋错综复杂，钢筋间的净距离已无法满足浇筑混凝土的要求。除此之外，还要考虑到此处梁的大角度走向及大直径的钢筋，如果在此将钢筋在此处做搭接连接的话，一是大直径钢筋刚度大不易弯曲，二是此处的模板是由若干个小单元的木板拼装起来的，要保证钢筋牢固地固定在指定的位置就需要对此处的模板进行特别加强。如若严格按照设计公司出具的结构施工图进行钢筋搭接，势必会给现场钢筋和模板的安装工作带来相当大的麻烦。鉴于上述情况，经与设计公司相关技术人员会商，最终达成决定，不在此处分别进行钢筋搭接，而是使用通长钢筋代替搭接的方法。此项措施不仅减少了两处搭接长度，同时也给施工现场的钢筋加工和模板安装工作带来了极大方便。

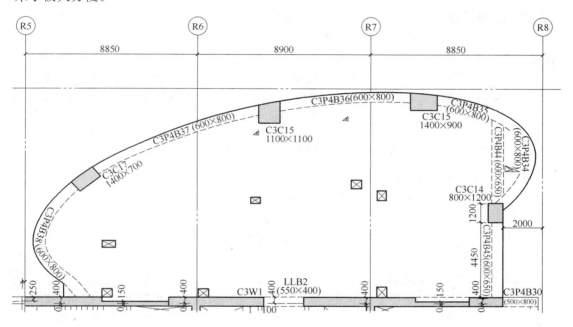

图 5-44 塔楼 C2 部分弧形连续梁的平面图

5.13.5 结论

采用设计加建造或者设计－采购－施工总承包模式的国际工程项目，工期一般相对较长，承包商承担的风险也大，对承包商的项目分析能力和成本控制能力要求较高；如何在项目的设计阶段进行优化设计和价值工程分析就显得尤为重要。因此，在实施建设项目过程中，应重点加强项目前期结构优化设计力度和进度，强化项目决策层和各部门管理技术人员对结构优化设计和价值工程分析的重视。通过组建优秀的结构优化设计和价值工程分析团队，将工程技术和工程经济有机结合，在先进、高效的项目管理制度和措施的前提下，通过结构优化设计和价值分析，实现项目的运营和管理的经济效益的目标。在经济合理的基础上，力争做到技术先进，在技术先进基础上，努力做到结构设计和价值工程分析最优，将结构优化设计和价值工程分析的理念贯彻到项目的各个职能部门以及每个工作岗位人员，真正实现项目管理全过程的价值工程分析的终极目标。

5.14　科威特中央银行项目工程变更管理

工程变更是指在工程合同履行过程中，根据合同的约定，在各方合意的前提下，对施工程序、工程数量、质量要求及标准等合同文件内容作出的变动与修改，是合同变更的一种表现形式。由于变更常常伴随着工程合同价款的调整，自然就成为合同双方利益相争的焦点。合理恰当地处理工程变更，是减少不必要的纠纷，保障承包商根本利益的关键一环，是促进合同管理的深化与细化，项目合约成本管理的重中之重。

科威特中央银行项目（Central Bank of Kuwait Project，简称 CBK 项目）施工总承包合同通用条款采用 FIDIC 87 版红皮书（92 年修订版）合同条件，同时业主在此基础上修订和编制了特殊条款，项目实施过程中严格执行英美规范以及当地的相关部门规章。关于业主对工程项目提出诸多新的使用要求，顾问工程师在监管过程中时而下发的优化图纸和施工方案，市政部门颁布的若干新的等级要求，以及承包商为满足现场实际施工需要，对原有的合同文件进行适当修改建议等，最终都以工程变更的形式落实于对原合同文件的更改，项目整体变更内容复杂，涉及利益各方众多，协调管理工作繁重。

5.14.1　变更执行体系与操作规程

5.14.1.1　变更相关合同条款

FIDIC 合同体系下，不同版本的合同条件对于工程变更程序的规定都有着一定的区别。FIDIC 红皮书 87 版原版中通用条款关于工程变更的条款总共为 6 条（Clause 51.1 至52.4），其中详细规定了工程变更的控制体系和操作程序，相对公平地保障合同各方的利益。

CBK 项目中，业主对涉及工程变更的合同条款进行了多项修改，诸多条款修改后使得变更有关量价的操作受控于业主及咨询工程师，承包商对于工程变更的实施和风险因素变得十分复杂。其中调整删减通用条款 2 条（52.2 与 52.3），增加 2 条新条款（52.5 与52.6），对其余 4 条的条款内容进行了删改。具体条款更改内容请见表 5-5。

FIDIC 87 版与 CBK 相关变更条款对比表　　　　　　　　表 5-5

条款标题	FIDIC 87 版通用条款	CBK 项目特殊条款
51.1　Variations	A 由工程师下发变更 B 若相关工作改由业主或其他承包商实施，不可从原承包商清单内删减	A 由业主下发变更（更改） B 删减工程量的限制条件（删除） C 量单与图纸规范差量不为变更（补充）
51.2　Instructions for Variations	A 变更经由工程师指示	A 变更经由业主书面指示（修改）
52.1　Valuation of Variations	此条删除替换	业主参考工程师意见核定变更，如清单中无参考单价，则需要根据单价分析表重新定价（替换）
52.2　Power of Engineer to Fix Rates	此条删除	此条删除
52.3　Variations Exceeding 15%	此条删除	此条删除
52.4　Daywork	工程师核定计日工	业主核定计日工（修改）

续表

条款标题	FIDIC 87 版通用条款	CBK 项目特殊条款
52.5　Variations Exceeding 25% of any kind of work	无	增加条款：当清单项增减超过 25% 时，双方可抛开原合同单价，要求重新定价
52.6　Extension of Time for Completion	无	增加条款：当变更造成工期延误，由业主根据承包商在变更下达 28 内提供申请文件来核定延期

业主修改后的合同特殊条件，将工程变更的决策权由咨询工程师转为业主自身，咨询工程师职责仅为审核与咨询，将保护承包商工作内容的相应条款删除，承包商可重新议价的变更额度调高，同时增加变更对工期的延误影响等内容，充分体现了买方合同的强势现象，令承包商的工程项目变更实施过程中获利制造了诸多障碍。

5.14.1.2　变更操作惯例与工程师指令单

在 FIDIC87 版红皮书合同条件下，针对不同形式的工程变更，尽管存在多种处理方式，但变更事件本身大都会转变为对原合同价格调整，或对合同条款和执行方式的更改，因而遵循相应的国际惯例，制定简洁有效的变更操作程序可以为合同各方节省大量的时间，尽量避免对工程进度的影响。

工程变更无论由合同的哪一方发起，均需经过顾问工程师按规定的合同程序进行审查，并交由业主批准后，由业主下达正式的工程变更令（Variation Order）。各方签署后的变更令（Variation Order），便是工程变更的唯一合同依据，也才是变更计量计价与支付的依据。

科威特中央银行项目为了加快施工进度，避免繁复的商务合约流程影响现场施工，采用工程师现场指令（Site Work Instruction）制度，此处的工程师现场指令单为工程变更的前期文件，工程师现场指令单（以下简称 SWI）一经下发，承包商即可依据指令的内容展开变更作业的实施，如预订材料、组织配置机械设备和劳务等。与此同时，承包商还需按照指令的要求，立即开始相应变更费用影响及工期影响的评估测算。在 SWI 下发后的 28 天之内向其提交相应的计量计价材料。

当承包商根据 SWI 的具体工作内容提交变更计量计价资料后，顾问工程师则依照合同的要求审核并向业主汇报，当出现双方就变更的计量计价存在分歧的时候，可依照合同约定的方式进行协商，最终认可的计量计价材料会由业主代表下发正式的变更单，并据此完成相应的请款支付。若双方分歧无法达成一致，则承包商首先应按照工程师的指令要求并遵照业主的变更指令开始施工，同时保留自身的相应权利，应准备相关的索赔文件资料以备索赔程序需要。

5.14.1.3　变更操作的思路与流程

承包商对于工程变更的管理需要项目各个部门的集体参与和配合，针对变更事件和 SWI 的下发，承包商应谨慎研究，沉着应对，以保障自身的利益为根本出发点，合理分析变更的复杂性和总体影响，利用自身的专业技术力量，分析变更对整个项目工期、成本以及其他工序的影响，做到心中有数，有效避免变更执行的风险。变更事件管理流程如图 5-45 所示。

具体工作则要求项目经理牵头，主要由合约部等几个部门执行变更的管理，同时资料

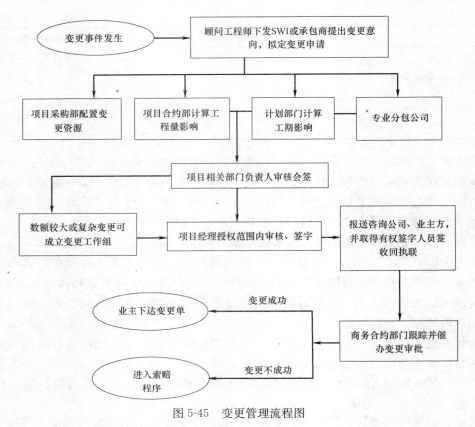

图 5-45　变更管理流程图

部门要配合现场人员进行相应证明资料的整理和收集。

5.14.2　变更的计量与计价

5.14.2.1　工程变更计量

（1）变更计量的依据

合同约定的计量规则，以及完整有效的项目同期记录资料是变更计量的依据。工程项目的形象进度、验收报告、单价分析表、现场签证与施工日志甚至现场图片都可能成为变更计量的重要依据。同时，合同文件也为变更计量起着重要的支持作用，工程量的计算与审核是变更计量的核心内容，是工程变更成本控制的首要一环。

国际上常用的工程量计算规则有源自英国的标准工程计算规则（Standard Method of Measurement 7 以下简称 SMM7）以及通常与 FIDIC 合同条款配套使用的 FIDIC 工程量计算规则。在中东地区则惯用源自 SMM7 基础上编制的专用于土木工程项目的 CESMM（Civil Engineering Standard Method of Measurement）计算规则。CBK 项目的变更计量使用的是 FIDIC 工程量计算规则，FIDIC 工程量计算规则是在英国工程量计算规则 SMM7 的基础上，根据工程项目与合同管理中的具体要求而编制的。

（2）变更计量的方法

CBK 项目的变更计算书由以下组成：①变更汇总清单；②增项汇总清单及相应计算表；③减项汇总清单及相应计算表；④间接费用计算清单等证明附件材料。

承包商在一份完整的变更计量文件中，首先要根据工程变更的技术资料将变更前的工程量计算为减项（Omissions），将对应部位变更后的实际工程量计为增量（Additions），各自带入相应的费用价格，两项相抵即为此变更影响的工程量净值。随后计算相关间接费用，如变更额外人工、废旧材料、利润、清关费用、新产生的设计费用、运费等。其中应注意：①项目描述注意简明清晰，虽然承包商计量计算往往时间短、任务重，但如果使用繁复的项目描述，同样会增加审核的时间，最好能使用计算规则或工程量清单中的标准描述。详细标注计算书附录相关图纸、轴线、清单信息以及项目名称。②注意示意图的使用，在提交变更计量的计算书时候，应提交相应的图纸，在特殊的情况下，还应该用彩色水笔或重点标号标出示意图以便详尽地描述。最终将示意图罗列成清单附在工程量计算书的后面。

（3）影响计量的因素及相关问题

变更计量无论在何种情况下都离不开详细的技术规范与图纸。在实施过程中，由于合同各方对技术规范与图纸的理解上可能会存在差异，所以 FIDIC 计量规则在变更计量的执行中和技术操作方面往往就会留有一定的灵活性。以下就几个 CBK 项目变更中的具体实例详细进行分析：

① 由于变更前后的图纸会存在差异，选取哪一套图纸作为计量的依据通常会影响计量的结果。例如，深化设计图虽然源自于合同图纸的设计，但与合同图在计量上有时会造成很大的差异，而合同各方往往基于自身利益的考虑使用对己方有利的图纸，从而带来争执。

例如，CBK 钢结构涉及变更事项，由于总包合同跟分包合同对于变更计量所依据的图纸情况不相同，总包合同需要参照合同图纸，而分包合同中则以实际工程加工图为计量参考，虽然总分包对于对外变更实际存在背靠背的关系，但实际操作中，分包往往为保护自身利益而很难抛开对其有利的合同条件而做到完全合作。

② 对于技术规范的理解不同也是影响变更计量的一条重要因素。

例如，CBK 项目机电变更事项，由于建筑设备的规范要求不明确，同时机电分包市场地位强势，导致总承包商协调工作商务强度增大，需要反复督促各方在技术规范商议合适后才能确定工程量计量。

③ 对于材料和工艺相同但强度或尺寸不同的计量项目，计量方法不可简单加权复制，要根据具体现场实施资源配置情况，以实际发生成本计算。

例如，CBK 项目部分 200mm 预制板变更为 400mm 预制板，对于措施费用的计算，就不可简单地将原有费用乘以两倍，应根据实际情况作出详细分析，哪些周转材料不必重复计价等，以详尽的图例才能说服顾问工程师。

④ 对于变更导致的实际工程量较小，而现场实施环境和工序重大变化的变更计量。

例如，CBK 报告厅大型钢结构桁架整体方向调转，细部钢梁重新设计更改，钢结构吨位总量不但没有增加，反而有所减少，而对于现场的相关工作面早已经不存在，对于这部分的间接费用计价，承包商可采用计日工的方式，利用现场工人日报表和现场实施图片等工程进度证明文件申请相关费用。

⑤ 在变更计量的过程中，尽量采用整体计算的方式，避免单独一个个分步独立计算而容易导致错漏。譬如，门窗工程中忘记了计算窗的工程量，而本应扣除的墙身和粉刷的

成本至少可以弥补一部分窗的成本,这比直接扣除了窗在墙中的体积却遗忘了窗体工程量的方式损失小得多。

5.14.2.2　工程变更计价

(1) 变更项的定价依据与计价方法

变更单价的确定方法是非常复杂的,具体情况分析如下:

1) 合同文件工程量清单原有单价。工程量清单中单价的项目以合同单价为依据。工程的性质和质量没有发生变化、数量变化不大,或仅仅是功能或名称不同,可直接采用工程量清单单价的项目。

2) 清单原有单价进行加权分析计算。与工程量清单的项目工艺相同、材料名称相同但强度不同,可根据调整强度等级差异造成的费用增减后引用的工程量清单单价,使用加权定价法,为部分引用工程量清单单价的项目;工程的性质和质量发生变化、数量变化较大,具体超过清单项 25% 工程量则为重新分析单价的项目。

3) 基于分包商供应商报价及市场信息价格的综合比价。工程量清单中没有参考项目,为重新分析单价的项目。若采用分包报价,则需要选择 3 家左右的分包商分别报价,提供可靠市场价格依据。

4) 基于业主代表指定项目价格。由于多方纠纷协调不力,最终导致由业主指定清单项单价,或将导致承包商进行索赔。

5) FIDIC 单价分析表(仅工序变更或计日工计价):

包括:①与工程量清单的项目多数工艺、材料消耗相同,仅增加或减少少量工序的工程项目,可在工程量清单单价的基础上增减变更项目影响部分工序的额外金额,参照单价分析表,为部分引用工程量清单单价的项目。②对于零星变更和清单范围之外的变更工程,可将其分解并分别估算出人工、材料及机械台班消耗量,然后根据 FIDIC 条款 25条,按计日工形式并依然参照原报价清单中计日的相关单价计算。

无论变更计价采取哪种方式,其相关的支持文件必须准备齐全,包括变更的要求及变更依据、变更前后有关文件和图纸资料等、工程量清单、相关价格资料、材料票据及其他证明材料。

(2) CBK 项目单价分析表

1) 材料费。材料单价包含清关及运输费用、进口税、临时存储费用等。

2) 人工费。人工费包含当地劳工法规定下的全部非机械作业的人力劳动费用及监管费用。

3) 机械费。机械费包含一切安装、拆毁、维修以及相关的燃油与司机费用。

4) 承包商管理费。包含总部与现场管理费。

5) 利润。为了在合同框架下尽可能利用工程变更进行创收,承包商在对合同单价分析表的编制以及实际工程变更的计价方面需要表现出高度的合同与成本管理意识。单价分析表中详细罗列了人工、材料、机械以及分供商、总包商管理费与利润,其中各项所占费率实际不是承包商投标报价的费率,而是为变更操作时会获利而准备的,一旦计入合同文件,将成为未来计价的重要依据。

(3) 工程变更的支付

对于已经签字生效的变更指令,其付款流程应遵循总包月请款的程序。根据现场的实际进度情况，删减变更前清单中已实施的部分工作，增加变更中的新增项目。

5.14.3　变更管理中的过程控制与经验总结

5.14.3.1　明确工程变更的合约责任

FIDIC 合同条款的实施惯例约定：承担合约责任的一方应承担变更所涉及的费用，而合约责任往往先决条件即为哪一方为变更要求的发起者与承担者。

（1）承包商提出的变更诉求。例如由于施工不当或者施工问题造成的变更，虽然与正常程序相同，但是变更费用应由承包商自付；承包商通过价值工程提出的替代方案，或未能遵守正常的设计和施工程序而导致的局部调整等，皆由承包商承担。

（2）业主提出的变更要求，且额外工作不是承包商原因引起的。例如调整工程的局部功能，或者释放一定的暂定项。

（3）设计团队、顾问工程师提出的设计变更。例如升级原有设计中的系统产品功能，修正原合同图和文件中的错误等。

（4）其他第三方（如当地政府或相邻项目业主）原因引起的变更要求。

5.14.3.2　量价操作中的经验分享

（1）预期变更，早做准备。工程施工从计划到实施完成有相当长的时间周期，施工期间的工程变更往往会打乱了原有的施工计划，变更项目的完成也需要相当长的时间。因此，对工程变更必须有一定的预见性。

（2）处理好与业主、顾问工程师、分供商之间的协调和沟通工作，把握好原则性与灵活性。

（3）承包商内部各部门相互配合，相辅相成，都需要具有很强的合同和成本意识，在应对顾问工程师要求的同时，达到自身项目利益最大化。

（4）对于变更产生的新清单项要格外的关注，切莫将原有清单项价格忽略而提交一份新的报价，往往类似产品都可参照原清单价格。

例：CBK 项目厨房设备由于变更需要重新订货采购，但部分设备跟原有清单是基本相同的，承包商则需要将原有清单中已含有的条目摘出，重新考虑新产品报价。同时供应商为了保护其声誉，切勿在报价单上做文章。

（5）对于总价合同中以时间计价条目，则要考虑及时更新状态，若顾问工程师方面没有给予明确的变更意向，则及时发出商务信函争取自身利益。

（6）对于施工已完毕或材料定制采购后的变更实施，可考虑或者将材料提前移交给业主（例如，CBK 钢结构报废材料），或帮助业主将废料处理出售，收取部分管理手续费用（例如，CBK 不锈钢格栅）。

5.14.3.3　变更执行的过程控制

（1）总包合约人员：对于承包商总包工程师在变更实施中要及时分析，进行变更组价，避免反应不够、分析不够、协调执行不够等问题。由于工程变更常常会导致工程量或工程实施难度发生变化，从而使工程成本增加。因此，在工程变更发生后，要及时进行分析，与原设计的工程量进行比较，最终确定整体成本增减量。

（2）分供商：应该避免变更报价报量的拖沓延误，忽视总包利益，以及各公司之间不团结配合的现象。

（3）变更资料管理：对于工程变更要做到必须保存相应的原始记录。建筑工程施工周期较长，管理人员不可避免地发生更替，在工程变更的同时，要建立完整的记录，按时间顺序或工程项目分门别类地整理存档，填写工程变更统计台账。在管理人员调整时，要及时进行移交工作，保持工程变更的连续性、完整性。完善的文档管理系统是工程项目合约管理的关键。

5.14.3.4 采取适当的争端解决方式

表面上看，由于工程量清单工程量明确，单价清楚，很多人认为工程项目的成本控制亦相对简单且规范，但殊不知有更深层次的问题需要我们去研究、去把握。因为工程变更的处理并不是变更费用简单的加加减减的算术问题，它常常引起合同双方对增减项目及费用合理性的争执，处理不好不但会影响工程量清单计价的合理性与公正性，更严重的是可能会由此而引起合同双方合约方面的争执，以至影响合同的正常履行和工程的顺利实施。

就工程承包合同的双方而言，业主方总力图让变更规模在保证设计标准和工程质量的前提下尽可能缩小，以利于控制投资规模；而作为承包商，由于变更工程总会或多或少地打乱其原来的进度计划，给工程的管理和实施带来程度不同的困难，所以总是希望以此为由向业主索要比变更工程实际费用大得多的金额，以期获取较高的额外收益。

所以合同双方在处理工程变更时须坚持公平、公正及严格合同管理的原则，采取合理、恰当的争端解决方式，运用灵活的方法进行工程变更的处理，采用友好协商的方式解决，力求做到既保全自身利益，又不会影响到日后施工各方工作关系。

5.14.4 总结

工程建设实施阶段的变更管理是承包商合同管理的重要内容，对提高合同管理的质量与水平具有重要的意义，顾问工程师和承包商之间确定工程变更价款的工作往往就是一场斗智斗勇的专业水平竞赛，双方都要表现出各自驾驭合同的能力及灵活的操作技巧。对一名合格的商务人员来讲，对待每一份变更，每一份报价，每一份计算书都要慎之又慎，无论是对数值的审核还是对版面细节的工作都要有足够的信心后方可定稿。高水平与高质量的工程变更管理是工程合同顺利实施与履行的基础与保证。

5.15 科威特中央银行新总部大楼机电分包工程管理

5.15.1 CBK 项目概况

科威特中央银行新总部大楼工程地处科威特城中心，毗邻科威特王宫。该工程占地面积 2.6 万 m^2，地下 3 层，地上 47 层，总建筑面积 16 万 m^2，总高度约 240m，建成后将是科威特新的标志性建筑。

机电工程包括通风空调、给水排水、强电、弱电、安防等共约 40 个系统，功能复杂，系统齐全。大楼属于高度智能化建筑，其智能要素体现在：楼宇自动化系统（主要包括空调系统、给水排水系统、消防水系统的设备及系统监控，强电设备及开关柜运行状态监控，电梯、扶梯运行状态监控等）、消防报警系统、照明控制系统、综合布线系统、安防控制系统等，其中安防控制系统独立于综合布线系统，保证安防系统的可靠运行。通过构建综合局域网和智能建筑专用软件平台，将各种自动化子系统进行系统集成，组成建筑物管理系统（BMS），实现各个自动化子系统间统一管理、信息交换和资源共享，使得大厦成为具有安全、高效、舒适、便利和灵活特点的现代化智能建筑。

CBK 项目工程大、复杂、功能全、工期短，采用项目管理公司管理模式（PM），以便于在项目管理公司的统一协调下，顺利、按期、保质保量完成工程建设。

机电工程分包是一种与直营项目不同的特定情况下的分包模式，机电工程由当地具有相当实力的 Kharafi National（KN）机电工程公司实施。

5.15.2　机电分包商（KN）的工程管理

机电工程作为建设工程非常重要的一部分，机电工程进展的是否顺利对工程成本、工程质量、工程进度等影响很大，甚至直接关系到大楼的使用功能。机电分包商的选择显得非常重要，应当是具有相当规模和实力，拥有国际化管理水平和专业化技术队伍的当地公司。从以下几个方面看，KN 是一个比较合适的选择。

5.15.2.1　机电分包工程组织机构及人员配置

1. 组织机构

机电分包项目部，以机电项目经理下设各专业板块工程师为主体，专业板块分为 5 大板块，分别为空调（其中包括楼宇自控专业）、管道（包括给水排水、消防、燃气、燃油等专业）、强电、弱电、协调。专业板块以高级工程师负责制为主，配有现场工程师和现场施工班长。值得一提的是，组织构架中的现场安全部门、合约部门、计划部门、资料控制部门被安置在各专业板块工程师职能权利以上的位置，直接和机电项目经理对接日常工作，并拥有与总部各相应职能部门直接沟通的权利。各专业板块的工程师除了负责自己板块的日常业务，还需要配合上述的各职能部门做好现场的工作。

2. 人员配置动态

项目实行动态人员管理，根据项目不同的实施阶段调整相关的人员，保证管理人员满足管理需要。CBK 项目根据项目进展状况，可结合总部其他项目管理人员配置状态，给现场增设管理人员。比如空调、给水排水，消防专业、电气等专业安装进度进展到一定阶段，结合现场需要，楼宇自控专业安装开始启动，此时需要给项目管理团队增设楼宇自控专业的施工班长及安装人员。

CBK 项目机电工程平日设一位施工经理，负责项目机电工程的进度和生产总协调。机电分包公司项目管理团队员工职称等级从低到高包括：实习生、现场工程师、项目工程师、高级工程师、施工经理、项目经理、分管几个施工项目的项目代表等。在 CBK 项目上，机电分包有施工经理职称的总共有 4 人，项目经理可根据项目进展状态，动态启用施工经理，划块分区域管理机电工程的生产。生产高峰时曾启用了 4 位生产经理。同时，公司主管领导或安全、质量、文件控制部门领导经常到现场指导检查工作，保证项目顺利进行。

整体来看，项目配置人员精干，总部各部门支持力度大，在人员成本较少的情况下，达到了良好的效果。

5.15.2.2　施工劳务队伍和机具配置

机电分包公司作为当地专业机电承包商，在科威特当地基地拥有 2500 人的劳务队伍和各种施工机具的中心仓库，劳务人员相对齐全，训练有素，工程所需的各专业的工人和机具将从中统一调配。机电分包公司自己的劳务主要负责现场材料到场，现场验收辅助工作和机电工程部分区域的施工。结合机电工程作业需要，机电分包公司还拥有长期合作的当地专业劳务分包，比如空调保温分包。以及根据特定工程和作业签署的专业分包，如消防、燃气、燃油等系统分包。

如此，机电分包的劳务队伍和机具实现动态管理，根据需要随时增减，即能满足工程需要，也能防止出现窝工增加成本现象。

由于机电分包具有丰富的劳动力和机具优势，调配计划运用自如，很少出现因机具和劳动力匮乏问题而影响施工进度现象。

5.15.2.3 计划管理

CBK 是十分复杂的施工建设项目，进度管理是一个系统工程，不仅要对工程项目的深化设计、采购、施工、调试等全过程进度进行管理，还要对项目的全过程实行动态、滚动管理。

机电分包总部选派一名计划工程师在项目现场工作，根据同总承包商的约定，采用 P6 项目管理软件，编撰机电专业各系统详细的计划，然后提交总包商，同主计划和其他承包商计划进行协调、综合，并提交监理批复。

以监理批复的计划为依据，对机电项目施工、采购、变更、劳动力、生产率和合同履行等进行控制。在项目进行过程中，不断掌握计划的实施状况，并将实际进度情况与计划进行对比分析，必要时应采取有效的对策，使项目按预定的进度目标进行。

机电分包的计划工程师定期或不定期向项目经理和总部控制经理提交关于项目进展报告，主要包括项目实施概况、管理概况、进度概要、项目实际进度及其说明、资源供应进度、项目近期工作计划、项目费用发生情况、项目目前存在的问题与危机等，这些报告及时反映了项目进展状况和内外部环境变化状况，分析潜在的风险和预测发展趋势，以便项目经理作出正确的判断和决策，实现项目管理的有效控制，进行必要的索赔和反索赔。

计划工程师需跟随项目经理出席每两周的例会，向总包、监理、业主汇报项目的进展和存在的问题，主要汇报内容包括每两周滚动的现场施工计划及定期更新的各种深化设计、采购、施工计划报表。计划工程师定期参加总包或监理组织的计划例会，讨论计划的执行情况或必要的更新。计划工程师还需主管现场变更中工期索赔的材料准备。各专业高级工程师负责配合计划工程师完成定期需要提交的各种计划报表材料，以及施工过程中由变更引起的工期索赔材料准备。

5.15.2.4 深化设计图的准备、送审和批复

工程开工后，机电分包的各专业高级工程师与协调工程师及计划工程师相互配合，确定图纸提交清单，制订一个包括图纸内容、数量、图纸送审日期的计划表，项目开展过程中根据图纸提交计划深化图纸，提审图纸。

为了配合施工计划的正常开展，深化图按以下优先级别准备和提审：各专业深化图→设备基础详图→综合图→结构预留洞图。

5.15.2.5 文件控制（文件传递和专业间文件交互检查）

文件是金，机电分包拥有健全的文控体系建设制度，有严密的文控体系组织制度。

（1）文件控制中心：为保证文控体系的正常运行，在项目中组建文控中心，配备一名

专业的文件管理员，统一管理项目全部文件、资料，保证项目文件、资料的流转渠道的唯一性及确定性，将专业文件管理员配备到文控中心管理文件，大大提高了项目文件、资料的利用效率，同时保证了项目文件的完整和安全。

（2）文件传递：对于文件控制中心收到的文件，文件管理员对文件进行分类、登记，并及时将文件传递到文件的检查/审核者手中，并同时保证已经审核的文件备份保存在文件控制系统内。

总的来讲，机电分包工程项目中的文件传送及时，保存完整，工作人员在日常工作中需要提取相关文件时能够很快拿到手，从而节约了处理工作的时间，提高了办公效率。

5. 15. 2. 6　质量管理

作为机电分包商，它们认识到工程项目施工涉及面广，是一个极其复杂的过程，影响质量的因素很多，使用材料的微小差异、操作的微小变化、环境的微小波动、机械设备的正常磨损，都会产生质量变异，造成质量事故。机电分包的质量管理如下：

（1）建立质量控制组织机构：机电分包在项目上设立质量控制部门，配备两个质量工程师，在总部质量控制部的支持下，作为项目质量控制的主要管理者。

（2）建立质量控制计划：项目开工前，由项目质量工程师在总部质量经理的指导下编制质量控制计划提交监理审批。然后将得到审批的质量控制计划应用于项目施工的全过程。

（3）质量控制的实施：质量控制过程同施工过程中深化设计、采购、施工、成本控制、设备安装及系统调试等环节同步开展。QC 工程师在总部 QC 经理和现场工程师的协助下，按照公司拟订的各项作业质量控制措施和质量控制程序。

（4）对机电工程施工按照下面的方法进行控制：①施工人员进场上岗工作前，由质量工程师考查其施工资格，再通过总包审核控制，最后监理把关，保证各岗位作业人员满足工程质量要求。②施工过程中，工序质量的控制是质量控制最基本的内容，工序质量控制的目的就是要发现已完成工序的偏差和分析影响该工序质量的因素，并消除影响因素，使工序质量控制在规范要求的一定范围内，以确保每道工序的质量。项目质量工程师，作为质量控制的主要管理者，公司赋予一定的权利，保证项目的质量管理落到实处。③机电分包总部质量管理（QA/QC）部门定期对项目进行检查，使之符合合同有关的合同条款，建立跟踪记录，保证所有的质量问题得到解决。

正是机电分包质量管理和质量控制有一套完整的体系，并且能落实到实处，所以，CBK 项目的机电工程施工质量能得到保证，很少出现返工现象。

5. 15. 2. 7　安全管理

机电分包项目部设置安全管理机构，备有两位专门的安全管理人员。机电分包在项目现场每周周六早晨 7：30 都要召集所有参与现场施工的工人和工长的安全教育例会，每周周四下午召集所有工程师和施工班长召开现场办公室安全例会。安全经理可根据现场安全文明实施情况适当调整安全例会的次数。可见安全管理部门对安全知识的培训工作很到位。一方面，他们严格遵守当地相关的安全法律法规；另一方面，机电分包有自己的施工安全管理手册，大多数采用图文并茂的形式对诸如脚手架搭设、起重吊装、安全用电、高空作业、易燃有毒气体的使用以及劳动保护等作了详细的规定。其安全管理工程师权利也较大，相对独立于项目其他部门的工作，如安全不符合要求，他可以不许开工、要求停工、罚款甚至将违反规程的单位或个人驱逐出现场。

在项目上，安全是一项重要的投入，机电分包竭尽全力保证项目所有阶段的安全管理。项目安全团队在安全总监的领导下，在符合 OSHA 300 纲要下，保证将所有的 HSE 行动有力、高效地实施。积极的安全进程、训练、检查和管理巡视将按周进行，对任何安全事故和安全隐患将进行跟踪、监控和记录。

5.15.2.8 合约管理

CBK 项目是以 FIDIC 合同条款为基础的合同。参与项目管理的各方都具有非常强烈的合同意识，对合同管理非常重视。施工合同全面、详细，除各参与方权利与义务外，还尽可能详细地罗列了工作范围、规范和验收标准。在施工过程中一旦遇到什么不甚明了的问题，各参与方人员首先想到的就是翻合同。专业老练的管理公司和监理工程师总能在合同中找到有利于自己的条款。机电分包作为一个国际化的专业分包商，也拥有相当水平的合约能力，除给项目上派遣一名合约工程师外，总部合约经理根据项目需要到项目检查和指导工作，进行必要的索赔和反索赔。现场合约工程师主要负责平日相关合约问题的信函来往，期中付款的提审材料准备，根据监理工程师发布的变更材料提交变更中和钱相关的部分内容。项目各专业高级工程师对接监理工程师、材料供应商技术人员，负责项目进展过程中的部分信函来往，还要负责给项目现场合约工程师（QS）提供用于申请期中付款的已完成工程量，用于变更中索赔材料款的材料清单量，需要具备商务意识，对合同文件中相关各项内容有很深的理解，对材料清单（BOQ）中作业项包含的内容理解要非常清楚。

5.15.2.9 风险管理

风险管理一直是项目管理中的重点和难点问题，CBK 这样的大型工程项目周期长、规模大、涉及范围广、风险因素数量多且种类繁杂，致使其在全寿命周期内面临的风险多种多样。而且大量风险因素之间的内在关系错综复杂，各风险因素之间与外界交叉影响又使风险显示出多层次性。

在项目前期策划时，机电分包总部项目控制部门编制初期详细的风险评估报告，然后，总部控制部门选派一名合约工程师常驻项目，在项目实施过程中进行风险检测和风险控制。

为了规避风险或使风险损失最小，成本和计划预测还要通过综合的风险评估技术得到加强。

5.15.2.10 工程管理

项目的工程策划将基于项目投标技术文件和图纸中的特征和目的物。机电工程中标后，机电分包总部项目管理部派出一个精干的项目管理团队，对项目实施管理。如何将精干的管理人员通过适合的、高效的组织机构图组织起来是项目正常运转的关键，机电工程分专业，各专业系统繁多，机电分包通过多级层次性的专业管理达到了项目高效的运行。专业管理是"高级工程师→（项目/现场）工程师→工长"逐层管理的，高级工程师主要负责技术协调和技术管理并对整个专业负责，对项目工程师和现场工程师安排工作；项目工程师辅助高级工程师解决技术和深化图问题，现场工程师主要是负责现场施工，上线接受高级工程师的安排，下线对工长安排工作，同时也是专业内部的联络员。高级工程师和项目工程师的主要工作在办公室，可集中精力进行设备采购、深化设计的技术工作和解决现

94

场出现的疑难问题，是专家型的管理人员。现场工程师主要工作在现场，组织现场施工，并解决现场的一般性问题，对于疑难问题提交高级工程师解决，对于高级工程师的指令及时落实到现场。

组织机构图中有一个与专业管理并列的协调板块，主要工作是进行机电各专业间以及机电与结构、装修专业间的工作协调，协调内容包括综合图，预留洞图的制作、现场工程作业安装过程中遇见的需要两个以上专业间协调的安装问题。与专业板块工作性质不同，这个板块工作者是横向管理工作，对于 CBK 这样的大型智能施工承包项目至关重要，可避免由于各专业之间相互制约而影响工程进度。

值得说明的是，高级工程师和高级协调工程师不仅是行政上的管理，而主要是作为专业人员进行工作。这种形式要求高级工程师有丰富的施工技术和施工管理经验，有一定的权威，不但能独立解决问题，还能带领团队完成工作。

5. 15. 2. 11　工程采购

项目开工后，首先送审预留预埋的管件、管道等，保证材料及时到场，满足工程进度。

项目根据材料送审、采购计划，依次送审有关的材料/设备资料，经监理批复后实施采购。

国外尤其是欧美国家的建筑机电设计与我国国内现行建筑机电设计相比，标准执行相对较高，而且偏重于节能环保设计；他们尽可能地采用国际著名品牌的设备和材料；在合同上对设备/材料的质量要求很严格，对重要产品，如水泵、风机等，监理工程师还会要求对系统压力进行核算。对于特殊作业，比如大管径管道焊接焊缝采用第三方红外线探测试验和大管径空调冷冻水管道支架焊缝采用第三方磁粉探伤试验，启用了第三方提供质量安全检验报告，大管径管道的支架还需要单独提交力学计算，保证施工质量和安全。因此，机电承包商有关工程师必须有较高的专业技术水平。

机电分包作为国际化机电承包商，拥有高水平的专业技术工程师，以及国际水平的采购能力和经验。总部采购部门负责所有的材料和设备的采购和分配，其项目采购过程和项目施工需要紧密配合。

对于 CBK 这样复杂的大型工程，材料采购项目繁多，很多材料属于国际性采购，采购周期长。因此，建立了一个追踪系统，检测订单的循环批复、船运、现场接受等行动，一周更新一次，包括保持对供应商组装、装配和试验的跟踪。机电分包公司在材料采购和材料管理方面应用了当前世界上比较先进的材料管理软件，对机电分包中心仓库的材料储备信息进行编码储存。现场工程师可以通过公司内部材料管理网站对仓库的材料种类和数量轻松检索，直接给中心仓库管理人员发送材料申请单，信息传递快，材料调用方便快捷。

作为项目控制的一部分，建立了一个详细的 60 天/90 天材料计划，任何的调整和影响将提交项目经理，根据材料进场日期对项目各项工作作出调整。

由于采购体系和组织完整，材料/设备能及时到场，保证了施工进度。

5. 15. 3　机电工程管理分析

在机电工程的管理上，中东公司作为总包，主要是同业主代表和监理工程师进行沟通、协调,对机电分包商和其他专业分包商宏观上进行管理和协调。我们在科威特建筑市场上刚刚起步,要走的路还很长,以后公司的市场会扩大,将有众多的项目等着建设,而这些项目的承包模式也会多种多样。因此,分析借鉴当地机电分包的机电工程管理模式,有助于推动我们今后的工作。下面简要地对机电工程管理的特点进行分析。

5.15.3.1 管理特点

作为科威特当地具有国际水平的机电承包商,机电分包公司具有得天独厚的条件并有管理上的优势,其特点为:

(1)语言和人文环境与业主一致,在阿拉伯国家便于同各方协调。

(2)公司拥有资源支持基地,储备有大量的技术人才、劳动力和机具。

(3)公司总部在科威特,便于总部支持。

(4)承包国际性工程较多,管理人员熟悉当地和欧美建筑工程法规和标准。

(5)项目上合约人员在 FIDIC 条款下管理项目的经验较丰富,处理合约纠纷有经验。

(6)制度合理,人员岗位与待遇挂钩,职工积极性较高。

(7)有好的企业文化。各项工作形成流程,执行起来比较便利,如文件控制中心的文件传递流程。

(8)组织机构设置合理,便于项目管理。如项目专设协调部门,便于解决专业间问题。

(9)拥有强有力的团队,团队的领导力和执行力较强。

(10)关键技术岗位上人员素质较高,能独立解决本专业的技术难题。如,各专业高级工程师,拥有丰富的专业技术知识和处理专业问题的能力。

(11)质量、安全管理相对独立,执行力较强。

(12)管理的严格性。能严格执行有关的法律、法规和合同有关规定,在工程实施中,很少出现故意违反法规和合同,出现降低工程质量或偷工减料的行为。

5.15.3.2 机电分包工程管理的不足

在项目实施过程中,我们也发现机电分包一些不尽人意的地方,主要表现为:

(1)由于人员地域因素,工作效率相对较低。

(2)为了追求成本,在人员配置上有些保守。如制图人员数量不足,送审图纸时经常重复出现类似的错误,一些设计变更不能及时地反映到图纸上;项目现场工程师多为近三年内的毕业生,经验稍微不足,经常出现现场与办公室工作脱钩的现象。

5.16 海外市政工程图纸设计与管理

在海外从事市政工程施工技术管理工作,与国内从事技术工作相比,最大的差别在于加入了设计的职能。这就意味着承包商不仅需要承担施工责任,还要承担部分的设计责任。承包商从监理(设计方)手里拿到的是合同图纸,用于指导施工还存在一定的差距,需要承包商结合现场的实际情况进行深化设计,修改成施工图后,申报给监理工程师批准,施工图的设计工作量很大,需要一个较为完整的设计团队才能完成。因此在海外从事技术工作的中方人员除了需要有一定的施工经验,还需要掌握一些专用制图软件的使用,熟悉当地的设计规范,具备较好的语言沟通能力。

下面主要以中东公司建设的阿联酋几个基础设施工程项目为例，介绍在海外实施市政工程所涉及的图纸设计内容、设计方法以及大量图纸的管理方法。

5.16.1 图纸设计

5.16.1.1 开工初期的准备工作

开工初期，为施工图设计、工程计量需要进行的准备工作主要有以下几项：

（1）原地面标高图

该图是在测量原始数据基础上形成的一张覆盖全部项目的原地表高程图，这是一张非常重要的施工原始记录图，所有与土方挖填有关的工程计量原始数据以此图为依据。

此图的形成过程非常简单，将原始测量数据整理成 Excel 表格，保留每个点位的标高、纵坐标、横坐标三列数据，打开 CAD 制图软件，用一个小程序以宏代入方式加载，即可自动生成一张只显示点位和标高值的数据图。生成后的图纸如图 5-46 所示。图中的数值即为该点标高值，字母和后边的数字代表设计需要测得的点位位置，这些位置一般位于原路中、路边或中间隔离带的缘石下，便于绘制原有道路的横断面。

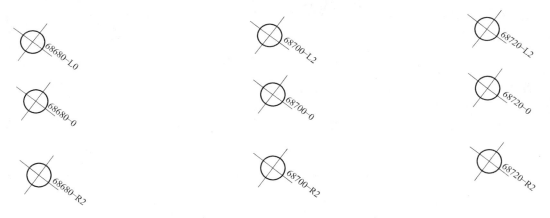

图 5-46 地面标高图

（2）施工红线内现有结构物状况图

该图主要是为前期的拆迁工作提供依据，计算红线范围内的拆迁物数量，同时在做各类工程的施工图设计时，需要参考已有结构物位置和标高是否和新设计匹配，否则，需要改移或调整标高，这些在施工图的设计中都要显示出来。

此图的形成基本和图 5-46 的过程相似，只是用现有结构物的代码代替标高，生成的图形显示点位和物体代码，然后通过整理换成图例的形式，可以非常方便地看出已有物体的分布状况，每张图上都列出了图例和实物对照表，以便于查找。生成后的图纸如图 5-47 所示。图中阴影部分表示已有道路，虚线表示设计道路，各种小的图形表示已有物体，如人井、信号灯、指示牌、草坪、树等。

（3）地下管线探坑图

该图主要反映地下管线的种类、走向和埋深状况，不仅为设计提供依据，更重要的是在施工中可以避免破坏现有管线。探坑是作为最后竣工需要移交的图纸，过程中需要提交每个探坑的简图，显示探坑的长、宽、高，以及坑内各种管线的坐标、埋深，最后需要将

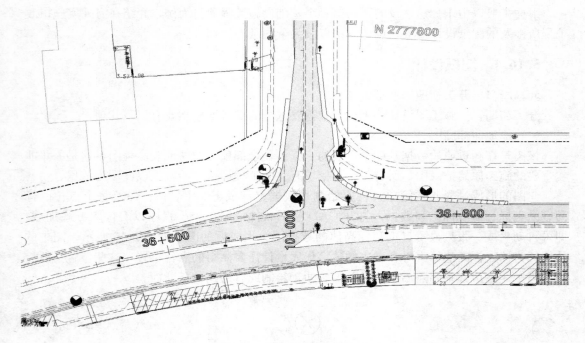

图 5-47　施工红线内状况图

探坑的位置标注在总平面图上，完成后的图纸如图 5-48 所示。

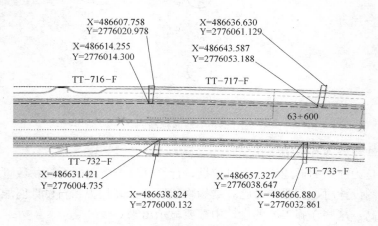

图 5-48　地下管线探坑图

以上三类图纸记录了工程地上、地下的原始状态，是今后设计和计量的依据，工作量大而繁琐，需要测量部门做大量现场测设工作，同时也需要监理工程师在测量原始数据和图纸上进行签字确认，这样才能成为有效的合同文件。

5.16.1.2　过程中的施工图设计

施工图是真正用于指导工程实施的图纸，是在合同图的基础上进行的深化设计，由承包商来完成。施工图的设计是循序渐进的过程，首先从道路的纵断面入手，确定了道路的纵断面才能进一步确认各种地下管线的走向、埋深、预留人孔的高度等一些细节；桥梁工程也才能从上到下的计算桥梁各部的高程。下面介绍每一个分项工程需要做哪些图纸设计，以及设计过程中需要考虑哪些因素。

1. 道路工程

道路工程需要完成的施工图设计主要有：

（1）高程图：这套图是结合道路的平面布置、纵断面设计，以及现存道路标高等数据进行的设计，完成后的设计如图 5-49 所示。

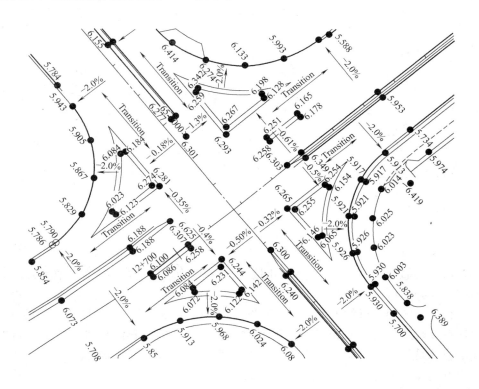

图 5-49　高程图

在图纸中需要显示出的信息有横断面坡度（带箭头的实线），每断面上关键点位的高程。一般位于道路直线段，每 20m 选取一个断面，标出道路的路边、路中、新旧路的结合点等位置的高程。

位于道路交叉口的标高设计，是这套图设计的关键点，遇到交叉路口位置，情况比较复杂，需要计算出每一个导向岛上拐点位置标高，并需要将两条道路交汇处不同坡向计算产生的差值进行修正。针对市政工程道路改造这种项目，设计中还需要考虑的另一个设计影响因素就是与现有建筑物的标高匹配，比如大门、厂区道路等。一般要求道路标高要低于现有建筑物大门和道路的标高，避免雨、污水倒灌。

（2）横断面图：是基于道路纵断标高图和测量的与地面标高图而完成的，完成后的图纸如图 5-50 所示。

横断面图选取的断面位置与高程图中的标高断面是一致的，这样便于在挖填作业时两套图结合使用，也便于监理验收和计量。道路路线较长的工程，横断面图的数量会很多，一般采用专业的设计软件进行设计，如 12D、Civil3D 等，这些软件生成简单的横断面模型，可以直接导入 CAD 软件中进行修改，非常方便。

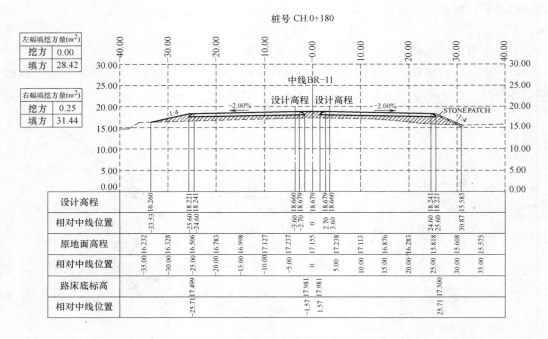

图 5-50　横断面图

（3）道路交通导改设计：这部分的图纸虽然不作为竣工图留存，但是在市政工程的施工过程中却是必不可少的一部分，尤其是在现有路的基础上进行改建的工程，导改设计可以说是工程能否顺利进行的关键，在工程投标阶段就需要考虑。导改图中包含的一些设计元素包括：导改路位置、工作区域、车道数、临时交通标志牌的设置、防护设备的位置等。导改设计是为了将工作区内的交通导出，使工作区域不受交通干扰。因此，设计时的关键过程就是要将工作区内的所有相关工作内容，加载到平面布置图中，详细核查，做出最为合理的导改设计，尽量减少导改次数，以缩短工期，节约成本。临时交通标志牌的设置需要结合当地交通管理部门的有关规定，设计的图纸也需要交通主管部门进行审批。

2. 管线工程

管线工程在国内往往不包含在土建承包商的施工范畴内，而在海外，一个工程的体量很大，业主为便于管理，作为总承包进行发包。我们在阿联酋作为总包商连续承接了多个综合市政改造项目，全面接触到了管线工程的设计和施工。

管线工程的设计分为两大部分，一部分为平面布置图，一部分为结构细部详图，这是每种管线系统都需要做的设计，还有部分的管道系统需要做纵断设计。

（1）平面设计：每种管线按照当地的市政规划都有预留的通道，施工平面布置图只需要根据批准的道路施工平面布置图和项目红线，来核对每种管线的位置是否在预留通道范围内，各种管线在交叉时标高是否有冲突，结构物的位置是否冲突。每种管线设计图中需要附一个标准横断面图，用来显示该种管线的预留通道位置，并要显示出其他管线的位置，平面图中要反映出来的信息有结构物的中心坐标、类型代码、管径、材料等信息。

（2）纵断设计：平面图设计完成后，与水有关的系统还需要做纵断设计，如污水、雨水、供水、灌溉等，其中的雨水和污水是靠重力自流的，也就是从高处流到低处，在最低点设置泵站，抽排到低洼地或泵到下一段系统中，在做这些系统的纵断设计时要考虑的因素比较多。首先要选择合理的线路纵坡，尽量减少中转泵站的设置。一般整个系统的里程都比较长，从头到尾需要设置多少个泵站，这就取决于纵断的坡降到低能达到多少，起点位置要保证最小的管线埋深，终点要结合地质报告资料，确定最大的埋置深度，确保管沟槽和孔井开挖时无坚硬岩层或大量地下水层，否则将增加很大的施工难度，影响施工进程。其次还要结合道路的纵断设计，确保管线在任何位置的埋深都要达到最小的埋深要求。供水和灌溉两种系统由于是承压水，纵断面设计只需要满足平顺、达到最小埋置深度这两个条件就可以了，埋深一般不会很深，最大到 2.5m 左右。一般设计时将每段的平面和纵断放在同一张图纸上，便于查找和施工方便。除此之外的管线系统设计均不需要做纵段设计，只需做平面布置设计，如天然气、电信、电缆、路灯系统等。

（3）结构细部设计：每种管线上都有很多结构物，如管的包封、人孔、检查井、水阀等，一般结构详图都由当地的管线管理部提供标准图，不需要将每个结构的图纸都绘制出来，只需要在平面布置中显示出结构的类型代码就可以了，我们对这部分细部结构的设计工作就是要计算出每个结构的标高，以列表的形式报监理批复。

（4）地下管线不仅有平行于道路的纵向管，还有很多横穿道路的过路管，每种管线都涉及这些过路管，过路管大部分是为将来预留的，而在合同图纸中有很多没有体现出来。因为在当地各种管线有不同的归属部门，所以设计单位了解到的信息不是很全面；有些过路管是在申请施工许可的时候由各管线主管部门自己添加的，因此过路管施工图的设计必须要在得到各部门的施工许可后方可进行。

3. 道路的标志、标识工程

道路的标志、标线可以说是道路的点睛之处，铺设好沥青路面后，划上标线，立上标志牌，各种车辆就可以各行其道了。合同图纸中给出了一套全部标志、标线的平面布置图，其实施工时候还需要详细分出标准的和非标准的，然后分别申报施工图。

（1）标准标线、标牌施工图：关于标线和标志牌在当地有专门的规定，标准标牌有指定的厂家进行大规模的生产。所以我们在做施工图设计时将这些标准标牌和标线放在一套图上，在图纸中表示出标牌的编号，标线的编号，专业分包就会依据交通管理部门的标准图进行生产和施工。每套标准标线、标牌的施工图需要两部分，即平面布置图和标准标牌、标线样图。

（2）非标准标牌施工图：一般设置在十字路口，以及大型的跨路门架式指路牌，均属于非标准范围，每个非标准牌都需要单独设计。由于每个非标准牌的基础都比较大，因此需要考虑是否受地下管线的影响。尤其是跨路的门架，基础都是桩基础，需要在设计门架位置做深度为 2m 左右的探坑，探明地下情况后才能进行设计定位。每个非标准牌的设计图纸包括三部分：平面位置图、结构基础图和标牌面板详图。

4. 交通信号灯系统设计

交通信号灯系统的位置和信号灯的种类已经在合同图中给出，施工图所要进行的深化设计就是需要补充人孔、检查井、信号灯桩基等结构物坐标、顶面高程等信息，并检查这些井、孔、桩的位置是否与其他的管线或路灯基础冲突，适当的进行调整。每个交叉口都是管线密布的区域，在做这套图纸的设计时需要将所有关线加载到平面图上，判明是否有冲突，这套图是在其他的管线设计基本定格后才进行。

5. 结构工程施工图设计

结构工程在这里主要指桥梁和通道工程，结构工程的施工图深化设计主要需做以下几部分：

（1）混凝土外形设计：合同图中给出的结构外观尺寸只是大概的，施工时每一细部的标高、尺寸都要根据已经批复的其他相关信息重新计算。桩基的长度和桩顶标高，需要由试验桩确定，试验桩完成后监理方才能最终确定每个桩基的长度，据此可以推算桩帽标高。根据批复的道路纵断面图来确定结构物上部结构标高，最后推算出桥墩的顶标高，最后才能确定墩柱的高度。在每个结构外形图中需要显示出结构的详细尺寸、标高、坐标、混凝土等级等信息。

（2）细部配筋图设计：每个结构细部合同图都给出了钢筋直径、间距、数量等信息，但按照最终结构外形施工图，钢筋的设计间距、数量不匹配，不满足空间的要求，没有钢筋绑扎点的位置设计。通过钢筋设计我们可以合理的利用每种成品钢筋的长度，减少废料的产生，优化设计。

（3）预应力体系的设计：预应力体系在当地是属于专业分包的，包括了体系的设计和施工，体系设计主要有平面布置、横断面布置、纵断面布置、锚具详图、连接段详图设计等。

（4）其他的附属结构物：结构工程中必不可少的还有支座和伸缩缝的设计。支座的设计由每个支座的详细构造图及支座在墩顶的走向布置图两部分组成；伸缩缝的设计由平面布置和详细构造图组成。

5.16.1.3 工程后期的竣工图设计

进入后期的竣工阶段，需要根据现场的实际实施情况对施工图加以修正，形成竣工图，竣工图的编制依据是现场的施工记录（也叫"施工验收单"），原则上每种绘制过的施工图都要申报竣工图，竣工图和施工图的区别在于添加了实际完成的数量值。

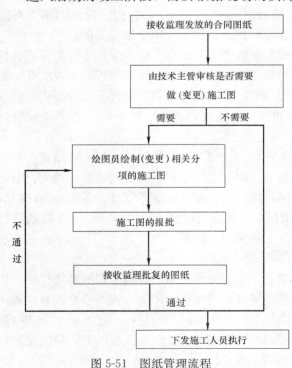

图 5-51　图纸管理流程

5.16.2　图纸管理

图纸管理简单说其实就两个字，"收"和"发"，而控制的关键环节在于"发"。国内工程的图纸一般从监理那里接收了，就可以直接发放现场作为施工图使用，而海外工程，施工单位又增加一个深化设计的环节，实则就是增加一个施工图的申报、审批环节。这一环节却是增加了大量的图纸出入数量，加大了图纸管理的难度。图 5-51 为图纸从接收到发放的整个管理流程。施工图的申报审批环节是制约工期的要素。

1. 图纸接收管理

图纸的接收要做好接收记录，及时更新图纸接收台账，每类图纸填写不同的接收台账，如合同图台账、变更图台账、分包上报图纸台账等。每类接收台账均需要有以下的登记内容，图纸名称（图号）、接收时间、份数、纸质版或电子版。接收完毕，管理员需妥善保存电子版文件，并将图纸移交给技术主管签署处理意见。

2. 图纸申报管理

施工图纸的申报需要填写专用的图纸申报单，并要做图纸申报台账，图纸的申报台账主要内容包括图纸名称、图号、申报时间、回复时间、申报次数。台账中的申报次数是很关键的，可以由此查询该张图纸一共申报了多少次，每次批复时间历时多长，对于工程的索赔等程序也有很大的参考意义。反映申报次数用 A、B、C 等英文字母进行编号。

3. 图纸发放管理

图纸的发放要明确发放范围，工程开工后首先要根据项目的组织机构设定，以及工程的分包内容来确定发放对象，表格的横向根据图纸的不同类别归类登记，纵向填写分发人员姓名和单位。此表需要根据接收和申报图纸的进程不断补充和更新，因此表格比较冗长，同时此表需要同图纸发放台账来双控图纸发放的流程。

凡是从技术部发出的每张图纸均要加盖受控章，在受控章后标注出接收人的受控号和发放日期。根据图纸发放表可以及时检查、更新、收回每一个接收人员手中的旧图，也可以不定期核实所有持有人手中的图纸是否为有效图纸。

看似简单的几张表，要做到万无一失，还需要图纸管理人员的认真负责，及时准确。这样才可以确保工程中不会因为图纸的失误而影响工程进展。

4. 图纸的保存

施工图纸和竣工图纸，在申报的时候一般要申报 3 套，监理存留两套，一套返还承包商，原件均由技术部资料员进行管理。收到批复的图纸后，资料员进行扫描，形成 PDF 格式的文件存在服务器上，供大家查阅，并打印出来，按图纸分发表进行发放。技术部备有全部的合同图和施工图纸质版，每次变更后的图纸资料员都及时打印补充到图纸装订册中。技术部设有专门的图纸查阅区，所有图纸分门别类装订成册，并在每个装订夹背脊标识出图册的名称。图纸原件全部收藏在铁质的资料柜中，如有需要借阅图纸原件，需在图纸管理员处填写借阅登记表，登记表中注明图纸名称、时间、借阅人、用途等内容。图纸的电子版由资料员定期归档，从绘图人员的电脑中收集到服务器上，并在技术部的移动硬盘上备份。工程全部结算完成后，图纸原件整理、归档、装订，电子版文件刻录成光碟，移交档案室。

5.16.3　结语

影响一个项目成功与失败的因素有很多，施工图的设计与管理是其中的一个重要因素，正因为图纸是每个工程的索引。所以在此项工作的执行中必须保证准确性，这样才能保证项目按期完工。

5.17　迪拜 Al Hikma 大厦电气系统

5.17.1　工程概况及遵循的标准

Al Hikma 大厦（图 5-52）位于迪拜著名的 Al Sheikh Zayed 大道，是一座开放式办公大楼，大楼外另建停车场。大厦总高 283.4m，地下 2 层，地上 62 层（含夹层），第 30 层和第 54 层为设备层，大厦占地面积 929m²，总建筑面积 52114m²。停车场和大厦主体通过天桥相连，建筑面积 18676m²，可提供 1260 个泊车位，停车场不在本合同范围。

图 5-52　Al Hikma 大厦

在供配电方面，阿联酋主要遵循英国标准（British Standard，BS）以及各酋长成员国供电局的要求，同时少量的参考国际电工标准（IEC）。消防规范主要遵循美国国家防火委员会标准（National Fire Protection Association，NFPA）以及各酋长成员国民防管理部门标准（Department of Civil Defense）。综合布线系统主要遵循美国电信工业协会标准（Telecommunication Industries Association，TIA），以及美国电子工业协会标准（Electronics Industries Association，EIA）。在产品方面可能也会提出一些要求，比如消防产品要求获得美国保险商实验室认证（Underwriters Laboratory，UL），电工产品要求获得美国国家电气制造商协会标准认可（National Electrical Manufacturers Association，NEMA）等等。

在深入了解、分析咨询公司的技术规格书和设计图纸的基础上，介绍大厦电气系统的深化设计，穿插引入迪拜以及相关国家的电气规范，在某些方面和中国的电气规范、技术指标和施工方法做一些对比。同时，指出咨询公司在方案设计中的一些错误和缺陷，提出深化设计的解决构想和优化措施。

5.17.2　配电系统

5.17.2.1　变压器装置指标

本工程连接负荷为 8561kW，安装 8 台 1500kV·A 的变压器。各变压器低压均无联络，因此各台变压器均相当于单电源。总装机容量 12MV·A，单位指标为 230VA/m²。和中国《全国民用建筑工程设计技术措施——节能专篇》"电气篇""表 2.2.2-1 变压器装置指标"的 50～100V·A/m² 相比，要高出很多。究其原因，主要是阿联酋气候炎热，夏季漫长，冬季很短，并且冬季气温最低也在 10℃ 以上，因此，空调负荷很大。另外，在其他用电指标方面，也比国内高很多。不过，从 2009 年起，迪拜所有的新建建筑必须遵守迪拜市政府提出的"绿色"建筑标准，否则，其建设计划将无法通过审批。一栋绿色建筑比标准建筑平均省电 70%，节水 50%～60%，节能 36%。目前，包括美国、中国、印度、澳大利亚、奥地利、加拿大、菲律宾和阿联酋在内的 16 个国家都发起了绿色建筑倡议。在阿联酋，建筑物的入口大厅、电梯厅、公共走道等公共部位的照明和盘管风机均采用移动探测器（红外、微波或者复合探测技术）进行节能控制，并且写进各成员国的电气规范。

5.17.2.2　配电方案

TR1～TR7 这 7 台变压器所带的馈电柜均为 2500A 的五芯封闭母线槽出线，防护等级 IP55。其中，TR1 变压器低压母线槽供电范围为地下 2 层到地上 4 层，TR2 变压器低压母线槽供范围是 5 层到 15 层，TR3 变压器低压母线槽供电范围是 16 层到 26 层，TR4

变压器低压母线槽供电范围是 27 层到 32 层，TR5 变压器低压母线槽供电范围是 33 层到 44 层，TR6 变压器低压母线槽供电范围是 45 层到 54 层，TR7 变压器低压母线槽供电范围是 55 层到顶层。各变压器低压侧均无联络，这点和国内不同。

TR8 变压器专门为消防设备、重要负荷和应急照明供电。它所带的馈电柜低压母线槽出线分为两段，均为 1600A，一段供电范围是地下 2 层到地上 34 层，另一段供电范围是 35 层到顶层。和国内的设计理念不同，阿联酋在消防设备配电和重要负荷的配电方案上，不采用末端切换的方式，都在低压配电室专用 ATSE 柜切换，为消防设备、重要负荷和应急照明专门配置备用柴油发电机，应急照明还设有集中蓄电池组。消防水泵、喷淋泵全部采用柴油泵，而国内只有石化行业的消防泵广泛采用柴油泵。

5.17.2.3　接地制式

低压配电系统均为 3 相 4 线制，230/400V、50Hz，变压器中性点直接接地，也就是国内熟知的 TN-S 系统。除了变压器中性点，N 线不允许在其他任何地方再次接地。如前所述，由于各变压器自成系统，低压侧均没有联络，都是单电源系统。因此，迪拜在变压器中性点直接接地的做法是符合《IEC 60364-1 建筑物电气装置　第 1 部分：范围，目的和基本原则》的规定，因为 IEC 60364-1 没有提及在此种情况下变电所系统接地的具体连接位置。

在阿联酋，和国内变压器低压侧出线一般采用母线引出的做法不同，对于容量为 1500kV·A 的变压器，低压出线每相相线采用三根单芯 630mm² 的交联聚乙烯绝缘聚氯乙烯护套钢丝铠装电缆并接，中性线采用两根单芯 630mm² 的交联聚乙烯绝缘聚氯乙烯护套钢丝铠装电缆并接，接地线采用两根并接的 150mm² 裸铜线。

5.17.2.4　电能计量

在我国，一般变压器容量超过 400kV·A 采用高供高计，在迪拜即使是 1500kV·A 的变压器也可以高供低计，当地供电局的电能表安装在变压器防护外壳内，通过 2400/5A 电流互感器接入。另外在低压配电室的低压进线柜的总开关之后，也设置 2400/5A 电流互感器，接入一个检查电能表，供业主使用，因为变压器室只有供电局工作人员才能进入，即便是业主也无法进入。

5.17.2.5　无功补偿

迪拜水电管理局（Dubai Electricity & Water Authority，DEWA）规定，低压电气装置的功率因数不得低于 0.9（滞后）。与国内一样，也是在低压配电室集中补偿，不过有一点不同，迪拜的无功补偿装置的电源不是通过母排接入，而是通过多芯交联聚乙烯绝缘聚氯乙烯护套钢丝铠装电缆接入。

5.17.3　电气系统土建条件

在初步了解大厦配电系统的基础之上，承包方需要认真审核电气系统的土建条件，以满足深化设计的需求。因为每个工程不可能等到深化设计图纸做完才施工，总是在施工过程中还在做深化设计，如果土建施工已经到达一定进度，那时想再改变一些土建条件，将是十分困难乃至不可能的。而根据合同条款，咨询公司的设计缺陷并不能免除承包商的责任。这个问题在以往的工程已有教训，所以要特别注意，要努力把一些缺陷消灭在萌芽状态。

5.17.3.1 高压室土建条件

在迪拜，高压室属于 DEWA 管理。当采用高供低计，即环网柜不带高压计量时，DEWA 规定，一套 RMU（Ring-Main Unit）（图 5-53）占地 9.3m²，可以带两台变压器。本工程高压室设在地面一层，设计面积 42.14m²，电缆沟净深 0.95m，高压室地坪比相邻地坪抬高 0.3m，房间净高 4.5m，大于 3.05m 最低要求，铝合金百叶门尺寸 3.05m(W)×2.75m(H)。高压室土建设计均满足 DEWA 相应要求。

图 5-53　环网柜

5.17.3.2 变压器室土建条件

在迪拜，变压器室也属于 DEWA 管理。大厦变压器室和低压配电室设在地下一层，两层之间设有设备吊装孔，作为变压器和低压成套设备检修运输通道。DEWA 规定一台 1000/1500kV·A 变压器占地 21m²，设计的变压器室面积为 170.02m²，满足要求。DEWA 要求变压器室净高不小于 3.05m，设计为 4.35m。百叶门尺寸要求同高压室，设计符合要求。变压器室地坪比相邻地坪抬高 0.15m，电缆沟净深 0.50m，均满足 DEWA 要求。

DEWA 要求设备吊装孔尺寸为 3m×3m，设计净尺寸为 4m×3.8m。

5.17.3.3 低压配电室土建条件

低压配电室净高同变压器室，迪拜的低压配电柜高度一般在 2.3m，比国内的 GCS、MNS、GGD 等柜型高出 0.1m，即使考虑封闭母线，房间净高也是满足安装需求的。

5.17.3.4 柴油发电机房土建条件

柴油发电机设在地下二层，机房建筑面积 28m²，设计图纸中发电机机组之间、机组外壳至墙的净距均小于 1m，不能满足设备运输、操作、维护、检修及布置辅助设备（比如日用油箱）的需要。这一点应该在技术澄清会上提出。至于进、出口风道，建筑专业已经和暖通空调专业协调。

5.17.3.5 竖井土建条件

本工程每层设计一个电气竖井、一个电信竖井。其中，电信竖井是电信公司 ETISALAT 专用的，作为电话和数据系统（即综合布线系统 SCS）的竖向布线通道。在阿联酋，电信竖井则是专为电信公司（Du 或者 Etisalat）设计，只能敷设电话和数据系统的管线、箱体，其他各弱电系统箱体、桥架、线槽不允许经过电信竖井而只能敷设在电气竖井里。而一个现代化的办公大楼的弱电系统是很多的，包括火灾报警及应急照明系统（Fire Alarm & Emergency Light System）、闭路电视监控系统（CCTV）、语音疏散系统（Voice Evacuation System）、公共广播系统（Public Address System）、电话和数据系统（Telephone & Data System）、楼宇自控（BMS System）等，若再考虑到低压供电系统本来就有 9 根封闭母线槽穿过电气竖井，原设计的电气竖井空间尺寸明显不够，研究图纸后，发现 30 层及以下的楼层电气竖井可以适当扩大而不影响建筑的实用功能，可以在技术澄清会上提出这个问题和解决方案。

5.17.4 防雷和接地

阿联酋的年雷暴日数大约为 10 天，多发生于雨量相对较多的秋冬季，属于少雷区。

根据中东地区著名的报纸《海湾新闻》（Gulf News）报道，迪拜和海湾地区对于雷击不十分重视，因此这个地区关键的挑战就是传播防雷接地科学知识和在国家的电气规范中引入最新的相关技术。

按照 BS6651 规定，整个防雷系统必须形成法拉第笼。

接闪器采用符合 BS6651 规范的 25mm×3mm 铜带在屋面明敷，全部采用专用卡子连接，不允许焊接。屋面任意一点距接闪器不能超过 5m。从这个防雷措施的数据看，对比我国标准《建筑物防雷设计规范》（GB 50057—94）的规定，相当于国内民用建筑的第二类防雷建筑物。屋面所有的设备、金属构件都采用铜带和接闪器做等电位联结，不允许焊接。

大厦采用柱子钢筋作为防雷引下线，但是不允许焊接，而采用 U 形卡子连接。引下线沿建筑物周边设置，间距不大于 20m。

大厦总共设置 10 道均压带，分别位于 20 层、26 层、32 层、37 层、43 层、48 层、54 层、56 层、58 层及 60 层。均压带采用 25mm×3mm 铜带，带 PVC 覆层。均压带和引下线也是专用卡子连接，不允许焊接。

防雷接地极埋在专用的防雷接地井里，接地极采用 1200mm×20mm 的铜棒，防雷接地电阻不得大于 10Ω。

低压配电系统的接地井和防雷系统接地井、电信系统接地井地埋位置分开，采用 3m 长的铜接地棒，接地极间距 6m，接地极接地电阻不大于 1Ω。

各种接地井用截面 150mm² 的 PVC 电缆相互连通，手拉手环形接入低压配电室的接地端子板，连接处设断接测试卡。由于本建筑物建筑红线就是建筑外廓，因此接地井全部设在地下二层，大楼采用的依然是共用接地系统，只是各系统的接地线引到各自的接地井罢了。

等电位联结电缆截面不得小于 16mm²，辅助等电位联结电缆截面不得小于 10mm²。

5.17.5　电气设备要求

5.17.5.1　配电盘

主配电盘（Main Distribution Board，MDB）位于低压配电室，属于低压配电系统的第一级配电盘，必须符合 BS60439 第一部分，型号为 Form-4、Type-2，可柜后检修，防护等级 IP54，落地安装。变电所开关柜短路电流整定不低于 50kA（短路持续时间 1s），满足 DEWA 最少 40kA（短路持续时间 1s）的要求。1600A 壳架的 ACB（框架断路器）要求短路分断能力不低于 50kA，2500A 壳架的 ACB 要求短路分断能力不低于 65kA。变压器低压侧主开关设过载长延时、短路短延时和接地故障延时保护，馈电开关设过载长延时、短路瞬时和接地故障延时保护。

分配电盘（Sub-main Distribution Board，SMDB）即楼层配电盘，属于低压配电系统的第二级配电盘，必须符合 BS60439 第一部分，型号为 Form-4、Type-2，防护等级 IP54，挂墙明装。MCCB（塑壳断路器）短路分断能力不低于 35kA。同一个 SMDB 出线的各 MCCB 分断能力应一致。

终端箱（Final Distribution Board，DB）属于低压配电系统的第三级配电盘，必须符合 BS60439 第一部分，防护等级 IP31，嵌墙暗装。MCB（微型断路器）短路分断能力不低于 12kA，导轨安装，使用梳状母线。白炽灯、荧光灯照明回路和盘管风机等感性负载回路使用 C 型保护曲线 MCB，普通插座回路和热水器回路使用 D 型保护曲线 MCB。

在终端箱，接地故障保护必须符合 DEWA 的规定。成组的照明回路、普通插座回路和单相设备可以使用一个漏电保护模块（RCCB）。DEWA 推荐的漏电保护模块漏电电流整定值见表 5-6。

DEWA 推荐的漏电保护模块电流整定值 表 5-6

序 号	回路/设备/电器	漏电整定电流(mA)
1	13 A 带开关插座	30
2	热水器/冷却器	30
3	冰箱/洗衣机和类似电器	30
4	家用水泵	30
5	浴缸水流按摩泵	10
6	水下照明	10
7	普通 15A 带开关插座	30
8	普通照明	30/100
9	泛光照明	100/30
10	窗式/分体式空调	100
11	盘管风机/空气处理单元//VAV 空调	100
12	一体化空调机组	100/30
13	冷冻机	100-500-1000
14	灌溉泵	100
15	电炉	100
16	工业机器	100/300
17	电梯/自动扶梯	300/500
18	霓虹灯	300

5.17.5.2 电动机

电动机风扇冷却，防护等级 IP54，S1 工作制，F 级绝缘。

功率不大于 0.37kW 时，选用 230V 单相电动机，功率超过 0.37kW 时采用 400V 三相电动机。超过 1kW 的电动机需要加装热继电器，而我国《通用用电设备配电设计规范》（GB 50055—93）则规定额定功率大于 3kW 的连续运行电动机宜装设过载保护。

红色指示灯表示设备停止，绿色指示灯表示设备运行，正好和国内相反，详见《电工成套装置中的指示灯和按钮的颜色》（GB 2682—1981）相关规定。黄色（琥珀色）指示灯表示警告信号，和国内规定相同。

在距电动机 2m 的距离内，应该设隔离开关或者紧急停车按钮。

5.17.5.3 布线系统

母线抗短路电流产生的电动力的能力不低于 65kA。

分支回路导体截面不得低于 $4mm^2$，控制回路导体截面为 $2.5mm^2$，低电压控制回路导体截面不得低于 $1.5mm^2$，接地保护线截面不得小于 $1.5mm^2$。对于普通插座回路，当插座数量大于 3 个且小于 10 个，就采用环形接线，插座回路的首末端均接入同一个微断，微断选用 32A，导线截面积选用 4mm²，这种环形接线提高了插座回路的供电可靠性，也是和国内做法不同的。

DEWA 规定，从供电点到系统的任意一点电压损失不得超过 4%，即 16V。深化设计时应该进行电压损失计算，以此来校验电力电缆的截面。国外的电缆厂商的产品样本都会详细的列举各种规格电缆单位长度单位安培的电压降数值 mV（V/A/m），因此深化设计时根据负载电流大小和电缆线路长度很容易计算电缆线路的电压降。

虽然英国最新标准 BS 7671：2008 重新规定了导体颜色，三相导体颜色分别是棕色、黑色、灰色，中性线是蓝色。但是阿联酋还是沿袭了 BS7671：2001 的规定，当电力电缆截面积不超过 6mm²，三相导体颜色分别是红色、黄色、蓝色，中性线是黑色，接地线是黄绿双色。当截面积超过 6mm²，可使用黑色电缆。这点和中国不同，我国的《电工成套装置中的导线颜色》（GB/T 2681—1981）规定三相导体颜色分别是黄色、绿色、红色，中性线是淡蓝色，接地线还是黄绿双色。

DEWA 规定，暗敷管线均使用 PVC 管，明敷管线均使用镀锌钢管。管径不得小于 20mm。PVC 管按照最小间隔 1m 固定，钢管固定间隔不得超过 2m。进行管线敷设时，动力和照明管线可以穿铁丝作为拉线，而综合布线的管线依据电信公司 ETISALAT 的规定，只能以尼龙绳作为拉线。

金属线槽也必须镀锌，截面占有率不得超过 45%。

电缆托盘深度 50mm，带卷边，镀锌。安装时，托盘上电缆中心距最少保持 2 倍电缆外径，这点和国内的要求一样。我国的《电力工程电缆设计规范》（GB 50217—2007）规定："除交流系统用单芯电缆情况外，电力电缆相互间宜有 1 倍电缆外径的空隙。"

电缆托盘沿线固定点间距不得超过 1.2m。铠装电缆必须安装在电缆托盘上。同一回路的单芯电缆在托盘上敷设必须"品"字形排列，以减少涡流效应。多芯电缆在托盘上敷设必须单层排列。

对于电热水器、盘管风机、排气扇、洗碗机、电炊具等设备而言，设备的最终连接采用软连接的接线盒，并且必须使用冷压接线端头，不允许直接压线。这些设备的控制开关均须采用带指示灯的 2 极（对单相设备）开关或者 4 极（对三相设备）开关。这种做法比国内采用单纯的插座连接相比，增加了电气连接的安全性，并且带来操作上的便利。

5.18 电气深化设计的价值工程法

5.18.1 价值工程法的基本介绍

价值工程法（Value Engineering）的通用定义是指通过集体智慧和有组织的活动对产品或服务进行功能分析，使目标以最低的总成本，可靠的实现产品或服务的必要功能。这里的总成本是指寿命周期成本。价值工程的理论基础是价值理论公式 $V=F/C$。其中，字母 V 是英文单词 value 的缩写，指产品或者服务的功能价值系数。字母 F 是英文单词 function 的缩写，指产品或者服务的功能重要性系数。字母 C 是英文单词 cost 的缩写，指成本系数。

从价值理论公式可以分析，提升产品或服务的价值大致有五种途径：

（1）把功能提升，而保持成本不变。显而易见，有时这是一厢情愿的事。因为功能的提升总是伴随着成本的上升。

（2）功能保持不变，将成本降低。比如在采购活动中用同等的国产设备替代进口设备就是典型案例。

（3）功能提高很多，但是成本的增幅并不多。有时候新工艺可以达到这一目标。

（4）功能进行略有下降，同时成本更大幅度的降低。如果此种情况下功能的降低程度能为顾客所接受，那么这将是一种物美价廉的产品或者服务。

（5）把功能提高，而产品成本同时在降低。这可能是最理想的情况了，乐于为各方接受。进行技术创新，采用新工艺，开发出新产品，推出增值服务是实现这个目标的最佳途径。

5.18.2　电气深化设计引入价值工程法

美国人麦尔斯（L. D. MILES）在1940年代提出的价值工程法不仅仅是一门管理技术，也是一种思想方式，可以有效地整合社会资源，降低成本，提高经济效益，可以运用到各行各业。

对于海外从事总承包的建筑商而言，深化设计和施工、采购密不可分，相互影响、不可分割。下面以中建中东分公司中标的设计加建造性质的阿布扎比城市之光项目（City of Lights）为例，从技术方案、施工工艺和产品选择等几个方面入手，介绍价值工程法在电气深化设计中的运用，在保证系统安全性和功能性的前提下，以期达到降低工程造价，增大企业盈利空间的目的。

5.18.3　深化设计的价值工程法

5.18.3.1　照明和动力

1. 电气设备房的需求评估

根据变压器的容量、台数核查变压器室的尺寸，根据高低压配电柜的台数核查配电室的尺寸，根据柴油发电机的容量、台数核查发电机房的尺寸，满足设备吊装和维护的足够空间。

在阿联酋，各公国的供电公司对高压配电室、变压器室和低压配电室都有一系列的土建技术要求，并且他们各自的要求可能还不尽相同。所以，在深化设计的前期，必须一一核对当地规范。如有不符合规范的地方，应该及时向监理提出修改建议。

特别要注意电气用房的通风要求，认真核查房间气流组织情况，认真核对进出风口的尺寸。柴油发电机的摆放方向要符合房间的气流组织设计，以保证机组正常工作所需要的通风条件。

对于监理公司设计的低压配电室配电柜平面布置尤其要认真评估。要明确本工程低压配电柜进出线方式，明确进出低压配电室的母线槽的规格及数量，明确电缆桥架的规格和数量。在低压配电室，要避免母线槽之间、电缆桥架之间以及母线槽和电缆桥架的相互交叉，以免造成日后维护困难。需要调整的配电柜平面布置方案，报监理批准后，方可进行配电室的深化设计。

　　这里重点是电气设备房的预留洞口工作，工程界习惯称为 builder's work。根据自身安装的需要，机电专业向土建专业提出预留洞洞口的形式、洞口尺寸和洞口定位，土建在施工过程中会按照机电要求预留洞口，为后续机电安装创造条件。预留洞口包括垂直方向的楼板留洞（slab opening），水平方向的核心筒留洞（core wall opening），水平方向的穿梁留洞（beam opening）或者穿梁套管（sleeves），以及二次墙体留洞（block wall opening）。机电的预留洞口工作是十分重要的，如果漏掉留洞或者洞口尺寸、位置错误，后期机电安装将变得十分困难。如果在完工的结构体上开洞，将破坏结构的安全并且增加工程的造价，要不只能推翻原有设计机电方案。

　　柴油发电机等设备的吊装板洞，在设备的外围尺寸基础上，周边预留 1m 的余量即可。设备的外围尺寸要参考供货商提供的产品样本。通常，在项目开始之初，材料申报进展不快，供货商并未选定，不被监理批准。所以，留洞条件提审时，电气设备的外围尺寸要考虑到备选的供货商中最大的尺寸的产品，以免留下后患。就柴油发电机而言，三菱的发电机外形紧凑，尺寸最小，卡特彼勒发电机的尺寸较大，康明斯发电机的外形尺寸介于二者之间。

　　电气竖井的板洞尺寸由母线槽、电缆桥架的数量和尺寸决定。在阿联酋，弱电系统的桥架（线槽）也是经过电气竖井，所以电气竖井有供配电的板洞和弱电板洞共存。在国内，不大于 2000A 的封闭母线槽一般中心距按照 400mm 考虑。阿布扎比的城市之光这个项目的监理图纸甚至把母线槽的中心距放到了 450mm。实际上，我们意向供货商 2000A 及以下的母线槽宽度在 145mm。并且，经过调研，我们发现阿布扎比市场很多工程的这个距离保持在 350mm，能够正常维护。这样就减少了母线槽占据的空间，板洞尺寸可以减小，防火封堵的成本相应下降。在公共区域水平敷设的母线保持这个值没问题，但是在电气竖井里面，我们要考虑到母线插接箱的安装空间以及操作断路器的空间，把母线中心距保持在 400mm 比较好。合理压缩母线槽间距，也为电缆桥架省出更多的空间，增加了布线的灵活性。因为在一个项目中，电缆截面和电缆根数的变化是经常的事情。电缆桥架的规格尺寸选择有两种办法，其一是根据电缆的走向、根数和截面，画出电缆桥架的断面图，各电缆之间保持一倍电缆外径的净距；在深化设计阶段，使用这种方法，因为深化设计深度要求提供电缆桥架的断面图。其二，在深化设计前期，对监理的图纸进行评估阶段可以使用简化的方法，可以把电缆桥架的各根电缆单层排列，截面相加，再乘以 2，从而确定电缆桥架的宽度，进一步确定电气竖井板洞尺寸大小。对比研究分析表明，这两种方式的结果差别不大。

　　2. 系统的功能分析

　　（1）低压成套设备的形式评估

　　阿布扎比水电局 ADWEA（Abu Dhabi Water and Electricity Authority）和阿布扎比供电公司 ADDC（Abu Dhabi Distribution Company）规定：低压系统的主配电盘（MDB）的防护等级为 IP54，内部隔离形式为 FORM-4、TYPE-6。而迪拜的 MDB 可以使用 FORM-2，TYPE-2 这种低一个等级的隔离形式。FORM-4、TYPE-6 这种隔离形式的特点是：

　　① 母线和功能单元隔离；

　　② 功能单元之间相互隔离；

③ 端子和功能单元相互隔离；

④ 进线端子和出线端子之间相互隔离，并和其他的端子相互隔离；

⑤ 母线使用金属的或者非金属的刚性隔板隔离，端子使用绝缘盖板隔离。

而 FORM-2，TYPE-2 这种隔离形式区别于 FORM-4、TYPE-6 的地方是：

① 功能单元之间相互不隔离；

② 功能单元和进出线端子之间也不隔离；

③ 母线的隔离除了可以使用金属的或者非金属的刚性隔板隔离，还可以使用绝缘套管、绝缘覆层和绝缘包扎等方式。

阿布扎比市场的二级配电盘 SMDB 可以使用 FORM-2、TYPE-2，和迪拜一样。防护等级规定为 IP31。

阿布扎比极其尊重 IEC 标准，低压成套设备的形式完全遵守 IEC 60439-1：1999，此标准已经转化为中国国家标准 GB 7251.1—2005。而低压成套设备的形式要标注在单线图上，便于采购部门订货。

ADDC 对于终端 DB（Distribution Board）箱的要求有别于迪拜。在迪拜，DB 箱可以使用多达 5 个的漏电保护器 ELCB，迪拜水电局 DEWA 不允许每个 ELCB 超过 9 个出线回路。阿布扎比不允许终端箱使用电子式的 ELCB，只允许使用电磁式的 RCD（RCCB）。对于每个 DB，阿布扎比只允许最多使用两个 RCD（RCCB），一个整定 100mA，另外一个整定 30mA。每个 RCD（RCCB）带几个回路，则没有具体的规定，只要每个 DB 不允许超过 42 个单相回路即可。阿布扎比的这个规定，确保了终端排骨箱的宽度（400mm），避免 DB 在拥挤的电气竖井占用更大的空间。当然，同时也降低了工程造价。

城市之光项目监理提供的 DB 箱负荷表全部错误，完全照搬了迪拜的模式，在深化设计中我们改正了这一错误，按照阿布扎比供电局 ADWEA 和阿布扎比供电公司 ADDC 的规范进行规范化设计。

（2）开关设备的极数和分断能力评估

ADWEA 规定阿布扎比低压配电系统接地制式为 TN-S-TT。ADDC 对于各级配电箱开关电器的极数和分断能力有明确规定。

主配电盘 MDB 中，凡是馈电开关超过 800A 就必须使用可抽出式四极 ACB。而 MCCB 的分断能力则不能少于 50kA，对 MCCB 不强调必须使用 TPN 型。

封闭母线槽的抗短路能力不能低于 50kA，母线槽插接箱的 MCCB 使用限流断路器，分断能力不低于 50kA。

对于二级配电箱 SMDB，MCCB 的分断能力不能低于 35kA，对 MCCB 不强调必须使用 TPN 型。

终端箱 DB 的 MCB 分断能力不低于 10kA。

监理的图纸中，很多地方应该用 ACB 的，却用了 MCCB，违反了 ADDC 的规定。SMDB 的 MCCB 分断能力全部标注 50kA，增加了很高的成本。很多地方不需要用 TPN 的 MCCB，使用 TP 即可。我们的深化设计图纸对这些地方一一更正和优化。

（3）用电负荷的评估

与迪拜粗放的风格不同，阿布扎比的用电负荷限制的非常苛刻，所以，从配电系统的末端到首端，工程中的用电负荷计算相当的严格。

终端 DB 箱的所有出线回路的需要系数（DF，Demand Factor）在迪拜都是取 1。而在阿布扎比，针对不同的负荷性质，DF 有不同的取值。比如，照明回路 $DF=75\%$，通用插座回路 $DF=50\%$，厨房通用插座回路 $DF=50\%$，厨房的固定设备例如冰箱、洗碗机、电炊具、洗衣机等等，DF 还是取 50%，热水器回路 $DF=50\%$，空调回路 $DF=90\%$。当住宅楼使用天然气时，电炊具的 DF 也可以降为 20%。可以看出，空调回路的 DF 充分体现了阿联酋炎热的气候特点。合计起来，DB 箱的综合需要系数大概在 $0.5\sim0.6$。所以，从终端 DB 箱开始，阿布扎比的计算负荷（MD，Maximum Demand）就比迪拜计算的小了。

对于二级配电箱 SMDB，迪拜取的需要系数 DF 还是 1。而在阿布扎比，针对建筑物的不同的性质做了具体的规定。对于一般的多层建筑物、别墅和办公楼，SMDB 的 $DF=0.9$。对于大型的高层住宅楼，当楼层的住户单元不多时，$DF=0.7$；当楼层的住户单元很多时，$DF=0.6$。

在低压配电室主配电盘 MDB 处，迪拜取值在 $0.8\sim0.9$ 之间，阿布扎比统一规定为 $DF=0.9$，这样，除去冷冻机组的负荷外，变电所整体的需要系数大约在 $25\%\sim30\%$ 范围内。可以看出，阿布扎比的负荷计算和国内一样采用需要系数法，但是各级需要系数取值科学合理，有效地控制了建筑物的用电负荷，变电所变压器的选择更加经济合理，避免了迪拜那种变压器数量多、容量大的普遍现象，有效地控制了工程的建设成本，同时减轻了国家电网的压力，这种严谨的求实态度是值得国内同行学习和借鉴的。

负荷计算完毕，变压器容量也就确定了，而低压集中无功补偿容量不能超过变压器容量的 30%。监理的图纸中，1000kVA 的变压器电容柜取 450kvar，应该修正为 300kvar。

（4）平面布置图的评估

ADWEA 规定，住户内淋浴间不允许设置除剃须刀插座之外的任何电源插座，并且淋浴间的照明和剃须刀共用回路，须提供 30mA 的 RCD 保护。监理的图纸把淋浴间的照明回路连接到厨房等房间的照明回路，违反了当地供电局 ADWEA 的规范，我们的深化设计修正了这一错误。

ADWEA 规定，通用插座回路的插座数量不能超过 10 个，一个双插当成两个单插考虑。回路的第一个插座按照 1000W 考虑，其余插座按 200W 考虑。监理的图纸出现错误，有的插座回路居然连接了 21 个插座，并且每个插座都照搬迪拜的习惯而只按 200W 考虑，显然违反 ADWEA 规定，深化设计图纸对此做了修正。

在深化设计中，我们对裙房和地下层的 DB 箱的布置也进行了重新设计。监理的图纸把这部分楼层的停车场区域和核心筒区域的 DB 箱分开设置，完全没必要。在深化设计时，我们把这两个区域每层的 DB 箱合并设计，降低成本。当然，要保证不超出 42 个出线回路，以满足当地规范要求。

5.18.3.2　防雷接地系统

监理的防雷接地设计图纸是参照 BS 6651：1999 设计的。实际上，早在 2006 年 IEC 就颁布了 IEC 62305。欧盟紧接着跟进，发布了基于 IEC 标准的 EN 62305。英国的动作很快，2006 年 9 月 1 日就开始执行本国标准 BS EN 62305，从那时起，BS 6651 和 BS EN 62305 并列执行，但是 BS 6651 的有效期到 2008 年 8 月底就宣布截止。可以看出，英国跟踪国际先进标准的速度是很快的，这点值得我国电气行业借鉴。

根据 BS 6651，当建筑物高度不超过 20m 时，屋面接闪网格尺寸为 20m×10m，引下线间距是 20m；当建筑物高度超过 20m 时，屋面接闪网格尺寸为 10m×5m，引下线间距为 10m。

BS EN 62305 把建筑物的防雷等级分为 4 类。经过 IEC 防雷软件计算，本项目的高层办公楼属于第 3 类防雷建筑物，其余 4 个高层住宅楼则均属于第 4 类防雷建筑物。依据 BS EN 62305，第 3 类防雷建筑物屋面接闪网格尺寸为 15m×15m，引下线间距为 15m；第 4 类防雷建筑物屋面接闪网格尺寸为 20m×20m，引下线间距为 20m。

我公司是 2009 年 3 月中标此项目的，因此防雷系统应该按照新标准 BS EN 62305 进行深化设计，节省了大量的铜带。

5.18.3.3 弱电系统

由于本项目电视节目是网络电视 E-vision，所以，概念设计中要求在电气竖井预留的 CATV 电缆桥架没必要再保留，深化设计时取消，节约工程造价。

根据合同条款，本项目门铃对讲系统（Intercom System）是非视频系统，监理图纸设计成可视对讲系统，深化设计时做了修正。同时，在公寓的每个楼层，监理的图纸漏掉了门铃以及门铃按钮，造成使用功能的欠缺，深化设计时弥补了这一缺陷。

关于 CCTV，监理的图纸在车库的车道上设置了很多摄像头。经过和供货商的技术协商，我们一致认为，在裙房和地下层每层车库出入口处分别设置监控镜头即可。

关于门禁系统，我们还是和供货商的工程师进行了仔细的商讨。通过分析大楼的人流情况，我们决定，每层的电梯前室和走道的门禁保留，住宅楼有入口门厅的也设置门禁系统。原监理图纸中疏散楼梯间的门禁系统取消，只是保留电磁门锁。

关于巡更系统，我们选择了无线巡更系统，施工方便并且成本比有线巡更系统低廉。

5.18.3.4 集中应急照明系统

在迪拜，连接到集中蓄电池单元的疏散应急灯具和备用应急灯具必须分开回路。阿布扎比消防部门 ADCD（Abu Dhabi Civil Defence）允许把二者合并，无形中降低了工程造价。只是要注意每个回路连接的应急灯具不要超过 15 个。

5.18.3.5 火灾自动报警系统

我们根据 ADCD 的要求，对监理的火灾自动报警系统图纸做了很大的改动。住户套内仅在厨房设置温感，在户内走廊设置带声响警报底座的烟感，卧室则没必要设置烟感。

5.18.3.6 综合布线系统

本项目每栋高层建筑电信进线均为光缆，监理设计的进线桥架有两根 600mm×50mm 的规格。经过和电信公司 UTT 的讨论，仅设一根电缆桥架足够。同时，作为进线的备用，每个高层建筑的设备间 MTR（Main Telecom Room）之间需要增加一根同等规格的桥架作为联络。

为了克服通信电缆的长度限制以及满足容纳电信设备的空间要求，UTT 要求对于高度超过 20m 的建筑物每隔 10 层就必须设置第二电信设备间。监理初始设计图纸不满足这一要求，我们要求监理对此进行了重新设计。

UTT 要求在户内厨房设置一个双口超 6 类 RJ45 信息插座，其他房间最少设置两组双口信息插座。前面已经提到，本工程使用网络电视 E-vision，UTT 也要求从户内的电信配线箱一根同轴电缆 RG6 到电视插座。监理的设计图纸均不满足以上要求，深化设计图纸做了修正。

5.18.4　采购的价值工程法

深化设计离不开采购部门的支持，工程所有的设备和材料都需要报送监理和业主审批。

电气设备的一些重要参数都需要从供货商处获得并体现在深化设计图纸上。前文已经提到，有时技术方案还需要和供货商一起商讨决定。所以，从这个意义上讲，采购的价值工程也是深化设计价值工程的一个部分。

5.18.4.1　减少规格型号，增强材料的互换性

电缆桥架，本项目选用的系列有 75mm、150mm、225mm、300mm、450mm、600mm、750mm、900mm 等，高度都是 50mm。300mm 及以下的桥架厚度为 1.25mm，300mm 以上的桥架厚度为 2.0mm。

封闭母线、电缆桥架和线槽的螺纹吊杆的规格选取 ϕ10mm 和 ϕ12mm 两种。

封闭母线、电缆桥架和线槽的 C 型镀锌带孔支架我们选用 21mm×41mm、30mm×41mm 和 41mm×41mm 三种规格。

5.18.4.2　电缆规格型号的调整

监理的概念设计中，电缆电线都选用了低烟无卤型。由于在阿布扎比没有具体的规定，所以我们以普通的 PVC 型号代替。

监理的图纸中，楼层配电箱 SMDB 到住户单元或者办公室单元的 DB 箱均使用交联铠装电缆。我们改用单芯塑料绝缘电线，材料本身成本下降很多，还省去电缆格兰，施工也容易很多，节省了人力成本。

5.18.4.3　集中应急照明系统供货商的选择

刚开始，我们就这个系统咨询了 Honeywell。从提供的系统图看，应急灯具的电源线路和地址线是分开的。后来参与报价的 Sibca 公司提供不同的产品，电源线和地址线合二为一。为了降低工程造价，理所当然的我们选择了 Sibca 的产品。

5.18.4.4　应急柴油发电机选择

本工程的柴油发电机不是备用柴油发电机，而是应急柴油发电机，只是短时工作，为应急灯具、消防设备等供电。所以，在考虑柴油发电机的容量时，应该按照"备机容量"来选择，而不是按照"主机容量"来选择，节省大量的费用。

5.18.5　施工工艺的价值工程法

深化设计必须考虑施工工艺，考虑施工的可行性。另一方面，深化设计图纸要简化施工，努力降低施工的成本。

5.18.5.1　尽量敷设暗管

在阿联酋，暗管用 PVC 管，明管敷设必须用镀锌钢管。而在市场上，同等规格的镀锌钢管的价格是 PVC 管的 8 倍。所以，深化设计图纸要尽量标注使用暗管。在明管暗管转换处，设转接箱即可。

5.18.5.2　柴油发电机的安装

在国内，柴油发电机安装需要在混凝土基础上预埋地脚螺栓，涉及二次灌浆工艺。而

通过阿联酋的工程实践，我们已经了解到，一些品牌的发电机根本不需要预埋地脚螺栓，深化设计图纸也没必要在大样图体现出这个细节。这样，可以简化施工工艺。

5.19 电气工程采购报价要点

5.19.1 电气采购工程师需要从雇主处了解的信息

5.19.1.1 工程的性质

工程性质属总承包（EPC）还是总包服务（EPCM），决定了项目运行的方式、采购服务的性质、采购合同的类型和货物付款方式等，是首先应该明确的关键问题。

5.19.1.2 工程的基本情况

工程的产品、生产的过程和采购的货物息息相关。如处于爆炸危险环境中的电气设备和电气仪表应有相应的防爆等级要求，采购工程师应了解爆炸危险区域的类别和级别。

工程地点可能影响货物运输成本和运输方式，也就可能影响货物的订货条件。若靠近海边，盐雾腐蚀会很严重，采购工程师需要在询价书上特别注明，提醒供货商一些产品如电气成套设备必须通过盐雾试验，要考虑除湿、提高防护等级、增加爬电距离。也可以选择防盐雾腐蚀材质的产品，如电缆桥架选用玻璃钢桥架而不选用钢制桥架。这些问题在工程中曾有过惨痛的教训，如某工程中的钢制电缆桥架没有进行盐雾试验，现在桥架锈蚀很严重，应引起我们的足够重视并引以为戒。

5.19.1.3 雇主界定的工作范围

一般在雇主的招标文件（ITB）中会界定采购的工作范围，采购工程师要准确领会。雇主要求总体采购还是部分分项（装置）采购，需要全部采购国产设备还是部分购买进口设备，都需要一一落实。一般雇主委托的项目管理公司（PMC）会在 ITB 的设备表（Equipment List）或者采购一览表（Procurement List）中标注清楚。

5.19.1.4 雇主对于报价成品文件格式的要求

通常工程公司的经营部会传达雇主对报价成品格式的要求，并对项目组作出统一规定。专业采购工程师要配合项目组准备相应的文件。一般要准备专业报价表、供货商名单、专业报价说明、采购人工时报价表、采购执行程序、备品备件表和个人中英文简历等。

一般而言，雇主会给出工程报价表的格式，并且现在几乎都是按照工程的分项或者装置报价，按照专业的划分报价（分为非标设备、工艺设备、机泵、仪表、电气、电信、管道材料等）已经不多见。除此之外，一个工程公司的各专业（设计、采购、费控、施工等）对外报价形式应该统一。

5.19.1.5 雇主规定的工程进度

一般情况下，雇主会在招标文件中以横道图形式规定工程进度，并设置很多的"里程碑"（Milestone）。电气专业各采购包的进度也必须落在其中，特别要注意长周期设备，比如变压器、高低压成套设备、柴油发电机的采购进度控制，确保货物及时交付。在询价书（RFQ）中，采购工程师应该向供货商明确此类信息。

5. 19. 1. 6 雇主对供货商档次上的要求

要明确雇主对于分包商的档次要求，以免出现报价偏差，因为不同档次的分包商价格差异很大。

5. 19. 2 电气采购工程师需要从项目组了解的信息

5. 19. 2. 1 项目组的组织结构

一个项目组是一个有机的整体。采购工程师应该清楚项目组成员的组成和分工（如项目主任、项目经理、采购经理、项目秘书、设计、费控、施工报价人员等），以及他们的联系方式，跨部门、跨专业文件的交付程序等，使项目组内部沟通顺畅。

5. 19. 2. 2 项目组对于报价成品文件的要求

对前述的报价成品文件的形式、内容、种类和进度都需要明确，以免成品文件交付不合格，以及成品文件返工造成延误。采购工程师还需要弄清楚备品、备件是否需要报价，其价格是单列还是列入货物单价。

5. 19. 2. 3 在文件和服务的深度上，项目组和雇主的沟通

这点在 EPCM 模式中特别重要，因为在这种合作模式下，承包商的所有文件都要雇主审核同意，而有些工作可以征得雇主同意，采用简化程序。比如，电气的管材可否不发询价书只作简单的询价，这类散材可否不作技术评审（TBA）而只作商务评审（CBA），简化增补合同程序。这些沟通及时的话，可以减轻采购工程师的劳动强度。

5. 19. 3 电气采购工程师需要从专业设计工程师处了解的信息

5. 19. 3. 1 设备材料表（MR）何时提供，提供的文件是否符合采购的要求

工程设计人员必须在项目组的进度内提交设备材料表，提交采购的文件必须是严格按照校审程序审查合格的并经相关人员签字的文件。语言文字是否符合雇主要求？设备的参数是否完整准确？设备材料的数量是否准确？电动机原理图、配电箱和配电柜的系统图是否满足设计深度要求？

电气采购工程师要仔细审查设计文件，有问题要及时沟通。如有的设计人员参考产品样本只标注防爆电器的型号，没有防爆等级、外壳防护等级等具体参数，是无法询价的。电缆桥架只标注"桥架"字样也是不对的，应该详细标注桥架的材质（钢制桥架还是玻璃钢桥架）、形式（槽式还是梯架）、表面防腐处理方式（热镀锌、热浸锌、喷塑等）。配电箱、配电柜应该有回路数以及元器件的档次，并应符合雇主的要求。

5. 19. 3. 2 技术规格书（Specification）何时提供，提供的文件是否符合采购的要求

各个采购包应该提供技术规格书，其内容应符合雇主的要求。采购工程师在把技术规格书连同设备材料表、询价书发给分包商前，应仔细阅读，有疑问及时和设计人员沟通。有些参数要求在设备材料表中体现不出来，而只在技术规格书中体现，如配电柜的柜体颜色、配电柜的出线方式、温湿度、海拔高度要求等诸多信息。

5. 19. 4 电气采购工程师需要从分包商处了解的信息

分包商（供货商）是否认真阅读并理解了询价书，是否了解工程的地点，是否按照雇主的要求列出了备品备件清单（指示灯、光源、熔断器、按钮、柴油发电机的滤清器等）

及价格等基本情况。提请供货商明确报价范围、所用货币、格式、有效期、截止日期、供货范围及周期、报价文件的语言文字、分包商（工程公司）的联系方式等信息。采购工程师只有和分包商充分沟通，才能保证收到报价的合理性和完整性。

5.19.5 电气采购工程师需要从其他渠道了解的信息

为了保证采购的电气设备和材料技术先进、性能可靠、经济合理，电气采购工程师需要努力钻研本专业技术，自觉阅读技术刊物，积极参加各类电气方面的展会，上网了解最新的技术动态和产品发展趋势。至于价格信息，采购工程师也有多种获取渠道。分包商的报价是基本的渠道，要向不低于三家的分包商询价。另外，也可以从同类的、类似的和近期的工程获取价格信息，建筑建材行业管理办公室出版的建材市场交易价格信息也可以作为参考。只有充分地、全方位地了解了价格信息，才能做到心中有底，才能和分包商进行充分的议价，最后作出合理的定价。

5.20 电缆桥架的选择

在工程应用中，笔者发现工程设计中电缆桥架的选择存在不少问题，这些问题会带来采购混乱和电气安全隐患等诸多方面的消极影响。笔者就主要的几个主要的问题逐一分析，希望对电气设计人员有所裨益，尤其是工程总承包公司的设计人员需要注意。

5.20.1 电缆桥架结构类型选择

很多设计人员在设计文件中通常笼统的称呼"桥架"，并未指出具体的结构特征，因为结构类型的混乱会带来工作现场散热、机械防护方面的问题。中国航空工业规划设计研究院的老专家王厚余在其新作《建筑物电气装置 500 问》中也谈到这个设计中的通病。

电缆桥架（cable supporting system）常用的有以下几类：一类是电缆托盘（cable tray），电缆托盘具体又分为有孔托盘、无孔托盘和组装式托盘三种，具体定义可以参考中国工程建设标准化协会标准 CECS31：2006《钢制电缆桥架工程设计规范》，散热性能和机械保护性居中等，电缆托盘特别适合于现场灵活组装。第二类是电缆梯架（ladder-type cable tray，stair-type cable tray），通风散热性能好，机械保护性差。第三类是槽式电缆桥架（cable trunking，channel-type cable tray），散热性能差，但机械保护性好，能有效地防护外部有害液体和粉尘的侵入，电磁屏蔽效果也佳。

设计人员应该根据工程环境特征和技术要求合理选择电缆桥架的结构特征，并在平面图型号的标注上和材料表中进行清晰的表达。

5.20.2 电缆桥架材质选择

设计文件根本不提电缆桥架的材质是电缆桥架工程设计常见的另外一个问题。按照材料划分，电缆桥架主要有钢制、玻璃钢和铝合金几种。

玻璃钢电缆桥架所具有的特点是质量轻，容重仅为碳钢的 1/4；耐水性和耐腐蚀性好，适合化工厂；耐热不燃，氧气指数大于等于 32；使用寿命长，一般设计寿命为二十年；施工的优越性在于切割方便、组装灵活，安装无需动火，这对于具有爆炸危险环境并且工程工期紧张的化工厂工程意义尤其重大，因为在爆炸危险环境，工程动火安装时化工厂必须停产，经济效益必受影响。

铝合金电缆桥架重量也很轻，由于铝、钢比重不同（Al＝2.7，Fe＝7.86）按重量计算，铝钢之比约为1：3。铝合金电缆桥架外形尺寸、荷载特性均与钢质桥架基本相近。就费用而言，铝合金桥架的造价比镀锌钢制电缆桥价要高。

5.20.3 电缆桥架表面防腐层类别选择

工程设计中常见的第三个问题是电缆桥架型号没有标注防腐层的类别，也没有统一的文字说明。此问题在现实中有教训，如我国承担总承包的印尼某工程，钢制电缆桥架的表面防腐处理没有进行盐雾试验，完工不久桥架就锈蚀得相当严重，不得不更换。

电缆桥架的表面防腐层类别主要有热浸锌（hot-dip galvanizing）、镀锌镍（nickel-zinic plating）、冷镀锌（zinic plating）、粉末静电喷涂（spray）等方式，生产厂家资料显示：热浸锌工艺寿命大于40年，适用于室外重腐蚀环境，造价高；镀锌镍工艺寿命大于30年，也适用于室外重腐蚀环境，造价高；冷镀锌工艺寿命大于12年，适用于室外轻腐蚀环境，造价一般；粉末静电喷涂工艺寿命大于12年，适用于室内常温干燥环境，价格一般。

设计人员应该根据工程环境条件合理选择电缆桥架的表面防腐层类别并在设计文件中清晰地表达。

5.20.4 电缆桥架的规格尺寸选择

工程实际中，在电缆桥架的规格尺寸选择方面的问题是要么偏大，要么偏紧张。如何合理的选择电缆桥架的规格尺寸选择呢？

中国工程建设标准化协会标准 CECS31：2006《钢制电缆桥架工程设计规范》第4.2.1条规定："电缆在托盘、梯架内的填充率应不超过国家现有标准的规定值。动力电缆可取40％～50％，控制电缆可取50％～70％，且宜预留10％～25％的工程发展裕量。"并提出托盘、梯架横截面积的公式如下：

$$S = KS_D/\eta$$

$$S_D = n_1 \pi d_1^2/4 + n_2 \pi d_2^2/4 + \cdots + n_n \pi d_n^2/4$$

式中
S——托盘、梯架横截面积（mm^2）；

K——裕量系数，取 1.10～1.25；

η——填充率（％）；

S_D——电缆总截面积（mm^2）；

n_1、n_2、$\cdots$、n_n——同型号规格电缆根数；

d_1、d_2、$\cdots$、d_n——同型号规格电缆直径（mm）。

根据规范的上述规定，同时参考江苏远东电缆有限公司的电力电缆外径数据和苏州特雷卡电缆有限公司的控制电缆外径数据，笔者编制了低压电缆桥架和低压控制电缆的截面选择 excel 表格，低压电力电缆桥架计算表格见表 5-7。控制电缆计算表格类似，不再贴图。

在工程应用中，设计人员只需根据电缆的芯数，输入对应的电缆根数，所需电缆桥架的横截面积自动计算出来，所选电缆桥架的横截面积不小于这个结算结果就可以了。不需要设计人员再去查产品样本，填入电缆外径数据。而表格中"电缆单层排列所需总宽度"只是帮助选择电缆桥架宽度，不是选择电缆桥架的横截面积的先决条件。

电力电缆（0.6/1kV）桥架规格的计算　　　　　表 5-7

序号	标称截面（mm²）	1C 近似外径	1C 根数	2C 近似外径	2C 根数	3C 近似外径	3C 根数	4C 近似外径	4C 根数	(3+1C) 近似外径	根数	(3+2)C 近似外径	根数	(4+1C) 近似外径	根数	5C 近似外径	根数	全体电缆截面之和（mm²）	单层电缆排列宽度之和（mm）
1	YJV-1.5	5.6		10		10.4		11.1		10.9		13.4		11.8		11.9		0	0
2	YJV-2.5	6		10.8		11.3		12.1		11.8		14.4		12.8		13		0	0
3	YJV-4	6.4		11.7		12.2		13.2		12.9		15.5		14		14.2		0	0
4	YJV-6	7		12.7		13.4		14.5		14.1		16.9		15.4		15.6		0	0
5	YJV-10	8.3		15.3		16.1		17.6		16.8		19.5		18.4		19.1		0	0
6	YJV-16	9.3		17.4		18.4		20.1		19.4		22.6		21.4		22		0	0
7	YJV-25	11.2		20.8		22.1		24.3		23.2		26.5		25.7		26.6		0	0
8	YJV-35	12.4		23.1		24.6		27.1		25.2		28.4		28.1		29.7		0	0
9	YJV-50	14.1		26.2		27.9		31		29.1		33		33		34.2		0	0
10	YJV-70	16.1		30.6		32.8		36.4		32		39.4		38.3		40.2		0	0
11	YJV-95	18.2		34.8		37.1		41.2		38.7		44.7		43.5		45.8		0	0
12	YJV-120	20		38.6		41.2		46		43.4		46.6		48.8		50.8		0	0
13	YJV-150	22		42.7		45.8		50.9		44.3		50		53.2		56.5		0	0
14	YJV-185	24.2		47.5		50.9		56.8		52.8		56.1		59.6		63.1		0	0
15	YJV-240	27.1		53.3		57.4		64		55		63.1		67.1		71.1		0	0
16	YJV-300	29.7		59.2		63.4		70.8		65.7		69.8		74.2		78.6	0	0	0
17	YJV-400	33.1				71.1		79.6		73.5		78.1		83.3		88.5		0	0
18	YJV-500	36.8																0	0
19	YJV-630	41.1																0	0
20	YJV-800	45.7																0	0
电力电缆桥架横截面积计算表格																			
21	WDZBN-YJV-1.5	8.4		12.8		13.2		13.9		13.7		16.2		14.6		14.7		0	0
22	WDZBN-YJV-2.5	8.8		13.6		14.1		14.9		14.6		17.2		15.6		15.8		0	0
23	WDZBN-YJV-4	9.2		14.4		15		16		15.7		18.3		16.8		17		0	0
24	WDZBN-YJV-6	9.8		15.5		16.2		17.3		16.9		19.7		18.2		18.4		0	0
25	WDZBN-YJV-10	11.1		18.1		18.9		20.4		19.6		22.3		21.2		21.9		0	0
26	WDZBN-YJV-16	12.1		20.2		21.2		22.9		22.2		25.4		24.2		24.8		0	0
27	WDZBN-YJV-25	14		23.6		24.9		27.1		26		29.3		28.5		29.4		0	0
28	WDZBN-YJV-35	15.2		25.9		27.4		29.9		28		31.2		30.9		32.5		0	0

续表

电力电缆桥架横截面积计算表格

29	WDZBN-YJV-50	16.9	23.4	26.5	29	28.8	35.8	35.8	37	0	0
30	WDZBN-YJV-70	18.9	25.4	30.7	34.7	34.5	42.2	41.1	43	0	0
31	WDZBN-YJV-95	21	28.6	34.1	38.7	38.7	47.5	46.3	48.6	0	0
32	WDZBN-YJV-120	23.8	31	37.3	42.7	42.5	40.4	51.6	53.6	0	0
33	WDZBN-YJV-150	24.8	37.4	41.6	46.8	46.6	52.8	56	59.3	0	0
34	WDZBN-YJV-185	27	39	45.4	51.4	51.2	58.9	62.4	65.9	0	0
35	WDZBN-YJV-240	29.9	56.3	50.5	56.9	56.7	65.9	69.9	73.9	0	0
36	WDZBN-YJV-300	32.5	62	55.3	62.9	62.7	72.6	77	81.4	0	0
37	WDZBN-YJV-400	35.9		73.9	82.4	76.3	80.9	86.1	91.3	0	0
38	WDZBN-YJV-500	39.6								0	0
39	WDZBN-YJV-630	43.9								0	0
40	WDZBN-YJV-800	48.5								0	0
总的电缆面积										0	
所需桥架截面面积(填充率 40%)										0	
电缆单层排列所需总宽度(相邻紧贴排列)										0	

注：1. 辐照交联聚烯烃绝缘低烟无卤护套电力电缆（WDZ-YJFE）、交联聚乙烯绝缘无卤低烟聚烯烃护套阻燃环保型电缆（WDZA-YJV，WDZB-YJV，WDZC-YJV）的近似外径数据均与低压交联聚乙烯绝缘电力电缆（YJV）一致，不再单独列出。

2. 交联聚乙烯绝缘聚烯烃护套无卤低烟耐火电力电缆（WDZAN-YJV，WDZBN-YJV，WDZCN-YJV）近似外径数据单独列出。

3. 电缆导体的排列型式以紧压扇形为主。

需要注意的是，各国对于电缆桥架的填充率和裕量系数的规定可能不一样，所以做海外工程时需要参考工程所在国的规范调整。

5.20.5　材料统计方面的问题

设计图纸在材料统计方面存在的问题主要是以下三个：

（1）存在漏项。有的材料表干脆没有支吊架一项；有的统计托架材料时仅仅统计直通部分，弯通部分不统计。对于工程总承包公司而言，漏项带来的后果是在项目报价阶段导致报价偏低，而在项目执行阶段采购部门老是和供货商签订增补合同，从而导致总承包公司利润的降低。

（2）存在错项，张冠李戴。原因在于很多设计人员对于一些概念不清，有的把弯通、支吊架算作附件，有的把盖板当成主材。实际上，电缆桥架的"托架"包括直通和弯通两部分。电缆桥架的"附件"包括各种连接板、盖板、隔板、压板、终端板、引下件、紧固件等，附件在材料表中不开列，由供货商随货配套供应，成本打入托架的单价部分，工程中不需要供货商单独报价。而"支吊架"包括托臂、立柱、吊架等，需要单独开列，工程中供货商需要单独报价。

（3）统计量偏差大，通常是数量偏少。工程中如何比较准确地统计电缆桥架的材料呢？一般而言，托架的直通部分可考虑 1‰～2‰ 的裕量，弯通部分则直接统计数量。桥架全长除以平均立柱间距（户外立柱跨距一般采取 6m），得到立柱数，增加 2‰～4‰ 裕量。而桥架全长除以支吊架平均间距，得到支吊架数，再考虑 1‰～2‰ 裕量。至于支吊架的间距，户内直线段支吊架间距一般取 1.5～3m，垂直安装的支架间距不大于 2m。非直线段的支吊架配置应当遵守规范规定：当弯通弯曲半径小于 300mm 时，应在距非直线段与直线结合处 300～600mm 的直线段侧设置一个支吊架；当弯通弯曲半径不小于 300mm 时，除在距非直线段与直线结合处 300～600mm 的直线段侧设置一个支吊架外，在非直线段中部应增设一个支吊架。

5.21 GGD 动力配电柜的人性化设计制造

机电项目对某分包商的低压成套设备进行监造。从成套厂的图纸审核到出厂检验，处处以人为本的出发点（如方便维护，防止电击事故等）是项目的宗旨。

5.21.1 结构

（1）规定了低压柜内最下排的元器件距柜底的距离不得低于 150mm。因为元器件安装高度如果太低，低于柜前挡板高度，将给日后检修带来很大不便。并且，客户要求一次回路也是使用接线端子和现场设备连接，一次端子刚好位于盘柜底部，如果元器件安装太低，势必增加现场电缆和一次端子的接线操作难度。工厂排列元器件时就出现了这种情况，经过和客户协商，采取了两种措施满足外方技术规格书的要求：一方面缩小元器件的排列间距，另一方面将部分元器件从柜前移到柜后安装。

（2）配电柜预留空间不得低于 20%。这样要求是考虑到柜体的散热问题，另外为业主日后扩容增加元器件预留条件。

（3）外方审查厂方的侧视图时提出意见，要求柜前的汇流排增加安装支架。这样使汇流排高于周围元器件，日后运行人员维护母排相当方便，同时也增加了和元器件间的安全距离。

5.21.2 布线

（1）二次回路导线全部用有缝塑料行线槽敷设，加强二次线路的机械保护和电气保护，增加柜内的整洁感。并有通风功能，不存在额外的温升问题。

（2）柜内元件较多，一次回路也很多，扳手的使用受到局限，为方便维护，业主要求汇流铜排上固定一次压线鼻子的螺栓是内六角或者六方的。

（3）现场外部设备电力电缆进入盘柜必须采用端子连接。优点是避免了传统做法一次线路的凌乱排列，增强了柜内一次回路检修的安全性，还方便一次回路标识和测试。另外，外方要求一次接线端子规格比设计图纸大一级。这样做的优点在于考虑到现场设备容量可能变化，从而影响电缆截面的变化，防止了货到现场接线不便的变数。

（4）对于单面安装的盘柜，电源电缆均从柜顶引下至柜底的端子，此时外方要求柜后增加电缆支架。具体做法是直接在柜后增加几个横梁，和原先元器件的安装横梁在水平方向保持了一定间距，厂方原本打算直接把电缆固定在元器件的安装梁上，显然不妥。原因是一方面柜前元器件、导线、行线槽等占据了很大空间，想再安装横梁上固定比较困难；另一方面从柜前看电缆绑扎带影响美观，日后柜内维护也有碰撞矛盾。

5.21.3　标识

（1）要求盘柜主接线均使用铜排，并套黄、绿、红三色热缩管区分相序；一次回路导线全部按颜色区分相序，这点和国内也不一样，国内一般截面 10mm^2 及以上导线均使用黑色导线，市场的供货现状难以满足外方要求。经过交涉，外方做出让步，同意 10mm^2 及以上导线使用黑色导线并套黄、绿、红套管区分相序；所有规格的一次回路导线端部（连接母排处、进元件处和进端子处）均使用黄、绿、红的套管区分相序，10mm^2 以下导线按相序分别使用了不同颜色的导线。

（2）为了能清晰地显示母排上的螺栓可能松动引起的位置变化，从而提醒电气运行维护人员及时紧固，外方要求在靠近观察者一方的所有螺栓和母排连接处以及母排进开关处必须涂油漆。

（3）所有的二次回路必须套号码管，线号管上字号大小一致，并且全部机器打印，不允许手写。在线号文字的方向上，要求各柜体从左至右、从下至上全部统一，并且全部面向观察者视线。

（4）要求二次回路导线全部在塑料行线槽内敷设，并且槽盖要全部编号。

（5）所有的一次、二次元器件都贴符号牌。检查时，厂方对这个问题认识不足，漏掉不少符号牌，外方坚决不让步。

5.21.4　安全

（1）柜后主进线的铜排分相序套热缩管。

（2）柜前汇流母排加装有机玻璃绝缘护板。带电汇流排和上下方的电气元件距离很近，人员操作电气元件时，易受直接接触电击威胁；汇流排增加了安装支架，加大了和电器元件的距离，但是，另一方面在水平方向操作人员身体部位受到更大的直接接触电击威胁。因此，在汇流排的两个侧面和正前方都加装绝缘护板，可以有效地隔离电气元件和人体，而增加的造价却是很低廉的。

（3）双面安装的盘柜凡是柜后双开门的，在没有门把手的一侧增加把手（去掉锁心）。我们会想当然的认为，双开门一个带把手即可，另外一侧用手拉开。外方认为，那样存在安全隐患，手指伸进柜内会产生触电的危险。

（4）增加开门固定器。搞过电气运行的人都知道，固定式盘柜打开门检修时，柜门容易沿安装铰链摆动，碰撞人体，给检修带来很大不便。如果是带电检修，柜门上的带电部分对人员也会构成直接接触电击威胁。可见，外方要求增加开门固定器是十分合情合理的。

第 6 章　混凝土工程篇

6.1　阿联酋的混凝土生产与质量控制

6.1.1　前言

阿联酋位于中东的波斯湾地区，气候炎热干燥，夏季时中午的气温可达 45℃ 以上，晚上的最低气温也在 30℃ 以上。20 世纪 90 年代以来，阿联酋进入快速发展时期，基本建设投入增加，开展了大规模的基础设施建设和房地产开发，混凝土的需求量很大。2008年由于世界性的经济危机，建设规模缩小，但近期开始复苏，许多工程再次开工，建筑市场逐渐恢复。许多中资企业在阿联酋承揽了大量的建设工程项目，其混凝土都是由当地的混凝土生产商供应。由于当地气候与原材料情况的差异，其混凝土生产与施工和国内有所不同。下文简介一些阿联酋混凝土生产与质量控制情况。

6.1.2　原材料

6.1.2.1　胶凝材料

近年来，海湾地区建成了一些大型水泥厂，其生产的水泥能够满足当地市场的需求。阿联酋的水泥一般遵循欧洲标准，市场上供应的主要为 CEM I 42.5N 波特兰水泥和 CEM II/B-V 32.5N 粉煤灰波特兰水泥，品质稳定，强度富裕系数在 110% 以上。如果用户要求，也可以供应满足美国 ASTM C150 要求的波特兰水泥。由于本地的水泥生产量大，水泥在生产厂里的储存期长，运到现场的水泥温度低于 50℃，有利于混凝土水化温升的控制。

矿物掺合料主要为磨细矿渣粉、粉煤灰和硅灰。矿渣由日本、中国等地进口，在当地磨细加工，比表面积大约为 $450m^2/kg$。用 70% 的磨细矿渣粉＋30% 波特兰水泥混合，进行胶砂强度试验，其 28d 强度比一般可大于 82%，英国标准 BS 6699 要求为大于 76%。与我国国内的磨细矿渣粉产品相比，其活性低于国内标准的 S95 级。当地的磨细矿渣粉供应稳定，价格低廉，是主要的矿物掺合料。粉煤灰由印度、南非等地进口，品质较好，但价格昂贵，主要用于生产粉煤灰波特兰水泥，混凝土生产商一般不愿意单独使用。硅灰由中国等地进口，其应用程度远高于国内，是一种常用的矿物掺合料。当需要改善混凝土的密实性，提高其耐久性和泵送性时，常使用胶凝材料总量 5%～8% 的硅灰。

6.1.2.2　骨料

阿联酋主要使用当地的破碎石灰石粗骨料、人工砂和沙漠砂，基本没有天然河砂。骨料在使用前经过筛选，排除发生碱骨料反应的危险。骨料最大粒径为 20mm，分为 10～20mm、5～10mm、5mm 以下三个单粒级，其次为很细的沙漠砂。各粒级的骨料按一定比例混合，得到符合要求的骨料组合。表 6-1 为当地一般骨料的筛分试验结果；图 6-1 为这些骨料按一定比例混合后的粒度分布，完全符合英国标准 BS 882 的要求。对于人工砂，需要控制石粉含量在 17% 以下。部分人工砂经过水洗，去除石粉。在配制高强度混凝土时，常将 50% 的水洗人工砂与 50% 的原状砂混合使用。

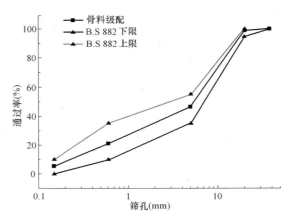

图 6-1　混合骨料的粒度级配

阿联酋的混凝土骨料筛分试验结果　　　　　　表 6-1

BS 筛孔尺寸	骨料最大粒径			
	20mm	10mm	0～5mm	沙漠砂
37.5mm	100.0	100.0	100.0	100.0
20.0mm	97.0	100.0	100.0	100.0
5mm	0.0	16.0	96.0	100.0
0.600mm	0.0	0.0	20.0	100.0
0.150mm	0.0	0.0	3.0	30.0

6.1.2.3　外加剂

阿联酋目前主要使用聚羧酸减水剂。根据混凝土的强度等级高低，分别使用高浓度、中等浓度和低浓度的三种类型减水剂。

6.1.3　混凝土配合比设计

阿联酋的混凝土配合比设计按照英国或美国 ACI 规范进行。在这些规范中，根据处于不同环境的结构所要求的耐久性能，给出相应的最大水胶比和最小胶凝材料用量的要求。在此基础上，根据混凝土的强度等级和早期强度要求，确定水胶比。然后根据经验，确定胶凝材料用量与组成。这样就可以根据水胶比算出用水量。在胶凝材料和水量确定后，即可由体积法算出骨料的用量。各粒级骨料的用量，则由经验确定，并通过试验调整，使其位于规范规定的区域内。最后考虑一定的含气量，对配合比进行调整，得到理论配合比。经试配，检验工作性是否符合要求，并进行调整，得到最终配合比，交付生产。可见阿联酋现行的配合比设计方法与我国基本一致。

根据具体结构部位的不同和各混凝土生产商的习惯，混凝土的胶凝材料组成变化较大，而骨料组成变化较小。表 6-2 为几个不同混凝土生产商的 C40 混凝土配合比。其胶凝材料总量不高，磨细矿渣粉的掺量很大。混凝土表观密度可达 2470 kg/m³，说明其骨料的堆积密度大，空隙率低，有利于混凝土性能发展。外加剂溶液带入的水量没有计入总用水量中。

不同生产商提供的 C40 混凝土配合比　　　　　表 6-2

序号	胶凝材料（kg/m³）				骨料（kg/m³）				水（kg/m³）
	水泥	磨细矿渣粉	粉煤灰	硅灰	20mm	10mm	5mm	沙漠砂	
1	120	260		20	637	393	562	281	136
2	180	220			633	391	559	279	144
3	331		59		470	450	320	350	140
4	415			15	500	400	620	360	148

6.1.4 混凝土性能控制

一般情况下，新拌混凝土控制其坍落度和坍落度损失。坍落度控制范围为中间值正负 30mm，相对于北京等地的控制范围要大些。坍落度损失一般限制在拌合后 90min 内降低 30～50mm，同样大于国内的控制值。混凝土的入模温度在此是一个重要的控制指标，要求不高于 32℃，这对于夏季气温高于 45℃ 的阿联酋地区来说，是非常难于达到的指标。由于气温高，混凝土拌合物出机后 1～1.5h，其温度会上升 5～6℃。当地的混凝土搅拌站内都设有制冰机，在混凝土拌合时加冰是惯常的做法。最极端的例子是用水量的 90% 都是冰。给骨料搭棚遮阳的做法基本不用。浇筑混凝土必须在早上 9 点以前，下午 3 点以后。由于气候炎热干燥，混凝土泵送到工作面后，工作性损失很快，必须迅速操作，才能成型，否则易造成振捣不密实或开裂。

混凝土的强度控制较好。混凝土生产的均方差在 5～6MPa，强度富裕系数在 120% 以上。图 6-2 为某工程的 1200 多组 C40 混凝土试件的 28d 抗压强度分布图。其平均值 58.04MPa，均方差 6.19MPa。

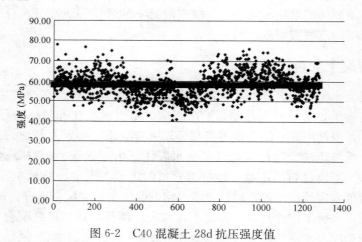

图 6-2　C40 混凝土 28d 抗压强度值

对于混凝土的耐久性，用混凝土的氯离子扩散电量，以及混凝土的渗水高度、吸水率和初始表面吸水率来表征。对于地下结构，通常要求混凝土的氯离子扩散电量小于 1000C（库伦），渗水高度小于 8mm。对于地上结构，要求混凝土的氯离子扩散电量不大于 3800C，渗水高度小于 20mm。

总体来说，阿联酋的混凝土生产与质量控制情况较好，对于在炎热气候条件下浇筑混凝土形成了一套行之有效的操作流程，保证了混凝土工程的优质快速施工。一些质量控制方法可供国内参考。

6.2　阿联酋与中国的混凝土配合比设计方法比较

中资企业在阿联酋承揽了大量的建设工程项目，其混凝土都是由当地的混凝土生产商供应。由于当地主要遵循英国和美国规范，原材料与国内也有所差别，其混凝土配合比的设计方法与国内有所不同。为了使在阿联酋从事工程建设的中国技术人员更好地掌握当地的混凝土性能，下面对比分析阿联酋与中国的混凝土配合比设计方法的差异。

在欧美通行的混凝土配合比设计流程中，混凝土的基本性能由使用者确定，如混凝土的强度等级、耐久性要求和施工性能。在施工技术规范中，规定了特定环境中使用的混凝土的最大水胶比与最小胶凝材料用量。这是最低要求，在此基础上，根据具体的工程要求，混凝土生产商确定混凝土配合比的具体参数。

在混凝土配合比设计过程中，需要确定几个参数。首先是水胶比，其次是用水量或胶凝材料用量，第三是砂率。其余参数均可据此计算得到。

6.2.1　水胶比的确定

世界上所有的混凝土配合比设计都遵循 Abrams 定则，即混凝土的强度与水胶比成反比。我国的《普通混凝土配合比设计规程》JGJ 55—2011 中，水胶比是根据胶凝材料的强度高低和骨料的种类，用公式计算得到：

$$W/B = \frac{\alpha_a f_b}{f_{cu,0} + \alpha_a \alpha_b f_b}$$

式中　α_a、α_b——回归系数，取值应符合《普通混凝土配合比设计规程》第 5.1.2 条的规定；

f_b——胶凝材料（水泥与矿物掺合料按使用比例混合）28d 胶砂强度（MPa），当无实测值时，可按下列规定确定：

1. 根据 3d 胶砂强度或快测强度推定 28d 胶砂强度关系式推定 f_b 值；

2. 当矿物掺合料为粉煤灰和粒化高炉矿渣粉时，可按下式推算 f_b 值：

$$f_b = 1.1 \gamma_f \gamma_s f_{ce,g}$$

式中　γ_f、γ_s——粉煤灰影响系数和粒化高炉矿渣粉影响系数；

$f_{ce,g}$——水泥强度等级值（MPa）。

从上述计算过程可知，水胶比的确定是一个很复杂且误差很大的过程。其原因在于回归系数 α_a、α_b 仅依据有限数据回归得到，是否适用于特定的胶凝材料和骨料不得而知；粉煤灰影响系数和粒化高炉矿渣粉影响系数也是缺失公信力的参数，难于反映我国矿物掺合料的实际情况。如果使用硅灰或别的矿物掺合料，则影响系数无法确定。所以我国规范中给出的计算过程基本无人使用。各混凝土搅拌站主要根据经验确定水胶比。

欧美的规范中抛弃了上述烦琐的计算过程，将水胶比的确定留给了混凝土搅拌站的技术人员。由他们根据具体的工程要求和原材料性质，根据经验确定。因需同时考虑强度性能、施工条件和耐久性要求，即使是同一工程用的同一强度等级的混凝土，对于不同的工程部位，其所用混凝土的水胶比也有所不同。

6.2.2 用水量或胶凝材料用量的确定

在混凝土的水胶比确定后，下一步是确定用水量或胶凝材料用量。

中国是先确定用水量。对于干硬性或塑性混凝土，在混凝土水胶比在 0.40～0.80 范围时，查表确定用水量；混凝土水胶比小于 0.40 时，通过试验确定。对于大流动性混凝土，按具有 90mm 坍落度的塑性混凝土用水量为基础，按每增大 20mm 坍落度相应增加 5kg 用水量来计算，然后考虑所用减水剂的减水率，将用水量成比例降低。可见这个过程也是没有可操作性的。实际上混凝土搅拌站均按所用减水剂的减水率，根据经验确定用水量。在确定了水胶比和用水量后，胶凝材料用量自然确定。但是这样确定的胶凝材料用量可能偏低，使混凝土的浆体量偏少，不利于泵送。需要按比例增加水和胶凝材料用量。

阿联酋是先确定胶凝材料用量，然后得到用水量。这也没有一个规范性的方法，完全由混凝土搅拌站根据经验而定。这给了技术人员充分发挥的空间，使其获得最经济、性能最好的混凝土配合比。阿联酋所用混凝土的胶凝材料用量和用水量普遍不高。对于 C40～C80 混凝土，胶凝材料用量在 390～480kg/m³ 之间，用水量在 135～150kg/m³ 之间（不包括减水剂溶液带水约 5kg/m³ 的水量），明显低于中国混凝土的胶凝材料用量和用水量。表 6-3 给出阿联酋较为典型的 C40 混凝土的胶凝材料组成、性能要求和相应的使用部位。表 6-4 给出某一混凝土实际的性能。可见混凝土的早期与后期强度都很高，其他性能满足要求。

阿联酋不同工程使用的 C40 混凝土的胶凝材料组成、性能和使用部位　　表 6-3

	胶凝材料（kg/m³）				水（kg/m³）	水胶比	坍落度（mm）	56d Cl⁻扩散电量（C）	结构部位
	水泥	磨细矿渣粉	粉煤灰	硅灰					
1	120	260		20	136	0.34	175±25	<1000	下部结构
2	180	220			144	0.36	175±25	<3800	上部结构
3	331		59		140	0.36	225±25	<2500	上部结构
4	415			15	148	0.34	220±30	<2000	上部结构

C40 混凝土的性能　　表 6-4

抗压强度（MPa）			饱和面干密度（kg/m³）	吸水率（%）	56d Cl⁻扩散电量（C）
3d	7d	28d			
46.0	58.2	68.5	2550	1.5	1703

6.2.3 胶凝材料组成

（1）水泥。阿联酋市场供应的水泥一般遵循欧洲标准 EN197-1，主要为 CEM I 42.5N 波特兰水泥和 CEM II/B-V 32.5N 粉煤灰波特兰水泥。CEM I 波特兰水泥不含任何混合材，CEM II/B-V 粉煤灰波特兰水泥含 16%～31% 的粉煤灰。如果用户要求，也可以供应满足美国 ASTM C150 要求的波特兰水泥。

（2）矿物掺合料主要为磨细矿渣粉、粉煤灰和硅灰。矿渣由日本、中国等地进口，在当地磨细加工，比表面积大约为 450m²/kg。英国标准 BS 6699 规定，用 70%的磨细矿渣粉＋30%CEM I 42.5N 波特兰水泥混合，进行胶砂强度试验确定活性系数。要求复合胶凝材料胶砂 28d 强度大于 32.5MPa。当地的磨细矿渣粉供应稳定，价格低廉，是主要的矿物掺合料。粉煤灰由印度、南非等地进口，品质稳定，但价格高于磨细矿渣粉，主要用于生产粉煤灰波特兰水泥。硅灰是一种常用的矿物掺合料。当需要提高混凝土的耐久性和泵送性时，不论强度等级高低，常使用胶凝材料总量 5%～8%的硅灰。

阿联酋对于胶凝材料的组成同样没有限制。考虑到阿联酋使用的是纯硅酸盐水泥，所以其磨细矿渣粉的使用比例与中国基本相当。粉煤灰的使用率远低于中国。我国规范中对于矿物掺合料的掺加比例有限制，但实际没人执行，也无法检验。科学研究结果显示，对于一般的对结构耐久性没有特殊要求的建筑物，只要强度性能符合要求，大掺量矿物掺合料混凝土都可以满足使用寿命的要求。所以我国的规范不必对矿物掺合料的掺加比例有严格要求。

（3）骨料。在混凝土的胶凝材料量和用水量确定后，扣除 1%体积的含气量，其余的体积即为骨料所占据。阿联酋遵循欧洲技术规范，使用单粒级骨料，全部为人工破碎制成的，不含针片状颗粒，含泥量接近于 0，无碱活性。骨料分为 20mm、10mm、5mm 三种粒径，另外还使用细度模数仅为 0.64 的沙漠砂。粒径 5mm 骨料含石粉约 16%，某些工程中将其洗去。最大粒径 5mm 的人工砂的细度模数为 3.54，属于粗砂，与很细的沙漠砂和两种粗骨料搭配（表 6-5），形成较为理想的级配曲线。欧美规范都提供了各粒级骨料在总骨料量中的比例的经验估计原则，同时要求骨料级配曲线位于规范规定的范围内（图 6-1），砂率的概念逐渐淡化了。由于骨料的堆积密度高，级配合理，使得混凝土的表观密度达到 2450 ～2500kg/m³，能够用较低的胶凝材料量配制高强高流动性混凝土。

阿联酋地区某工程所用不同强度等级混凝土的配合比（kg/m³）　　　　表 6-5

强度等级	胶凝材料	水	20mm 骨料	10mm 骨料	5mm 水洗骨料	5mm 骨料	沙漠砂
C40	390	140	470	450	320	320	350
C50	430	142	470	450	305	305	340
C60	440	132	640	360		580	300
C70	450	142	390	450		590	450
C80	475	142	390	450		570	450

中国使用连续级配的粗骨料，全体骨料分为粗、细骨料两种，最大粒径为 31.5mm；采用砂率来表示粗、细两种骨料的比例。常通过调整砂率来调整新拌混凝土的工作性。近年来中国的骨料质量越来越差，表现为级配不达标，含泥量高，针片状颗粒含量高，空隙率高，表观密度低。使用这样的骨料，只能多用胶凝材料；所配制的混凝土表观密度低，多低于 2450kg/m³，甚至低于 2400kg/m³。借鉴阿联酋的经验，针对我国骨料品质较差的现状，使用单粒级骨料复配，严格控制骨料的级配曲线位于规范要求的区域内，是提高混

凝土品质的可能途径之一。

6.2.4 结论

我国规范规定的混凝土水胶比确定方法过于繁琐，实用性差。阿联酋不规定水胶比和胶凝材料组成和用量的确定原则，为技术人员的创新留下了空间。使用单粒级骨料复配，控制骨料粒度分布在规定的区域内，是提高我国混凝土配制质量的途径之一。

6.3 阿联酋与中国混凝土配合比设计方法所设计的 C40 混凝土的比较

6.3.1 概述

阿联酋位于中东地区，属于热带沙漠气候，夏季漫长，白天气温高达 40.6～48.2℃，夜间最低气温也在 30℃以上。近年来，阿联酋经济发展迅速，建设投入不断增加，开展了大规模的基础设施建设和房地产开发，混凝土的需求量很大。尽管受 2008 年经济危机的影响，阿联酋工程建设速度放缓，但近期建设市场开始复苏。中资建筑公司在阿联酋承揽了大量工程项目，混凝土是由当地搅拌站提供。阎培渝等介绍了阿联酋混凝土生产和质量控制情况，并与国内混凝土现状进行了对比。为了使在阿联酋的中方工程技术人员更好地掌握当地混凝土的性能，本研究系统介绍了阿联酋混凝土原材料的特点，分析了当地混凝土配合比设计方法，并采用阿联酋与我国的混凝土配合比设计方法分别设计两组 C40 混凝土，测试其强度发展。在阿联酋高温干燥环境下，新拌混凝土坍落度损失过快且早期开裂严重，为了改善此现象，在混凝土掺入预先吸水的 SAP。本研究测试了掺 SAP 后对混凝土的坍落度和强度的影响。

6.3.2 原材料

阿联酋所用混凝土的组成材料与国内有所不同，水泥等材料一般遵循欧洲和美国标准，首先介绍当地混凝土的组成原材料和使用标准。

6.3.2.1 水泥

阿联酋市场供应的水泥一般遵循欧洲标准 EN197-1，主要为 CEM I 42.5N 波特兰水泥和 CEM II/B-V 32.5N 粉煤灰波特兰水泥。CEM I 波特兰水泥不含任何矿物掺合料，CEM II/B-V 粉煤灰波特兰水泥含 16％～31％的粉煤灰。本研究试验所用水泥是由 RAS AL KHAIMAH CEMENT COMPANY 生产的 CEM I 42.5N 波特兰水泥，水泥化学组成见表 6-6，物理性能见表 6-7。符合欧洲标准 EN197-1CEM I 42.5N 的要求。

水泥的化学组成 表 6-6

项　　目	SO_3(％)	Na_2O(％)	Cl(％)	C_3A(％)	L. O. I. (％)	I. R. (％)
EN197-1 CEM I 42.5N	3.50	—	0.10	—	5.0	5.0
实测	2.32	0.57	0.020	6.23	3.63	0.65

水泥的物理性能　　　　　　　　　　　　　　　　　表 6-7

项　目	比表面积 （cm²/g）	初凝时间 （min）	终凝时间 （min）	安定性 （mm）	抗压强度 2d(MPa)	抗压强度 7d(MPa)	抗压强度 28d(MPa)
EN197-1 CEM I 42.5N	—	60	—	10	10	—	$\geqslant42.5,\leqslant62.5$
实测	3725	170	200	0.0	22.0	35.8	47.2

6.3.2.2 高炉磨细矿渣粉（GGBS）

矿渣由日本、中国等地进口，在当地磨细加工，比表面积大约为 $450m^2/kg$。英国标准 BS 6699 规定，用 70％的磨细矿渣粉＋30％CEM I 42.5N 波特兰水泥混合，进行胶砂强度试验，确定其活性系数，要求复合胶凝材料胶砂 28d 强度大于 32.5MPa。当地的磨细矿渣粉供应稳定，价格低廉，是主要的矿物掺合料。根据 BS 6699：1992 标准检测的高炉磨细矿渣粉的化学组成见表 6-8。试块 28d 强度在（22±1）℃条件下测试，结果满足 BS 6699：1992 标准的要求。高炉磨细矿渣粉试验结果也符合 ASTM C989-06 标准的要求。

GGBS 化学组成　　　　　　　　　　　　　　　　　表 6-8

组成	SiO_2	Al_2O_3	Fe_2O_3	CaO	MgO	SO_3	S	Na_2O
要求	—				$\leqslant14.0$	$\leqslant2.5$	$\leqslant1.5$	
结果	34.80	13.75	1.00	43.91	4.65	0.15	0.40	0.28

组成	K_2O	Cl	MnO	$Ca+MgO+SiO_2$	$(Ca+MgO)/SiO_2$	Ca/SiO_2	LOI	I. R.
要求	—	$\leqslant0.10$	$\leqslant2.0$	$\geqslant66.67$	$\geqslant1.0$	$\leqslant1.4$	$\leqslant3.00$	$\leqslant1.5$
结果	0.34	0.01	0.50	83.36	1.39	1.26	0.10	0.45

6.3.2.3 粉煤灰

当地的粉煤灰由印度、南非等地进口，品质稳定，但价格高于磨细矿渣粉，主要用于生产粉煤灰波特兰水泥，也称为 Powercrete Cement。混凝土生产商一般不愿意单独使用粉煤灰掺入混凝土中。本研究试验所用粉煤灰水泥是由 RAS AL KHAIMAH CEMENT COMPANY 生产的粉煤灰水泥，是由 70％波特兰水泥＋30％粉煤灰组成。粉煤灰水泥的化学组成和物理性能见表 6-9。

粉煤灰水泥的化学组成和物理性能　　　　　　　　　表 6-9

项目	L. O. I. （％）	MgO （％）	SO_3 （％）	Na_2O 当量 （％）	Cl （％）	比表面积 （cm²/g）	$45\mu m$ 筛余量 （％）	初凝时间 （min）	终凝时间 （min）	安定性 （mm）
要求	—	—	$\leqslant3.5$	—	$\leqslant0.10$	—	—	$\geqslant75$	—	$\leqslant10$
结果	2.6	1.47	1.82	0.69	0.020	3489	7.6	200	240	0.0

6.3.2.4 硅灰

硅灰由中国等地进口，是一种当地常用的矿物掺合料。当需要改善混凝土的密实性，提高其耐久性和泵送性时，常使用胶凝材料总量 5％～8％的硅灰。试验所用硅灰的化学组成见表 6-10。硅灰的化学组成符合 ASTM C 1240：05 的规定。硅灰的密度为 1970kg/m³，堆积密度为 703kg/m³，Na_2O 有效碱当量为 0.31％。

硅灰的化学组成（%） 表 6-10

组 成	SiO_2	CaO	MgO	Fe_2O_3	Al_2O_3	SO_3	Cl	TiO_2	Mn_2O_3	L. O. I.
质量百分含量	90.74	0.49	0.52	1.70	0.43	0.40	0.09	0.01	0.13	4.26
ASTM C 1240:05 Sp. 限值	≥85.0	—	—	—	—	—	—	—	—	≤6.0

6.3.2.5 骨料

骨料主要使用当地的破碎石灰石粗骨料、人工砂和沙漠砂。阿联酋遵循欧洲技术规范，使用单粒级骨料，全部为人工破碎制的，不含针片状颗粒，含泥量接近于0，无碱活性。骨料分为20mm、10mm、5mm三种粒径，另外还使用细度模数仅为0.64的沙漠砂。粗骨料最大粒径为20mm，分为10～20mm、5～10mm两个单粒级。最大粒径5mm的人工砂的细度模数为3.54，属于粗砂，与很细的沙漠砂和两种粗骨料搭配，见表6-11。各粒级的骨料按一定比例混合，得到符合要求的骨料组合，形成较为理想的级配曲线。骨料按一定比例混合后的粒度分布，符合英国标准BS 882的要求，如图6-1所示。

阿联酋的混凝土骨料筛分试验结果（%） 表 6-11

BS 筛孔尺寸	骨料最大粒径			
	20mm	10mm	5mm	沙漠砂
37.5mm	100.0	100.0	100.0	100.0
20.0mm	97.0	100.0	100.0	100.0
5mm	0.0	16.0	96.0	100.0
0.600mm	0.0	0.0	20.0	100.0
0.150mm	0.0	0.0	3.0	30.0

6.3.2.6 水

混凝土搅拌用水为本地自来水，由海水淡化而来，水的化学分析符合标准BS 3148:1980的要求。

6.3.2.7 减水剂

阿联酋目前主要使用聚羧酸减水剂。根据混凝土的强度等级高低，分别使用高浓度、中等浓度和低浓度的三种类型减水剂。本文试验所用减水剂为EPSILONE HW 370型减水剂。

6.3.2.8 SAP

超吸水树脂（Super Absorbent Polymer，简称SAP），其具有比自身质量大数百倍乃至上千倍的吸水能力，吸水后的SAP会在环境湿度变化、溶液pH值升高或离子浓度变大的情况下释放出水分。本文试验所用SAP为法国公司生产的FLOSET™129 XS高效内养护剂。

6.3.3 混凝土配合比设计

阿联酋的混凝土配合比设计一般按照英国规范进行。根据处于不同环境条件的结构所要求的耐久性能，首先确定相应的最大水胶比和最小胶凝材料用量。在此基础上，根据混凝土的强度等级和早期强度要求，确定水胶比，然后再确定胶凝材料用量和组成，因此就可以由水胶比计算出混凝土用水量。在胶凝材料和用水量确定后，即可由体积法算出骨料的用量。

根据具体结构部位的不同和各混凝土生产商的习惯，混凝土的胶凝材料组成变化较大，而骨料组成变化较小。处于地面以下的混凝土中一般掺有较大量的矿渣和部分硅灰，保证混凝土的密实性，以满足混凝土的耐久性，而地面以上的结构，混凝土耐久性要求相对较低，混凝土中一般掺有一定的粉煤灰。表 6-12 为按照阿联酋和我国混凝土配合比设计方法分别设计的两组 C40 混凝土，一组中掺加矿渣和硅灰掺合料，另一组中掺入粉煤灰，混凝土的坍落度要求在 200mm 左右。在阿联酋高温干燥环境下，新拌混凝土坍落度损失过快且早期开裂严重，为了改善此现象，在混凝土掺入预先吸水的 SAP。本试验测试掺 SAP 混凝土的初始坍落度和抗压强度。

混凝土配合比（kg/m³）　　　　　　表 6-12

编号	水泥	粉煤灰	GGBS	硅灰	水	粗骨料	细骨料	水胶比	减水剂	SAP
A1	120	260	0	20	136	1024	838	0.34	5	0
A2	331	0	59	0	140	920	990	0.36	5	0
C1	306	0	102	0	175	1031	843	0.43	3.5	0
C2	306	102	0	0	175	1031	843	0.43	3.5	0
A1-S	120	260	0	20	136	1024	838	0.34	5	0.2
A2-S	331	0	59	0	140	920	990	0.36	5	0.2
C1-S	306	0	102	0	175	1031	843	0.43	3.5	0.2
C2-S	306	102	0	0	175	1031	843	0.43	3.5	0.2

注：A1、A2 代表阿联酋配合比，C1、C2 代表中国配合比；-S 表示掺加 SAP。

由于当地混凝土骨料颗粒级配和国内的差异性，按照实际工程项目上所采用的混凝土配合比中粗细骨料的百分比含量将骨料总量进行分配，得到本次试验各粒径骨料的用量见表 6-13。

骨料颗粒级配含量（kg/m³）　　　　　　表 6-13

编号	粗骨料		细骨料	
	20mm	10mm	0～5mm	沙漠砂
A1	633	391	559	279
A2	470	450	640	350
C1	637	394	562	281
C2	637	394	562	281

从表 6-12 中可以看出，对于阿联酋混凝土配合比，其胶凝材料总量与国内近似，均为 400kg/m³ 左右。掺磨细矿渣粉掺合料的配合比中，矿渣掺量很大，高达胶凝材料总量的 65%，而我国混凝土配合比中矿渣的掺量一般达不到这么高，本试验按我国混凝土配合比设计的混凝土，矿渣掺量为 25%，与阿联酋的配比对比，相对较小。由于矿渣掺量较大，为了满足混凝土的强度和密实性，掺入了一定量的硅灰，而我国一般在高强度混凝土中掺入硅灰。由于阿联酋当地粉煤灰价格昂贵，因此粉煤灰用量一般很小，在本试验掺粉煤灰掺合料的配合比中，粉煤灰掺量仅为 15%；而我国粉煤灰产量较大，价格较低，

在混凝土中掺量相对较大，在本试验中掺量为 25%。对于同强度等级的混凝土，阿联酋混凝土配比中水胶比普遍小于我国混凝土配合比的水胶比。

6.3.4　试验方法

按照表 6-13 中的配合比拌制混凝土。掺 SAP 配比的混凝土拌制时，按每立方米混凝土中由 SAP 引入 5kg 水的标准使用，SAP 按 1：25 的比例预先进行吸水，即每立方米混凝土中加入 200g 的 SAP。预先使 SAP 吸水均匀，然后与水泥、砂、石及掺合料等一同加入搅拌机中，加水搅拌，搅拌时间可适当延长，使 SAP 分散均匀。各种混凝土原材料均在室内存放，温度为 25℃，混凝土搅拌也在室内进行。

混凝土搅拌均匀后，根据《普通混凝土拌合物性能试验方法标准》（GB/T 50080—2002）中要求测试新拌混凝土的坍落度。然后成型 100mm×100mm×100mm 立方体试块，1d 后拆模，25℃水中养护。养护至龄期 7d、28d 时测试混凝土的抗压强度。

6.3.5　试验结果与讨论

根据所测各配比混凝土的坍落度可知，阿联酋混凝土配合比中搅拌用水量较少，为了达到相同的混凝土流动性，减水剂用量较大。A1 配比中，矿渣的掺量为 65%，矿渣的密度小于水泥的密度，单位质量胶凝材料的体积变大，即导致水与胶凝材料的体积水胶比减小。A1 配比中又掺有 5% 的粒径非常小的硅灰，使得混凝土流动性降低，黏聚性增强，不易于施工操作。各配合比混凝土中掺入预先吸水的 SAP，新拌混凝土的坍落度稍有增加。因为初期水泥快速溶解、水化，混凝土中孔溶液 pH 值快速升高。溶液 pH 值升高后，混凝土中掺入的预先吸水的 SAP 饱和度大大下降，会逐渐释放出其吸收的部分水，所以混凝土的坍落度不减反而有所增加。

各配合比混凝土 7d、28d 龄期时的抗压强度见表 6-14。

混凝土抗压强度（MPa）　　　　　　　　　　　表 6-14

编号	A1	A2	C1	C2	A1-S	A2-S	C1-S	C2-S
7d	53.7	53.4	47.0	37.3	56.0	48.2	47.2	33.5
28d	67.7	61.0	58.7	51.7	67.3	55.8	61.5	43.2

从表 6-14 中可以看出，阿联酋混凝土配比的水胶比较小，混凝土强度发展快，7d 时抗压强度均高于国内混凝土配比强度。粉煤灰的活性相对于矿渣较低，掺粉煤灰掺合料混凝土的强度相对较低，特别是粉煤灰掺量较大的 C2 配比。28d 时混凝土的抗压强度除了 C2 组较低外，其他组配比比较接近。混凝土中掺入预先吸水的 SAP 后，对于掺矿渣的混凝土强度并没有降低，而对掺粉煤灰的混凝土强度有所降低。

6.3.6　结论

阿联酋混凝土配比与我国混凝土配比存在一定的差异，其配比中水胶比普遍小于国内混凝土配合比，但胶凝材料总量与国内相比相差不大。当地矿渣价格低廉，活性较高，掺矿渣掺合料的混凝土中，矿渣掺量较高。为了满足强度和密实性等要求，同时掺入了一定量的硅灰，主要用于地面以下混凝土结构中。阿联酋粉煤灰价格较高，掺量一般较小，主要用于地面以上混凝土结构中。当地混凝土的骨料采用单粒级骨料，细骨料中含有很细的沙漠砂，各粒级的骨料按一定比例混合，得到符合要求的骨料组合。

阿联酋混凝土配比中水胶比相对较低，为了满足工作性要求，减水剂用量较大；掺矿渣的混凝土，由于矿渣掺量较高且掺有一定量的硅灰，混凝土的黏聚性较强，不易于施工操作。

对于 C40 混凝土，龄期 7d 时阿联酋配合比混凝土抗压强度高于国内配合比混凝土，早期强度发展较快，但 28d 时，各配比混凝土抗压强度相差不大，除粉煤灰掺量较大的国内配比混凝土强度较低。

在混凝土中掺加预先吸水的 SAP，对阿联酋与国内配合比混凝土的初始坍落度稍有增大，改善了混凝土的工作性。掺 SAP 后，对掺矿渣掺合料的混凝土强度没有降低，而对掺粉煤灰掺合料的混凝土强度有所降低。

6.4　燥热环境中混凝土早期开裂的改善措施研究

6.4.1　概述

中东地区气候炎热干燥，夏季时间长达 8 个月，最高气温 45℃以上，晚上最低气温也在 30℃以上。在此燥热环境中新浇筑的混凝土构件，由于混凝土表面水分的快速蒸发，使混凝土发生塑性收缩，表面常出现大量不规则裂缝，特别是暴露面积大的楼板，早期开裂现象非常严重，降低了工程质量。

研究认为，纤维能够改善混凝土的抗裂性能和脆性，提高混凝土的断裂韧性，预防混凝土塑性收缩或沉降收缩引起的早期开裂，起到阻裂和细化裂缝的作用。高美蓉等介绍了混凝土内养护技术的研究现状，以及掺加超吸水树脂（Super Absorbent Polymer，简称 SAP）对混凝土性能的影响。东南大学陈德鹏等认为 SAP 可以显著改善混凝土的收缩开裂性能；合肥工业大学詹炳根等发现混凝土的水灰比越小，SAP 的保湿作用越明显，可抑制高性能混凝土的自干燥收缩。江苏建科院林玮等发现减蒸剂能够抑制塑性阶段的混凝土的水分散失，降低混凝土塑性开裂的风险，而且可以促进水泥的水化，优化孔结构，同时对混凝土的强度发展没有负面影响。

针对中东地区燥热环境中，新浇筑混凝土表面开裂严重的现象，在混凝土中分别掺入聚丙烯纤维、SAP、表面喷洒减蒸剂及复掺聚丙烯纤维和 SAP，观察混凝土早期开裂现象，从而提出改善高温干燥环境中混凝土早期开裂性能的措施。

6.4.2　原材料与配合比

采用符合欧洲标准 EN197-1 的 CEM I 42.5N 波特兰水泥。水泥的一些重要见表 6-15，物理性能见表 6-16。

CEM I 42.5N 波特兰水泥的部分组成参数　　　　　　　　　　　表 6-15

SO$_3$（%）	Na$_2$O（%）	Cl（%）	C$_3$A（%）	L. O. I.（%）
2.32	0.57	0.020	6.23	3.63

表 6-16

水泥物理性能

比表面积 （cm²/g）	初凝时间 （min）	终凝时间 （min）	水泥安定性 （mm）	抗压强度 2d （MPa）	抗压强度 7d （MPa）	抗压强度 28d （MPa）
3725	170	200	0.0	22.0	35.8	47.2

高炉磨细矿渣粉的比表面积大约为 $4500cm^2/g$，其化学组成见表 6-17。英国标准 BS 6699 规定，用 70%的磨细矿渣粉＋30%CEM I 42.5N 波特兰水泥混合，进行胶砂强度试验确定矿渣的活性系数。要求复合胶凝材料胶砂 28d 强度与水泥胶砂 28d 强度比大于 76%，即规定大于 32.5MPa。

表 6-17

GGBS 的化学组成

组成	SiO_2	Al_2O_3	Fe_2O_3	CaO	MgO	SO_3	S	Na_2O	K_2O	Cl	MnO	L. O. I.
含量	34.80	13.75	1.00	43.91	4.65	0.15	0.40	0.28	0.34	0.01	0.50	0.10

硅灰是一种当地常用的矿物掺合料。当需要改善混凝土的密实性，提高其耐久性时，常使用胶凝材料总量 5%～8%的硅灰。本试验所用硅灰的化学组成如表 6-18，符合 ASTM C 1240：05 的规定。硅灰的密度为 $1970kg/m^3$，堆积密度为 $703kg/m^3$，有效当量 Na_2O 为 0.31%。

表 6-18

硅灰的化学组成

组　成	SiO_2	CaO	MgO	Fe_2O_3	Al_2O_3	SO_3	Cl	TiO_2	Mn_2O_3	L. O. I.
含　量	90.74	0.49	0.52	1.70	0.43	0.40	0.09	0.01	0.13	4.26

骨料为当地生产的破碎石灰石粗骨料、人工砂和沙漠砂。粗骨料粒径为 10～20mm、5～10mm 两个单粒级。人工砂的细度模数为 3.54，沙漠砂的细度模数仅为 0.64。

中东地区目前主要使用聚羧酸减水剂。

本试验所采用的有机合成纤维为江苏博特新材料有限公司生产的润强丝-I 聚丙烯纤维，聚丙烯纤维的基本物化性能见表 6-19。

表 6-19

聚丙烯纤维性能指标

项　目	性　能	项　目	性　能
类型	成捆及单丝	抗拉强度（MPa）＞	270
纤维直径（μm）	15～45	弹性模量（MPa）＞	3000
长度（mm）	6、12、19	延伸率（%）≤	40
密度（g/cm³）	0.90～9.92	抗碱性	98.0
熔点（℃）	160～176	耐老化性	优异
水	0.1	导热性	极低
掺量（%）＜	0.1	安全性	无毒
燃点（℃）	590		

SAP 具有比自身质量大数百倍乃至上千倍的吸水能力。吸水后的 SAP 会在环境湿度变化、溶液 pH 值升高或离子浓度变大的情况下释放出部分水分。本试验所用 SAP 为法国公司生产的 FLOSET™129 XS 高效内养护剂。

本试验所用减蒸剂为江苏博特新材料有限公司生产的 Ereducer 101 塑性混凝土高效

水分蒸发抑制剂，主要利用两亲性化合物在混凝土表面形成单分子膜来降低水分蒸发。

本试验所采用混凝土配合比如表 6-20 所示。混凝土的设计强度等级为 C40，编号 1 组配合比为根据国内配合比设计方法进行设计，其中矿渣掺量为 25％；编号 2 组配合比为根据中东地区当地配合比设计方法进行设计，其矿渣掺量高达 65％，硅灰掺量为 5％。

混凝土配合比（kg/m³）　　　　表 6-20

试件	水泥	高炉磨细矿渣粉	硅粉	水	细骨料	粗骨料	水胶比	高效减水剂	纤维	SAP	高效水分蒸发抑制剂
A1	306	102	0	175	843	1031	0.43	3.5	0	0	—
A2	120	260	20	136	838	1024	0.34	5	0	0	—
B1	306	102	0	175	843	1031	0.43	3.5	0.9	0	—
B2	120	260	20	136	838	1024	0.34	5	0.9	0	—
C1	306	102	0	175	843	1031	0.43	3.5	0	0.2	—
C2	120	260	20	136	838	1024	0.34	5	0	0.2	—
D1	306	102	0	175	843	1031	0.43	3.5	0.9	0.2	—
D2	120	260	20	136	838	1024	0.34	5	0.9	0.2	—
E1	306	102	0	175	843	1031	0.43	3.5	0	0	√
E2	120	260	20	136	838	1024	0.34	5	0	0	√

按照某一实际工程项目所采用的混凝土配合比中粗细骨料的比例将骨料总量进行分配，得到本试验各粒径骨料的用量，见表 6-21。

不同粒径的骨料含量（kg/m³）　　　　表 6-21

试　件	粗骨料		细骨料	
	20mm	10mm	0～5mm	Dune sand
1	637	394	562	281
2	633	391	559	279

6.4.3　试验方法

按照表 6-14 所示混凝土配合比拌制混凝土。掺聚丙烯纤维的混凝土拌制时，预先将纤维分散均匀，然后与水泥、砂、石及掺合料等一同加入搅拌机中，先干拌使纤维分散，接着加水搅拌。掺 SAP 的混凝土，按每立方米混凝土中由 SAP 引入 5kg 水，即每立方米混凝土中加入 200g 的 SAP。预先将 SAP 按 1：25 的比例进行吸水，然后与水泥、砂、石及掺合料等一同加入搅拌机中，加水搅拌。搅拌时间应适当延长，以纤维、SAP 均匀分散为准。各种混凝土原材料均在室内存放，温度为 25℃，混凝土搅拌在室内进行。

混凝土搅拌均匀后，根据《普通混凝土长期性能和耐久性能试验方法标准》（GB/T 50082—2009）中"早期抗裂试验"的要求成型混凝土平面薄板试件。混凝土成型时间为中午，成型后置于室外。试验期间，室外最高气温为 43℃，夜间最低气温 33℃。

减蒸剂按 1：9 的比例加水稀释，稀释液应充分搅拌均匀，无聚集和分层现象。利用喷雾枪，将其均匀喷涂于新浇筑的塑性混凝土薄板表面。喷涂用量根据混凝土所处的环境条件确定，1L 减蒸剂稀释液可喷洒 5～10m²，在混凝土表面水分蒸发量极大的恶劣条件下，可重复喷洒减蒸剂。

观测各配比混凝土的最早开裂时间，混凝土搅拌加水 24h 后测试"标准"中各要求测试项目：裂缝最大宽度和裂缝长度，进而计算每条裂缝的平均开裂面积 a、单位面积的裂

缝数目 b 和单位面积上的总开裂面积 c 等。

同时成型 100mm×100mm×100mm 的混凝土立方体试块，1d 后拆模，25℃水中养护。测定混凝土的 7d、28d 抗压强度。

6.4.4 试验结果与分析

各配比混凝土龄期 7d、28d 时的抗压强度分别如图 6-3、图 6-4 所示。

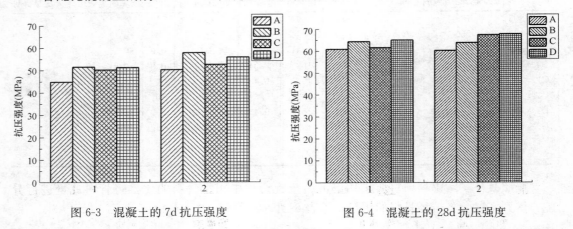

图 6-3　混凝土的 7d 抗压强度　　　　图 6-4　混凝土的 28d 抗压强度

从图 6-3、图 6-4 中对比 A、B 组混凝土强度可以看出，掺聚丙烯纤维的 B 组混凝土强度略高于未掺纤维的 A 组混凝土强度。混凝土中水泥水化过程中会发生收缩，使得混凝土内部产生细小的微裂缝。在混凝土中加入一定量的聚丙烯纤维，当混凝土中一旦有微裂缝发生时，因为裂缝的前端与纤维相交，纤维将跨越裂缝起到传递荷载的桥梁作用，使混凝土内的应力场更加连续和均匀，微裂缝尖端的应力集中得以钝化，裂缝的进一步扩展受到约束，使得引起裂缝的拉应力得以削弱和消除。混凝土在抗压时，聚丙烯纤维也可阻止和约束裂缝的开展，因此，掺聚丙烯纤维的混凝土抗压强度高于未掺聚丙烯纤维混凝土。

掺加 SAP 的 C 组混凝土的抗压强度，在龄期 7d 和 28d 时，无论是按国内配合比设计的混凝土，还是按中东地区配合比设计的混凝土，均高于 A 组混凝土的抗压强度。本试验中 SAP 按 1：25 的比例预先吸水，每立方米混凝土中由于 SAP 引入的水为 5kg。如果 SAP 吸收的水完全释放出的话，其分别使 C1 组和 C2 组混凝土水胶比增加了 0.0123 和 0.0125，即水胶比增加非常小。SAP 的吸水能力达上千倍，虽然随环境溶液 pH 值的升高而降低，本试验按 1：25 的比例吸水，混凝土在水中养护，混凝土试块内部湿度较高的情况下，SAP 释放水量很有限，使得混凝土的水胶比增加更小。在混凝土中饱水后的 SAP 随着混凝土内部湿度变化和孔溶液 pH 值升高，在毛细孔负压以及其对水分子拖曳的共同作用下释放额外的水以供微区水泥水化，并且具有足够细度的 SAP 分散于混凝土内部，形成多个均匀的高湿度微区，有效地降低了其内部的湿度分布梯度，促进了水泥水化。另外，SAP 的掺入在初期有延缓水泥的水化作用，使水化速度减慢，水化产物更加均匀，所以混凝土的强度没有降低，反而稍有增加。

复掺聚丙烯纤维和 SAP 的 D 组混凝土，7d 时其强度高于 A 组混凝土的强度，但稍低于单掺聚丙烯纤维的混凝土强度。至 28d 时，D 组混凝土的强度高于单掺聚丙烯纤维混凝土和单掺 SAP 混凝土的强度，发挥了纤维和 SAP 的共同增强作用。

图 6-5、图 6-6 分别为根据测得混凝土薄板的裂缝数目、最大裂缝宽度和裂缝长度计算得出的各配合比混凝土的单位面积的裂缝数目和单位面积上的总开裂面积。

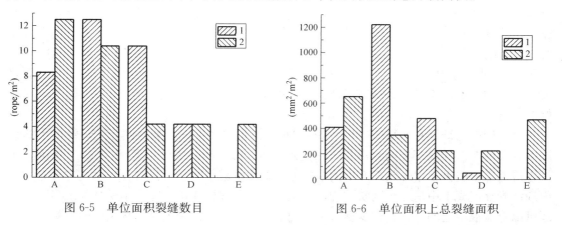

图 6-5　单位面积裂缝数目　　　　　　图 6-6　单位面积上总裂缝面积

从图 6-5、图 6-6 中可以看出，未掺纤维和 SAP 的 A 组混凝土，单位面积的裂缝数目和单位面积上的总开裂面积较大。在燥热环境中，混凝土表面水分快速蒸发，混凝土表面及内部湿度降低，毛细孔压力增加，塑性收缩较大，在混凝土中产生较大的拉应力。而此时混凝土的强度较低，抵抗拉应力的能力较弱，因此混凝土中裂缝间距较小，裂缝数量较多，且裂缝宽度继续发展，最大裂缝较大，长度也较大，甚至有的裂缝贯通整个混凝土平面薄板。按国内配比设计的 A1 混凝土的单位面积的裂缝数目和单位面积上的总开裂面积比按中东地区配比设计的 A2 的要小，因为 A2 中矿渣掺量较大，而矿渣在水化过程中，收缩较大，所以裂缝数目、宽度和长度较大。

掺入聚丙烯纤维后，B1 混凝土薄板的开裂并没有得到改善。可能是因为 B1 混凝土的水胶比较大，早期混凝土的强度发展相对较慢，纤维与混凝土间的粘结力较弱。高温干燥环境中，混凝土表面水分快速蒸发，引起塑性收缩，在混凝土中产生较大拉应力，而纤维尚未能起到分散拉应力，承担拉力的作用，从混凝土薄板裂缝处可以看出，纤维被拔出，而不是拉断。聚丙烯纤维的掺入对 B2 混凝土薄板的开裂有一定的改善作用，主要原因是 B2 混凝土的水胶比较低，早期强度相对较高，由此纤维与混凝土间的粘结更紧密。混凝土早期由于快速失水引起塑性收缩产生拉力时，纤维可以分散拉力，降低应力集中现象，使最大拉应力减小，混凝土开裂得到改善。但聚丙烯纤维对 B2 混凝土开裂数目的改善作用并不显著，同样是因为早期混凝土的强度不够高，纤维与混凝土的粘结力较差。但显著降低了裂缝的宽度和长度，使得单位面积上的总裂缝面积降低较多。

掺入 SAP 后，C1 混凝土薄板的裂缝数目没有得到改善，但单位面积上的总开裂面积降低较多，C2 混凝土薄板的裂缝数目减少，裂缝最大宽度和裂缝长度降低，由此计算得单位面积的裂缝数目和单位面积上的总开裂面积均较小。因为混凝土搅拌、浇筑后，由于水泥的快速溶解、水化，混凝土中孔溶液 pH 值快速升高。溶液 pH 值升高后，混凝土中掺入的预先吸水的 SAP 饱和度大大下降，会释放出预先吸收的部分水分。而且混凝土薄板表面水分快速蒸发时，混凝土内部湿度降低，同样可以使 SAP 释放出预先吸收的水分，补充混凝土表面和内部湿度的降低，由此可以降低混凝土塑性收缩的速率，延长混凝土早期开裂的时间。混凝土初始开裂时间延长，其强度得以发展，混凝土抗拉强度增加，可限制混凝土的开裂，减少裂缝数目和裂缝宽度。另外 SAP 有效地降低了混凝土内部的湿度分布梯度，促进了水泥水化，控制了其自收缩变形。因为按国内配合比设计的混凝土水胶比较大，为 0.43，混凝土的用水量为 175kg/m³，由 SAP 预吸水引入的水量为 5kg/m³ 混凝土，混凝土本身含水较多，所以由 SAP 引入的水改善开裂作用不再明显。而按当地配合比设计的混凝土，其水胶比较小，为 0.34，混凝土的用水量为 136kg/m³，比 B1 配比少了 39kg 水。混凝土自身含有的水相对较少，由 SAP 引入的水在改善混凝土开裂时能够发挥较大的作用。所以掺 SAP 的 B2 配比混凝土薄板开裂情况比未掺 SAP 混凝土得到较好的改善。

复掺聚丙烯纤维和 SAP 的 D 组，SAP 的掺入同样使裂缝开裂时间延长，混凝土的强度得以发展，这样混凝土与聚丙烯纤维之间的粘结力较大，聚丙烯纤维能够起到桥梁作用，传递和承受由于塑性收缩产生的拉应力，减少混凝土的应力集中。同时均匀分布的聚丙烯纤维在混凝土中呈三维网状结构，起到了支撑骨料的作用，阻止了骨料的沉降；另外还可以降低混凝土的离析，减少混凝土表面的离析水。因此聚丙烯纤维也能够有效的发展阻裂的作用，减少了裂缝数量，降低了裂缝宽度和长度。可见，在聚丙烯纤维和 SAP 的共同作用下，可有效地改善燥热环境中混凝土早期开裂严重的问题。

表面喷洒减蒸剂的 E 组，混凝土薄板早期开裂的改善作用比较显著，编号 E1 混凝土甚至没有出现裂缝。减蒸剂利用两亲性高分子在混凝土表面形成单分子膜，降低在燥热等恶劣环境下混凝土表面水分的快速蒸发，使混凝土的塑性收缩降低，减少甚至阻止裂缝的出现。E1 混凝土的水胶比较大，减蒸剂阻止混凝土中水分蒸发的同时，促进混凝土中水泥水化，收缩比水胶比较小，矿渣掺量高的 E2 要低，所以减蒸剂对 E1 的改善作用更加明显。

6.4.5 结论

混凝土中掺加聚丙烯纤维、SAP 或复掺聚丙烯纤维和 SAP，使混凝土 7d 和 28d 强度略有增加。

对于按国内配合比设计的混凝土，复掺聚丙烯纤维和 SAP 及喷洒减蒸剂措施可明显改善燥热环境中混凝土的早期开裂，特别是喷洒减蒸剂效果更加显著。对按中东当地配合比设计的混凝土，掺 SAP、复掺聚丙烯纤维和 SAP 及喷洒减蒸剂措施也可改善燥热环境中混凝土的早期开裂。

6.5　SAP 对燥热环境中混凝土早期开裂的改善作用

近些年来中资建筑企业在中东地区承揽了大量的建设工程项目，其中有许多混凝土结构的超高层建筑。这些工程中的承重柱和剪力墙的混凝土强度等级常在 C60～C70，楼板的混凝土强度等级可达 C40。当地气候炎热干燥，夏季漫长，最高气温可达 45℃ 以上。在这样的环境中，混凝土的凝结速度快，特别是暴露面积大的楼板，表面失水量大，失水速率快，有时甚至来不及抹平，混凝土即已硬化。因此混凝土塑性开裂严重，对工程质量和外观造成一定的影响。

　　超吸水树脂（Super absorbent polymer，简称 SAP）可迅速吸收比自身质量大数百倍乃至上千倍的水分，吸水后的 SAP 会在环境湿度变化、溶液 pH 值升高或离子浓度变大时释放出水分。丹麦工业大学的 Jensen 和 Hansen 提出，可在混凝土拌合时加入适量 SAP，对混凝土进行内养护，提高混凝土的强度并改善其抗开裂能力。近年来我国对 SAP 的应用也有所研究。高美蓉等介绍了混凝土内养护技术的研究现状，包括 SAP 对混凝土性能的影响。陈德鹏等研究认为掺加 SAP 可以显著改善混凝土的收缩开裂性能；马新伟认为 SAP 能显著降低混凝土的自收缩变形，但 SAP 掺量为水泥质量的 0.2% 且按 1：30 吸水后，混凝土的强度会有一定程度的降低；詹炳根等认为混凝土的水灰比越小，SAP 的保湿作用越明显，对抑制高强混凝土的自干燥有利。本文研究了在中东地区高温干燥环境中，掺入 SAP 对混凝土早期开裂性能的影响。

6.5.1　原材料

　　中东地区使用的水泥为遵循欧洲标准 EN197-1 的 CEM I 42.5N 波特兰水泥和 CEM II/B-V 32.5N 粉煤灰波特兰水泥。本试验使用的 CEM I 42.5N 波特兰水泥的化学组成见表 6-22，物理性能见表 6-23。可见水泥的早期强度很高，但后期强度并不高，强度富裕系数只有 111%，比国内的某些水泥还低。

CEM I 42.5N 波特兰水泥的部分组成参数　　　　　　　　　　表 6-22

SO_3(%)	Na_2O(%)	Cl(%)	C_3A(%)	L.O.I.(%)
2.32	0.57	0.020	6.23	3.63

水泥的物理性能　　　　　　　　　　表 6-23

比表面积 (cm^2/g)	初凝时间 (min)	终凝时间 (min)	水泥安定性 (mm)	抗压强度 2d (MPa)	抗压强度 7d (MPa)	抗压强度 28d (MPa)
3725	170	200	0.0	22.0	35.8	47.2

　　中东地区的磨细高炉矿渣粉（GGBS）供应稳定，价格低廉，是主要的矿物掺合料。磨细高炉矿渣粉的比表面积大约为 450m²/kg。性能满足 BS 6699：1992 标准的要求。用 70% 的磨细矿渣粉＋30%CEM I 42.5N 波特兰水泥混合，复合胶凝材料胶砂 28d 强度大于 32.5MPa。硅灰由中国等地进口，也是一种常用的矿物掺合料。本试验所用硅灰的化学组成符合 ASTM C 1240：05 的规定，密度为 1970kg/m³，堆积密度为 703kg/m³，有效当量 Na_2O 含量为 0.31%。粉煤灰在当地使用不多。

　　中东地区主要使用破碎石灰石粗骨料、人工砂和沙漠砂。粗骨料粒径分为 10～20mm、5～10mm 两个单粒级，不含针片状颗粒，含泥量接近于 0，无碱活性。最大粒径 5mm 的人工砂的细度模数为 3.54，属于粗砂，另外还使用细度模数仅为 0.64 的沙漠砂。各粒级的骨料按一定比例混合，得到符合要求的骨料组合，形成较为理想的级配曲线。

　　本试验所用 SAP 为法国一公司生产的 FLOSET™129 XS 高效内养护剂。

6.5.2　混凝土配合比

　　本试验所采用混凝土配合比见表 6-24。混凝土的强度等级为 C40，编号 Y 组配合比为根据国内配合比设计方法进行设计，编号 U 组配合比为根据中东地区当地配合比设计方法进行设计。按每立方米混凝土中由 SAP 引入 5kg 水确定 SAP 掺量。A 组混凝土为不掺加 SAP 的对照组；B 组混凝土中 SAP 预先吸收 25 倍的水掺入；C 组混凝土中掺入的 SAP 不预先吸水；D 组中 SAP 预先吸收 50 倍的水掺入。U 组混凝土配合比水胶比低，硅酸盐水泥用量低，使用硅灰。这是针对地下环境中耐久性要求高的结构部位设计的配合比，此时以耐久性为验收指标，强度只是作为校核参数。对于地面以上的结构，将不使用硅灰，水泥用量大一些，磨细矿渣粉用量低一些，但用水量不会明显增加。

混凝土配合比（kg/m³） 表 6-24

编号	水泥	GGBS	硅灰	水	20mm 石子	10mm 石子	0～5mm 人工砂	沙漠砂	水胶比	减水剂	SAP
YA	306	102	0	175	637	394	562	281	0.43	3.5	0
UA	120	260	20	136	633	391	559	279	0.34	5	0
YB	306	102	0	175	637	394	562	281	0.43	3.5	0.2
UB	120	260	20	136	633	391	559	279	0.34	5	0.2
YC	306	102	0	180	637	394	562	281	0.44	3.5	0.2
UC	120	260	20	141	633	391	559	279	0.35	5	0.2
YD	306	102	0	175	637	394	562	281	0.43	3.5	0.1
UD	120	260	20	136	633	391	559	279	0.34	5	0.1

6.5.3 试验方法

按照表 6-8 所示混凝土配合比拌制混凝土。掺预先吸水 SAP 配比的混凝土拌制时，提前使 SAP 吸水均匀，然后与水泥、砂、石及掺合料等一同加入搅拌机中，加水搅拌。掺不预先吸水的 SAP 混凝土拌制时，将 SAP 与水泥、砂、石及掺合料等一同加入搅拌机中，先干拌使 SAP 分散，然后加水搅拌。搅拌时间可适当延长，使 SAP 分散均匀。各种混凝土原材料均在室内存放，温度为 25℃，混凝土搅拌也在室内进行。

混凝土搅拌均匀后，测试新拌混凝土的坍落度。然后根据《普通混凝土长期性能和耐久性能试验方法标准》（GB/T 50082—2009）中"早期抗裂试验"要求成型混凝土平面薄板试件，成型后置于室外环境下，成型时间为当地中午时间。试验期间，室外最高气温为 43℃，夜间最低气温 33℃。

混凝土加水搅拌 24h 后测试 GB/T 50082—2009 中各要求项目，包括裂缝最大宽度和裂缝长度，进而计算每条裂缝的平均开裂面积 a、单位面积的裂缝数目 b 和单位面积上的总开裂面积 c 等。

同时成型 100mm×100mm×100mm 的立方体试块，1d 后拆模，25℃水中养护；至 7d、28d 龄期时测试混凝土的抗压强度。

6.5.4 试验结果与讨论

各配合比新拌混凝土的坍落度见表 6-25。从表 6-25 中可以看出，混凝土中掺入预先吸水的 SAP，混凝土的坍落度有所增加，混凝土的流动性改善，没有泌水现象发生，且 SAP 的预先吸水率越高，SAP 在混凝土中的释放水率也越大，坍落度增加越大。混凝土中掺入不预先吸水的 SAP，在拌合过程中吸收水分，使拌合物的坍落度略有降低。

<table>
<tr><td colspan="9" style="text-align:center">新拌混凝土的初始坍落度</td><td>表 6-25</td></tr>
</table>

编号	YA	YB	YC	YD	UA	UB	UC	UD
坍落度(mm)	200	215	190	220	220	220	200	225

各配比混凝土 7d、28d 龄期时的抗压强度如图 6-7、图 6-8 所示。所有的配合比，无论早期还是后期强度，都非常高。7d 即达到 45～55MPa，28d 超过 60MPa。单纯从改善混凝土抗开裂性能的角度，可以考虑降低胶凝材料用量，增加用水量，从而降低混凝土强度，特别是早期强度，并延长混凝土的初凝时间。

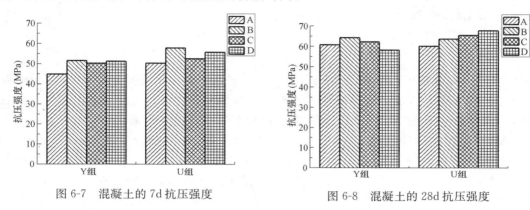

图 6-7　混凝土的 7d 抗压强度　　　　图 6-8　混凝土的 28d 抗压强度

从图 6-7 中可以看出，混凝土中掺入 SAP，无论是 SAP 预先吸水掺入，还是不预先吸水直接掺入，增加的水作为搅拌用水加入，或者 SAP 按不同的吸水比例预先吸水掺入，混凝土的 7d 抗压强度都有所增加，只是 SAP 不预先吸水掺入的混凝土强度增加幅度较小。从图 6-8 中可以看出，至 28d 时，除 Y 组中 SAP 按 1∶50 比例吸水掺入的混凝土强度比未掺 SAP 的混凝土强度稍有降低，其他各配比的混凝土强度均有所提高。其原因主要是由于掺入 SAP 后在混凝土引入的水，只增加了混凝土 0.01 左右的水胶比，而且 SAP 吸收的水不会完全释放出，因此对混凝土的水胶比影响非常有限。而 SAP 在混凝土硬化过程中，内部湿度降低时释放一部分水，可促进水泥的进一步水化，对混凝土后期强度的增加有利。U 组混凝土的用水量低，所以 SAP 产生的内养护效果更加明显，所有掺加 SAP 的混凝土后期强度都有所增长。而 Y 组混凝土的用水量相对较高，内养护的效果就不太明显。当 SAP 预吸水倍数过大（YD），在相同的额外加水量时，SAP 的用量小，单个的 SAP 吸水量大，可能造成 SAP 在混凝土中分布不均匀，导致局部缺陷过大，使后期强度下降。

图 6-9、图 6-10 分别为根据测得混凝土薄板的裂缝数目、最大裂缝宽度和裂缝长度计算得出的各配合比混凝土的单位面积的裂缝数目和单位面积上的总开裂面积。

从图 6-9 可以看出，对于未掺 SAP 的 A 组，按国内配合比设计的混凝土 YA，混凝土薄板裂缝数量相对较少，而按当地配合比设计的混凝土 UA，薄板的裂缝数量较多。从图 6-10 中也可以看出，YA 混凝土薄板单位面积上总裂缝面积也低于 UA 单位面积上总裂缝面积。按国内配合比设计的混凝土，水胶比较大，早期混凝土中含水量相对较多，在高温干燥环境下，混凝土表面水分快速蒸发时，含水分较多混凝土表面及内部湿度降低稍慢，毛细孔压力增加速率慢，塑性收缩也相对较小。按当地配合比的混凝土水胶比较小，

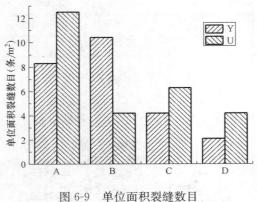

图 6-9　单位面积裂缝数目

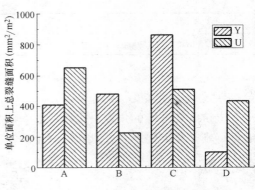

图 6-10　单位面积上总裂缝面积

混凝土表面及内部湿度降低快；且其配合比中还有硅灰，其水化速度很快，加剧水分的消耗；体积收缩相对较大的矿渣粉掺量高达 65％，在高温环境中矿渣粉的水化速率与水泥相近，所以此配合比的混凝土单位面积裂缝数目较多，总裂缝面积较大。

　　SAP 预先吸收 25 倍水掺入混凝土后，编号 YB 混凝土薄板的裂缝数目没有得到改善，但 UB 混凝土薄板的裂缝数目减少较多，裂缝最大宽度和裂缝长度降低，使得总开裂面积减小。混凝土搅拌、浇筑后，由于水泥的快速溶解、水化，混凝土中孔溶液 pH 值快速升高。溶液 pH 值升高后，混凝土中掺入的预先吸水的 SAP 饱和度大大下降，会释放出预先吸收的部分水。而且混凝土薄板表面水分快速蒸发时，混凝土内部湿度降低，同样可以使 SAP 释放出预先吸收的水分，补充湿度的降低，由此可以降低混凝土塑性收缩的速率，延后混凝土早期开裂发生的时间。混凝土初始开裂时间延后，其强度得以发展，混凝土抗拉性能提高，可限制混凝土的开裂，减少裂缝数目和裂缝宽度。YC 混凝土的水胶比较大，即混凝土中含水较多，SAP 释放水分的补偿作用相对水胶比较小的 UC 要小，所以 SAP 对水胶比较大的 YC 混凝土开裂没有改善作用。

　　与未掺 SAP 混凝土相比，SAP 不预先吸水掺入，对按国内和当地配比设计的两组混凝土薄板的裂缝数目均有所减少，但 YC 混凝土薄板裂缝的最大宽度和各裂缝的长度增加，导致单位面积上总裂缝面积增大。对于 UC 混凝土单位面积上总裂缝面积稍有降低。与 SAP 预先吸收 25 倍水的 B 组混凝土相比，C 组混凝土单位面积上总裂缝面积均有所增加。

　　SAP 预先吸收 50 倍的水后掺入，与其他各组混凝土相比，单位面积上裂缝数目最少，特别是按国内配合比设计的 YD 混凝土，单位面积上总裂缝面积也降低最多，对燥热环境下混凝土早期开裂的改善作用显著。原因是 SAP 预先吸水率较高，在混凝土硬化过程中，随着孔溶液碱度的提高和混凝土内部湿度的降低，SAP 释放水的能力更大，对降低塑性收缩改善混凝土早期开裂更有利。

6.5.5　结论

　　混凝土拌合时以多种方式掺入 SAP，适量增加其用水量后，混凝土 7d 和 28d 的抗压强度略有增加，对于用水量较大的混凝土，若 SAP 预先吸收水分过多，其 28d 强度稍有降低。

掺入预先吸收适量水的 SAP，对用水量低的混凝土的早期开裂性能的改善作用明显；掺入不预先吸水的 SAP 对混凝土早期裂缝数目减少有一定的作用，但对用水量较大的混凝土单位面积总裂缝面积没有降低；掺入预先吸收较多水的 SAP，对改善混凝土早期开裂效果显著，特别是对用水量较大的混凝土，效果更明显。

6.6　燥热环境下混凝土工作性改善的试验研究

坍落度是衡量混凝土工作性的重要指标，对混凝土的可泵性影响很大，而混凝土坍落度损失过快会严重影响施工进度及工程质量。近些年来，混凝土中胶凝材料用量增大，水泥磨得更细，是导致混凝土坍落度损失过快的重要因素之一，而在高温炎热天气条件下，混凝土坍落度损失过快问题更加突出。中东地区气候炎热干燥，夏季长达八个月，最高气温达 45℃以上。在此高温环境下，新拌混凝土坍落度损失过快，给混凝土施工带来不便。安夫宾研究了混凝土坍落度损失的机理和因素，认为水泥的矿物组成、单位体积混凝土的用水量、砂率等均会影响混凝土的坍落度。夏春等研究了降低混凝土坍落度损失的措施和方法，认为外加剂、混凝土组成和环境条件等是影响混凝土经时损失的主要因素。伍勇华等通过研究萘系高效减水剂坍落度损失机理，认为超量掺加减水剂可以起到保坍效果。王伟等在混凝土中掺入不同含量的未吸水 SAP，研究认为随着 SAP 含量的增加，混凝土的坍落度逐渐降低；SAP 含量为水泥质量的 0.2％时混凝土的抗压强度和抗渗性最强，但 SAP 含量增加，强度和抗渗性会降低。根据以上文献，故决定采用在混凝土中掺加 SAP、增加减水剂用量等方法，改善中东地区燥热环境下混凝土坍落度损失过快的现象。

6.6.1　原材料

中东地区使用的水泥为遵循欧洲标准 EN197-1 的 CEM I 42.5N 波特兰水泥和 CEM II/B-V 32.5N 粉煤灰波特兰水泥。本试验使用的 CEM I 42.5N 波特兰水泥的部分组成参数如表 6-26 所示，物理性能如表 6-27 所示。从表中可见水泥的早期强度很高，但后期强度并不高，强度富裕系数只有 111％，比国内的某些水泥还低。

CEM I 42.5N 波特兰水泥的部分组成参数　　　　表 6-26

SO_3（％）	Na_2O（％）	Cl（％）	C_3A（％）	L. O. I.（％）
2.32	0.57	0.020	6.23	3.63

水泥的物理性能　　　　表 6-27

比表面积（cm^2/g）	初凝时间（min）	终凝时间（min）	水泥安定性（mm）	抗压强度 2d(MPa)	抗压强度 7d(MPa)	抗压强度 28d(MPa)
3725	170	200	0.0	22.0	35.8	47.2

中东地区的磨细高炉矿渣粉（GGBS）供应稳定，价格低廉，是主要的矿物掺合料。磨细高炉矿渣粉的比表面积大约为 450m²/kg，性能满足 BS 6699：1992 标准的要求。用 70％的磨细矿渣粉＋30％CEM I 42.5N 波特兰水泥混合，复合胶凝材料胶砂 28d 强度大于 32.5MPa。硅灰由中国等地进口，它也是一种常用的矿物掺合料。本试验所用硅灰的化学组成符合 ASTM C 1240：05 的规定，密度为 1970kg/m³，堆积密度为 703kg/m³，

有效当量 Na_2O 含量为 0.31%。粉煤灰在当地使用不多。粉煤灰由印度、南非等地进口，品质稳定，但价格高于磨细矿渣粉，使用不多，主要用于生产粉煤灰波特兰水泥。粉煤灰的比表面积为 $349m^2/kg$，有效当量 Na_2O 含量为 0.69%。

中东地区主要使用破碎石灰石粗骨料、人工砂和沙漠砂。粗骨料分为 $10\sim20mm$、$5\sim10mm$ 两个单粒级，不含针片状颗粒，含泥量接近于 0，无碱活性。最大粒径 5mm 的人工砂的细度模数为 3.54，属于粗砂，另外还使用细度模数仅为 0.64 的沙漠砂。各粒级的骨料按一定比例混合，得到符合要求的骨料组合，形成较为理想的级配曲线。

中东地区目前主要使用聚羧酸减水剂。本试验所用 SAP 为法国一公司生产的 FLOS-ET™129 XS 高效内养护剂。

6.6.2 混凝土配合比

本试验所采用混凝土配合比如表 6-28 所示，根据中东地区当地配合比设计方法进行设计。混凝土的强度等级为 C40，A 组掺加 15％粉煤灰，B 组掺加 65％矿渣和 5％硅灰。在 A、B 两组中，每组第一个配比加入相对少量的减水剂，第二个配比增加减水剂用量，第三个配合在第一个配合基础上掺入 SAP。掺 SAP 配比的混凝土拌制时，按每立方米混凝土中由 SAP 引入 5kg 水的标准使用，SAP 预先吸收 25 倍的水。

混凝土配合比（kg/m³）   表 6-28

编号	水泥	粉煤灰	GGBS	硅灰	水	粗骨料	细骨料	水胶比	减水剂	SAP
A1	331	59	0	0	140	920	990	0.36	5	0
A2	331	59	0	0	140	920	990	0.36	7	0
A3	331	59	0	0	140	920	990	0.36	5	0.2
B1	120	0	260	20	136	1024	838	0.34	5	0
B2	120	0	260	20	136	1024	838	0.34	7	0
B3	120	0	260	20	136	1024	838	0.34	5	0.2

由于当地混凝土骨料颗粒级配和国内的差异性，按照实际工程项目上所采用的混凝土配合比中粗细骨料的百分比含量将骨料总量进行分配，得到本次试验各粒径骨料的用量如表 6-29 所示。

骨料颗粒级配含量（kg/m³）   表 6-29

编　　号	粗　骨　料		细　骨　料	
	20mm	10mm	0~5mm	沙漠砂
A组	470	450	640	350
B组	633	391	559	279

6.6.3 试验方法

按照表 6-28 混凝土配合比拌制混凝土。预先使 SAP 吸水均匀，然后与水泥、砂、石及掺合料等一同加入搅拌机中，加水搅拌，搅拌时间可适当延长，使 SAP 分散均匀。各种混凝土原材料均在室内存放，温度为 27℃，混凝土搅拌也在室内进行。

混凝土搅拌均匀后，根据《普通混凝土拌合物性能试验方法标准》（GB/T 50080—2002）中的要求测试混凝土的坍落度。分别测试新拌混凝土、拌和后 30min、60min 和

90min 时的坍落度。当地规范要求在运输过程中，混凝土温度不能超过 30℃，为了与实际情况相符合，本试验混凝土拌制后的放置环境温度为 30℃。

同时成型 100mm×100mm×100mm 的立方体试块，1d 后拆模，27℃ 水中养护。至 7d、28d 龄期时测试混凝土的抗压强度。

6.6.4　试验结果与讨论

各配比混凝土 7d、28d 龄期时的抗压强度如表 6-30 所示。对比表中各组中编号 1 和 2 强度可以看出，混凝土中减水剂用量增加，7d 和 28d 混凝土的抗压强度均略有降低。其原因主要是由于减水剂中含有一定量的水，增加减水剂用量，相当于增加搅拌水的用量，即增加了水胶比，所以混凝土的强度会有所降低。对比各组中编号 1 和 3 抗压强度可以看出，混凝土中掺入预先吸水的 SAP，对掺粉煤灰的 A3 强度有所降低，而对掺矿渣和硅灰的 B3 没有降低。在混凝土中水泥的水化进程中，随着自由水的消耗，内部湿度降低，孔溶液碱度升高，SAP 会释放出一部分预先吸收的水，促进水泥的进一步水化。粉煤灰和矿渣的反应机理不同，粉煤灰与水泥水化生成的 $Ca(OH)_2$ 发生火山灰反应，活性发挥较晚；而矿渣是潜在活性胶凝材料，受激发后表现出活性，又会与 $Ca(OH)_2$ 发生火山灰反应，活性更高，矿渣比粉煤灰更早地发挥其活性。在较早期，由于混凝土中孔溶液碱度的提高，促使 SAP 释放部分水分，促进水泥和矿渣水化，对强度有利，而粉煤灰在此时尚未表现出活性，SAP 释放的水分提高了水胶比，对强度不利。

混凝土抗压强度（MPa） 表 6-30

编号	A1	A2	A3	B1	B2	B3
7d	53.4	49.7	48.2	53.7	50.3	56.0
28d	61.0	58.4	55.8	67.7	60.2	67.3

各配比新拌混凝土、经时 30min、60min 和 90min 时混凝土的坍落度如图 6-11 所示，混凝土的经时损失率如表 6-31 所示。

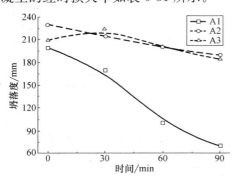
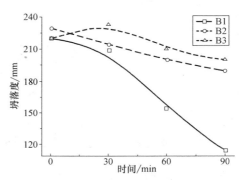

图 6-11　混凝土的经时坍落度

混凝土坍落度经时损失率（%） 表 6-31

编号	A1	A2	A3	B1	B2	B3
30min	15.0	6.5	−7.1	4.5	6.5	−6.8
60min	50.0	13.0	4.8	29.5	13.0	4.5
90min	65.0	17.4	11.9	47.7	17.4	9.1

从图 6-11 中可以看出，各组配比中减水剂用量较少的编号 1 混凝土，初始坍落度在 200mm 左右。从表 6-30 可以看出，至 30min 时，掺合料掺量最少而水泥用量最大的 A1 组混凝土的坍落度损失率最大，为 15％，而掺合料用量高达 70％的 B1 组混凝土坍落度损失率最小，为 4.5％。到 60min 时，A1 组混凝土的坍落度仅为 100mm，坍落度损失率达 50％。可见，水泥用量越大，掺合料越少，由于水泥的水化速率快，混凝土坍落度损失较快。90min 时，各组配比中编号 1 混凝土的坍落度均在 100mm 左右，很难达到泵送混凝土的流动性要求。可见，在较高的温度下，由于混凝土中水泥水化速率较快，能够保持混凝土流动性的自由水转化成胶凝材料的结合水，混凝土的坍落度损失过快。

每组中编号 2 配比，因为减水剂用量较大，新拌混凝土的坍落度增大，达到 240mm 左右，但仍能保证混凝土不产生泌水现象。30min 后，混凝土的坍落度有所降低，但损失不大，仅为 20mm 左右，坍落度经时损失不到 10％。至 60min 时，混凝土的坍落度保持在 200mm，甚至到 90min 时，混凝土的坍落度仍然不低于 190mm，坍落度损失仅为 50mm，坍落度经时损失率不到 20％，能够满足混凝土的可泵性。可见，提高混凝土中减水剂的用量，可以提高混凝土的初始坍落度，而且还可以降低混凝土的坍落度损失，起到缓凝的作用。

每组的编号 3 混凝土中掺加 SAP，从图 6-11 中可以看出，掺入 SAP 后，混凝土的初始坍落度与未掺 SAP 的同配比的混凝土相当并稍有增加。至 30min 时，A3、B3 混凝土的坍落度没有减少，反而有所增加。因为随着时间的延长，初期水泥快速溶解、水化，混凝土中孔溶液 pH 值快速升高。溶液 pH 值升高后，混凝土中掺入的预先吸水的 SAP 饱和度大大下降，会逐渐释放出其吸收的部分水，所以混凝土的坍落度不减反而有所增加。随着时间的继续延长，因为水泥的水化等因素，混凝土的坍落度有所减少，但坍落度损失不大，60min 时的经时损失率不到 5％，90min 时的经时损失率 10％左右，坍落度仍保持在 185mm 以上，其流动性满足混凝土的泵送性。

6.6.5　结论

在中东地区燥热环境下，混凝土的坍落度损失较快，60min 时坍落度经时损失率高达 50％。在保证混凝土不发生泌水现象情况下，适当增加混凝土中减水剂的用量，可以增加混凝土的初始坍落度，并降低混凝土坍落度经时损失，起到一定的缓凝作用。混凝土中掺入一定量预先吸水的 SAP，可改善混凝土的流动性，显著降低坍落度经时损失。

6.7　高强混凝土在阿联酋 Al Hikma 超高层建筑中的应用

6.7.1　概述

我国在 20 世纪 60 年代初开始研制高强混凝土，并已试点应用在一些预制构件中。那时的高强混凝土为干硬混凝土，密实成型时需强力振捣，故推广比较困难。20 世纪 80 年代后期，高强混凝土在现浇工程中采用，主要在北京、上海、辽宁、广东等一些高层和大跨（桥梁）工程中应用，强度等级相当于 C60。其中辽宁省已有三十余幢高层或多层建筑采用高强混凝土，深圳市已有贤成大厦等几十个工程采用 C60 级高强泵送混凝土高强混凝土首先用于 30 层以上高层建筑物的钢筋混凝土结构，因为这种建筑物下部三分之一的柱子，在用普通混凝土时断面很大。除节省材料费用外，与钢结构相比，加快施工速度也是采用混凝土结构的重要特点。下面以中东阿联酋迪拜燥热地区 Al Hikma 超高层项目为载体，研究高强混凝土在燥热地区项目工程中的应用。

6.7.2　工程概况

Al Hikma 项目地处迪拜中央商务区，毗邻迪拜 Al Sheikh Zayad 大道和迪拜轻轨，背靠世界最高楼哈利法塔，该办公楼地下 2 层，地上 62 层，总高 282m，第 30 层和第 54 层为设备层，大厦占地面积为 929m²，屋面为 54.08m 的钢结构造型，将悬挂阿联酋奠基人的巨幅 LED 照片。该项目效果图如图 6-12 所示。

6.7.3　高强混凝土的特点

在一般情况下，混凝土强度等级从 C30 提高到 C60，对受压构件可省混凝土 30%～40%；受弯构件可节省混凝土10%～20%。虽然高强混凝土比普通混凝土成本上要高一些，但由于减少了截面，结构自重减轻，这对自重占荷载主要部分的建筑物具有特别重要意义。再者，由于梁柱截面缩小，不但在建筑上改变了肥梁胖柱的不美观的问题，而且可增加使用面积。由于高强混凝土的密实性能好，

图 6-12　AL Hikma 项目

抗渗、抗冻性能均优于普通混凝土。因此，国外高强混凝土除高层和大跨度工程外，还大量用于海洋和港口工程，它们耐海水侵蚀和海浪冲刷的能力大大优于普通混凝土，可以提高工程使用寿命。高强混凝土变形小，从而使构件的刚度得以提高，大大改善了建筑物的变形性能。

本项目中涉及的高强混凝土强度分别为 C60、C70、C80，其中地下二层的柱子和地上三层的柱子强度为 C80，三层以上柱子及核心筒混凝土强度为 C70，三层以下板的强度为 C60。由于采用了高强度混凝土，地下室柱子的宽度仅为 1800mm，核心筒墙厚最宽为 850mm。

6.7.4　高强混凝土的施工

本工程采用商业混凝土施工，因此，在材料的选择及混凝土的制作方面不再赘述，在此主要讨论一下高强混凝土施工过程中的注意事项。

6.7.4.1　燥热地区混凝土的施工特点

由于本工程的高强混凝土主要用于竖向结构，即墙体、核心筒、柱子等，因此在论述中以墙体、核心筒、柱子为例来剖析高强混凝土在应用中的注意事项及要点。

一般来说，在试验室配置符合要求的高强混凝土相对比较容易，但是要在整个施工过程中，混凝土都要稳定在要求的质量水平功能上就比较困难了。一些在普通情况下不太敏感的因素，在低水灰比的情况下会变得相当敏感，而对高强混凝土，设计时所留的强度富余度又不可能太大，可供调节的余量较小，这就要求在整个施工过程中必须注意各种条

件、因素的变化，并且要根据这些变化随时调整配合比和各种工艺参数。对于高强混凝土，一般检测技术如回弹、超声等在强度大于 50MPa 后已不能采用。唯一能进行检测的钻心取样法来检验高强混凝土也有一定的困难（主要是研究资料较少和标准不完善）。这说明加强现场施工质量控制和管理的必要性。

高强混凝土在施工中，其强度上升得比较快，尤其是在炎热的沙漠地带，初凝时间比较短，因此在浇筑过程中应保持其浇筑的连续性，避免时间间隔过长，现场施工中在浇筑 C70 混凝土的时候，如果间隔时间超过一小时还没有新混凝土到场，我们就会提前清洗地泵，虽然麻烦，但可以有效避免堵泵现象，而且由于 Al Hikma 项目楼层较高，在浇筑较高楼层混凝土的时候，由于泵送高度超过 200m，混凝土的坍落度会明显出现损耗，所以在配制混凝土的时候一定要将坍落度的损耗考虑进去。高强混凝土浇筑前，应该测量其温度和坍落度，严格控制在要求范围内。

6.7.4.2 混凝土养护

高强混凝土在施工完毕后要注意拆模时间和养护时间，以 Al Hikma 项目为例，在中东阿联酋地区，白天的气温高达 50°，晚上也在 30°左右，因此高强混凝土浇筑后其强度上升得比较快，所以混凝土浇筑完毕后，采取的养护措施主要有以下几种：

（1）各部位混凝土浇筑完毕拆除模板后，进行浇水养护。

（2）水平结构的板在表面用麻布或者塑料膜覆盖，防止水分蒸发过快而使混凝土失水，楼板的浇水养护不少于 14d，每天浇水次数以使混凝土表面处于湿润状态为依据。混凝土的养护要成立专门养护小组进行，特别是前三天要养护及时。

（3）柱、墙混凝土在拆完模板后同样需要用亚麻布进行缠裹并浇水养护，养护时间不能少于 7 天，对于在夏季气温较高表面容易失水的情况下，墙柱可以在混凝土表面采用涂刷养护剂的方法进行养护。

（4）混凝土强度达到 1.2MPa 以后，才允许操作人员在上行走，进行一些轻便工作，但不得有冲击性操作。

6.7.5 质量保证措施

6.7.5.1 确保原材料符合规范、规定要求

混凝土所用的水泥、水、骨料、外加剂、掺合料等必须符合规范规定，检查出厂合格证或试验报告是否符合质量要求，且不定期派人去搅拌站抽查。对于高强度混凝土的原材料更要进行优选，严格控制骨料碱含量、规格、级配、含泥量以及其他影响混凝土性能的指标，保证所用外加剂与选用水泥相适应。

6.7.5.2 施工过程优化配合比设计，确保工程质量

混凝土配合比设计应当满足强度、工作性、耐久性和经济性四项基本要求。本工程地下工程的底板和挡土墙等部位防水、抗裂要求较高，因此混凝土配合比通过采用添加高效减水剂、掺加粉煤灰、合理选择骨料粒径及级配等措施在满足适宜坍落度的情况下尽量减少水泥用量及用水量，并采用正交试验法确定最佳配合比，同时搅拌站及外加剂生产厂家派人进驻施工现场，对浇筑过程中的质量进行监控，随时调整优化配合比，满足混凝土的可泵性、耐久性及装饰性要求。

本工程地下室柱子和核心筒采用 C80 高性能混凝土，其强度高、水灰比小，其配合

比参数必须结合原材料（含外加剂及掺合料）的具体情况进行相应施工配合比设计和试验确定。

6.7.5.3 加强对现场混凝土坍落度检测，保证混凝土和易性

对到场的混凝土按规范要求测量坍落度，由现场工程师组织试验员对坍落度进行测试，并做好测试记录。

要求从入模前混凝土中（混凝土罐车出料口）取出一定量的混凝土做坍落度试验，每车做 1 组，凡是混凝土坍落度损失值超出规范允许的范围，均应退回搅拌站，严禁使用。

6.7.5.4 加强对现场混凝土温度控制

对到场的混凝土进行温度检测，严格将温度控制在 32℃ 以下，对温度的控制主要采取的措施是在混凝土中加冰降温。因为阿联酋地区白天温度高，有时会超过 50℃，加冰效果也不太好，所以一般混凝土的浇筑都是在晚上进行。

6.7.5.5 加强混凝土检测试验，确保混凝土强度等级符合要求

结构混凝土的强度等级必须符合设计要求，用于检测结构构件混凝土强度的试件，应在混凝土的浇筑地点随机抽取，取样与试件留置应符合合同规范规定，并留置试验总次数 30% 的有见证取样试件，试验总次数在 20 次以下的不得少于 2 组。

用于指导拆模及检测施工期间临时负荷等的同条件试件留置组数应根据现场实际需要确定。

用于结构实体检验用的同条件养护试件应由各方在混凝土浇筑入模处见证取样，留置数量应符合合同规范要求，在达到等效养护龄区时，方可对结构实体检验用的同条件养护试件进行强度试验。同条件养护试件必须用钢筋笼装好，锁在取样构件旁与构件同条件养护。

6.7.5.6 做好混凝土小票收集、分析工作

混凝土验收小票是控制混凝土质量的最重要的文件记录，收集预拌混凝土小票，可以知道搅拌站是否按合同约定的要求供应混凝土，现场资源配置是否合理，以便对混凝土浇筑情况作出是否正常的判断，并及时与有关单位（方面）进行交涉，使下次混凝土浇筑前能够有针对性地解决搅拌站及现场的各种问题。

每次混凝土浇筑完第二天，必须将本次小票分析结果报项目总工，以便及时根据浇筑过程中出现的问题调整技术措施，保证以后混凝土浇筑质量。

6.7.5.7 做好清理基础工作，防止混凝土夹渣、麻面产生

混凝土的墙根、墙梁节点、梁梁节点以及施工缝等处容易积累垃圾，应加强清理，将影响混凝土质量的垃圾、尘泥、绑扎丝、木屑以及松散石子、混凝土松散块等彻底清理干净，避免混凝土夹渣。

本工程模板大面、小面在支模前应清理干净，大面涂刷脱模剂均匀且用棉纱擦拭光亮，保证混凝土不因模板清理不干净而产生麻面。

6.7.5.8 合理调整混凝土初凝时间确保无施工冷缝

合理确定混凝土初凝时间，确保浇筑不产生冷缝是混凝土施工中的最基本要求。

混凝土的初凝时间应根据不同部位、浇筑混凝土工程量、气温、运距确定，合理地确定初凝时间可以有效保证混凝土在浇筑中不因堵车，输送泵堵塞或其他不可预见因素而导致混凝土出现冷缝。

另外，混凝土的提供必须以现场混凝土浇筑量及浇筑速度为准，浇筑中控制好浇筑顺序、浇筑时间及两班接班时间，保证混凝土施工不间断，在下层混凝土初凝前必须开始浇筑上层混凝土，使之不出现施工冷缝。

6.7.5.9　做到事前观察，振捣实行挂牌制，确保振捣质量

混凝土成型密实，可以增加混凝土的耐久性，能有效遏制裂缝的产生，达到内坚外美的效果。

事先熟悉图纸并现场观察，对墙体内洞口、梁柱节点及钢筋稠密处位置做到心中有数并做好标识，保证浇筑时对重点部位加强振捣，特别是钢筋密集处、窗下口处更要加强振捣。

每道墙体振捣人员落实到位，实行挂牌制，重点部位安排经验丰富、责任心强的人员振捣，保证振捣有序，避免过振、局部漏振现象发生。

6.7.6　小结

本文通过对高强混凝土的自身特点的分析，阐述了在炎热的沙漠地带浇筑高强混凝土应注意的问题。通过对现场施工中出现问题的分析，总结出高强度混凝土在施工中应注意其温度控制和坍落度控制，以及浇筑完毕后的养护情况，为未来在高温下浇筑高强度混凝土提供了宝贵的经验。

6.8　阿联酋 Al Hikma 超高层建筑高强混凝土裂缝产生原因及鉴定

Al Hikma 项目位于阿联酋迪拜商务湾区，毗邻迪拜"谢赫扎伊德大道"和迪拜轻轨，背靠世界最高楼哈利法塔（图 6-13）。地下二层，地上 62 层，总建筑高度 282m，总造价 6.03 亿人民币。项目采用了混凝土框筒的主体结构形式，承重构件中大量使用了 C70 和 C80 的高强混凝土。在施工过程发现部分梁、板出现了少量裂缝，关于如何鉴定这些裂缝为结构裂缝或非结构裂缝，本节详细讨论了在美国规范下的几种裂缝鉴定方案，并从材性和施工的角度对高强混凝土裂缝成因作了简要阐述。

图 6-13　Al Hikma 效果图

6.8.1　高强度混凝土裂缝的介绍及产生原因

从结构安全性角度来分，混凝土裂缝可分为结构裂缝和非结构裂缝两类。结构裂缝是指由于结构构件的强度和刚度不足，裂缝宽度失去控制而引起的较为规律的裂缝，这类裂缝会危及结构安全（如梁的断裂），必须对之进行加固和修补。非结构裂缝则是指在构件的强度和刚度都足够的情况下，由于施工、材料以及温度等原因而引起的无规律的裂缝，此类裂缝不影响结构安全，如板的裂缝，特别是地下室停车场的板缝，如不进行必要的修补，会造成渗水现象。

152

6.8.1.1　非结构裂缝的产生原因

非结构裂缝按成因大致可分为干缩裂缝、塑性收缩裂缝、沉陷裂缝、温度裂缝以及化学反应引起的裂缝等几类。而对于高强度混凝土而言，伴随其低水灰比和掺有矿物掺合料、减水剂的材性特点，也伴生了两个容易引发裂缝出现和发展的性能缺陷——自干燥引起的自收缩和脆性。

（1）由温度引起的收缩裂缝

中东地区属于海洋沙漠性气候，气候干燥炎热。按迪拜气象局近 25 年来的统计资料，迪拜地区年极端最高气温 49℃，夏季（6～9 月）平均日气温 33.9℃。一般情况下，混凝土养护期的大气温度超过 30℃即为高温期，超过 35℃以上即为超高温期，而 Hikma 项目的主体结构大部分正是在这种酷热环境下施工的。在这种环境下，混凝土表面的水分蒸发比常温期要增加许多倍，如不及时加强养护，容易使混凝土表面的收缩量远大于内部，出现一些细微裂缝（图 6-14）。

图 6-14　Al Hikma 板干缩裂缝

（2）由于施工工艺的影响而产生的裂缝

中东地区一般依照英美标准进行施工的，比如预应力的施工，按照英国规范，初张拉在混凝土强度达到设计强度 25％的时候进行，初张拉至设计张拉荷载的 25％，而后待混凝土强度达到设计强度 50％时进行终张拉，这与国内一般等到混凝土达强度到设计强度 75％以后再进行张拉有着明显的不同。

根据国内众多早龄期混凝土性能试验研究的结果，虽然高强混凝土的早龄期抗拉（劈裂）强度增长很快，但并不能完全达到设计强度水平；由此我们可以推断在此情况下进行终张拉势必容易引起混凝土裂缝出现。

（3）自干燥引起的自收缩

高强混凝土产生的自干燥并非由于外部环境相对湿度低而引起的干燥脱水，而是由于混凝土早期胶凝材料的水化快，从而导致混凝土内部自由水迅速消耗，在内部结构密实的同时产生自干燥（Self-desiccation），进而引发施工混凝土宏观体积减小，即自收缩（Autogenous shrinkage），促使裂缝出现。

（4）脆性

脆性可以描述为混凝土防止不稳定裂缝的扩展和增长，众多试验已表明，混凝土的强度越高，脆性越大。

6.8.1.2　结构裂缝产生的原因

从项目施工的角度和实际经验来看，可能产生结构裂缝的原因主要有以下几点：

（1）由于回撑拆除较早而产生的裂缝

根据项目施工规范的要求，板的回撑拆除需要在混凝土浇筑 11 天后，梁的回撑拆除需要在混凝土浇筑 15 天后，且在施工过程中保证至少 3 层板的回撑，特别在梁底部回撑要求更为密实，如图 6-15 所示。

而在实际施工过程中，由于种种原因如周转材料短期不足以及工人窝工，监控不力

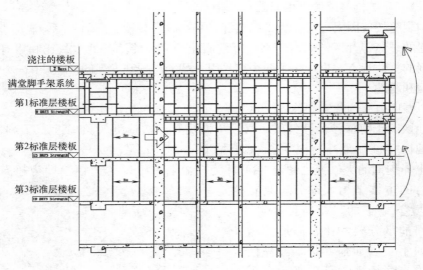

图 6-15　Al Hikma 梁板回撑示意图

等，回撑被提前拆除，极易造成结构裂缝；特别是在楼板浇筑过程，如果回撑拆除过早，极易造成板的坍塌。

（2）由于混凝土强度不足

在项目施工过程中，曾出现过两次在 C80 混凝土浇筑完成之后，试块强度达不到设计强度的情况，如果这种情况出现在设备房或变电房等部位，一旦设备完成安装后荷载加载，也会造成结构裂缝。

6.8.2　裂缝的鉴定

在中东地区施工过程中，如果发现拆模过早或混凝土试块强度不足，梁底出现裂缝。根据美国规范要求进行结构裂缝的鉴定，以下介绍三种结构裂缝鉴定方案。

按照 ACI 318—89（1992 版）《钢筋混凝土建筑规范要求》第 20 章 "建筑结构强度评估"（下文简称 "规范"）中 20.1.2 条 "若结构构件缺陷的影响可明确判定及直观测量，则可根据这些测量结果对结构缺陷进行分析判定"，以及 R20.1.3 条 "若剪应力及黏滞应力在待判定结构构件中起控制作用，则通过承载试验进行判定应最为有效" 的要求。我们首先在指定区块进行了裂缝稳定性分析及混凝土钻芯取样，通过直观观测一起判定裂缝类型，并采用超声波回弹法对判定结果进行了验证；而后实测检验了结构构件强度，最终判定了裂缝的性质。

6.8.2.1　裂缝稳定性分析

通过在裂缝中间的位移指示器来检测裂缝是否已经稳定，如图 6-16 所示。固定后每隔一周观察一次，直至读数达到最大而不再发展。若通过一个月的观测可以判断出裂缝已经稳定，且裂缝宽度在美国规范控制之内（据 ACI-224 规范，最大不超过 0.41mm

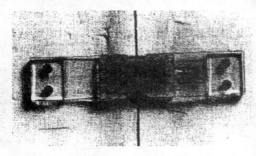

图 6-16　位移指示计安装

可不进行修补），则判定裂缝为非结构裂缝，可以进行修复补强。

6.8.2.2　取芯观测

按照规范要求，我们在地下室一层随机选取了三处进行了钻孔取样（两处板，一处梁），如图 6-17 所示。钻孔深度最大为 255mm，钻孔直径 75mm，据感应计读数，裂缝宽度在 0.35mm 至 0.80mm 之间。

图 6-17　钻芯取样实照

配合冲击回波检测验证结果，试验初步判定 Hikma 结构构件出现的裂缝为塑性干缩裂缝，此裂缝的成因是指在混凝土终凝前，表面水分急剧丧失而引起的表层混凝土早期裂缝，此类裂缝不影响结构的使用安全。为更好地证明结构构件的承载力不受裂缝影响，我们进一步设计进行了强度评估试验。

6.8.2.3　基于 ACI 318-89（1992）的结构构件强度评估试验

根据前文所述 ACI 318-89（1992 版）R20.1.3 条"若剪应力及粘滞应力在待判定结构构件中起控制作用，则通过承载试验进行判定应最为有效"的规定，由于梁的受力特点以弯剪为主，且裂缝宽度较大，因此我们选取 Hikma 地下室 1 层的 B6 号梁（图 6-18）做了承载力试验。

1. 承载力试验荷载计算

在承载力试验开始前，试验荷载应得到监理的批准，而后方可开始，荷载计算过程如下：

据 ACI 318-89 规范 20.3.2 条的规定，全部试验荷载应不小于 $0.85(1.4DL+1.7LL)$ 水平，其中，DL 为设计恒荷载；参照设计标准取为 500kg/m^2；LL 为设计活荷载；参照设计标准取为 250kg/m^2。

因此，试验单位荷载应为：

$$0.85(1.4DL+1.7LL)=0.85(1.4\times500+1.7\times250)=956.25\text{kg/m}^2$$

按照业主要求，此处放大考虑试验荷载（即不再减去已存在的恒载）；因此所要施加的单位试验荷载取为 956.25kg/m^2，

B6 号梁的承载面积为 24m^2

测试荷载为 $956.25\text{kg/m}^2\times24\text{m}^2=22950\text{kg}$

试验采用标准水泥袋加载，单包水泥袋重量为 50kg

此处所需水泥袋数量为 $22950\text{kg}/50\text{kg}=459$ 袋

加载时，250kg/m^2 的单位荷载将作为恒载增补项（RDL）被提前 48h 加载于试验部

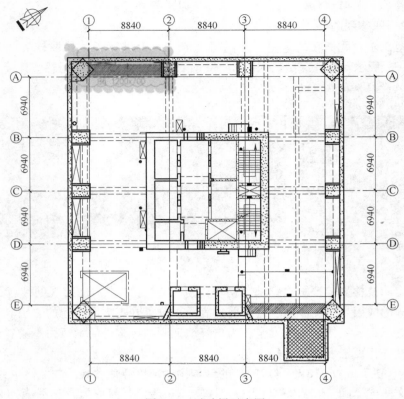

图 6-18　试验梁示意图

位，而后按照试验步骤布荷测量。

RDL＝250×24＝6000kg

RDL 所需水泥袋数量＝6000/50＝120

2. 荷载布置与试验加载原则

(1) 据 ACI 318-89 规范 20.3.1 条的规定，荷载的布置应按照下列原则：

1) 荷载的布置应以能使试验结构构件产生最大反应为准则；

2) 对于单个构件而言，荷载的大小与布置应由构件钢筋或预应力钢束（或两者共同的）最不利受力截面决定。

(2) 据 ACI 318-89 规范 20.3.2 条的规定，全部试验荷载应不小于 $0.85(1.4DL＋1.7LL)$ 水平。

(3) 根据 ACI 318-89 规范 20.3.3 条的规定，试验部位混凝土龄期应超过 56d。

(4) 根据 ACI 318-89 规范 20.4 条的规定，试验加载应满足下列准则：

1) 设计试验荷载应不少于 4 次分批均匀施加于试验构件之上；

2) 应保证试验构件均匀受力。

图 6-19　千分表布设

3. 试验步骤

（1）清理试验现场并隔离现场。

（2）搭设脚手架，并安装千分表，如图 6-19 所示，位移计布置如图 6-20 所示。

（3）加载：采用水泥袋分四次施加荷载，如图 6-21 所示。

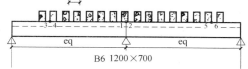

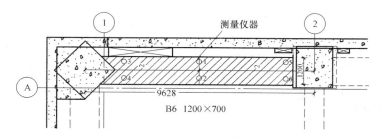

图 6-20　试验点位

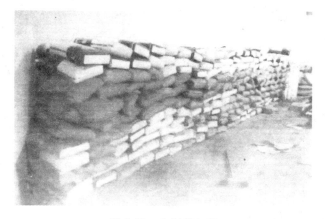

图 6-21　水泥袋加载

4. 试验结果采集

（1）试验结果采集原则

据 ACI 318-89 规范 20.4.4-20.4.6 条规定，试验结果采集原则如下：

1）每次加载完成后应立即进行数据记录，并在加载完成 24h 之后再次记录；

2）在全部试验荷载记录完成后，应立即移除全部试验荷载；

3）移除全部荷载后 24h 后，应立即再次测量最终数据。

（2）试验结果

试验使用 6 个英制千分表读取挠度值，每个千分表的最大量程为 50mm，可估读至小数点后两位。千分表可靠固定于试验部位底部（图 6-19），测量点位布置如图 6-20 所示。

试验结果汇总见表 6-32。

表 6-32

试验数据与结果

序号	读数阶段	布荷重量 (kg)	加 载 情 况	千分表读数 (mm)	代号
1	初始	0	未加载	0.00	A
2	恒载增补	6000	施加增补恒载	0.01	B
3	恒载增补	6000	施加增补恒载后 48h	0.12	C
4	1/4 试验荷载	10200	施加至约 1/4 试验荷载	0.15	D-1
5	1/4 试验荷载	10200	施加后 48h	0.20	D-2
6	1/2 试验荷载	14400	施加至约 1/2 试验荷载	0.24	D-3
7	1/2 试验荷载	14400	施加后 48h	0.30	D-4
8	3/4 试验荷载	18600	施加至约 3/4 试验荷载	0.33	D-5
9	3/4 试验荷载	18600	施加后 48h	0.42	D-6
10	全部试验荷载	23550	施加至全部试验荷载	0.45	D-7
11	全部试验荷载	23550	施加试验荷载后 48h	0.51	E
12	卸载	0	移除全部荷载	0.50	F
13	恢复	0	移除全部荷载后 24h	0.40	G
试验结果					
最大挠度(mm)				0.51	E
弹性恢复(%)				(0.51-0.4)/100	21%

5. 试验评估

（1）试验评估原则

当实测挠度满足下列两式之一时：

$$\Delta_{\max} \leqslant \frac{l_t^2}{20000h}$$

$$\Delta_{\mathrm{rmax}} \leqslant \Delta_{\max}/4$$

可判定结构构件强度达标，安全。

式中 $\Delta_{\max}$ ——实测最大挠度值；

l_t ——试验构件计算长度；

Δ_{rmax} ——残余挠度值。

A. 试验构件不应出现脆性剪力破坏；

B. 若试验构件未配置横向钢筋，且延长轴方向发展的裂缝的水平向投影长度大于中点处构件高度时，此裂缝应考虑为结构裂缝。

（2）试验评估

据前述 ACI 318-89（1992）评估准则，本案中

$\Delta_{\max}=0.51\mathrm{mm}\leqslant\dfrac{l_t^2}{20000h}=\dfrac{7.94^2}{20000\times0.7}=4.5\mathrm{mm}$，符合要求。

而 $\Delta_{\mathrm{rmax}}=0.41$，大于 $\dfrac{\Delta_{\max}}{4}=0.1275$，但规范提及在满足 $\Delta_{\max}$ 式的条件下，Δ_{rmax} 式可

以不作要求。由试验结果可知，构件裂缝的存在并不影响结构的强度和刚度，因此可以推断出此裂缝并非结构裂缝。

6.8.3 结论

以上详细阐述了中东地区结构裂缝的鉴定方案，以供后续项目借鉴，如果确定为结构裂缝，需要用钢梁或碳纤维等方法进行加固，并拿到第三方的鉴定报告。

6.9 科威特中央银行新总部大楼自密实混凝土施工技术

随着自密实混凝土施工技术的成熟，其高流动性、高抗分离性、填充性、均匀性，能解决钢筋密集区域、钢管填芯混凝土、钢格构式节点等混凝土浇筑，越来越多的项目采用自密实混凝土。

由本公司实施的中东某项目，自密实混凝土得到了广泛应用，在斜肋钢管柱、格构式钢构件、核心筒体、金库筏板、墙体等部位，全部使用了高强度等级自密实混凝土（C50～C80）。

6.9.1 自密实混凝土的使用部位及施工环境

该项目总建筑面积约 16 万 m^2，塔楼高 239m，主体结构是混凝土、钢结构组合结构；东南西侧混凝土剪力墙核心筒；北侧是斜肋钢管柱。

该项目包括金库区域，是项目的核心施工部位，有特殊的建筑使用功能及安防要求。金库区域除了正常的结构主筋外，均配有 $\phi12mm$ 螺旋钢筋，组成强化结构单元。

6.9.1.1 自密实混凝土的使用部位

自密实混凝土使用部位见表 6-33。

自密实混凝土的使用部位　　　　　　　　　　　　　　　表 6-33

部　　位	强度等级	钢筋特点	结构特点	浇筑方法
金库				
金库筏板	C50	$\phi12$ 螺旋钢筋密布	3m 厚筏板	泵车
金库墙体	C65	$\phi12$ 螺旋钢筋密布	975、350mm 厚，6m 高内外墙体	塔吊
金库顶板	C65	$\phi12$ 螺旋钢筋密布	975、350mm 厚内外楼板	泵车 & 塔吊
核心筒体				
核心筒体	C65	主筋密布、洞口钢筋多	400～1000mm 厚墙体，$\phi12～\phi40$ 钢筋	布料机＋泵车
钢构件				
钢管柱	C80	构造复杂、加劲板多、无法布料及振捣	直径 800mm，内部加劲板多	塔吊
LTC 柱	C80		直径 600mm，内部加劲板多	塔吊
屋面水平钢管梁	C80		直径 800mm，内部隔板、加劲板多	塔吊
truss 桁架	C80		组合方管、加劲板多	塔吊

（1）金库区域

金库结构包括底板、顶板、墙体、筏板，均装有螺旋钢筋，不具备振捣条件，必须全部使用自密实混凝土。混凝土量约 5000m³，分 5 次浇筑。

（2）塔楼核心筒体

筒体部位全部使用自密实混凝土，PERI 爬模组织施工。其钢筋含量高，在部分洞口区域附加钢筋多，在施工初期，使用的普通混凝土，出现很多蜂窝麻面，后改为自密实混凝土，解决了这一难题。累计混凝土量约 24500m³。

（3）钢结构构件

钢结构需要填充混凝土的构件有：斜肋钢管柱、truss 桁架、LTC 柱及屋面水平钢梁，其内部构造复杂，不具备振捣条件。混凝土量约 3500m³。

6.9.1.2 施工环境

当地 5～10 月白天气温平均可达 42℃以上，气候条件十分炎热、干燥，混凝土凝固快。项目执行英美建造标准，混凝土执行美标 ACI 301 及 318 及合同规范 Specification 对混凝土质量及实施流程有明确的约定。

6.9.2 自密实混凝土的技术要求及配合比

6.9.2.1 技术要求

自密实混凝土应具有高流动性、高抗分离性、高填充性，依靠自重即可充满复杂性模板，能通过密集的钢筋，并在这一过程中保持自身的均匀性，并且在同条件养护下，各种力学性能及耐久性均达到普通混凝土要求。

低收缩及微膨胀性，确保钢构件与混凝土联合形成一个整体受力构件。

良好的可泵送性能，便于布料填充。

较小的黏度和较低的扩展度损失率。在高温地区，混凝土水分失去快，坍落度下降快，要求混凝土在 4h 内基本稳定。

目前，配置自密实混凝土主要依靠细骨料和掺加高效减水剂来达到高流动性的目的，以较低的水灰比保证混凝土硬化后的力学性能和耐久性。

在室外阴影下温度为 38℃ 以内时，才能组织混凝土作业。混凝土入模前不超过 30℃，故搅拌站要做好充分的降温措施及准备，主要是水源要降温处理。

6.9.2.2 配合比设计

当地的搅拌站都有成功实施自密实混凝土经验，经过与其协商，根据项目结构特点，适当调整了配合比（表 6-34），并经过试配，检验其强度及工作性能，均合格后，才投入实施。

配合比　　　　　　　　　　　　　　　　　　　　　　　　表 6-34

指　标	单位	C50	C65	C65（备用配合比）	C80
28d 设计强度	MPa	50	65	65	80
水泥种类		SRC	OPC	OPC	OPC
水泥用量	kg/m³	530	500	480	550
硅粉（microsilica）	kg/m³		45		

续表

指　　标	单位	C50	C65	C65 （备用配合比）	C80
矿粉	kg/m³			40	70
净砂	kg/m³	230	180	360	380
粉砂	kg/m³	500	530	500	570
20mm 石子	kg/m³	580	580	700	540
10mm 石子	kg/m³	430	430	300	205
净水	kg/m³	175	160	145	150
水灰比 W/C		0.33	0.29	0.28	0.27
减水剂 VISCOCRETE 5050/AD-VA 612/GLENIUM SKY 504W	升/m³	6~10	6~10		
PC700	kg/m³			11	
GLENIUM SKY 502k					14
扩展度	mm	600~800	600~800	600~800	600~800
温度条件		室外温度 38℃，混凝土温度 30℃			

说明：OPC 代表波特兰水泥，SRC 代表抗硫水泥（用于基础部位）。

从以上配合比看出：①随着标高升高，水灰比逐步变小；②强度等级 C65~C80 的自密实混凝土，才掺加了硅粉、矿粉，其能显著提高混凝土强度；③外加剂选聚羧酸，其对提高流动性、高效减水至关重要；④碎石粒径严格控制，对各种材料要检验，以确保原材料符合质量要求；⑤当地天气干燥少雨，原材料含水率稳定，可以稳定配合比；⑥减水剂的选用。高性能混凝土早期强度发展迅速，具有长期的耐久性；抗化学腐蚀性强，可用于各种特殊工程中。它在高减水率、高强度基础上同时具备工作性能优异、易泵送、易密实等优良的施工性能。

在制备自密实混凝土的技术措施中，关键在于合理使用高性能化学外加剂，尤其是具有高效减水、适当引气并能减少和防止坍落度损失的高性能减水剂。聚羧酸等减水剂的成功使用，是自密实混凝土的关键。本工程应用的减水剂如表 6-35 所示。

减水剂使用　　　　　　　　　　　　　　　　　　表 6-35

减　水　剂	优点/特点
VISCOCRETE 5050	是高塑剂的第三代产品，其能够提高混凝土工作性能及延长运输时间，可以减水40%。可配制高性能自密实混凝土，流动性好，适用于炎热天气。可以降低硬化过程中的收缩性
GLENIUM SKY 504W	是高塑性能的聚羧酸的第二代产品，可配制出很好工作性能的自密实混凝土。低水灰比而具备高工作性能，表面收光好操作
PC700	是聚羧酸的一种，具有高塑性。与传统产品相比，其具有更强的流动性，且不降低缓凝性能，特别适用于水灰比低的高强度混凝土。混凝土有很高的流动性及工作性能；前期强度快，适应自密实混凝土；耐久性好，可减少碳化热
GLENIUM SKY 502k	是高塑性能的聚羧酸的第二代产品。可配置工作性能好的自密实混凝土，具有早强性能，延伸其工作性能且不延缓硬化时间，性能稳定。低水灰比而具备高工作性能，表面收光易操作

外加剂加入时间：最好在水加入 3/4 时加外加剂，这时所有骨料已经湿润，外加剂加入后，搅拌 90s 为宜。具体详见各产品资料说明。

6.9.2.3　搅拌和运输

每盘计量准确，准确控制用水量，仔细监控砂石中含水率。

投料顺序：先投入细骨料、水泥、掺合料，搅拌 20s，后加入水和外加剂及粗骨料，搅拌 90s 出料。

运输要点：在装入混凝土前，仔细检查罐车，并排除罐内的残留的洗车水。运送及卸料时间控制在 2.5h，保证其较好的高流动性和和易性。

6.9.3　施工方案

6.9.3.1　施工准备

（1）浇筑时间常仅限于夜间，以避免高温影响。沙尘暴天气应严禁浇筑混凝土。

（2）原材料准备。各种原材料的数量要保证一次浇筑的需要，不得出现中途停料现象。各种骨料规格要严格检查。

（3）机械、机具检查。搅拌、泵送设备完好，辅助机具齐全，泵送时，工地停靠一台备用泵。检查泵管及泵车的各个接头及接头间的橡皮圈。

6.9.3.2　施工辅助设计及措施

1. 钢结构浇筑口、通道口的设计

钢管柱分段长度在 8～12m 之间，其满足分段结构要求，便于浇筑。

钢结构内部加劲板、栓钉等多，构造复杂。钢构件在深化设计阶段，同步做好浇筑方案，需要考虑分段浇筑及浇筑通道、排气孔等。故留设浇筑口、排气孔，内部节点留设通道口，分段部位装相应分仓板。构件在加工厂做好开洞、隔断等处理（图 6-22、图 6-23）。

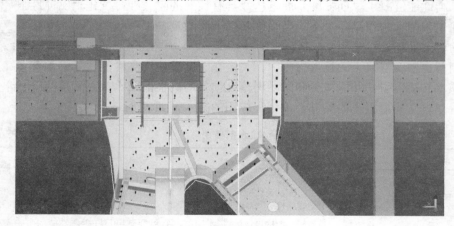

图 6-22　truss 构造节点

（1）依据方案，构件上表面留直径 150mm 的浇筑口；

（2）钢管柱加劲板留设 416mm 的洞口；

（3）truss 分段浇筑和灌浆，需要布置分仓板分段，加劲板留 300mm 洞口做浇筑通道；

（4）加劲板、分段板、构件表面留设足够的 20mm 排气孔。

2. 浇筑高度及流淌范围控制

严格控制浇筑自由落差在 2m 内、流淌范围在 5m 内。常采用串筒软管，下放至浇筑部位。

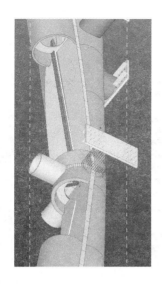
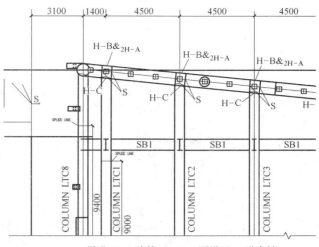

说明：H-B(浇筑口)、H-C(通道口)、S(分仓板)

图 6-23　斜肋钢管柱内部、屋面结构的洞口留设

（1）金库墙体：其装有螺旋钢筋，串筒无法深入，在中间模板上开浇筑口（图 6-24）。

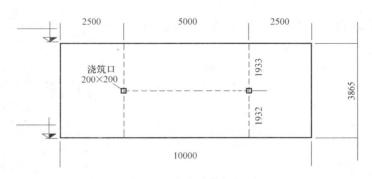

图 6-24　金库墙体留洞图

（2）核心筒体：软管插入模板内，保证在 2m 范围内。

3. 自密实混凝土的墙体模板处理

浇筑高度控制在 2.5m/h，普通混凝土浇筑最大流体侧压力 $50kN/m^2$，而同条件下自密实混凝土流体侧压力为 $120kN/m^2$。

显而易见，自密实混凝土大幅度增加了对墙体模板的侧向压力。核心筒 PERI 爬模体系经过复核计算，采取以下措施加固模板：加密穿墙螺杆、改为双层模板、增加横担来减少横担间距。

图 6-25　筏板钢筋

163

6.9.3.3 施工流程及操作要点

1. 金库筏板浇筑

筏板厚度 3m，主筋分底、面、腰筋 3 层（图 6-25、图 6-26）。

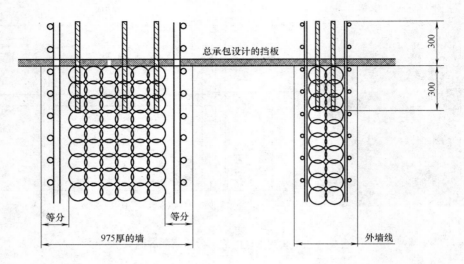

图 6-26　金库墙体钢筋

拨开筏板面层钢筋至出现 200mm×200mm 的洞口，放串筒至筏板内。

分块浇筑，每块浇筑量控制在 1000m³ 左右，3 台泵车、运输车 30 台组织浇筑，每台平均浇筑在 50m³/h，6～7h 可以完成混凝土浇筑。

混凝土浇筑方法：浇筑段采用"分层浇筑、一个斜面、自然流通、一次到顶"的浇筑方法。浇筑时由远至近进行分层浇筑，循序后退。每层浇筑高度在 60cm 左右，控制每层浇筑间隔在初凝强度前，并防止混凝土大范围流淌。

混凝土表面处理：在混凝土初凝时，用刮尺、木铁抹子进行抹压搓平。在混凝土初凝后至终凝前，根据其表面的变化状况进行多次抹压，消除混凝土的干缩裂缝。

养护同普通大体积混凝土。混凝土在终凝后，应立即开始养护。冬期采用 40mm 聚苯隔热板进行覆盖保温。夏季混凝土面覆盖一层麻袋片蓄水，然后用塑料薄膜覆盖蓄水进行养护，养护水深不少于 150mm 深，养护时间不少于 7d。

2. 金库墙体浇筑

金库墙体内墙厚度 975mm（图 6-26）、外墙厚度 400mm，其分段施工，原则上每段在 12m 左右。施工缝按规范处理。

模板执行相关方案。拼缝严密，根部采用砂浆或者木条封实，穿墙螺杆、拼缝处贴带封闭，防止混凝土外流。浇筑时木工监控模板，随时封堵，防止混凝土外泄。

墙体单次施工高度在 4m 左右，在 2m 高度处开浇筑孔。

分层布料、防止离析，每层浇筑高度在 600mm 内，禁止振捣。

控制浇筑速度，每小时浇筑高度控制在 1.5m 内，使用塔吊浇筑。

3. 斜肋钢管柱模拟浇筑

（1）模拟浇筑试验目的

为了检验混凝土质量能否满足施工工艺要求，验证施工参数，在施工现场进行钢管混凝土模拟试验。通过对模拟的结果进行检测和查看，一方面验证工程实体钢管混凝土的施工质量，另一方面进一步进行总结和优化施工方案。

斜肋钢管柱模拟件与本工程构件在构造上一致，包括栓钉、加劲板、排气孔设置等。

（2）模拟浇筑检验

检测完后，采用氧气切割方式把钢柱剖开，进行外观检查，目测检查其密实度及与钢管胶结情况，并抽芯取样，检测强度，分析强度情况。

结果显示：混凝土内部密实，与管壁结合紧密，芯样 28d 平均强度在 83.9MPa（圆柱体强度），满足技术要求。

（3）斜肋钢管柱浇筑

钢柱及相关楼层梁焊接完成后，清理结构内杂物，并搭设相关安全设施。

浇筑时直接采用塔吊吊料斗的方式，再通过串筒入模，根据浇筑高度，串筒长度为8m 左右，混凝土入模后，不进行振捣，让混凝土自密实（图 6-27）。

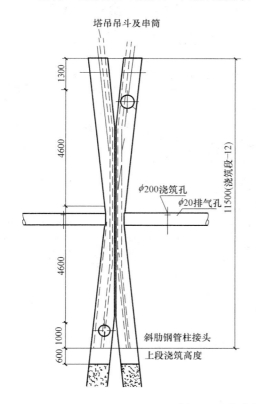

图 6-27　金库顶板斜肋钢管柱浇筑示意图

浇筑高度至柱上口向下 60cm 处。

终凝后，蓄水 10cm 高养护。

4. 钢构件节点浇筑

钢结构需要填充混凝土的构件有：钢管柱、truss 桁架、LTC 柱及屋面水平钢梁。分别编制了以下方案：钢管柱浇筑方案，truss 浇筑方案，屋面钢管柱及水平管浇筑方案，

图 6-28　核心筒浇筑

LTC 柱及相关水平管浇筑方案。依据施工方案，深化并更新了加工图。钢结构节点在安装前，要按图纸验收，重点检查浇筑通道、浇筑口等。在浇筑过程中，用敲击法敲击构件外壁，根据声音不同进行判断是否填充密实。混凝土浇筑完毕后，做补洞处理。

5. 核心筒混凝土浇筑

核心筒体分三个施工段浇筑，混凝土量分别为 320、100、100m³，采用泵车配布料机浇筑，其能够在夜间 10h 内完成浇筑。模板加固检查验收；螺杆周边洞口封堵，木塞子、贴密封带封堵；泵送砂浆先进行润管，用塔吊料斗接至外面；采用多点下灰，保证混凝土水平流动距离不超过 6m；分层浇筑，每层在 60cm 以内，累计分 8 层完成；采用串筒布料，控制混凝土落差在 2m 以内；搭设脚手架布置泵管，泵管要求稳固，与模板体系独立，避免模板体系扰动（图 6-28）。

6.9.4　质量控制

（1）天气选择。要注意天气情况，沙尘暴天气不宜浇筑混凝土。注意温度监控，在室外阴影下温度在 38℃ 以下时，才能组织混凝土作业。

（2）人员组织合理安排，并要安排安全人员交通疏导。由于浇筑时间限制，往往一次浇筑时间仅 12h 左右，要合理安排劳动力，保证一次性浇筑完毕。

（3）为了保证混凝土连续作业，往往备用一台汽车泵并停靠在工地。

（4）混凝土温度入模前不超过 30℃，并必须 2h 内（从搅拌完成到入模）浇筑完毕。高温天气，搅拌站要做降温措施，主要是水源加冰块或者制冷处理。

（5）每车入泵前必须检查扩展度及温度检测。

（6）现场添加减水剂解决坍落度损失问题，合理确定二次减水剂用量。

（7）混凝土浇筑完毕后，即进行覆盖，以防止水分散失，终凝后立即洒水养护，不间断保持湿润状态。筏板混凝土，养护充足并测定温差。核心筒体拆模后，涂养护剂养护。

6.9.5　结语

使用自密实混凝土有效解决了复杂构件及特殊结构的浇筑问题，工作性能好，施工质量良好，具有广泛的适应性。有以下几点经验：

（1）施工组织与施工控制是关键，应在实际施工中及时发现问题并解决。

（2）自密实混凝土的配合比设计的重点应考虑混凝土的优异工作性能。

6.10　科威特中央银行新总部大楼地下室防水混凝土施工技术

6.10.1　工程概况

CBK 工程地下室结构分为三部分，即主楼基础、裙楼基础和人防工程基础部分。主楼部分基础筏板厚 3000mm，埋深约 13.6m。裙楼部分基础筏板厚 2000mm，埋深约 12.6m；筏板上表面与主楼基础上表面相同。人防部分为纯地下结构，筏板厚 1500mm，埋深约为 8.5m，筏板上表面与主楼基础上表面相差 3.6m。在主楼和裙楼部分地下室。外防水墙厚 500mm，人防部分厚 400mm。筏板混凝土强度等级 SRC K500（抗硫酸盐混凝土 50MPa）。外防水墙为 SRC K650（65MPa）。筏板混凝土约 57700m³，外防水墙约 2900m³，筏板面积约 23000m²，外防水墙长度约为 680m。地下自然水位约在 -3.5m 左右。地下室防水材料为两层 4mm 厚 APP 卷材防水，6mm 厚聚氨酯胎改性沥青卷材保护层。

6.10.2　控制混凝土渗漏原理

地下室外防水墙和筏板的混凝土施工，与普通混凝土相比，重点主要在防止混凝土渗漏上。防止渗漏的关键是防止混凝土在强度增长过程中出现裂缝，从而产生渗漏。混凝土振捣不密实，或浇筑过程中出现冷缝，也可能造成渗漏。裂缝形成原因比较复杂，但主要有以下三种：①混凝土干缩，即混凝土失水后产生收缩，这可以通过改善混凝土的配合比来减少影响，如尽量减少水灰比；②混凝土沉实过程中，在混凝土上表面产生裂缝，或混凝土失水过快产生裂缝，这可以通过改善浇捣工艺和养护条件来减少影响；③混凝土自然收缩，这是混凝土水化过程中产生的，可以通过以下两种途径：

一种途径是，采用补偿收缩混凝土，就是在混凝土中掺入外加剂。在混凝土强度增长过程中，体积微微增大，产生压应力，以抵消由于混凝土收缩产生的拉应力，从而达到防止或减少裂缝的目的。理论上讲，采用补偿收缩后，如果配合比得当，可以尽可能多地加大混凝土的浇筑量（在现场条件许可的条件下），以减少施工缝的数量，如北京梅兰芳大剧院在基础筏板施工过程中，就取消了许多后浇带，并得到许多研究混凝土裂缝专家的认可，还进行了超长混凝土筏板浇筑的技术鉴定。但一般情况下，都是采用补偿收缩混凝土和适量留置后浇带或施工缝相结合的方法。国内一般采用这种办法，其原因是国内要求工期紧，劳动力资源丰富，模板的工业化程度不高，对混凝土外观质量要求不高。

另一种途径是，在施工过程中，采用分段浇筑，两次混凝土浇筑保证一定的时间间隔（一般为 7d），使新浇筑的混凝土充分收缩，以减少收缩裂缝，对于施工缝再做些防水处理，从而减少渗漏的可能性。但采用这种方式，增加了许多施工缝，施工缝容易产生渗漏，也影响施工进度。科威特一般的商品混凝土搅拌站的供应能力比较有限，再加上交通管制，白天罐车不能通行，不能一次进行较大体积的混凝土浇筑，因此筏板就选择了分小块浇筑的方法。由于合同要求混凝土质量达到清水混凝土质量，必须采用定型模板，也注定必须采用小块浇筑的方法。

6.10.3　混凝土配合比与施工缝

6.10.3.1　混凝土配合比的设计

该工程混凝土粗骨料由直径 20mm 和直径 10mm 两种级配石子混合组成。细骨料为天然砂和粉碎砂。此几种骨料形成良好的级配，以减少胶结材料使用量和形成混凝土较好的和易性。胶结材料选用抗硫酸盐水泥，以抵抗酸性地质条件对混凝土的侵蚀，增强混凝土的耐久性。对 K650（相当于 C65）和 K500（相当于 C50）自密实混凝土加了硅粉。外加剂为高效增塑剂。自密实混凝土用于金库筏板和墙板，因为金库混凝土有螺旋钢筋，无法用插入式振捣器振捣。混凝土水灰比都控制在 0.3 以下，混凝土的坍落度为 $200\pm40mm$。自密实混凝土的扩展度控制在 $650\sim750mm$。

6.10.3.2　施工段划分

1. 筏板施工段的划分

对施工段的大小，合同规范没有要求。现场根据浇筑能力、图纸特点及科威特的施工习惯确定了施工段。施工段以每次浇筑 $1000\sim1200m^3$ 为原则，根据图纸情况，个别地方达到 $1600m^3$。在施工段划分时还考虑了以下几个因素：①施工缝一般留在跨中 1/3 部位；②考虑施工方便，避开钢筋密集区，如基坑部位、变截面部位；③在基础底面高差比较大的部位，设置水平施工缝，如人防和主楼交接部分；④考虑上部施工部署安排，不影响下道工序施工。这样，整个筏板共被分成了 44 个施工段，如图 6-29 所示。

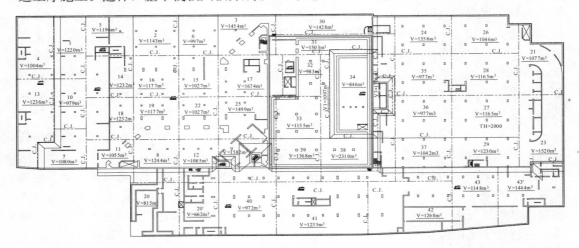

图 6-29　筏板施工缝布置图

2. 外防水墙施工段及控制缝的设置

一次浇筑墙体的长度最多达到多长时就不会出现收缩裂缝？由于影响的因素较多，理论上不好确定。目前，还没有普遍接受的方法来预测。但由于其受已浇筏板的约束，肯定比筏板的施工段要短。根据经验，这个距离一般设为 $5\sim7.5m$。但每次浇筑 $5\sim7.5m$，则严重影响施工进度，并增加了施工缝处理的麻烦。一般情况下，是把这个距离扩大一倍，达到 $10\sim15m$，并在其中部位置设置控制缝。所谓控制缝，就是在一个浇筑段的中部人为的制造一个薄弱面，当混凝土开裂时，引导裂缝出现在该部位。

本工程的施工段间距图纸要求为，冬季 15m，夏季 10m。同时，在每段中部设置控制缝（图 6-30）。注意下段混凝土的浇筑与上段混凝土的浇筑时间间隔要至少差 36h，以便于上段混凝土充分收缩。当不能满足该条件时，按图 6-31 设置后浇带。

6.10.3.3　施工缝/控制缝构造

1. 筏板施工缝

筏板长约 235m，最大处宽度 107m，设计人员没有设置伸缩缝。考虑到地基条件较好（地基持力层承载力约为 $80t/m^2$），筏板设计的较厚（达 3m），并扩展到附楼部分相当一段距离，能够应对不均匀沉降，在主楼和裙房/人防之间也没有设置后浇带。因此，只有

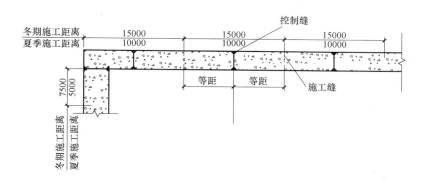

图 6-30　控制缝和施工缝做法

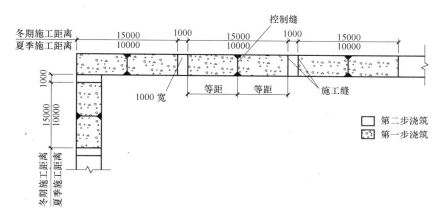

图 6-31　后浇带施工缝

施工缝是防水的薄弱环节。施工缝的构造如图 6-32 所示。施工缝留成卯榫型,以加强两次浇筑的混凝土之间的咬合。在混凝土下表面敷一条 300mm 宽 PVC 止水带。上表面接缝处用聚合物砂浆嵌缝,混凝土截面中部增设一条膨胀止水条。外防水墙与筏板相交部位预留 250mm 高导墙,导墙与筏板一起浇筑,其构造如图 6-33、图 6-34 所示。

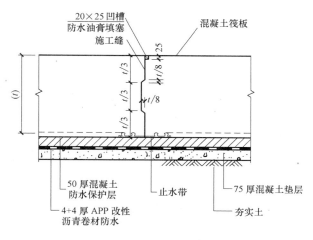

图 6-32　筏板施工缝做法

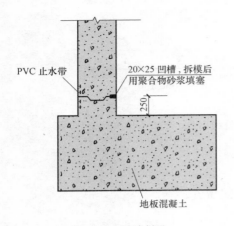

图 6-33 导墙做法

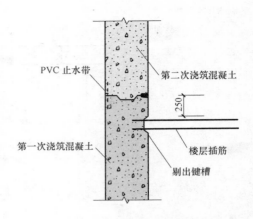

图 6-34 水平施工缝位置

2. 外防水墙施工缝和控制缝

（1）地下室外防水墙水平施工缝

第一道水平施工缝，留在地下室筏板上表面25cm处，其他各层水平缝则留在各地下室楼面以上25cm处（见图6-31，其实各部位施工缝的构造是一样的）。施工中尽量少留水平缝，以减少施工缝处理，也减少渗漏薄弱环节。也就是说，外防水墙浇筑，一次浇筑应尽量高，不在楼板上下面留施工缝，在外防水墙混凝土上预留楼板插筋。水平缝的构造同导墙处施工缝。

（2）地下室外防水墙竖向施工缝

竖向施工缝与水平施工缝构造上没有什么区别，只不过方向不一样。位置没有特殊要求，第一道施工缝远离转角处，不超过5m。其构造见图6-35。

（3）控制缝

控制缝做法见图6-36。主要构造为：①在混凝土的外侧（填土侧一方）增加PVC止水带，在合模前，固定在外模面板上；止水带宽为30cm。②在混凝土内侧预留20mm×25mm凹槽。③剪断总数量的1/2的水平筋（一般地下结构外防水墙配筋都为竖向配筋，横向为分布筋，剪断部分水平筋不会影响结构安全），也就是隔一个剪断一根。总之，通过留凹槽和剪断水平钢筋形成薄弱截面，通过增加止水带来加强防水。

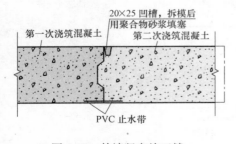

图 6-35 外墙竖向施工缝

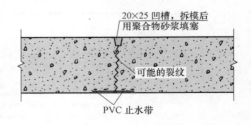

图 6-36 外墙控制缝

（4）大体积混凝土的温度控制

该项目混凝土筏板（图6-37）厚度为1500mm、2000mm和3000mm，都属于大体积混凝土。大体积混凝土在养护过程中要控制混凝土中心与混凝土表面的温差，以避免产生温度裂缝。

保温覆盖：最大温差一般控制在25℃以下，英美规范没有相应的规定，该工程规范也没有温差的规定，我们参照了美国混凝土协会期刊（American Concrete Society Digest No2 Mass Concrete）的研究成果，将温差控制在39℃。实际最大温差（在不采取措施控制的情况下）能达到多少不易估计；它与混凝土的配合比及原材料、入模温度、养护条件、气候条件等有关。我们采用当地的施工经验，在

图 6-37　大体积混凝土

夏季采用一般的养护方式（一层塑料薄膜，一层麻袋片，浇水养护）。在冬季，在一般养护的基础上，再覆盖一层厚 5cm 聚苯乙烯挤塑板来控制温差。测温采用电子测温的方式，在混凝土中心和表面（表面下 200mm 处）预埋温度感应片，用自动测温仪进行读数。每块筏板上预埋一对（在同一位置，混凝土截面中心一个，表面一个），混凝土浇筑完后，即开始测量。每 3h 测量一次，共测量 7d。在第一次（每一季节，每一种截面）浇筑时，要注意掌握温度的变化规律，并准备好足够的保温材料，以备温差达到界限时使用，为下次浇筑准备检验和材料。在实际测温中，混凝土中心最高达到约 90℃，混凝土表面温度最高达到约 60℃。

（5）地下室防水混凝土的现场施工

① 止水带做法

止水带由高级 PVC 复合材料挤压成型，具有一定的弹性和比较长的耐久性。具有许多规格和形状，适用于现场各种节点的要求。现场用的形状，如图 6-38 所示。在筏板开始施工之前，要画好施工图，规划好施工缝和控制缝位置。施工缝应连续布置，不得中断。筏板施工缝位置和墙板施工缝位置要综合考虑，尽量在一条线上。

图 6-38　止水带截面形状

筏板止水带，直接铺在防水保护层上（图 6-39），外防水墙止水带用钉子牢靠地钉在外侧模板上，如图 6-40 所示。外防水墙施工时，先立

图 6-39　筏板后浇带的铺设

图 6-40　外墙止水带的铺设

171

外防水墙模板，然后固定止水带。保证止水带紧贴模板，不打折。固定牢靠，浇筑混凝土时不脱落。

止水带要采用厂家提供的专用焊接工具进行焊接，不得搭接。保证接口平齐、严密。交叉接头要采用45°对接或采用厂家特制的接头，不能一字形对接（图6-41）。

在施工过程，尤其在拆模时，施工缝处理过程中要小心，防止止水带破损。如果破损，合模前必须修补。

施工缝处的25mm×20mm凹槽：在墙内侧模板上钉一条截面为梯形的硬塑料泡沫。拆模厚就会在混凝土表面上形成凹槽。

② 施工缝做法

筏板施工缝用钢筋作龙骨，镀锌钢丝网作模板。钢龙骨要与筏板钢筋牢固连接，防止跑模。钢丝网要封闭严实，防止漏浆。墙体施工缝，用木模板形成，插筋预留部位用镀锌钢丝网作模板（图6-42）。

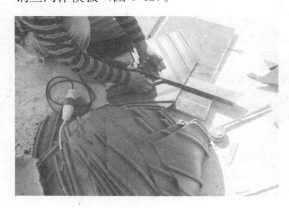

图 6-41　交叉接头的制作

图 6-42　筏板施工缝做法

施工缝的处理是防水混凝土的重要环节。在下一次浇筑混凝土前，要剔除施工缝表面的浮浆，露出粗骨料，接缝表面没有油污，隔离剂等影响混凝土粘结的污染物。墙体施工缝要切割整齐。尤其注意在剔凿时，不要破坏止水带。混凝土接缝表面要充分湿润，但无明水。

③ 模板要求

该工程混凝土墙板，合同要求为清水混凝土。该工程采用DOKA木梁多层板体系。针对该工程专门进行了模板设计，使模板受力变形满足施工要求。为保证防水混凝土质量，我们重点进行了以下控制：a. 模板要拼接严密，尽量减少漏浆。b. 穿墙螺栓要采用止水螺栓，模板螺栓孔不要太大。c. 预留插筋处用铁丝网封严。堵头模板要封严。模板与前一次浇筑的混凝土要顶紧。d. 当导墙不直时要剔凿平直，使模板紧贴导墙；必要时采用水泥砂浆或木条填塞。

④ 混凝土的浇筑

a. 浇筑前的施工准备工作

混凝土浇筑前，模板施工缝都要用空压机吹扫干净，模板施工缝用水湿润，施工缝浇筑时无明水。准备好照明，安全护栏，施工机械和养护材料。

地下室筏板、顶板和裙房顶板浇筑均采用混凝土汽车泵运输混凝土。外防水墙均采用塔吊运输。

筏板浇筑时，由于混凝土量较大，浇筑时间又限制在晚 6 点到早 6 点，为防止冷缝产生及在规定的时间内浇筑完成，一般都是配备 2 台汽车泵，并有一台汽车泵备用。在施工安排上，要保证两块筏板之间的浇筑时间至少相差 7d。在实际现场施工中，采用边打垫层，边浇筑筏板。浇筑从南北两侧向中部推进。这样，混凝土泵车可以直接下到底坑，减少泵送距离。

科威特气候比较炎热，不利于防水混凝土的施工。混凝土浇筑除安排在晚间外，还要严格验收入场温度，保证混凝土入模前不超过 30℃，保证混凝土在 1.5h 内浇筑入模。筏板混凝土量比较大，一般安排在周末进行，要准备好遮阳材料，温度超过 38℃时进行遮阳。

b. 混凝土的浇筑与养护

混凝土浇筑要点主要是保证混凝土不出现冷缝和振捣不密实。首先要保证混凝土供应的连续，同时要注意振捣次序。筏板混凝土采用分层浇筑，逐步推进的方法。设专人指挥下灰，指挥振捣，防止形成冷缝和漏振。墙板浇筑时，采用分层浇筑，每层混凝土厚不超过 500mm，充分适当振捣。并限制浇筑速度不超过 10m³/h。吊斗设串筒，保证混凝土自由下落高度不超过 1.5m。混凝土坍落度不要超过 240mm，保水性能良好，无离析现象。当混凝土离析时，容易出现漏浆。在筏板浇筑时，要注意避免出现混凝土表面裂缝，掌握好收活时间。

水平构件采用浇水养护。在混凝土表干前，覆盖一层麻袋片蓄水，然后用塑料薄膜覆盖。在保证混凝土表面湿润的情况下，养护 7 天。竖向构件采用养护剂养护。在混凝土拆模后，立即涂刷养护剂。对于柱顶、墙顶采用麻袋片覆盖，浇水养护。在混凝土装修前，要对结构进行修补，螺栓孔、控制缝要用无收缩砂浆填塞。

⑤ 实施效果。

通过采取以上措施，本工程地下室外防水墙和筏板未出现渗漏现象，但混凝土墙浇筑后，也有竖向裂纹出现。究其原因，可能是以下两个原因造成的：a. 混凝土强度等级较高，达到 65MPa。而以前的控制缝间距都是基于低强度等级混凝土获得的经验。b. 混凝土挡土墙太厚，最后达到 500mm，留控制缝时，凹槽太小（20mm×25mm），达不到削弱截面的目的，一般情况下，混凝土截面削弱要达到 1/4，应用到本工程应该是 500mm×1/4＝125mm，木条高度应为 63mm。

6.11　城市之光项目现浇混凝土斜柱施工技术

6.11.1　施工难点分析

城市之光的办公楼项目（C10a）结构为框筒结构，由 3B＋GF＋L44＋Roof 组成，层高基本为 4.2m，其中设备层 4.9m。B3～L15 均为圆形垂直柱，自 L16 层开始所有柱子设计为外倾角为 4°的斜柱，施工中选用钢模施工。斜柱的外倾设计无形中增加了施工的难度和复杂性，因此将斜柱施工作为办公楼施工中质量控制的重点之一。斜柱的平面布置如图 6-43 所示。经过对整个建筑斜向柱施工的研究分析，主要施工难点有以下几点：

（1）斜柱外倾且截面尺寸在部分楼层有变化，增加了钢筋绑扎的困难。尤其是设计斜柱截面变化时向塔楼外侧收缩，使得内侧钢筋在变截面处不能再使用，需要设法深入板

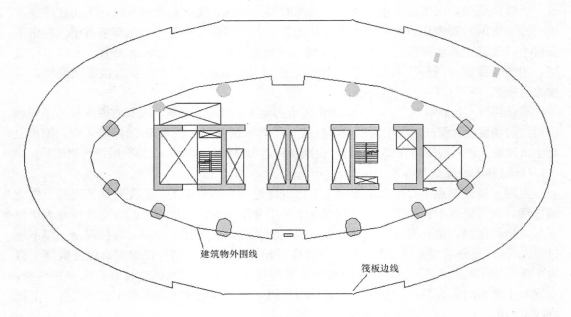

图 6-43　斜柱的平面布置

平、梁或柱中间，这些都增加了柱子钢筋施工的难度。

（2）斜柱的倾角要求，必须在板平施工时引测梁底处柱坐标控制点；在板钢筋施工完后，再次引测柱坐标控制点；板平浇筑完混凝土后，再一次放线核查柱钢筋的位置；另外，在柱混凝土浇筑完成后，要复核浇筑后的倾斜度，如此严格的质量控制程序，无形中增加了测量的难度和工作量。

（3）斜柱配筋率高，不同截面箍筋设计都不同，且与梁交接处的钢筋数量激增，给钢筋制作、绑扎、定位及保护层控制带来很大难度，尤其要确保柱与梁交接处钢筋保护层非常困难。

（4）斜柱高度大、向外倾斜，由于施工中在梁底留设施工缝，在板平施工时需要后补一段散拼模板，这样增加了交接处模板施工难度，并且增加了混凝土浇捣的谨慎度。

6.11.2　施工部署

斜柱断面大且往外倾斜，为了优化设计、减少散支模板的周转数量及难度，模板采用钢模，从而保证了模板支撑体系的稳定和变形控制。在施工管理上安排好作业流水段和加快周转材料的周转使用，对节约材料、加快施工进度有很好的效果。

6.11.2.1　施工段的划分及施工顺序

依据整层板平的施工段划分和施工缝设计，将斜柱施工划分为两个施工段。这样划分施工段便于流水施工，有效节约斜柱钢模的使用量，提高模板的周转使用。

确定施工顺序应考虑的因素：

（1）遵循施工程序。

（2）符合施工工艺。如现浇钢筋混凝土柱的施工顺序则为绑钢筋、支模板、浇混凝土。

（3）按照施工组织的要求。斜柱施工结合核心筒、板平施工进度，并考虑塔吊等施工设备的因素。

（4）考虑施工质量和安全因素。斜柱的施工流程为：绑扎柱钢筋→钢筋隐蔽验收→吊装及支设钢模→调整钢模外倾角度→搭设验收及浇筑平台→调整柱钢筋间距及保护层→模板验收→混凝土分层浇筑及养护。

工程项目施工是一个复杂的过程，建筑结构、现场条件、施工环境不同，均会对施工过程和施工顺序的安排产生不同的影响。因此，对每一个单位工程，必须根据其施工特点和具体情况，合理地确定施工顺序，最大限度地利用空间，争取时间。在保证安全和质量的前提下可以组织立体交叉平行流水作业，以期达到时间和空间的充分利用。

6.11.2.2　施工缝的留设

根据施工段的划分及施工顺序，斜柱施工缝留设的基本思路如下：

（1）在与柱相连接的梁中高度最大的梁底处设置一个施工缝，目的是保证连续梁钢筋的绑扎和满足梁筋锚固长度的要求。

（2）如遇到柱截面变化，为确保柱钢筋的锚固长度和施工的易操作性，从板平结构标高往下留设施工缝，此高度为柱钢筋配筋中的最大钢筋的锚固长度（即满足斜柱新插钢筋的锚固长度）。此法可省去钢筋打弯，解决插筋难做的困难，或者解决没有变截面套丝的问题。

（3）在每层板平结构标高处设置一个施工缝，以便于柱子的钢筋绑扎、模板制作及混凝土浇筑。

6.11.3　钢筋工程

6.11.3.1　斜柱钢筋下料

（1）主筋下料。

按照楼层标高为一个下料单元，即主筋按照 4.2m 进行下料，包含套丝部位长度。在个别楼层有重新插筋要求的，应额外考虑锚固长度。

钢筋套丝接头的使用要考虑错开连接，并满足间距要求。

（2）箍筋下料。

由于斜柱设计箍筋为圆状箍，即箍筋长度为斜柱截面设计尺寸减去保护层厚度两倍后的周长再加上 $45d$ 的搭接长度。用公式表示为：

$$l = \pi(D - 2a) + 45d$$

式中　l——斜柱的箍筋下料长度（mm）；

D——斜柱的设计直径（mm）；

a——斜柱的保护层厚度（mm）；

d——斜柱箍筋的设计直径（mm）。

（3）拉筋下料。

根据拉筋所在弦的弦长计算出弦长，再减去两端保护层厚度，加上弯钩的增加值，最后再扣除两端打弯的扣减值，即得该处拉筋的下料长度。

当主筋间距为单数时，配筋有相同的两组，可按下式计算：

$$l_i = \sqrt{D^2 - [(2i-1)b]^2} - 2a + 20d - 2.5d$$

当主钢筋间距为双数时，有一根拉筋所在位置的弦长即为该圆（扣除保护层）的直径，另有相同的两组，可按下式计算：

$$l_i = \sqrt{D^2 - (2ib)^2} - 2a + 20d - 2.5d$$

式中　l_i——从圆心向两边计数的第 i 根箍筋的下料长度（mm）；

　　　D——斜柱的设计直径（mm）；

　　　a——斜柱的保护层厚度（mm）；

　　　b——斜柱主筋的间距（mm）；

　　　i——从圆心向两边计数的序号数；

　　　d——斜柱箍筋的设计直径（mm）。

6.11.3.2　斜柱钢筋的绑扎

1. 施工准备

（1）钢筋进场后应检查是否有出厂证明、复试报告，并按施工平面图中指定的位置，按规格、使用部位、编号分别加垫木堆放。

（2）使用合格的滚丝机加工钢筋端头螺纹。螺纹的牙形、螺距等必须与连接套螺纹规格匹配，且经检测合格。

（3）钢筋绑扎前，应检查有无锈蚀，除锈之后再吊运至绑扎部位。

（4）熟悉图纸，按设计要求检查已加工好的钢筋规格、形状、数量是否正确。

（5）做好抄平放线工作，弹好柱皮尺寸线。

（6）绑扎前先处理下层伸出的搭结筋的套丝部位，如有锈蚀、水泥砂浆等污垢清除干净。

（7）剔除并清理干净下层伸出搭结筋处的表面松散混凝土。

（8）根据设计图纸及工艺标准要求，向班组进行技术交底。

2. 主筋箍筋的绑扎

（1）构成斜柱的主筋为 $\phi25$、$\phi32$、$\phi40$ 螺纹钢。钢筋竖向采用直螺纹套筒连接。连接钢筋时，钢筋规格和连接套的规格应该一致，并确保钢筋和连接套的丝扣干净完好无损。

（2）连接钢筋时可用普通扳手旋合接头到位。检验外露有效丝扣牙数在三牙之内。

（3）对连接钢筋可自由转动时，或不方便转动的场合，先将套筒预先部分或全部拧入一个被连接钢筋的螺纹丝内，而后转动连接钢筋或反拧套筒到预定位置，最后用扳手转动连接钢筋，使其相互对顶锁定连接套筒。

（4）按照施工图纸划好的箍筋位置线，将加工好的圆形箍筋由下往上绑扎，宜采用缠扣绑扎。由于该圆箍是采用搭接形式，故需要满足搭接长度和搭接区段不少于 3 个绑扎扣的要求。

（5）箍筋与主筋布置要垂直，箍筋与主筋要分等间距绑扎。箍筋的搭接区段应采用梅花状布置在圆柱一周。

（6）柱拉筋端头应弯成 $135°$，平直部分长度不小于 $10d$（d 为拉筋直径），拉筋应钩住箍筋。

（7）柱上下两端箍筋有加密要求的应加密，加密区长度及加密区内箍筋间距应符合设计图纸要求。

（8）柱筋保护层厚度应符合规范要求，柱筋外皮起 35mm，垫块应绑在柱竖筋外皮上，间距一般为 1000mm，保证主筋保护层厚度准确。

3. 柱与梁交接处钢筋的处理

由于设计方案中柱与梁交接处，有大量的大规格钢筋集中在柱子区域，故需要从以下两个方面加以考虑：

（1）在梁钢筋的绑扎时，要将梁主筋合理分布于柱竖向钢筋的间隔中，并要保证梁筋的布置间距,必要时在深入柱子时作打弯处理,如图 6-44 所示。切勿出现只顾梁筋的摆放,忽略了柱筋的合理布局,或者仅考虑梁的绑扎而随意将柱筋移动。

(2) 在柱钢筋绑扎时要考虑下层梁筋的布置,必要时要让柱筋为梁主筋留出空间,此时个别柱子钢筋可以两个绑扎一起或者间距稍微调小些,如图 6-45 所示。切勿出现绑柱子不考虑梁筋的绑扎,后续出现梁主筋外侧钢筋无保护层或保护层过大,或者梁筋间距很不均匀的情形。

图 6-44　梁钢筋打弯处理

图 6-45　柱钢筋间距调整

6.11.4　测量定位放线

1. 板浇筑前的斜柱定位

为了确保斜柱的准确位置,在板平模板施工过程中就开始了测量定位的工作。具体步骤如下:

(1) 利用全站仪从下层楼面已知点引测到施工楼层,如图 6-46 所示。

(2) 通过两个已知点对全站仪所在位置进行定位。

(3) 借助全站仪的极坐标原理,将斜柱四个方向与圆周截面相切的直线的交点作为坐标控制点进行放样,具体原理如图 6-47 所示。

图 6-46　坐标控制点的引测

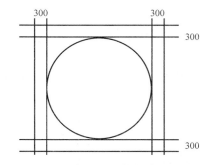

图 6-47　斜柱坐标控制线的设置

(4) 在现场施工过程中,坐标点的控制在板平钢筋施工前,对斜柱浇筑完的上口钢筋位置进行核查;在钢筋绑扎完成后浇筑混凝土之前,再一次引测斜柱的坐标控制点,如图 6-48 所示。

2. 板浇筑后的斜柱定位

在板平浇筑后,基本要重复一次板平浇筑前的测量工作。但是,为了便于施工和后续模板支设后的检查工作，还需要与四个坐标控制点距离 300mm 的控制线。300mm 线定位是根据斜柱四个角的切线交点平移而来的，如图 6-47 和图 6-49 所示。

图 6-48　绑扎完斜柱钢筋坐标控制

图 6-49　斜柱 30cm 控制线

3. 斜柱浇筑后的复测

斜柱浇筑后的复测指在斜柱浇筑完，混凝土拆完模板之后，为了再次确保施工质量进行的检查。检查的思路：利用斜柱倾角 4° 及斜柱之前测量定位的控制线，选取在垂直高度 3m 的位置处，对斜柱的外倾水平值进行复查，如图 6-50 所示。现场实际复测时使用垂直激光仪对斜柱的倾角进行校核，如图 6-51 所示。

6.11.5　模板工程

1. 板浇筑前的柱头模板施工

板浇筑前的柱头模板施工是指上一工序中斜柱留设施工缝开始与梁交接区域的柱身模板施工。所需材料为 18mm 厚、3～5cm 宽的胶合板、钢丝、钢条。施工时将 3～5cm 胶合板依次紧靠已浇筑完的斜柱柱身布置，上口与定位好的板底柱头部位相接，然后使用钢条将胶合板进行加固，间距为 150～200mm，最后使用铁丝进行再次加固处理，如图 6-52 所示。

当然，在此部位的施工过程中，要考虑柱头内混凝土等垃圾的清理，所以需要留设一个开口，在清理工作完全结束后，做最后的补充加固。

图 6-50　斜柱复测原理

2. 板浇筑后的钢模板施工

（1）施工用钢模板简介

圆柱钢模板是按照拟浇筑柱子的直径和高度制成的整块模块。由于拆模的需要，将柱模做成两个半圆模板。模板高度一般为 3.5m，倾角为 4°。

模板水平截面呈半圆状，模板面承受新浇筑混凝土的侧压力，由于模板是以刚度控制为主的构件，为减少模板厚度，沿柱模高度方向和环绕柱身一定间距

图 6-51　斜柱的倾角复测

设有钢板作为加强箍，以增加模板的垂直刚度。为使两半圆模板组合严密，在半圆模板开口拼接处，各设一道 100mm×100mm 型钢，用柏利夹具连接（图 6-52），固定平衡新浇筑混凝土侧压力产生的环向力。

（2）钢模施工工艺顺序

施工工艺是指在钢筋绑扎完成之后的钢模施工的顺序：清理柱基杂物→弹线定位→模板下口找平→柱模板吊装就位→用柏利夹具将柱模组合→校正柱模→搭设浇筑平台→调整钢筋间距及保护层厚度→浇筑混凝土→拆除脚手架→拆模→清理模板→养护混凝土。

（3）斜柱模板支设过程

① 柱模板就位。钢筋绑扎完后，首先在柱脚处摊铺护脚砂浆，在模板下口找平，然后将模板吊至柱钢筋一侧竖起，并对准定位轴线，将模板就位。

② 用柏利夹具将模板组合起来。操作异常简单，只需用一把榔头分别敲击销子的两端，通过销子的上下移动和与其吻合的垂直爪体上的斜齿相互作用，带动夹具夹紧或放松；由于两侧的爪头都采用了斜口设计，在夹具夹紧的同时，三维受力作用保证了整个夹具横向带齿条的锁具紧贴模板边框，在保证接缝紧密的同时，有效防止了模板接缝处的错台，如图 6-53 所示。

图 6-52　柱头模板施工

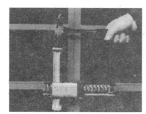

图 6-53　柏利夹具

③ 利用水平尺或线锤校正柱模的倾斜度，并用拉筋对柱模固定。每根柱子设 3~6 根拉筋，上端一般固定在柱模 2/3 处，下端固定在楼板上，拉筋与地面交角以 45°~60°为宜，拉筋的延长线最好通过圆柱模板的中心线。另外，在柱四周还要设置钢管支撑进行限位控制。具体施工如图 6-54 所示。

图 6-54　拉筋的设置及钢支撑加固

图 6-55　漏浆处理

④ 支设完成后的自检。在模板就位后，设置合适的拉筋和钢支撑加固后，应该按照设计要求对斜柱的倾斜度和垂直度进行调试和自检，达到要求即可通知监理验收。

⑤ 漏浆处理。为防止柱脚施工缝处漏浆而造成蜂窝麻面，在模板与板平混凝土间缝

隙处用水泥砂浆堵严实，如图 6-55 所示。

⑥ 钢筋保护层调整。为了确保浇筑混凝土前钢筋的间距和保护层的到位，必须在浇筑平台搭设完成后对柱子钢筋进行再次调整，以满足后续楼层的保护层要求。

3. 斜柱钢模板验收

斜柱的模板验收主要指模板倾斜度和垂直度的测设。模板验收使用传统线垂的控制办法，其方法及步骤如下：

（1）测设垂直度时，取直角三角形垂直高度 3m 作为直角边，推算出斜柱层间中心点在 3m 位置处位移 21cm。验收时，将验收三脚架布置在 30cm 线的外侧，上端位于模板的中间部位，使线垂对准 30cm 控制线从中轴线开始位移 21cm 的点上，即为合格，如图 6-56 所示。

图 6-56　模板验收图

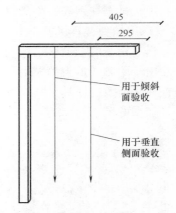

图 6-57　验收用的三脚架刻度设置

（2）测设倾斜面模板时，取直角三角形垂直高度 3m 作为直角三角形的一直角边，根据倾角 4°计算另一直角（水平直角）边尺寸，然后根据水平直角边尺寸控制柱模的倾斜度，如图 6-57 所示。已知模板拼缝处厚度 10.5cm，则在 30cm 控制线处 3m 高的位置验收刻度即为 21−10.5＋30＝40.5cm。

6.11.6　混凝土浇筑

1. 混凝土浇筑方案及注意事项

（1）斜柱应分层浇筑、分层振捣，每层厚度不大于 50cm，并将泵送布料管伸入柱中以降低布料高度，减少混凝土的离析，保证落料质量均匀，如图 6-58 所示。振捣棒不得触动钢筋和预埋件。除上面振捣外，下面要有人随时敲打模板。

（2）柱高在 3m 之内，可在柱顶直接下灰浇筑，超过 3m 时应采取措施，如安装斜溜槽分段浇筑。

（3）振捣时每个斜柱采用插入式振动棒，垂直插入，快插慢拔，逐渐移动，不得漏振。在振捣棒上设置标记，以便在分层浇捣时控制振动棒的插入深度。当第一层浇筑完毕后进行第二层浇捣时，可以通过标记来确定振捣棒应插入多深，尤其是夜间光线暗淡时作用更大。分层设标记的间距为 0.5m。

（4）柱子混凝土应一次浇筑完毕，如需留施工缝时应留在主梁下面。在与梁板整体浇筑时，应在柱浇筑完毕后停歇 1～1.5h，使其获得初步沉实，再继续浇筑。

（5）混凝土浇筑前，应先搭设浇筑用脚手架，注意脚手架应与模板分离，如图 6-59 所示。浇筑完后，应随时将伸出的搭接钢筋整理到位。

图 6-58　斜柱混凝土浇筑　　　　　　　　　图 6-59　浇筑平台搭设

（6）混凝土应保持连续泵送，必要时可降低泵送速度以维持连续性。如停泵超过 15min，应每隔 4～5min 开泵一次，正转和反转两个冲程，同时开动料斗搅拌器，防止斗中混凝土离析。

2. 拆模及养护

当斜柱混凝土强度达 10MPa 时，即浇筑后满 24h 后方可开始拆模。首先拆除拉筋，即拆除拉设的钢绞线，再拆除斜向支撑；然后拆开组合模板的柏利夹具，将模板从柱面拉开即可。

拆开的模板严禁摔撞，拆下的钢柱模应及时清理干净，将两半模拼好，上好夹具，竖向放置，严禁叠压横放。

拆模后，应及时对混凝土进行养护，养护应每隔两小时一次，连续养护 3d 以上。在上板平施工前，应对柱头进行凿毛处理。

6.11.7　结语

通过对斜向混凝土柱施工技术的研究，及实践活动和经验积累，成功解决了斜柱钢筋工程、斜柱测量定位、斜柱模板工程和混凝土浇筑的施工技术难题。为确保设计质量和满足在超高层建筑中的建筑型体变化、内部高大空间和结构转换的需要，提供了成套的、成熟的施工工艺，为后续类似工程项目中关键技术的实现提供了借鉴技术，节约了工期和成本，创造了一定的经济效益。

6.12　超长细比钢筋混凝土造型柱的施工技术

6.12.1　工程概况

Skycourts 项目由 6 栋塔楼和裙楼组成，裙楼四层，塔楼标准层共 22 层。六个塔楼屋顶均有柱子、梁，1.25m 阳台从 17 层生根的柱子有 7 根，间距为 8m；1.75m 阳台从 19 层生根的柱子有 5 根，间距为 4m；17 层板生根的柱子，柱顶标高为 121.50m，柱子根部板的标高

图 6-60　Skycourts 造型柱

为 102.7m。柱净高 121.50 － 102.7 ＝ 18.8m；标高从 102.7m 到 115.9m 的柱子截面尺寸为 1300mm×200mm，配筋为 18T12；标高从 115.9m 到 121.50m 的柱子截面尺寸为 1550mm×200mm，配筋为 22T12；下面小、上面大，长细比为 94。19 层板生根的柱子，柱顶标高为 124.05m，柱子根部板的标高为 109.3m。柱净高 124.05－109.3＝14.75m；标高从 109.3m 到 119.2m 的柱子截面尺寸为 1850mm×200mm，配筋为 26T12；标高从 119.2m 到 124.05m 的柱子截面尺寸为 2050mm×200mm，配筋为 28T12。下面小、上面大，长细比为 73.75（图 6-60）。

6.12.2　造型柱的计算

造型柱的计算包括造型柱的设计计算和稳定性验算，下面主要论述它在施工中的稳定性验算，根据此计算结果，可采取相应的加固措施保证其在施工中不被破坏。

6.12.2.1　不考虑风荷载的稳定性

1. 钢筋混凝土柱稳定系数表

按规范，钢筋混凝土轴心受压构件稳定系数见表 6-36。

钢筋混凝土轴心受压构件的稳定系数　　　　　　　　　表 6-36

l_0/b	≤8	10	12	14	16	18	20	22	24	26	28
l_0/d	≤7	8.5	10.5	12	14	15.5	17	19	21	22.5	24
l_0/i	≤28	35	42	48	55	62	69	76	83	90	97
φ	1.00	0.98	0.95	0.92	0.87	0.81	0.75	0.70	0.65	0.60	0.56
l_0/b	30	32	34	36	38	40	42	44	46	48	50
l_0/d	26	28	29.5	31	33	34.5	36.5	38	40	41.5	43
l_0/i	104	111	118	125	132	139	146	153	160	167	174
φ	0.52	0.48	0.44	0.40	0.36	0.32	0.29	0.26	0.23	0.21	0.19

注：表中 l_0 为构件的计算长度，对钢筋混凝土柱可按规范的规定取用；

　　b 为矩形截面的短边尺寸；d 为圆形截面的直径；i 为截面的最小回转半径。

2. 钢筋混凝土柱稳定系数表与长细比的关系

稳定性系数与长细比关系如图 6-61 所示。

3. 造型柱的长细比计算

$$l_0/d＝18800/200＝94$$

通过对稳定系数表，拟合曲线稳定系数公式，则 $\varphi＝0.035$。

4. 造型柱的稳定性验算

钢筋强度 $f_y＝460\text{MPa}$，标高从 102.7m 到 115.9m 的柱子截面尺寸为 1300mm×200mm、纵向配筋为 18T12，则纵向钢筋面积 $A_s＝18×3.14×6×6＝2034.72\text{mm}^2$，$f_yA_s＝935.97\text{kN}$；

柱子混凝土立方体强度为实测值 $f_{ca}＝40\text{MPa}$，轴心抗压强度实测值 $f_c＝0.8f_{ca}＝$

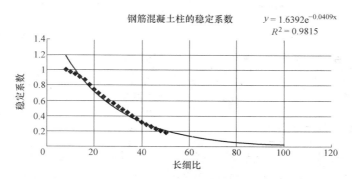

钢筋混凝土柱的稳定系数 $y=1.6392e^{-0.0409x}$ $R^2=0.9815$

图 6-61 钢筋混凝土柱的稳定系数与长细比之间的关系

32MPa。$A_c=1300\times200-2034.72=257965.28mm^2$，$f_cA_c=8254.89kN$

柱子自重为：

$$G=[1.3\times0.2\times(115.9-102.7)m^3+1.55\times0.2\times(121.5-115.9)m^3]\times25kN/m^3=129.2kN$$

在没有风荷载时，造型柱的轴压实际承载力

$$\sigma=0.9\times0.035\times(935.97+8254.89)=289.5kN$$

结论：不考虑风荷载的造型柱相对安全。

6.12.2.2 考虑风荷载的稳定性

风荷载标准值的计算：

$$w_k=\beta_zu_su_zw_0$$

式中 w_k——风荷载标准值值（kN/m^2）；

β_z——高度 z 处的风振系数；

u_s——风荷载体型系数；

u_z——风压高度变化系数；

w_0——基本风压（kN/m^2）。

基本风压 w_0 取为 $0.3kN/m^2$；本项目处于沙漠地区，起伏高度在 5m 以内，风压高度变化系数 u_z 取为 1.17；由于 Skycourts 项目高宽比大于 4，属于 Y 形状高层建筑，风荷载体型系数 u_s 取为 1.4。

高度 z 处的风振系数计算公式为 $\beta_z=1+\dfrac{\xi\upsilon\varphi_z}{u_z}$，Skycourts 项目的自振周期按照《高层建筑混凝土结构技术规程》（JGJ 3—2002）规定，可以得出自振周期 $T_1=0.08n=2.08s$，n 为建筑总高度 $w_0T_1^2$ 为 1.3，则脉动增大系数 $\xi=1.47$；高宽比 $H/B=4$，脉动影响系数 $\upsilon=0.5$，风压高度变化系数 u_z 取为 1.17，振型系数 $\varphi_z=[(102.7+121.5)/2]/121.5=0.923$，所以 $\beta_z=1+\dfrac{\xi\upsilon\varphi_z}{u_z}=1.58$。

则造型柱的高度为 112.1m 处的风荷载标准值 $w_k=\beta_zu_su_zw_0=1.58\times1.4\times1.17\times0.3=0.776kN/m^2$。

则风荷载合力 $F=0.776\times[1.3\times(115.9-102.7)+1.55\times(121.5-115.9)]=20kN$，

则风荷载对造型柱根部产生的弯矩 $M=20kN\times[(102.7+121.5)/2-102.7]m=188kN\cdot m$

考虑风荷载，则风荷载对造型柱根部产生的实际弯矩 $M=20\text{kN}\times[(102.7+121.5)/2-102.7]\text{m}=188\text{kN}\cdot\text{m}$

而造型柱本身能够抵抗的弯矩：

$$M_{抵}=f_yA_sh_0=460\text{N/mm}^2\times9\times3.14\times6\times6\times(200-60)\text{mm}^2=65.5\text{kN}\cdot\text{m}$$

$\ll$风载实际弯矩 $M=188\text{kN}\cdot\text{m}$，不安全，因此需要对柱子进行加固。

6.12.3 采取加固措施

造型柱分层浇筑，拆除模板后，要逐层加固；利用柱子模板支撑体系使用钢管抱住造型柱，利用木楔楔紧，直径 1300mm 尺寸面不少于 4 个木楔（图 6-62）。等完成屋面梁混凝土，强度达到 30MPa 后才可以拆除柱子加固支撑体系。

同理，对 19 层生根的柱子采用一样的加固措施。

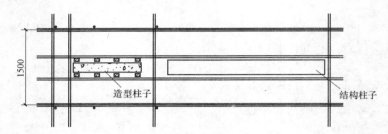

图 6-62　造型柱加固示意图

6.12.4 造型柱的施工技术

造型柱的浇筑工艺不在这里赘述，主要论述一下造型柱的施工顺序和脚手架的搭设要求。根据计算的结果造型柱需要逐层施工，在同层的柱子及核心筒钢筋绑扎完毕后，应该先浇筑该层的与造型柱相对应的柱子及核心筒，然后施工相应的造型柱。造型柱需要逐层加固，因此，在浇筑完毕造型柱后应该及时加固，与相应的柱子连为一个整体，不应该与脚手架体系连接在一起，以免楼板浇筑完毕后拆除脚手架的同时，也拆除了造型柱的加固。

6.12.4.1 造型柱的施工顺序

以 skycourts 为例，造型柱的施工是在同层楼板的相应的柱子施工完毕后进行施工。以 17 层造型柱为例，在 17 层楼板浇筑完毕后，应该先绑扎与造型柱毗邻的柱子的钢筋，然后对其进行浇筑，浇筑完毕后方可绑扎相应的构造柱的钢筋，绑扎时脚手架的搭设应该与毗邻柱子固定在一起，钢筋绑扎完毕后方可对相应的构造柱进行支模并浇筑。拆模后应及时加固相应的构造柱与其毗邻的柱子在一起，底部与顶部各加固一道，加固完毕后方可施工下一道工序。

6.12.4.2 脚手架的搭设

1. 脚手架的搭设方式

搭设作业顺序：对于 17 层生根的柱子，先在 15 层和 16 层搭设回撑架；对于 19 层生根的柱子，先在 17 层和 18 层搭设回撑架→分别在 17 层和 19 层放置纵向扫地杆→自角部依次向两边逐根立起第一根立杆并与扫地杆固定，立起 3~4 根立杆后，装设第一步大横杆并与立杆固定→安装第一步小横杆与立杆固定→校正立杆的垂直和水平杆的水平，使其符合要求后，按 40～60N·m 力矩拧紧扣件螺栓，形成构架的起始段；如果是碗扣架，主要围绕柱子搭设→按上述要求依次向前延伸搭设，直至第一步交圈，交圈后再全面检查一遍构架质量和楼板情况，严格确保设计要求和构架质量→每隔六步设置临时抛撑杆（抛向室内），上端与第二步大横杆扣紧（脚手架在遇到框架柱子时要进行拉结，以保证稳定性)→按第一步作业程序和要求搭设第二步、第三步，随进程柱子拉结、立杆、剪刀撑→装设作业层的小横杆、铺设脚手板和栏杆、挡脚板、拉设立网防护。立杆应按接头错开的要求，采用长度不同的钢管（图 6-63）。

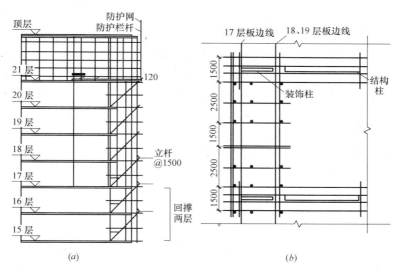

图 6-63　造型柱操作架
（a）立面；（b）平面

2. 脚手架的搭设要求

（1）立杆。立杆纵距 1500mm，步距 1500mm，搭设高度根据情况进行搭设。立杆与水平杆、斜压杆、斜拉杆相交部位，采用扣件拉结；若采用碗扣架搭设则需要符合 600mm 模数进行搭设。

（2）斜撑杆。考虑到此脚手架搭设比较高，增加一下斜撑杆，根部生在已经浇筑的楼板上，并采用短钢管围箍混凝土柱子和采用直立杆在楼板上下撑紧来保证稳定性。

（3）剪刀撑与横向斜撑。剪刀撑应在外侧立面整个高度和长度上连续设置。每道剪刀撑跨越立杆的根数最多不得超过 7 根；每道剪刀撑的宽度不应小于 4 跨。斜杆与水平面的倾角约为 45°。剪刀撑斜杆的接长采用搭接接长，接长长度为 1.0m，应采用两个旋转扣件固定。扣件盖板的边缘至杆端距离为 150mm。采用碗扣架也可以使用剪刀撑，剪刀撑斜杆应用旋转扣件固定在与之相交的横向水平杆的伸出端上或立杆上，旋转扣件中心线至主节点的距离不宜大于 150mm。横向斜撑应设置在拐角处，中间每隔六跨设置一道，横向斜撑应在同一节上，由底部至顶层呈"之"字形连续布置。

（4）柱子模板支撑。支撑体系生根于搭设的脚手架处，围绕柱子处要适当加密。

（5）脚手板。为便于支架及模板施工，在脚手架上铺一些脚手板。脚手板采用对接平铺，在对接处，与其下两侧支撑横杆的距离应控制在 300mm 以内，脚手板外伸长度为

130～150mm。脚手架的两端和拐角处，脚手板与支承横杆绑扎固定，铺稳铺牢，板头应压牢。

（6）安全网。在脚手架外侧最好满挂密目网。

6.12.5 质量要求

（1）斜撑杆根部生在已经浇筑的楼板上，并采用短钢管围箍混凝土柱子和采用直立杆在楼板上下撑紧来保证稳定性。

（2）横杆与立杆连接方式为双扣件，取扣件抗滑承载力系数 0.80。

（3）为增加脚手架搭设稳定性，脚手架要与柱子拉接。

（4）脚手架搭设的质量要求：①立杆垂直度允许偏差，+50mm；②步距允许偏差，+20mm；③纵距允许偏差，+50mm；④横距允许偏差，+20mm；⑤大横杆高差，一根横杆两端偏差+20mm；⑥同跨内外大横杆高差，+10mm。

6.12.6 小结

以 skycourts 为例，介绍了大长细比的构造柱在施工过程中应注意的事项，阐述了非常规构造柱在施工前应进行稳定验算，采取相应的加固措施，以及施工的先后顺序等，总结了非常规构造柱在施工中的特点，为以后的施工提供了宝贵的经验。

6.13 城市之光超高层建筑预应力施工技术

6.13.1 城市之光（CITY OF LIGHTS）项目简介

城市之光（CITY OF LIGHTS）项目位于阿联酋首都阿布扎比的 AL REEM IS-LAND。中建中东公司所建的项目是 CITY OF LIGHTS 项目其中的 C2、C3、C10、C10a 和 C11。四栋住宅和一栋办公楼，均在 30 层以上，每一层基本都在大柱网或大跨度处采用后张法预应力施工设计。

6.13.2 预应力施工原理

现代预应力技术的创始人——法国的 E. Freyssinet，是他成功地发明了可靠而又经济的张拉锚固工艺技术，从而推动了预应力材料、设备及工艺技术的发展。现代预应力主要分为先张法预应力混凝土工程和后张法预应力混凝土工程。CITY OF LIGHTS 项目全部采用后张法预应力混凝土施工。

预应力混凝土结构，是在结构构件受外力荷载作用前，先人为地对它施加压力，由此产生的预应力状态用以减小或抵消外荷载所引起的拉应力，即借助于混凝土较高的抗压强度来弥补其抗拉强度的不足，达到推迟受拉区混凝土开裂的目的。同时由于预应力的偏心作用而使构件产生反拱，可以抵消或者减小在其他荷载作用下构件产生的变形。另外，阿联酋当地的混凝土强度等级一般都比较高，加上高强度的预应力钢绞线，使得施加的预应力增大，减小了由于混凝土徐变引起的预应力损失，高强度材料共同作用，从而提高了施工的效率。

186

6.13.3　预应力施工技术

6.13.3.1　主要施工材料及机具

1. 钢绞线

常见的钢绞线是由 7 根圆形截面的钢丝，以 1 根钢丝为中心，其余 6 根钢丝围绕着进行螺旋状绞合而成。常用的规格有直径为 9.0mm（7ϕ3）、12.0mm（7ϕ4）、15.0mm（7ϕ5）3 种，如图 6-64 所示。钢绞线必须放在模板的支撑体系上，注意分散，避免荷载集中。

2. 孔道成型材料

本项目全部采用金属波纹管，如图 6-65 所示。

图 6-64　钢绞线

图 6-65　金属波纹管

3. 锚固体系

本工程现场施工中张拉端采用扁形锚具，固定端采用 H 形压花锚具（图 6-66、图 6-67）。

（1）张拉端锚具由夹片、锚板、锚垫板以及螺旋筋四部分组成，如图 6-66 所示。

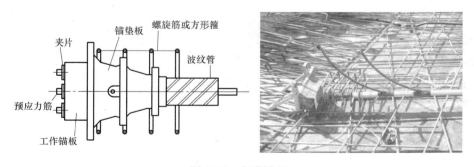

图 6-66　扁形锚具

（2）固定端 H 形压花锚具，包括梨形自锚头的一段钢绞线、与连接锚头的钢筋支架、螺旋筋、端部封堵的干硬性水泥浆体等。

4. 连接器

连接器包括挤压头、连接体、保护罩、锚垫板、螺旋筋（或方箍）、约束圈等，如图 6-68 所示。

5. 其他材料

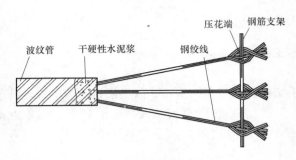

图 6-67　固定端 H 形压花锚具

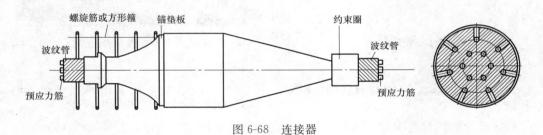

图 6-68　连接器

除以上所需准备的材料外，还需要准备如张拉垫块、黄油布、管子胶带、灌浆管、灌浆用材料（水、水泥、外加剂）等。

6. 主要施工机具

包括砂轮切割机、张拉设备、灌浆泵、灰浆搅拌机、压花机等机具设备。

6.13.3.2　施工重点

1. 金属波纹管铺设及预应力筋穿束

绑扎构件的普通钢筋时，可同时进行金属波纹管的埋设。将金属波纹管按设计的曲线定位在非预应力钢筋笼中，根据矢高沿构件方向每隔约 0.8m（可适当调整，保证设计曲线为宜）设置相应的马凳钢筋，在马凳处用铁丝把波纹管与马凳钢筋绑紧，使波纹管形成曲线，如图 6-69、图 6-70 所示。

金属波纹管埋设完成后，根据施工图检查每束内钢绞线的直径和根数，根据实际情况采用逐根穿束或集束穿束的方式将预应力钢绞线置入导管内。预应力筋铺设完成后还需进行灌浆管的埋设。

2. 端部预埋安装

（1）固定端端部预埋安装

图 6-69　金属波纹管定位

图 6-70　波纹管与马凳绑扎

固定端采用 H 形压花锚，把固定端的每股钢绞线端部打散，将固定端用马凳支撑到正确位置并固定。根据施工图放置马凳以支撑钢绞线股，检查表面保护层厚度是否满足要求。用铁钉把马凳固定在模板上，如图 6-71 所示。

（2）张拉端端部预埋安装

张拉端采用内凹式做法，采用聚乙烯泡沫块形成凹口，必须保持张拉作用线与承压锚垫板保持垂直。若张拉木盒需要固定在混凝土表面，应在合适的高度将其固定，如图6-72所示。

图 6-71　固定端安装

图 6-72　张拉端木盒预埋

张拉端可以根据现场施工放置在不同位置，如图 6-73、图 6-74 所示。后浇带的侧板上标出所需槽的高度和锚杆预留洞口，以利于木工切割打眼。锚件和凹槽状模板放在后浇带的侧板上。

图 6-73　张拉端在板上面

图 6-74　张拉端在板侧

3. 预应力筋张拉

待所有材料安装到位后，可进行浇筑混凝土程序，待混凝土强度达到设计要求后可进行张拉。预应力张拉主要分两个阶段，即初始张拉和最终张拉：

（1）初始张拉

清除木盒，把香蕉状张拉垫块或套筒放在每根钢绞线上，确保其正确安装。张拉顺序，先横向后纵向，对称同步张拉。一个固定端内放两个楔子以固定钢绞线。检查钢绞线的长度是否和图纸要求一致。初始张拉到初始张拉荷载。张拉前应剔除泡沫板，安装夹具，并在钢绞线的指定位置喷涂涂料，如图 6-75 所示。

在放松张拉压力之前需要将楔子敲击到位或者用自动敲击工具敲击，以保证弹簧位置准确。张拉完毕后确保楔子位置正确。

图 6-75　剔除泡沫，安装夹具

（2）最终张拉

首先确保混凝土强度是否达到要求。检查施工图中要求的张拉顺序。要求对称张拉，要使用千斤顶，全部荷载张拉钢绞线。放松应力之前敲击楔子或者用自动敲击工具敲击。所有钢绞线张拉完毕之后，测量从楔子到初始张拉喷涂涂料的标记点的距离并记录，数值精确到 1mm，如图 6-76 所示。

图 6-76　最终张拉完毕

（3）张拉时间控制

预应力钢筋张拉时间控制的关键因素是混凝土强度，参照 Post-Tension 板图纸，第一次张拉时间大约为混凝土浇筑 24h 后，混凝土强度必须为 10MPa；第二次张拉时间大约为混凝土浇筑 72h 后，混凝土强度为 30MPa。每一次张拉均应严格按照试块压力试验结果执行。

4. 孔道灌浆

（1）灌浆料配比

灌浆料配比要求：灌浆水泥需要加外加剂，外加剂的名称为 Cebex Cable Grout（Fosroc）。

配合比为：Cebex Cable Grout∶Cement∶water＝12kg∶　200kg∶64 升～84 升。

（2）灌浆工艺

水泥浆要严格按配合比配料，搅拌时间应保证水泥浆混合均匀，一般需 2～3min，如图 6-77 所示。灌浆料的温度宜控制在 18℃～28℃ 之内，如图 6-78 所示。灌浆前需要制作试块，以备检查灌浆的效果，如图 6-79 所示。灌浆过程中，水泥浆搅拌应不间断，水泥浆用筛网过滤，以免灌浆时堵管（图 6-80、图 6-81）。

图 6-77　水泥浆搅拌

图 6-78　搅拌后温度测试

图 6-79　灌浆前制作试块

图 6-80　灌浆口

图 6-81　出浆口

5. 端部封锚

（1）张拉端多余预应力筋切除

张拉、灌浆完成后，用砂轮切割机切掉张拉端多余的预应力筋（图6-82）。在截断钢绞线前，检查下列内容：所有钢绞线都已张拉至设计荷载，记录张拉变形值；收到允许截断绞线的书面文件。

图6-82　张拉后预应力筋切除

（2）密封凹槽。

用3份砂、1份水泥、1份水的比例配置干砂浆，标准为手握成团，松开分散。干砂浆搅拌完成后，在外露的锚固装置和钢绞线周围凹槽处，先手工填充干砂浆，填实凹槽后，用木方捣实压紧密封。

6.13.4　施工中质量安全问题

6.13.4.1　施工中质量问题处理措施

1. 质量问题

（1）预应力筋张拉过程中出现断裂或滑脱。如若发生，其数量应不超过同一截面上预应力筋总根数的3‰，且每束钢丝不超过一根。

（2）张拉过程中出现塌孔或张拉后发现构件张拉端部出现有害裂缝（图6-83）。

图6-83　C10号楼Level 4楼板预应力构件
张拉端破裂

（3）灌浆过程中，容易发生孔道阻塞、串孔或中断灌浆。

2. 发生的原因

（1）滑丝。一般是锚板椎板锥孔与夹片之间有夹杂物，钢绞线上有油污，锚下垫板喇叭口内有混凝土和其他物质，锚具偏离锚下垫板止口，限位板限位的尺寸不合适。

（2）混凝土浇筑时强度不够。可能是振动不均匀密实，缓凝剂过多；预应力设计时两个张拉口距离太近，竖向钢筋被切断，以致混凝土抗拉力不够。

（3）灌浆排气管（孔）与预应力筋孔道不通，或孔径太小。预应力筋孔道内有混凝土残渣或杂物，水泥浆内有硬块或杂物，水泥浆流动度太小。

3. 解决措施

（1）采用单根前卡式千斤顶和退锚器，将退锚器支撑在锚具上，用单根千斤顶张拉滑丝钢绞线，直至将滑丝夹片取出，换上新夹片，张拉至设计应力即可。如遇严重滑丝，则应将锚具上的所有钢绞线全部卸载，找出原因并解决，再重新张拉。

（2）步骤：清理混凝土表面，剔除破裂的混凝土，使其能够安上张拉工具，对其进行卸载（图 6-84）；卸载完成后，继续清理，把张拉口的混凝土凿穿，然后再重新绑扎螺旋钢筋和附加钢筋；浇筑高强度混凝土（SIKA114），浇筑前须涂刷高强度胶，使其浇筑完后粘结更加紧密（图 6-85）；浇筑完成后等待混凝土强度报告，达到强度后再次进行初张拉和终张拉。

图 6-84　卸载预应力

图 6-85　钢筋重新绑扎，涂刷高强度胶

（3）及时冲洗孔道或采取其他措施重新灌浆。

4. 预防措施

（1）安装时清理夹片与锚板锥孔的粘附泥浆或其他杂物；对表面有锈的钢绞线，张拉前应彻底除锈；锚具安装到位后，应及时张拉，防止其时间隔太久而产生锈蚀；限位板应根据钢绞线的实际外径来选择；切割多余钢绞线，必须在距锚具 50mm 以外的位置使用切割器，并采取保护措施，使锚具附件的温度不超过 150℃，防止夹片受热退火而滑丝。

（2）混凝土浇筑过程中，对两个张拉口较近的区域，需特别留意，振捣密实。钢筋绑扎过程中，此区域的钢筋尽量不要切断，张拉口处多加几根加筋。

（3）灌浆前先打通灌浆孔，用清水清洗孔道，直到张拉端部出水较大，各处均畅通时，方可安排灌浆。灌浆过程中，水泥浆搅拌应不间断，水泥浆用筛网过滤，以免灌浆时堵管。

6.13.4.2　施工中安全问题应对措施

预应力施工操作人员在用电及机械使用时除应遵守阿联酋本地的有关安全规定外，尚应遵循以下安全措施：

1. 预应力筋下料及吊运安全措施

用砂轮切割机切割预应力筋及波纹管时，作业人员应配戴防护眼镜；预应力施工在制作安装前需要将事先准备好的材料（镀锌管架子，马凳架子，钢绞线）吊运到施工现场，在此过程中存在一些重大安全隐患，需要运用安全技术措施来控制事故发生。将镀锌管架子两头用活动的安全网系牢，且用两根钢管将中间的镀锌管压实，防止架子在空中碰撞或大风情况下较短的镀锌管从空中落下，马凳箱同样采用安全网封好，且用绳索系牢，防止出现高空落物的情况，当吊运钢绞线时，将较长的钢绞线盘成圈吊运，且要检查好钢绞线数量，防止一次性吊运超载而发生事故。

2. 预应力筋张拉安全措施

高层预应力施工多存在高空临边张拉等特点，再加上预应力张拉本来就存在极大的危险性，我们更应该采取安全技术措施来进行预防。

首先，在张拉之前要检查好千斤顶和液压油泵是否清理干净，检查好锚具的质量，楔子是否装牢固，钢绞线是否有磨损，如果达到一定的磨损值将停止张拉。由于张拉固定端受的力比较大，容易发生固定端混凝土迸裂的情况，我们在固定端加一个弹簧固定，且加两根Φ16的钢筋，保证张拉的安全性。在张拉的同时，我们设置一个危险区域，外面有写着 STRESSING IN PROGRESS KEEP OUT（张拉过程中禁止靠近）的警示牌，张拉中，危险区域不容许任何人（包括操作人员）进入，千斤顶用安全带套好，挂在防护栏杆上，防止将钢绞线拉断而弹出去伤人。施工人员在张拉与测量时应在千斤顶两侧操作，严禁在千斤顶后操作与站立（图 6-86），两头张拉需要联络好信号。在张拉前必须给操作人员留出 1m 的安全操作平台，且有防护栏杆，如图 6-87 所示。

图 6-86　张拉中远离千斤顶

图 6-87　安全操作平台

3. 预应力灌浆及切割安全措施

灌浆是在加压的情况下将浆注入镀锌管里面，操作人员必须戴好护目镜和口罩，灌浆的机械接口应拧紧到位，不得在孔道口喷射方向观察出浆情况，以免灼伤眼睛和吸入粉尘颗粒。

预应力施工在张拉结束以后需要对多余的钢绞线切除，并封堵预埋的盒子，由于当地气温高和多临边的特点，应该采取措施加以预防。切割人员必须佩带好防护镜、安全带，在切割方向放置好一块挡板，由于当地气温高，在切完以后必须浇水润湿，以免发生火灾，如图 6-88 所示。

6.13.5　结语

有粘结预应力混凝土能够有效提高结构性能，增强构件抗裂能力，减轻结构重量并最终降低结构造价。由于本工程采用了有粘结预应力技术，取得了较好的经济效益。

图 6-88　钢绞线切割

（1）增加了建筑平面使用的灵活性和使用面积。本工程的轴网间距达到了 9～10m，大跨度带来了大空间，可以更合理地安排建筑物的使用功能。

（2）有粘结预应力板结构没有梁等水平承重构件，可以有效降低层高。

（3）节约建筑材料且不增加工期。与普通混凝土结构相比，有粘结预应力施工技术可以有效节约建筑材料（包括钢筋、混凝土、模板等），同时因建筑材料使用量的减少及预应力施工时不会占用主工期，有粘结预应力施工技术不会增加施工工期。

6.14　中外高层项目现浇 PT 楼板施工技术的比较分析及应用

6.14.1　工程概况

阿联酋某一超大高层建筑群项目（图 6-89）占地面积 4 万 m²，建筑总面积 41.6 万

图 6-89　天阁项目效果图

m²，为 1 层地下室，1 层首层，3 层裙房以及 21 层标准层。本工程由地上六栋高层商务楼、公寓及地下车库组成。地下一层至裙楼三层连为一整体。地上塔楼部分主楼 21 层，建筑总高度 100m 左右。本工程采用全现浇钢筋框架—核心筒混凝土结构，柱距（跨度）主要为 8.0m×8.0m。平面尺寸不规则，最长距离 346m，最短距离 290m，最宽 160m，最窄96m。由于国标（GB）和英标（BS）内容的差异，项目施工开始至今存在后张预应力现浇板的施工疑难争论问题，争论的焦点主要体现在 PT 板的拆模时间控制问题及灌浆配合比问题。技术部经与 QA/QC 部和工程部研讨得出一些共识，现在整合成文给大家共享。

6.14.2　预应力板拆模控制时间

对于后张预应力板的施工工艺问题不是本文阐述的重点，下面主要就拆模控制时间问题进行说明。后张预应力板模板拆除时间主要受混凝土强度、结构受力、时间、施工是否方便等因素的影响。但由于英国施工规范（BS）与中国施工规范（GB）的差异，对项目

后的张预应力板模板实际拆除时间是不同的。有人说由于属于国际项目,应当按照英国规范规定进行拆除后张预应力板模板,但一些项目的后张预应力板模板按照英国规范实际拆除经验来看,出现了一些问题。这说明英国施工规范的不完善,地区使用有局限性。所以我们进行国标(GB)和英标(BS)关于后张预应力板模板施工规定内容进行比较,取安全系数大者作为施工依据。同时,英标规范里有后张预应力板的回撑施工内容,本文也对回撑进行了计算和交底。这样就避免了争议,解决了施工难题,也保证了质量。

1. 英标(BS)混凝土规范拆模内容规定

(1)在后张拉开始之前,为了确保混凝土强度,除7d及28d试块外,还要备出充足的试块。在不知道混凝土强度之前不可以进行后张拉工作。

(2)拆除板或梁的侧模及底模,养护同时给予足够的回撑。回撑不得拆除,直到上两层板浇筑完毕。当混凝土表面平均温度为7℃和16℃时,模板保留最短时间见表6-37。在7℃时,应对底模增加养护次数,在每天中有半天都在2～7℃时应对底模增加支撑。当温度小于2℃时,天数不予计量。

模板保留最短时间 表6-37

模板类型	普通硅酸盐水泥		快硬硅酸盐水泥	
	混凝土表面平均温度			
	7℃	16℃	7℃	16℃
柱、墙及梁的竖向模板	18h	12h	12h	9h
板底模	6d	4d	5d	3d
板支撑	15d	11d	11d	8d
梁底模	14d	9d	11d	6d
梁支撑	21d	15d	16d	11d

2. 国标(GB)混凝土规范拆模内容规定

(1)不承重的模板(如柱、墙),其混凝土强度应在其表面及棱角不致因拆模而受损害时,方可拆除。

(2)承重模板应在混凝土强度达到表6-38所规定强度时拆模。

拆模时混凝土的强度 表6-38

构件名称	构件跨度(m)	达到设计强度百分率(%)
板	L≤2	≥50
	2<L≤8	≥75
	L>8	≥100
梁	L≤8	≥75
	L>8	≥100
悬臂构件	—	≥100

3. 拆模时间的确定

通过以上GB和BS两种规范的比较,我们取安全系数大者。

(1)《混凝土结构工程施工质量验收规范》(GB 50204—2002)规定,板和梁的混凝土强度要大于设计强度的 75％，才可以拆除模板和脚手架；悬挑构件的混凝土强度要大于设计强度的 100％，才可以拆除模板和脚手架。

（2）按照项目混凝土英标规范（VOLUME Ⅳ's SECTION 033000——CAST-IN-PLACE-CONCRETE）规定，对于普通混凝土，表面温度平均为 16°时，板底模板拆除并回撑时间为 4d，拆除回撑时间为 11d；梁底模板拆除并回撑时间为 9d，拆除回撑时间为 15d。

（3）拆除板底回撑时间的另外一个依据，就是上面必须有两层楼板浇筑完毕，才可以拆除这一层。也就是说浇筑的楼板须有一层满堂碗扣架，两层回撑架来支撑，多余的回撑架就可以拆除。

（4）因为模板的拆除引起应力重分布，所以模板的拆除必须在最终张拉完成之后才可以拆除并进行回撑。

4. 回撑图纸

由于后张预应力板拆模过程中的内部应力重分布，要求施工过程中边拆除模板边进行回撑。回撑脚手架单元是由 2 根 50mm×100mm 木方及 4 根调节杆、脚手架按 4m×4m 间距支撑（图 6-90、图 6-91）。在边拆

图 6-90　回撑（回撑单元间距
不大于 4m）

除边回撑过程中，下层结构的柱子和梁都有承载能力，可以当作支撑构件。

5. 后浇带施工

后浇带的浇筑应该在后张拉预应力板达到强度的三个星期后进行，在这段时间里，所附计划中的填充区域应用满堂脚手架继续进行支撑，在后浇带浇筑完两周之后模板才可以拆除，在临时吊车区域下的楼板也应该用满堂脚手架进行支撑。

后浇带处拆模，在楼板最终张拉结束后 3 周浇筑后浇带，后浇带区域满跨支撑，后浇带浇筑 2 周后方可拆除此区域内的脚手架及模板，也就是楼板最终张拉结束后 5 周后可拆除此区域内的脚手架及模板。在塔吊临时开洞位置需要充分的支撑，同时满足施工时的回撑要求。

6.14.3　灌浆处理措施

（1）关于灌浆时间问题

当最终张拉完毕后，即可灌浆。但不迟于 3 周。及时灌浆，有 3 个理由：

① 填满预应力钢绞线与孔道间的空隙，让预应力钢绞线与混凝土牢固地粘结为一整体。

② 保护预应力钢绞线，以免锈蚀，增加结构的耐久性，减轻锚端张拉部位的负荷状况。

③ 预应力钢绞线与构件混凝土有效的粘结，可以控制超载时裂缝的间距和宽度，提高结构的抗裂性和承载能力。

（2）灌浆的配比确定

混凝土后张预应力图纸的结构设计说明里对灌浆的水灰比进行了说明。而在当地供应

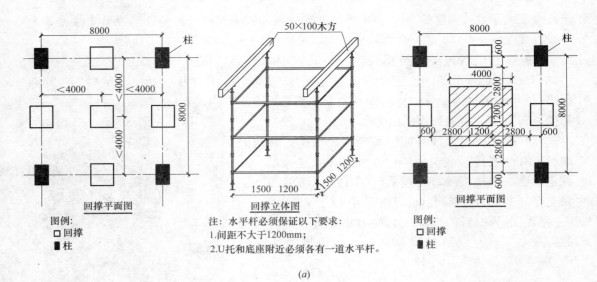

(a)

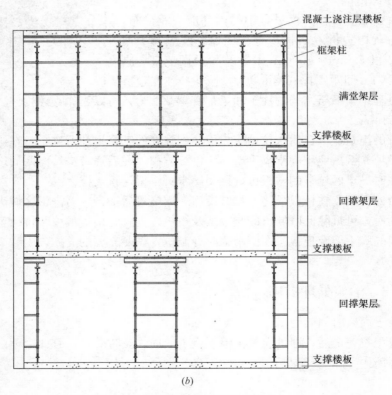

(b)

图 6-91　回撑架的平面图和立体图

商灌浆材料的技术说明里也有水灰比参数解释，经过论证和一些试验数据，确定本项目的灌浆配合比。灌浆水泥加外加剂，外加剂的名称为 Cebex Cable Grout（Fosroc），配合比：外加剂：水泥：水＝12kg：200kg：（64～84）L。

（3）灌浆工艺关键点

① 用水湿润灌浆管及搅拌机具；

② 制作灌浆时循环水要流动 2min，缓缓加入水泥，一次加 1 包，直到搅拌均匀；

③ 当 200kg 水泥被搅拌均匀后再加外加剂，搅拌不停止；

④ 在灌浆口的末端放置小桶以收集溢出的砂浆；

⑤ 把压力泵和灌浆口连接灌浆，当有 1 桶水泥砂浆从灌浆口另一端流出时，将灌浆管弯起并用绑扎钢丝扎死，直至所有导管内灌浆完成；

⑥ 灌浆完成后第 2 天，所有的管子和管内的混凝土被切除并放至指定垃圾区域；

⑦ 灌浆压力 0.5～0.6MPa 为宜，同时也要根据实际情况进行检查，进行调节（图 6-92）；

⑧ 灌浆料的温度，控制在 18℃～28℃ 之内。

图 6-92　压力灌浆

6.14.4　总结

通过对项目后张预应力楼板施工的反复讨论和实践，得出后张预应力楼板施工的几个关键点：

（1）钢绞线张拉时间。当板混凝土强度达到 10MPa，进行第 1 次张拉，大概是 24h 后；当板混凝土强度达到 30MPa，进行第 2 次张拉，大概是 72h 后。

（2）张拉顺序，先横向后纵向，对称同步张拉。

（3）灌浆的配合比确定原则应当按照供应商的技术参数和试验数据为基础。

（4）灌浆时间。当最终张拉完毕后，即可灌浆，不要迟于混凝土浇筑完毕后 3 周。

（5）拆模时间。通过 GB 和 BS 两种规范的比较，取其养护时间长者，以确保结构安全性。因为模板的拆除引起应力重分布，所以模板的拆除必须在最终张拉完成之后才可以拆除并进行回撑。拆除预应力板底回撑时间的另外一个依据就是上面必须有两层楼板浇筑完毕，才可以拆除这一层。也就是说浇筑的楼板须有一层满堂碗扣架，两层回撑架来支撑，多余的回撑架就可以拆除。

（6）回撑时间。本项目按照两层回撑，即"当上面有两层板浇筑完毕，该层方可拆模"确定。

第7章 支撑工程篇

7.1 建筑施工模板应用技术简析

7.1.1 前言

建筑施工模板技术是一门综合性应用技术。它是通过模板技术的综合应用，满足建筑施工工期、成本、质量的要求。

在建筑施工中所指的模板，本质上是一种工具，是用以容纳混凝土以形成建筑师设计造型的工具。但模板这种工具同施工中所使用的其他诸如钳子、挖掘机、塔吊、汽车等工具具有显著的区别，那就是那些工具是定形的，功能是特定的，易于使用的；而模板这种工具则具有明显的复杂性，它的形态是复杂多样的，形成的结果是千变万化的，对使用者而言，由于要考虑的因素涉及面广泛而不能简单对待。因此，又不能简单地把它当成一种工具，而是把它当成一门技术来认真研究而合理应用。

例如，有一栋高层建筑，有地下室，有标准层，有设备层，当设计模板方案时就要考虑顶板、墙体、柱分别采用何种模板体系，为什么采用该体系，地下室与标准层的模板又该如何综合使用，当标准层与设备层变化时该体系是否满足，该模板体系由谁提供，租赁还是购买，流水段如何划分才能既保证工期又节约施工成本，该模板体系是否是安全的，该模板体系操作上是否方便，模板体系的成本是多少，模板体系是否能够满足质量的要求。要解决上述的一系列的基本问题，就需要对模板技术有足够的了解。

7.1.2 模板体系的选用

模板体系种类很多，要有所选择地使用，模板体系分类见表7-1。

模板体系分类表 表7-1

序号	模板划分方式	分类		
1	按模板使用部位划分	水平体系	梁板模板等	
			平台模板等	
		竖向体系	墙柱模板等	
			桥墩模板等	
		其他	电梯井筒模板，门窗洞口模板，楼梯模板等	
2	按模板体系材料划分	钢制模板、竹木模板、铝合金模板及塑料、玻璃钢模板、钢木组合模板等		
3	按模板体系应用类别划分	普通商住建筑模板、桥梁模板、大坝模板等		
4	按传动提升系统划分	爬升模板、滑升模板等		
5	按模板体系使用期限划分	临时性模板体系、永久性模板体系		

续表

序号	模板划分方式		分　　类
6	按模板体系材料划分	竹木模板	价格相对低,易现场成型,重量轻,但周转次数低
		钢制模板	价格较高,现场不易成型,重量较重,但周转次数较高
		铝合金模板	价格最高,现场不易成型,但重量轻,周转次数较高

不同体系的模板具有各自的特点,因此要根据其特点,并根据具体的工程实际,来合理地选择适当的模板体系。

在实际使用时,要综合考虑工程组织情况,工程进度计划,工程质量要求,劳动力技术、组织水平,工程具体的结构情况,工程机械配置情况,市场供应情况,模板体系价格,资源调配情况等因素,而对工程整体的模板体系选用作出恰当的统筹规划,并组织实施。

7.1.3　模板体系的安全性

模板体系作为一种支撑系统,由于要承受混凝土在从流动性转变为固定状态的过程中对模板的作用力,因此要求具有足够的强度、刚度和稳定性。

模板的强度、刚度和稳定性的计算,这就要把模板体系作为一种结构系统,把混凝土对模板的作用力作为加在这种结构系统上的荷载,来计算各个结构部分的强度、刚度和稳定性,从而满足整个模板体系的安全性要求。混凝土对模板的作用力的计算,在国内可以通过查施工手册来获得。在国外一般可以通过混凝土的压力曲线图来获得。国内、国外的计算方式形式上虽然不一样,但其基本原理是相同的,混凝土压力的影响因素也是相同的,主要与混凝土的自重,混凝土的流动性,周围环境的温度,混凝土的浇筑速度,以及混凝土外加剂的影响等有关。

7.1.4　国内模板体系简介

7.1.4.1　水平模板体系

长期以来,国内水平模板的支撑体系组成一直以钢管碗扣架、可调支撑头、木方、胶合板组合体系为主,这种支撑体系钢管横杆投入量大,施工人员在内部行走不便。木方投入量大、浪费严重。中建总公司自 1990 年起,开始在一些具备条件的内部项目推广先进的组合木梁和独立支撑受力体系。这种体系受力清晰,材料的周转率高和投入量小,是西方建筑市场广泛使用的一种水平模板体系。对比单纯的木方,其受力性能得以大大改善,材料的使用投入量大大减小和周转性大大提高。此外,中建系统内部也逐步在一些项目推广早拆体系 (图 7-1),率先实现了水平模板的早拆概念,在中建内部的大批工程项目运用实践,取得了良好的社会效益和经济效益。

7.1.4.2　竖向柱模

目前,在北京建筑市场上流行的竖向柱模都是由中建系统的模板公司参照国外的模板公司技术在十几年前先后引进,后经大量推广使用完善的。主要技术是借鉴法国的 Outi-nord 公司的全钢大模板技术 (图 7-2、图 7-3)。使用这些模板体系并创造建筑质量殊荣的建筑工程项目不计其数,造就了无数的长城杯。因为这些技术的成功使用,这些年来,这些模板技术已在北京乃至全国遍地开花。

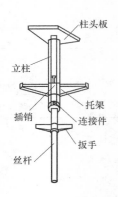

图 7-1　早拆模板体系

图 7-2　圆柱模

图 7-3　无背楞可调柱模

图 7-4　盛福大厦爬模体系

7. 1. 4. 3　爬升模板

爬升模板主要是指模板的提升彻底摆脱了依赖外部起重设备而依靠自身提升系统爬升的模板系统。这样，塔吊的使用负荷会大大降低，从而把塔吊从繁重的模板吊装工作中解脱出来，从而大大提高施工速度和效率。

1997 年的北京盛福大厦项目，正是运用了这一技术，创造了使合作伙伴德国 Holzmann 公司瞠目结舌的结构施工速度的，最快时达 4 天半一个楼层（图 7-4）。更巧妙的是该爬升模板系统经过简单的改装，爬升架体就被巧妙地运用为外装修架体，在大大提高施工安装速度的同时，极大地降低了工程成本。

该爬模方案获得中建国际当年优秀施工方案奖，该工程项目被评为北京市优质工程。

7.1.4.4　墙体模板体系

墙体模板体系是大家最为了解的模板体系，尤其是在北京建筑市场，大家都常提到的墙体大钢模板体系的运用已十分普遍。因为北京的高层建筑普遍使用框架剪力墙结构，墙体大钢模板在北京形成了普及化的运用。但普通 85/86 系列钢模板具有连接繁琐，重量较重等缺点，目前逐步被更先进的夹具式模板体系所取代。

1. 夹具式钢模板体系构造

夹具式钢模板体系的典型构造如图 7-5 所示。

图 7-5　夹具式钢模板体系典型构造

2. 夹具式竖向钢模板的优点

（1）重量轻

同现有 85/86 体系钢模板 130kg/m^2 的平均重量相比，该体系模板的平均重量为 100kg/m^2，重量降低了 23%。

（2）效率高

由于使用模板夹具连接，大大提高了模板施工速度。综合效率同普通大钢模板比可以提高近 50%。

（3）体系科学

其体系简单实用，受力均匀可靠，外观整齐划一，存放、运输方便。

（4）节约成本

同我国市场上现有大钢模板相比，该体系钢模板安装操作效率高，提高了施工速度，节约了施工成本。不易损坏，周转次数多，使用寿命长，节约了摊销成本。该夹具式模板体系被成功地用于北京 PAP 项目、中青旅大厦、凯晨广场、中科院电子所等一批项目，取得了良好的效果。

7.1.5　夹具式钢木组合清水模板体系

在当今世界，有一种以发挥混凝土的自身建筑表现力为主旨的建筑艺术形式被越来越多的建筑师推崇，它就是装饰性清水混凝土建筑艺术。在 2002 年底，北京联想研发基地项目成功运用了夹具式钢木组合清水模板体系（图 7-6、图 7-7），得到了国内外专家和业界同仁的一致称誉，开创了中国饰面性混凝土模板技术体系化、工具化的先河。

(*a*)　　　　　　　　　　　　　　　(*b*)

(*c*)

图 7-6　联想北京研发基地清水混凝土效果

在短短的一年时间，该体系模板又先后在北京仁达科教中心项目、北京清河水厂项目、郑州国际会展中心项目得以大批推广运用，被誉为国内至今饰面清水混凝土建筑模板

图 7-7　钢木组合清水模板体系典型构造

体系的唯一解决方案。

7.1.6　国外模板体系简介

国外的模板体系以欧美国家的模板体系为主导，具有理念先进、体系完善、商品化程度高、质量稳定的特点，但同国内模板体系相比，其价格较高。

以迪拜建筑市场为例，其模板体系多为木模板体系，或钢木、铝木结合体系，尤其是木梁体系（图 7-8、图 7-9），其优点在于木梁的通用性很强，既可用于竖向体系，又可用于水平体系，受力性能好，组拼灵活。木梁的周转利用率很高，因而从经济效益的角度考虑也是十分可取的。

图 7-8　木梁台模体系　　　　　　　　　图 7-9　木梁墙体模板体系

7.1.7　建筑施工模板应用技术综述

在竞争激烈的国际建筑承包市场上，我们只有知己知彼，方能百战百胜。在模板应用技术上，同样应结合中外技术的先进性，不断提高我们自身的技术水平，培养我们自身的核心竞争力。模板应用技术是一门综合性很强的应用技术，同时也是一门创造效益的应用技术，通过技术的优化与创新，能够不断地挖掘潜力，为建筑工程施工提供有力的技术支持，不仅如此，模板应用技术还要注重工程施工成本的节约，只有这样才能够成为核心竞争力。

7.2 燥热地区高层建筑项目模板拆除技术

在混凝土结构施工过程中，从降低成本、加快施工进度的角度出发，有时梁板的模板以及支撑架需要提前拆除，周转到上层梁板进行施工。如何基于混凝土结构设计规范，采用合理的设计方案和施工成本，实现安全、经济、高效地施工至关重要。以下结合工程实例，简要介绍其设计方案及施工应用。

7.2.1 工程概况

城市之光（City of lights）项目 C2、C3、C10、C10a、C11 位于阿拉伯联合酋长国首都阿布扎比的 AL Reem 岛，项目分为两部分，另一部分由 C2、C3 组成，一部分由 C10、C10a、C11 组成，每部分各有一个裙楼。塔楼最高的是 C10a，地上 45 层，高 203.35m，总施工面积约为 38 万 m² （图 7-10、图 7-11）。

图 7-10 City of Lights 效果图

7.2.2 设计方案

根据裙楼的结构特点，结合现场实际情况，采用散支散拼模板及模板支撑系统。C10、C10a、C11 裙楼的楼板大部分采用预应力板，跨度最大为 8500mm×8000mm，板厚为 200mm，混凝土等级为 C40，板内下部配筋为 T10@300，无梁板上部柱帽加筋为 T10@150、T16@100、T20@125、T20@100，有梁板上部负弯矩筋为 T12@250，钢筋

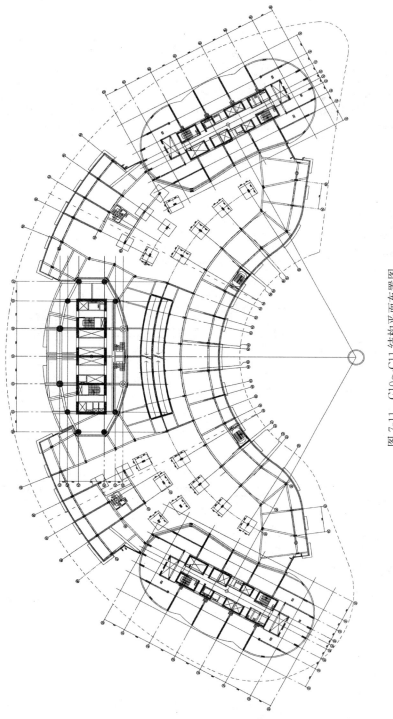

图 7-11　C10~C11 结构平面布置图

强度设计值为 $f_y = 460\text{N/mm}^2$；预应力钢筋横向和纵向间距分别为 2000mm、1200mm，预应力钢筋直径为 12.7mm、抗拉强度设计值为 $f_{py} = 1395\text{N/mm}^2$。

裙楼楼板跨度 3m 到 8.5m 不等，以最大跨 8500mm×8000mm 为例。

满堂模板支撑架采用碗扣式脚手架搭设，搭设参数为：层高 3.5m、架体高度 2.9m、立杆间距 1.5m、横杆步距 1.2m、主次梁均为 H20 工字木。

回顶间距为 1800mm，经计算钢支撑强度及稳定性满足要求。

现场每层的施工周期为 7 天，为使脚手架、木梁以及模板能够高效的利用起来，我们采用一层满堂、两层回顶的方案进行设计（图 7-12）。

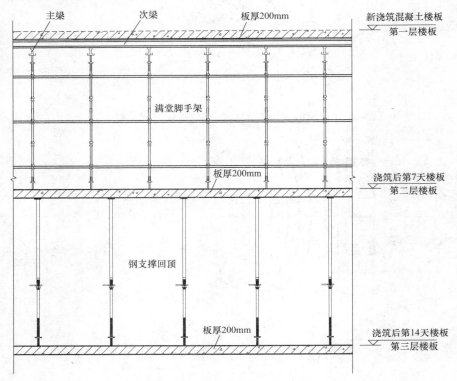

图 7-12　满堂脚手架及回撑立面示意图

7.2.3　结构分析

该项目结构（除了筏板以外）使用的商品混凝土内没有添加粉煤灰等降低混凝土水化热的添加剂，所以混凝土的早期强度上升得会很快，根据标养试块试压试验报告显示，3d 混凝土强度会达到设计强度的 75%~100%，7d 混凝土强度会达到设计强度的 100%~110%，28d 混凝土强度会达到设计强度的 120%~130%。

7.2.3.1　强度验算

楼板计算范围内摆放 6mm×6mm 排脚手架，将其荷载转换为计算宽度内均布荷载。

第一层新浇筑混凝土时，第二层楼板所需承受的荷载为：

两层钢筋混凝土板的自重：25kN/m²；

一层木梁及模板的自重：0.13kN/m²；

一层脚手架的自重：0.46kN；

施工活荷载取 3.0kN/m²

$q = 1.20 \times (0.13 + 2 \times 25.00 \times 0.2) + 1.20 \times [0.46 \times 6 \times 6 / (8.50 \times 8.0)] + 1.40 \times 3$

$\quad = 16.65 \text{kN/m}^2$

本算例采用的是 8500mm×8000mm 的预应力板，受力简图如图 7-13 所示。

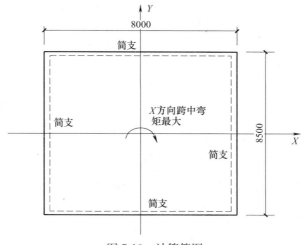

图 7-13　计算简图

根据建筑施工手册，计算第二层楼板所需承受的最大弯矩：

$$M_{\max} = 0.0418 \times 16.65 \times 8.5 \times 8^2 = 378.61 \text{kN} \cdot \text{m}$$

根据 C40 混凝土的试验报告，3d 后强度近似于 C30～C40 混凝土强度，7d 后强度近似于 C40～C44 混凝土强度，28d 后强度近似于 C48～C52 混凝土强度。

在计算时我们取混凝土 3d 强度相当于 C35，7d、14d 强度均相当于 C40，混凝土弯曲抗压强度设计值按 C40 混凝土取值为 $f_c = 19.1 \text{N/mm}^2$

此层楼板相对受压区高度为：

$$\xi = f_y A_s + f_{py} A_p / (\alpha_1 b f_c h_0) \tag{1}$$

此层楼板所能承受的最大弯矩为：

$$M_i = \alpha_1 b f_c h_0^2 \xi (1 - 0.5\xi) \tag{2}$$

式中　α_1——系数，取 1.0；

$\quad f_c$——混凝土轴心抗压强度设计值，$f_c = 19.1 \text{N/mm}^2$；

$\quad A_s$——受拉区、受压区纵向普通钢筋的截面面积，$A_s = 2277 \text{mm}^2$，$A_s' = 0$；

$\quad A_p$——受拉区、受压区纵向预应力钢筋的截面面积，$A_p = 633 \text{mm}^2$，$A_p' = 0$；

$\quad f_{py}$——预应力钢筋抗拉强度设计值，$f_{py} = 1395 \text{N/mm}^2$；

$\quad b$——矩形截面的宽度，$b = 8500 \text{mm}$；

$\quad h_0$——截面有效高度，$h_0 = 170 \text{mm}$。

根据公式（1）：$\xi = (460 \times 2277 + 1395 \times 633) / (1.0 \times 8500 \times 19.1 \times 170) = 0.070$

纵向受拉钢筋屈服与受压区混凝土破坏同时发生时的相对界限受压区高度：

$$\xi_b = \beta_1 / [1 + 0.002 / \varepsilon_{cu} + (f_{py} - \sigma_{p0}) / E_s \varepsilon_{cu}] \tag{3}$$

式中 E_s——钢筋弹性模量，$E_s=2.0\times10^5\text{N/mm}^2$；

  ε_{cu}——非均匀受压时的混凝土极限压应变，$\varepsilon_{cu}=0.0033$；

  β_1——系数，$\beta_1=0.8$；

  σ_{p0}——受拉区纵向预应力钢筋合力点处混凝土法向应力等于零时的预应力钢筋应力；

$$\sigma_{p0}=\sigma_{con}-\sigma_l+\alpha_E\sigma_{pc} \tag{4}$$

  σ_{con}——预应力钢筋的张拉控制应力值，$\sigma_{con}=0.75f_{ptk}=0.75\times1967=1475.25\text{N/mm}^2$；

  σ_l——相应阶段的预应力损失值。

低松弛钢绞线与C40混凝土弹性模量比：$a_{Ep}=E_p/E_c=1.95\times10^5/3.25\times10^4=6.0$

普通钢筋与C40混凝土弹性模量比：$a_{Es}=E_s/E_c=2.0\times10^5/3.25\times10^4=6.15$

净截面面积：$A_n=A_c+\alpha_{Es}A_s=8500\times200+6.15\times2277=1714004\text{mm}^2$

换算截面面积：$A_0=A_n+\alpha_{Ep}A_p=1714004+6\times633=1717802\text{mm}^2$

惯性矩：$I_0=8500\times200^3/12=5.67\times10^9\text{mm}^4$

① 预应力直线钢筋由于锚具变形和预应力钢筋内缩引起的预应力损失值

$$\sigma_{l1}=aE_s/l=5\times1.95\times10^5/24000=38.25\text{N/mm}^2$$

式中 a——张拉端锚具变形和钢筋内缩值，取5mm；

  l——张拉端至锚固端之间的距离，$l=24\text{m}$。

② 预应力钢筋与孔道壁之间的摩擦引起的预应力损失值

$$\sigma_{l2}=E_s/l=(kx+\mu\theta)\sigma_{con}=(0.0015\times24+0.25\times0)\times1475.25=53.11\text{N/mm}^2$$

式中 x——张拉端至计算截面的孔道长度，$x=24\text{m}$；

  θ——张拉端至计算截面曲线孔道部分切线的夹角，近似为0；

  k——考虑孔道每米长度局部偏差的摩擦系数，取0.0015；

  μ——预应力钢筋与孔道壁之间的摩擦系数，取0.25。

第一批预应力损失值为：$\sigma_{lI}=\sigma_{l1}+\sigma_{l2}=38.25+53.11=91.35\text{N/mm}^2$

③ 预应力钢筋的应力松弛

$\sigma_{l4}=0.4\psi(\sigma_{con}/f_{ptk}-0.5)\sigma_{con}=0.4\times0.9\times(1475.25/1967-0.5)\times1475.25$
$=132.77\text{N/mm}^2$

④ 混凝土收缩、徐变引起受拉区和受压区纵向预应力钢筋的预应力损失值

$N_{pI}=(\sigma_{con}-\sigma_{lI})A_p=(1475.25-91.35)\times633=876008.7\text{N}$

$\sigma_{pcI}=N_{pI}/A_n=876008.7/1714004=0.51\text{N/mm}^2$

$\sigma_{pcI}/f'_{cu}=0.51/40=0.013<0.5$

$\rho=0.5(A_p/A_s)/A_n=0.5\times(2277+633)/1714004=0.0008$

$\sigma_{l5}=(35+280P_c/f'_{cu})/(1+15\rho)=(35+280\times0.02)/(1+15\times0.0008)$
$=40.12\text{N/mm}^2$

第二批预应力损失值为：$\sigma_{III}=\sigma_{l4}+\sigma_{l5}=132.77+40.12=172.89\text{N/mm}^2$

总预应力损失值为：$\sigma_I=\sigma_{II}+\sigma_{III}=91.35+172.89=264.24\text{N/mm}^2$

受拉区预应力钢筋的有效预应力：$\sigma_{pe}=\sigma_{con}-\sigma_l=1475.25-264.24=1211.01\text{N/mm}^2$

预应力合力：$N_p=\sigma_{pe}A_p-\sigma_{l5}A_s=1211.01\times633-40\times2277=675489.33\text{N}$

预应力产生的预压应力：$\sigma_{pc}=N_p/A_n=675489.33/1714004=0.394\text{N/mm}^2$

根据公式（4）：$\sigma_{p0}=1475.25-264.12+6\times0.394=1213.50\text{N/mm}^2$

根据公式（3）：$\xi_b = 0.8/[1 + 0.002/0.0033 + (1395 - 1213.50)/(2.0 \times 10^5 \times 0.0033)]$

$$= 0.490 > \xi = 0.070$$

根据公式（2）：$M_2 = 1.0 \times 8500 \times 19.1 \times 170 \times 170 \times 0.070 \times (1 - 0.5 \times 0.070)/10^6$

$$= 316.94 \text{kN} \cdot \text{m}$$

结论：由于 $\Sigma M_i = M_2 = 316.94 \text{kN} \cdot \text{m} < M_{max} = 378.61 \text{kN} \cdot \text{m}$

浇筑了 7d 后的二层楼板强度不足以承受以上楼层传递下来的荷载。

所以，需要在第三层增加一层回撑。

第一层新浇筑混凝土时，第三层楼板所需承受的荷载为：

三层钢筋混凝土板的自重：$25 \text{kN/m}^2 \times 3 = 75 \text{kN/m}^2$；

一层木梁及模板的自重：0.13kN/m^2；

两层脚手架的自重：$0.46 \text{kN} \times 2 = 0.92 \text{kN}$；

施工活荷载取 3.0kN/m^2

$q = 1.20 \times (0.13 + 3 \times 25.00 \times 0.2) + 1.20 \times [2 \times 0.46 \times 6 \times 6/(8.50 \times 8.0)] + 1.40 \times 3$

$$= 22.94 \text{kN/m}^2$$

$M_{max} = 0.0418 \times 22.94 \times 8.5 \times 8^2 = 521.64 \text{kN} \cdot \text{m}$

浇筑第一层楼板时，第三层楼板已经浇筑完 14d，与第二层楼板的承载力一样，故，$M_3 = M_2 = 1.0 \times 8500 \times 19.1 \times 170 \times 170 \times 0.070 \times (1 - 0.5 \times 0.070)/10^6 = 316.94 \text{kN} \cdot \text{m}$

结论：由于 $\Sigma M_i = M_2 + M_3 = 633.88 \text{kN} \cdot \text{m} > M_{max} = 521.64 \text{kN} \cdot \text{m}$

浇筑了 14d 后的三层楼板强度足以承受以上楼层传递下来的荷载。

7.2.3.2 刚度验算

第三层楼板永久荷载标准值：

$$G_k = 0.13 + 3 \times 25.00 \times 0.2 + 2 \times 0.46 \times 6 \times 6/(8.50 \times 8.0) = 15.62 \text{kN/m}^2$$

可变荷载标准值：$Q_k = 3.0 \text{kN/m}^2$

截面受弯构件的刚度 B 计算：

$$B = [M_k/(M_q(\theta - 1) + M_k)]B_s \qquad (5)$$

式中 M_k——按荷载效应的标准组合计算的弯矩；

$M_k = 0.0418 \times (G_k + Q_k) \times l_0^2 = 0.0418 \times (15.62 + 3) \times 8^2 = 49.81 \text{kN} \cdot \text{m}$；

M_q——按荷载效应的准永久组合计算的弯矩，活荷载准永久值系数 $\psi_q = 0.4$，

$M_q = 0.0418 \times (G_k + \psi_q Q_k) \times l_0^2 = 0.0418 \times (15.62 + 0.4 \times 3) \times 8^2 = 45.00 \text{kN} \cdot \text{m}$；

B_s——荷载效应的标准组合作用下受弯构件的短期刚度；

$B_s = 0.85 E_c I_0 = 0.85 \times 3.25 \times 10^4 \times 5.67 \times 10^9 = 15.66 \times 10^{13} \text{N} \cdot \text{mm}^2$；

θ——考虑荷载长期作用对挠度增大的影响系数，θ 取 2.0。

根据公式（5）：$B = \{49.81/[45.00(2 - 1) + 49.81]\} \times 15.66 \times 10^{13} = 8.23 \times 10^{13} \text{N} \cdot \text{mm}^2$

根据建筑施工手册，荷载作用下挠度：

$\omega_{max} = 0.00458(G_k + Q_k)/2 \times l_0^4/B$

$$= 0.00458 \times (15.62 + 3)/2 \times 8.5 \times 8000^4/8.23 \times 10^{13} = 18 \text{mm}$$

预应力反拱值：$f_{pl} = N_{po} e_{po} l_0^2/(8 E_c I_0) = A_p \sigma_{pe} e_{po} l_0^2/(8 E_c I_0)$

$$= 633 \times 1211.01 \times 70 \times 8000^2/(8 \times 3.25 \times 10^4 \times 5.67 \times 10^9)$$

$$= 2.33 \text{mm}$$

按荷载效应标准组合并考虑长期作用影响的最大挠度：

$$f=\omega_{max}-2f_{pl}=18-2\times2.33=13.34mm$$

结论：由于 $f=13.34mm<[\omega]=l_0/500=8500/500=17mm$

所以，浇筑了 14d 后的三层楼板刚度足以承受以上楼层传递下来的荷载。

7.2.4 结语

通过该项目回撑层数的计算实例，对模板支撑以下楼板的回撑方案进行了设计和优化，并取得了良好的效果。

（1）增加了周转材料的利用率，从而降低成本。

（2）节约工期，施工安全方便。

（3）针对楼板的强度和刚度进行验算，结合经验，合理确定回撑的层数，避免对结构造成不可修复的伤害。

另外，此算例的混凝土强度增长速度是依据标养试块而来，但是标养试块与结构混凝土的养护条件有很大的差别，实际上标养试块养护条件要好于现场，所以现场实际操作中我们将回撑增加了一层，使其变成一层满堂、两层回撑。

如果要得到更准确的数据来进行回撑层数的计算，则需要在现场做同条件试块，与结构混凝土共同养护，这样得到的数据才更真实、准确。

7.3 科威特中央银行新总部大楼 PERI 爬模施工技术

7.3.1 工程概况

科威特中央银行新总部大楼（CBK 项目）塔楼结构 239m 高，标准层高 4.6m，非标层高 5.7m。主体结构组成：东南西侧混凝土剪力墙核心筒；北侧是斜肋钢管柱；压型钢板楼板、核心筒内混凝土楼板。

主楼平面布置呈等边三角形，竖向混凝土结构由 3 个筒体（1 号、2 号、3 号筒体）及 2 段墙梁组成，其中 1 号是主筒体，2 号、3 号是倾斜筒体，呈 81.93°倾斜角度，联系筒体的墙梁从下往上逐渐缩短，首层核心墙体长度 68m，而屋面处核心墙体长度仅 54m。

其中筒体剪力墙厚度 650mm，局部厚度 400mm，最大门洞宽度是 4000mm，连系墙梁是带牛腿的异形梁，混凝土为 C65。

钢管柱逐层向核心筒及中心两个方向倾斜，角度 84.2°，钢管柱根数逐步减少，楼层面积逐步递减（图 7-14）。

7.3.2 爬模设计需要解决的问题

7.3.2.1 布料机布置

拟布置动臂式布料机 SCHING-SPB30 一台，其重量 6200kg，臂长 30m，自由高度达到 30m，可基本覆盖整个核心筒的混凝土浇筑施工。

7.3.2.2 主要井道模板配置

如图 7-15 所示，有 2250mm×2087～4375mm 异形电梯井及 2700mm×4800mm 楼梯井各一个；核心电梯井筒 9700mm×8850mm 两个；核心电梯井筒布置布料机一台。

图 7-14　项目效果图

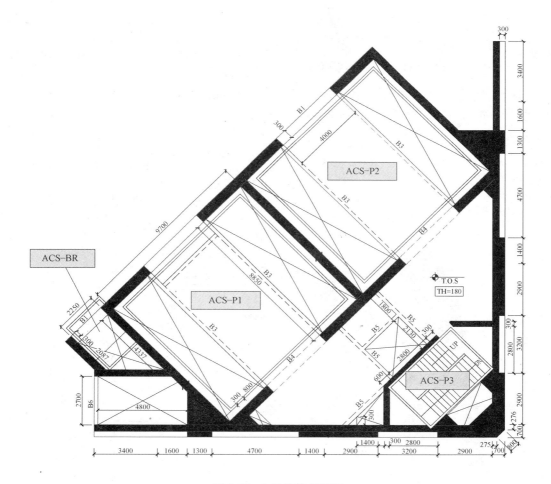

图 7-15　1 号筒体布置图

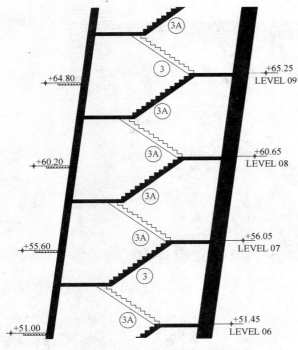

图 7-16　2 号、3 号筒体立面图

7.3.2.3　2 号、3 号楼梯倾斜墙体爬模（81.92°）

立面如图 7-16 所示，倾斜爬模必须要面对以下方面的技术难题：

7.3.2.4　施工平台的布置

平台通常由主平台、操作平台、装饰平台组成。平台如何便于施工（模板支设、施工平台、操作架），使筒体内主平台可另外搭设辅助操作架。

7.3.2.5　施工流水的组织

包括爬模板提升顺序及组织流水，如何配合钢结构预埋及验收工作。

7.3.2.6　安全通道

包括施工电梯如何到爬模平台，如何安全到达各个施工部位，如何布置消防、逃生通道畅通。

7.3.2.7　CW1\CW2 连系墙梁模板配置

该梁有牛腿（图 7-17），变截面，楼层梁有 1220mm 的结构洞口，如何提升模板，另外逐层缩短，每层减少 650mm，模板要解决好。

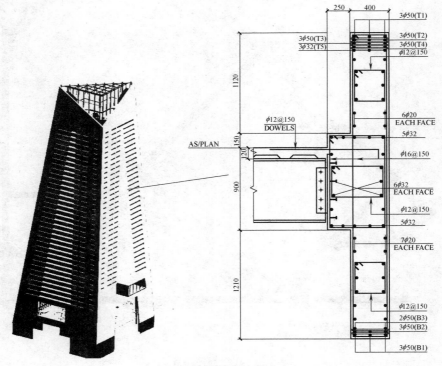

图 7-17　墙梁的牛腿节点

214

7.3.3 爬模原理、组成及配置

7.3.3.1 爬模布置及原理

经过对比分析，PERI 公司和项目部决定在 3 个核心筒区域采用液压爬模、在两条大墙梁区域（CW1/CW2）使用 CB 160/240 的爬升模板（塔吊辅助提升）。

根据《液压爬升模板施工技术规程》（JGJ 195—2010）的定义，液压爬升模板施工指爬模装置支撑在混凝土结构上，以液压油缸为动力，以导轨为爬升轨道，将爬模装置向上爬升一层，反复循环作业的施工工艺，简称爬模。其包括了模板系统、操作平台系统、液压爬升系统和电器控制系统。

根据结构特点布置很多的单片的模架组件，可根据现场进度，把单片或者多片模架连接成一个整体，进而整体提升，展开流水施工作业。

在核心电梯井筒内部，安装钢梁形成平台，平台上安装钢柱、上平台等，形成操作式平台，模板可以挂在上平台上，四侧大模板可以随平台一起爬升，也可以暂时堆放物料和施工作业，如 ACS-P1/P2/P3（图 7-18）。

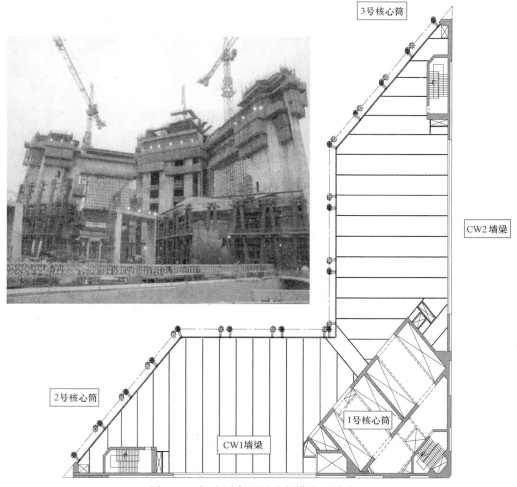

图 7-18　标准层布置图及爬模施工图片

7.3.3.2　液压装置分布（图 7-19）

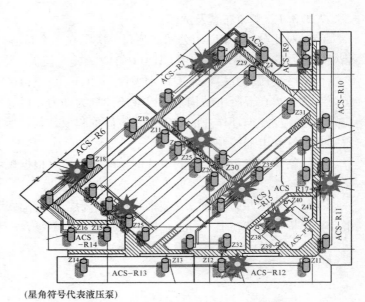

（星角符号代表液压泵）

图 7-19　液压装置分布图

2 号、3 号筒体各有 14 个液压油缸，由 3 个油泵控制，模板对应分成 3 组提升。

1 号筒体有 37 个液压缸，8 个油泵控制，模板对应分 8 组提升，液压缸型号 ACS100。

其中 1 号筒体内 ACS-P1 搁置布料机，故其配有 8 个油缸，另外一个筒体 ACS-P2 则布置有 4 个油缸。

7.3.3.3　液压模板组成

本工程液压爬模操作平台及模板系统有 3 种形式，分别是 3 组 ACS-P，27 组 ACS-R，1 组 BR，共 31 组平台。分别布置在电梯核心筒井道（平台式）及三角支撑架体的临边墙体。

1. 模板系统

由模板、PERI 工字梁、背楞钢梁、连接爪等组成。每块组装大模板由双层 19mm 敷膜多层板、PERI S24 工字木和 100mm×100mm 组合定型槽钢钢梁组成，每架模板都是根据图纸配制。

根据结构特点，模板先设计成一定尺寸的片架式架体，提升后，再进行连接（图7-20、图 7-21）。

2 号、3 号筒体由 18 片架体组成，1 号筒体由 50 片组成，高度 4700mm，宽度在500～9400mm 之间。

角模为了保证刚度，一般是一个整体，然后再与其他片架模板连接。模板连接通常用连接梁、插销等，连接梁有系列的插孔，可满足通用性（图 7-22）。

对于 ACSP1/P2 筒体模板，各安装有钢板材质的补偿模板，宽 150mm，其在周边模

图 7-20　模板组装

图 7-21　模板连接

板就位完毕后才装入，可以消化大模板及结构误差。模板解除时，其也最先拆除（图 7-23、图 7-24）。

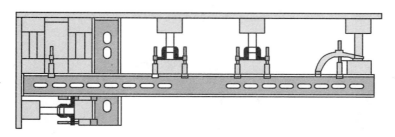

图 7-22　角模

2. 架体及操作平台系统

组成：主平台、操作平台、装饰平台、护栏栏杆、模板支撑架（斜撑、竖向背楞钢梁）、锁紧板、模板高低调节装置、平移装置、三角支架等（图 7-25）。

在上层主平台可从事绑扎钢筋、浇混凝土、安装导轨和处理水平缝等施工操作，可以适量堆放材料。操作平台可从事拆除模板及清理等操作，下层装饰平台可从事拆除导轨及操作提升架的操作，包括 Brace 257-313ACS；Strong back 365ACS 等配件（图 7-26）。

图 7-23 片架模板

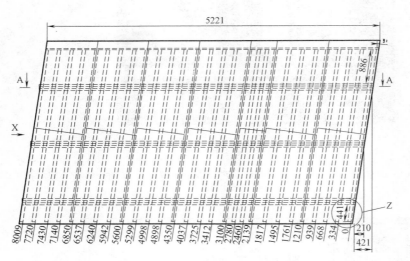
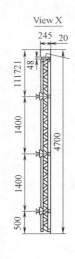

图 7-24 2 号、3 号筒体的侧模

图 7-25 平台组成示意图

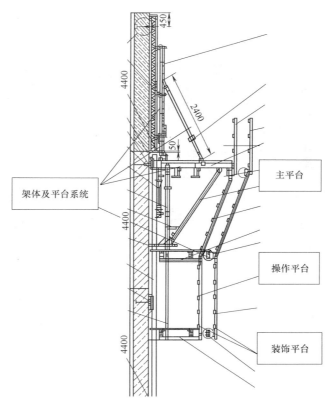

图 7-26　架体及操作平台系统系统

3. 液压爬升系统

组成：导轨、油缸、液压换向盒、爬锥、爬升承载挂件、承载螺栓、防坠爬升器、液压控制台。液压系统为 ACS 100 系列，油缸 10t。

换向盒可控制导轨与提升架体，通过液压系统可使模板架体与导轨形成互爬，油缸行程 600mm，反复油缸行程作业，达到预定高度，不需要人工辅助。液压泵的最大工作压

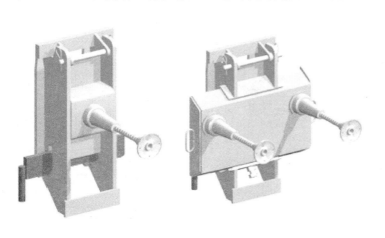

图 7-27　锚固系统

力为 210bars，液压缸的单个行程为 1m 左右，每次爬升 600mm 高。导轨长 6m，靠上下两个爬升承载挂机承重（图 7-27、图 7-28）。

图 7-28 液压系统

7.3.3.4 液压爬模类型及布置

1. ACS-P

用于大型井道，分别是 1 号筒体内的 P1、P2、P3（图 7-29）。

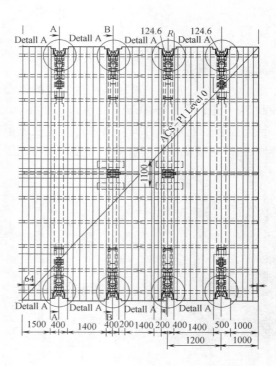

ACS-P1 平面图

图 7-29 ACS-P1 示意

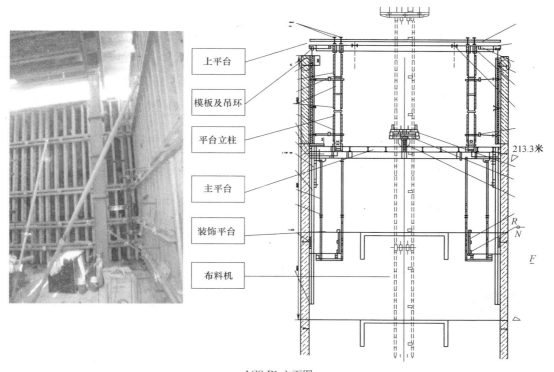

ACS-P1 立面图

图 7-29　ACS-P1 示意（续）

2. ACS-R

主要用于核心筒外围或者异形井道内，带三角斜撑，是本项目的爬模的主要形式（图 7-30）。

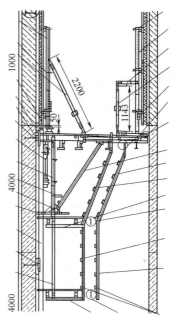

图 7-30　ACS-R 示意

3. ACS-BR

小型电梯井内，其靠塔吊提升，简单轻便，操作简单（图7-31）。

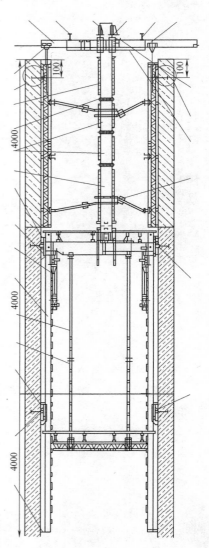

图 7-31　ACS-BR 示意图

7.3.3.5　倾斜墙体（2 号、3 号筒体）爬模

导轨倾斜布置，角度等同于墙体倾斜角度（81.92°），平台仍水平，模板成斜边平行四边形（图7-32）。

7.3.3.6　提升模板 CB240/CB160

CB240/CB160 模板系统没有液压油缸自身提升系统，其靠塔吊提升，故其结构比较轻便，操作平台仅有主平台和装饰平台，装饰平台很简单。内侧选用 CB240 支架（宽度 2.4m），外侧选用 CB160 支架（宽度 1.6m）。

1. 工作原理

根据设计需要，通常两个 CB240/CB160 支架组成一组，整体吊装。模板可以从支撑

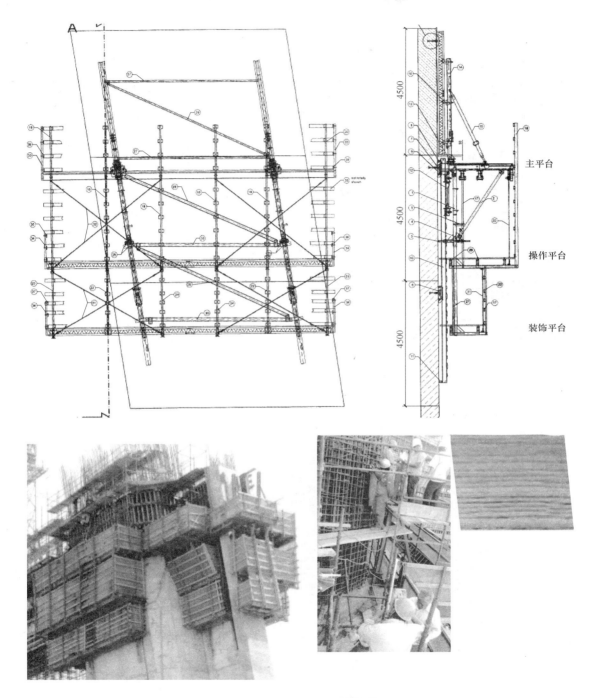

图 7-32　ACS-R1 R2 R4 倾斜墙体模板

架体分离，先吊离。其可根据结构需要进行自由定位和组合，十分方便。模板片架长度按图纸（长度约 6050mm）要求定。

对于墙梁的牛腿结构，连墙挂件设计成 250mm 厚的三角结构，解决 250mm 的结构

凹进（图 7-33）

对于 1220mm 的结构洞口，支设 1220mm 洞口的支撑木模盒子，并做设计计算。

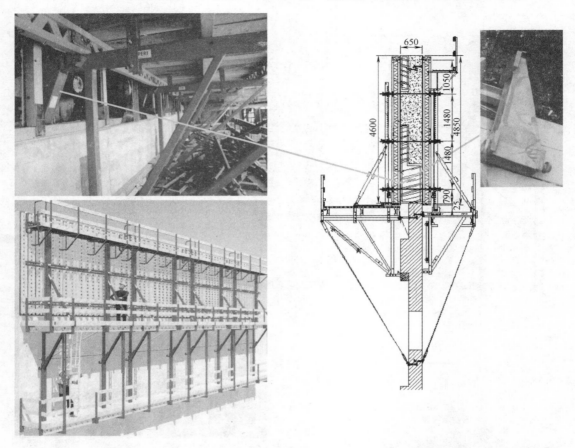

图 7-33 提升模板

2. 逐层缩短 650mm 梁模板措施

CBK 项目，CB 240 支架间距 3510mm，CB160 侧间距 3790mm，但最靠近 2 号、3 号筒体的支架逐层移动 650mm，对应的结合部位的模板，采用 1～3m 的活动模板片架，按照实际尺寸逐层定做，与液压模板无缝连接。

3. 组成

模板、模板支撑、CB240/CB160 三角支架、连墙挂件（螺旋、附着）、装饰平台、栏杆等。

7.3.3.7 因结构变化的模板系统改造

本项目结构变化在 23 层和 39M2 层。23 层处，电梯筒井道 P2 封顶；39M2 处，电梯井筒 P1 封顶，但 CW1 CW2 墙梁仍有约 30m 高，延伸至 41 层屋面。

与结构对应，爬模经过两次结构改组。模板改组一般做法：PERI 公司设计模板图纸；现场提前做预留预埋；模板、平台重新装配，避免互相冲突；部分平台拆除；模架重新就位，重新安装连接液压系统；连接相关模架并检查。

7.3.4　爬模施工部署及操作要点

7.3.4.1　施工流程

7.3.4.2　施工流水及操作要点

1. 爬模施工训练

结合项目实际情况，有以下考虑：

CW1、CW2 外侧，主平台上无法搭设脚手架，必须尽早提升模板，来进行钢筋绑扎。

临近楼板侧，要做钢结构埋件预埋，考虑到安装和验收要使用全站仪，必须待所有埋件完成后，才可提升模板。故其绑扎钢筋时，往往是搭设简易脚手架，其在提升模板前拆除。

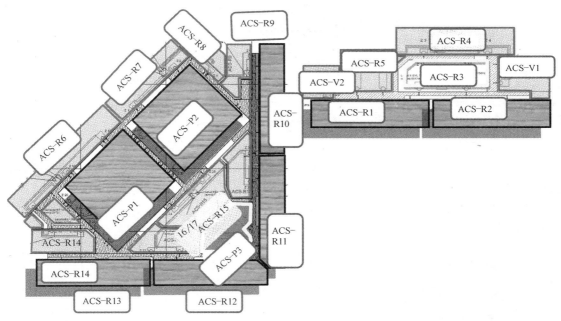

图 7-34　爬模平台编号

对于 P1、P2、P3 井道，其主平台上搭设有脚手架，可以绑扎下层钢筋，往往在钢筋完毕后，再进行提升。该脚手架随主平台提升。

P1、P2、P3 的主平台均可堆放施工材料，如模板、钢筋等。

在 CW1 和 CW2 竖向钢筋和外侧大模板之间，拉简易对拉螺杆铺设施工脚手板，用作绑扎墙体水平筋绑扎的施工平台。

2. 施工流水

为了满足施工进度，配合后续作业，合理分配资源，故分阶段提升不同部位的爬模，开展流水作业。一般分 5 次提升，在 4～5 天内完成，提升顺序如图 7-35、图 7-36 所示。

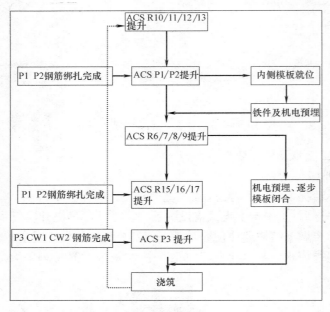

图 7-35　1 号核心筒爬模施工流水

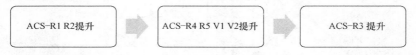

图 7-36　2 号、3 号核心筒爬模施工流水

3. 操作要点

（1）模板爬升前要做好充分准备工作，如解除所有待提升的模板体系与结构及周边构件的连接，让模板体系处于自由可提升的状态，并清理干净平台，做好安全措施。

（2）参加人员要做安全交底，并有专人指挥。

（3）检查液压系统的完好性，如油表、油管、油位。

（4）安装提升挂件。

（5）提升导轨。

（6）提升架体及支撑系统，另完善安全措施。

7.3.5　安全通道及文明施工

7.3.5.1　施工通道

施工通道如图 7-37 所示。

7.3.5.2　逃生通道

在 ACSP2 井道内，搭设脚手架通道，连通 ACSP2 的装饰平台至已施工完的楼板，通常搭设 8～10 层高。

7.3.5.3　消防设施

布置 10 处消防水桶，12 处灭火器、防火砂桶，2 处软管水管，加压后的水管接通至

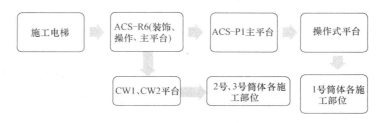

图 7-37　施工通道

爬模。专职安全员 2 人负责爬模的安全施工。

另装有临时工具式厕所。

7.3.6　CBK 爬模的优点和缺点

7.3.6.1　CBK 爬模的优点

液压爬模可整体爬升，也可单榀爬升，爬升稳定性好。

操作方便，安全性高，可节省大量工时和材料。

液压爬升过程平稳、同步、安全。

提供全方位的操作平台，施工单位不必为重新搭设操作平台而浪费材料和劳动力。

结构施工误差小，纠偏简单，施工误差可逐层消除。

模板自爬，原地清理，大大降低塔吊的吊次。

一般情况下爬模架一次组装后，一直到顶不落地，节省了施工场地，而且减少了模板（特别是面板）的碰伤损毁。

7.3.6.2　CBK 爬模的缺点

CW1 CW2 施工，施工脚手架反复搭设、拆除，工效低，其平台可堆放材料少。

2 号、3 号筒体预埋件侧（ACS R4、R5、V1、V2）脚手架也要反复搭设，影响进度。

2 号、3 号筒体提升过程中，ACS-V1、V2、与 ACS、R4、R5 模架在转角处冲突，支撑架冲突始终无法解决。提升前必须先卸去模板（模板落地），其消耗塔吊及人工。

2 号、3 号筒体的 ACS-R3 可堆放材料太少，影响了钢筋施工。

CW1、CW2 的安全防护困难，给下面楼层的钢结构作业带来困难。

7.3.7　有关设计及报批

PERI 爬模方案及计算包括设计计算、模板组成、施工组织、浇筑等，并报送工程师审批如下：

爬模厂家报批（MT-37 Climbing system）。

PERI 爬模体系报批（MT-59 PERI formwork system），包括模板体系组成、操作手册、图纸、模板计算、爬升系统计算、模架系统计算等。

爬模的浇筑速度计算（MT-103 design check for the rate of rise of concrete），约定最高浇筑高度 1.25m/h。

墙梁的模板系统配置及图纸（MT-99 CW1 CW2 spandrel formwork system）。

墙梁的模板力学计算（MT-124CW1 CW2 spandrel formwork system statical calculation）。

爬模布料机布置计算（MT-174 staircases automatic climbing internal platforms carrying the placing boom）。

自密实混凝土的模板计算（GS-1675 PERI formwork statical calculation with self concrete）。

7 层以下的墙梁的模板计算（GS-1278 General Arrangement Drawings For Spandrel Beam Up To Level-7）。

7.3.8　结论

PERI 可整体爬升或者单榀爬升，爬升稳定性好，操作方便，可节省大量工时和材料、机械费用。但爬升前后，楼层梁一侧施工脚手架反复拆除、搭设，施工平台仅可堆放少量材料，其影响了施工进度。

7.4　国际高层项目台模施工技术

台模又称飞模，或桌模，因为它可以借助于塔吊从已浇筑的楼板下面"飞"出转移至上层重复使用。台模主要应用于大开间、大进深的高层现浇混凝土楼板，尤其是无柱帽板柱结构的楼盖施工。其主要特点：模板一次组装、重复使用，简化了模板的支拆工艺，加快施工速度，减少临时堆放模板场地的设置，节约施工用地。

7.4.1　工程概况

迪拜 Skycourts 项目由 6 栋高层建筑组合而成连体建筑群，各栋高层均享有连体建筑群的地下一层停车场、地上三层消费娱乐区及停车场，标准层共 21 层，标准层施工均用台模施工，共约 30 万 m^2，总建筑面积约 426900m^2。项目中标合同额为1335000000.00迪拉姆，折合约 3.7 亿美元。

7.4.2　台模施工组织

7.4.2.1　台模的设计和组装

在当今的中东城市迪拜经济复苏时期，建筑业飞速发展，台模体系已被广泛地应用于各类型高层建筑的施工。台模的种类根据支撑可分为分离式、折叠式、伸缩式。以下主要针对伸缩式支腿的台模进行论述。

1. 台模的设计

台模的设计是根据建筑层面的具体形状而定尺寸，经过计算台模的受力情况确定背楞的间距和钢支撑的数量。台模是系统模板家族中的一支，它主要由面板、木工字梁、主梁和次梁连接件、主梁和钢支撑连接件、可调钢支撑组成（图 7-38）。并且，每一个部分都可以单独使用。一旦台模拼装完成，就可以自由地用台模托架（图 7-39）提升或台模推车（图 7-40）运送到图纸指定的位置，然后安装钢支撑，将钢支撑连接处的插销销紧。在楼板浇筑完成并达到预定强度后，台模可整体用托架吊至上一层，继续使用，不用拆卸。台模的设计要符合形状规则，易组装，易吊运，符合背楞的尺寸模数等条件，达到施工方便，节约成本并能符合支撑要求。

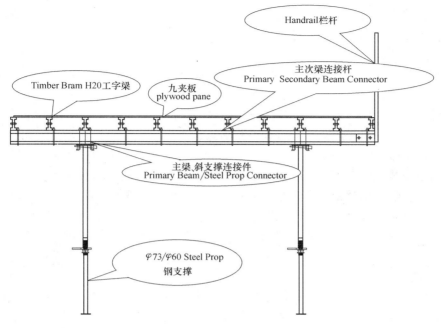

图 7-38 台模

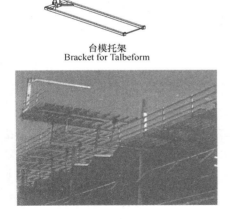

台模托架
Bracket for Talbeform

图 7-39 台模托架

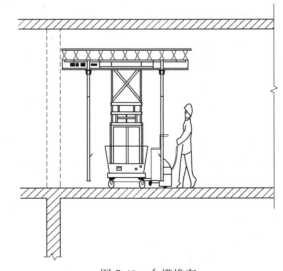

图 7-40 台模推车

2. 台模的组装

首先按照设计的规格尺寸，将主梁与次梁连接起来；然后在主梁上面固定主梁与钢支撑的连接件，固定完毕后，拼装模板。按照规格尺寸把模板与次梁连接在一起，模板拼装完毕后，组装支撑，将主梁与钢支撑连接在一起，拧紧螺栓。然后检查组装完毕的台模是否牢固、平稳。

7.4.2.2 台模的施工安装

台模在工程中的使用使模板安装的程序简单化。台模的安装包括台模的吊装、台模的调整、模板缝隙的补漏。

1. 台模的吊装

台模在组装完毕后，需要放置在塔吊的可吊区域进行吊装，由于台模下面有支腿，塔司不能看到台模的下面，因此，吊装时，应设置两个信号工，一个位于台模的堆放地点，指挥起吊过程，一个位于台模的安装区域，指挥台模的吊放过程。台模在吊装时应使台模和台模托架捆绑在一起，以免吊运过程中脱落。

2. 台模的调整

台模吊至安装区域后，用台模推车把台模运送至安装位置，待浇筑流水段的台模全部都运送完毕后，然后调整台模高度至楼板底标高，调整时，先调整台模的一个角，然后依此类推，调整其余的三个角，调整完毕后，紧固台模的钢支撑，使钢支撑竖直站立，不应"东倒西歪"。台模与台模之间应预留 5mm 缝隙，防止在中东炎热的天气下模板因膨胀而起翘。

3. 模板缝隙的补漏

在台模调整完毕后，不规则的地方需用散支撑支模板，譬如板边、洞口边、后浇带等位置需要散支撑，因此在这些地方需搭设脚手架，所搭设的脚手架应该与台模连接起来，连成一个整体，防止散模的移动。台模之间的缝隙在绑扎钢筋前用胶带纸粘贴。

7.4.2.3 台模的拆除及回撑

1. 拆除

台模的拆除同样应遵循先支后拆，后支先拆的拆模顺序，应先拆除板边及柱边，洞口边等散支撑，然后进行台模拆除，台模拆除时，应先松动一个或者两个钢支撑（根据台模大小而定），使其收回。然后是模板与混凝土脱离，待模板一边和混凝土脱离后，再松动另外的钢支撑，并使其收回，同样使模板与混凝土完全脱离，然后再用台模推车把台模运送到可吊装区域进行吊装，这样台模就被拆除了。

2. 回撑

在拆除台模的同时，还要注意回撑。在中东地区，大部分楼板均采用预应力楼板，因此模板的拆除时间不能够使混凝土达到所预定的强度，因此，在拆除台模时，应边拆边回撑，避免楼板产生下沉，严禁大面积拆除台模并移走后再回撑。楼板的回撑应根据所受力的情况计算回撑的时间及间距。以 Skycourts 为例，台模在预应力张拉完毕后即可拆除，楼板的回撑需要两层，即在拆除本层的台模前，下面应有两层回撑，拆除本层台模后，下面即可拆除一层回撑并移至本层做回撑，回撑的间距不大于 2.5m。

7.4.2.4 台模施工应注意的事项

（1）台模在吊装前，应检查台模的钢支撑是否牢固，是否连接紧密，确保吊装过程中不会掉落连接件等。

（2）吊装前应检查台模托架是否完好，对有开焊的地方要重新补焊。

（3）台模在吊装时，应和托架进行捆绑，防止在吊升过程中因为风的影响而脱落。

（4）台模在吊运时，严禁台模相互叠加垒高，以免台模倾倒。

（5）拆除台模时，严禁用撬杠撬钢支撑，应按拆除方案施工，使模板与混凝土先脱离。

(6) 台模拆除，应一边拆除一边回撑，不应大面积拆除并移走后再回撑。

7.4.3　台模的经济效益分析

在高层施工中，台模的应用在施工进度、成本优化及施工安全等方面都会产生较大的效益，台模的使用标志着建筑业新时期的到来。下面就台模所产生的效益详细分析一下。

1. 施工进度方面

(1) 台模主要适用于具有如下结构特征的现浇板：

① 无梁结构或者是只在板的四周有简单的圈梁。

② 柱子和板之间无柱帽结构。

(2) 根据现场使用台模的施工经验，记录如下：

① 拆掉一块台模（4m×2m）并用台模托架吊至上一层指定的位置，大约需要 15min。

② 精确调整台模的位置和标高，大约需要 20min。

(3) 效益分析：

从前面的施工经验，我们不难发现，拆掉一块台模，不论大小，并提升到指定的位置所需要的时间大致相同。精确调整台模的位置和标高所需的时间多于拆掉并抬升台模的时间。所以，尽量地加大台模的尺寸，并且在提升台模之前做好准备工作，如先放好线再安装台模等，可以有效地节省时间。除此之外，最好准备至少够施工 2 层结构板所需的台模材料和 2 部台模推车（一部备用），以确保施工顺利进行。一旦施工进度由于验收或混凝土供应等原因被耽搁，这种现象在迪拜已经屡见不鲜了，就很难弥补这段被耽误的工期。因为上述台模必须依靠塔吊、台模推车等机械设备来完成安装工作。

(4) 改进措施。鉴于以上台模的不利情况，因此我们对所用的台模进行了以下方面的改进：

① 材料方面：根据台模体系中每个部分都可以单独使用的特点，我们挑选了九夹板、工字梁、连接工字梁和钢支撑的连接件和钢支撑等材料。

② 施工方法：第一步，在板上有梁的位置搭设碗扣脚手架，然后顶托上放上工字梁并将九夹板钉在工字梁上；第二步，依次在板的其他位置支设起钢支撑，并在顶部安装连接件，然后放上 H20 工字梁，并将九夹板钉在工字梁上。

根据使用改进后的模板系统的经验，经计算，完成每平方米模板所需要的时间大约只要 1.3min，比改进前节省了一半时间。

2. 成本优化方面

台模在工程中的使用优化了工程成本，使工程成本得到了最大限度降低和良好的控制，同时也提高了塔吊的使用率。因此台模使用对工程成本优化主要表现在工程成本的控制和成本的降低方面。

(1) 成本控制

成本控制主要是对台模本身的材料成本的控制。台模的组成是定型的，台模的大小尺寸应根据具体的建筑层面进行设计和组装，因此，台模的材料成本主要体现在工字木和模板的使用控制上。台模的平均周转次数为 6 次，每次的周转材料只有模板需要更新，工字木基本不用更新，或者说更新数量很少，每次周转下来的模板码放整齐，可以用作二次结构的构造柱和板边女儿墙的浇筑。在材料成本的控制上面，台模把控制的内容简单化，统一化，这就是在施工中材料成本能得到更好的控制，不至于浪费和损坏过大，超出预算。

（2）成本降低

台模的使用大大节约了工程中常用的材料，因此在降低成本方面也有其重要的意义。从材料的使用方面讲，台模是定型的模板，它所需要的材料是工字木、模板和钢支撑，它的材料每一个周转周期才会更换一次，而且需要更换的仅仅是损坏的模板和部分损坏的钢支撑构件，这和扣件脚手架相比，大量节约了满堂架所需要的架子管；在工字木的损坏率上面，由于每6个使用周期才周转一次，因此，台模也同样大大减小了工字木的损坏率，降低了成本。同时，台模在施工方面比较简单、方便，所需要的劳动力仅仅为10人左右，与满堂架相比，劳动力的使用方面也大大降低了成本。台模使用成本分析见表7-2。

台模使用成本分析   表7-2

科　目	改进后的模板	台　模
工效方面	一般地，一个熟练的木工每工日（10h）可完成模板 9.23m²	一般地，一个普通的木工每工日（10h）可完成模板 7.15m²
材料报废率	(1)九夹板可循环使用 4～5 层。 (2)H20 工字梁破损严重	(1)九夹板可循环使用 5～6 层。 (2)H20 工字梁几乎无破损
混凝土表面质量	合格	很好
机械设备需求	需要塔吊帮助倒运材料，大约 10h	(1)需要塔吊帮助提升台模，大约 22h。 (2)台模推车 2 部（1 部备用）。 (3)台模托架 1 个

3. 施工安全方面

在迪拜，高层施工通常采用的安全防护系统与中国的大相径庭，在主体的四周并没有拔地而起的安全防护架和安全网。因此，临边防护在减少工程事故方面起着举足轻重的作用。台模体系的临边防护使用了专用的防护栏杆（图 7-41），其特点是便于装卸，一劳永逸。改进的模板安全体系与台模的安全体系如出一辙，只不过每次铺设板模时，都要重新安装临边防护栏杆。因此，每次拆装防护栏杆和跳板时，都要格外小心，采取必要的安全

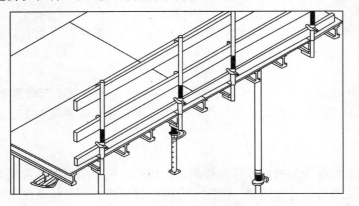

护栏
Safety Handrail

图 7-41　台模的防护

措施，防止高空坠物。我们在模板的下面架设了一层叫"COMBISAFE"的成品安全网来防止坠物（图 7-42）。这种安全网的特点是自由收放、安全简便。

7.4.4　台模的安全管理措施

因台模施工工艺的特殊性，在施工作业过程中的安全管理也要有针对性。通过现场实践作业经验总结，从材料质量、安拆过程和工人教育几个方面阐述了台模施工过程中所采取的安全管理措施，为高层建筑施工提供可参考性意见和建议。

经过对该项目现场施工中的经验总结，台模施工的安全管理可以通过以下几个方面控制。

图 7-42　安全网

7.4.4.1　材料质量

1. 面板

因为模板的设计是根据其主梁、次梁、面板所使用材料的材质强度计算得来的，故其使用材料的质量直接影响到台模整体的稳定性。Skycourts 项目所使用的是工字木作梁、木胶板作面板（图 7-43）。工字木因大多不是整根木料制成，而是使用胶将短木料粘接而成，所以在接头位置常因为胶水量不够而发生断裂现象（图 7-44）。主梁、次梁的间距是根据正常面板强度参数计算出来的，项目所使用的木胶板的厚度以及多层粘接的牢固强度一定要达到方案的要求，否则会因其不能承受模板上的施工荷载造成面板发生变形甚至损坏。还有一个容易被忽视的地方，那就是连接它们所使用的连接件（图 7-45），必须使用自攻螺丝将其固定，不得使用普通钉子代替，因为在使用过程中钉子会因为台模自身的摇晃慢慢退出而造成隐患。

图 7-43　工字梁、木胶板面板

图 7-44　接头断裂

图 7-45　螺纹连接件

2. 支撑

立柱式台模采用的是镀锌钢支撑，此材料在入场时应严格控制其质量，要检查其材质是否符合要求，尤其检查其调整固定高度所用的旋转固定件。如果材质强度达不到要求，在工人操作过程中就很容易造成开裂甚至断开（图7-46），这会为整个模板支撑体系的稳定及安全留下隐患，故使用过程的检查也是必不可少的。另外要注意顶部的U形顶托，它是连接面板与支撑的关键构件，其两侧的挡板必须坚固，否则支撑便可与面板脱离，不仅在浇筑过程中存在安全隐患，且在吊运过程中也有发生坠落的危险。图7-47为工人在对U形顶托进行补焊。

图7-46　旋转件开裂　　　　　　　　　　图7-47　U形顶托补焊

3. 防护栏杆

防护栏杆采用的是定型防护立杆加扣件式脚手架钢管护栏组成（图7-48），其最薄弱的位置是立杆与面板连接处的拐角位置（图7-49）。

要检查此位置的焊接质量，并确定与工字木连接是否牢固。防护立杆的形式有很多种，Skycourts项目所使用的只是其中一种，在工字木端头部分安装的类型。这里介绍另外一种立杆，它是使用矩形钢箍套在工字木上，使用螺栓将其锁紧，其好处是可以任意调节护栏在工字木上的位置，以便调整操作面宽度。

7.4.4.2　安装过程

台模是在下面拼装好后吊运到作业面

图7-48　防护栏杆

的，我们所使用的是C形吊具（图7-50），这种吊具是专门为吊运台模设计，我们可以使用图7-51所示的夹具将吊具与台模本身固定，以便防止侧翻。在吊运时，要在吊具上系两个约4m长的大绳，可以起到稳定和控制台模的作用。

将台模吊到预定位置后，要在台模支腿内脚全部放下后方可将吊具摘除。最值得注意的是在临边位置的模板，因为临边位置的台模要向外悬挑一段长度，以便为模板侧模或预应力等工作提供足够的操作空间，这就使得临边台模有向外倾斜的趋势，这样是不能在模板上施工的（图7-52）。所以在放置临边台模时，要对其进行拉结固定防止倾覆。我们可以采用在楼板上预埋地锚，使用钢丝绳或钢筋在楼层内侧将模板牢固拉结（图7-53）。

当工人要上台模进行拼接作业时，因为台模尚未组成整体，其稳定性较差，模板会随

图 7-49　拐角薄弱位置

图 7-50　C 形吊具

图 7-51　夹具固定

图 7-52　临边台模

图 7-53　模板拉结

工人行走而晃动，应先将小范围内的台模支腿处加装三脚架以避免较大晃动，待小范围内台模连接为一整体时，便可以此为起始连接其他台模。工人在台模上行走时，尤其是临边工作的工人，要使用安全绳系统，在竖向钢筋柱体之间拉设安全绳，以便让工人悬挂安全带，防止坠落。

不可忽视的是临边防护围栏的搭设要跟得上施工的进度，并且要保证防护完全无漏洞。为防止坠物，要装设挡脚板与安全立网。

7.4.4.3　拆除过程

拆除台模的过程要比安装过程更应引起重视，相对来说，拆模要比安装模板危险。拆模时一般使用液压移动车来协助施工（图7-54）。必须将液压移动车对称布置在台模两端，而且要同步工作平均分担台模的重量。提升前拧紧阀门，降落时慢慢松动阀门。利用液压千斤顶脱模时，一般只需轻轻摇动立柱即可。当台模台面被楼层混凝土粘住，或被其他各类预埋件卡住时，不得采用撬棍、锤子等物撬击，应当先设法排除这类障碍后方可脱模。在运输台模时其行走速度要恰当，应当始终保持台模的平稳。

图 7-54　台模拆除

当台模运输到楼层边缘准备翻层时，楼层临边的防护栏杆要暂时拆除以便进行吊出。首先要在施工区域下方设置警示区域，设专人看护，保证下方无人施工及路过，然后要在楼层内设置安全绳系统，以便工人在无防护围栏的楼边进行作业，特别注意的是在向外推运台模时，作业人员要站在台模的后面（内侧）或者是侧面，以免在吊运过程中台模碰倒工人。工人在吊运前应对台模进行检查，看是否有松动的部分，还要看台模上是否有混凝土碎块或其他不固定的物体，避免在吊运过程中发生坠物事故。同安装时一样，吊运过程中也需要专用夹具和导向绳来控制台模侧翻和吊具稳定。

在台模翻运完毕后，或是工作时间结束准备离场前，必须将临边的防护栏完全恢复，未来得及翻运但已经拆下的模板要采取临时固定措施，防止因风吹等原因倾翻。

不管是安装过程还是拆除过程，要避免交叉作业，施工区域下方要设置警戒区，严格防止工人进入此区域。随着楼层的增高，要在楼层外围安装挑网以防坠落。

7.4.4.4　安全教育与交底

由于工人对于台模施工的工艺知之甚少，并没有施工经验，所以在施工前要对工人做好详细的台模施工技术交底与安全交底，还要召开安全教育会对工人进行安全教育，要落实到每一个工人，确保所有工人都能受到教育，并且做好教育与交底记录，将记录与工人签字表存档。

随着社会的进步与科技的发展，新的材料在不断创造，工艺也在不断演变发展。以上的内容只是一个项目的部分经验总结，还要结合各项目的实际情况，采取有针对性改进，提出新的要求，这样才能确保工程安全顺利完成。

7.4.5　小结

以 Skycourts 为例，阐述了台模在工程中应用的重要性和经济性。通过介绍台模的组成、安装、施工及回撑等过程，比较分析台模在工程中使用的经济效益，可以了解到，在未来的大型高层建筑中，台模是一种具有特殊地位的工程材料，台模对满堂架的替代，表明了工程施工管理向前又迈进了一步。

7.5　阿联酋 Al Hikma 超高层建筑液压爬模系统的应用与改进

7.5.1　液压式自爬模系统

7.5.1.1　采用液压式自爬模系统的主要原因

Al Hikma 项目核心筒的施工采用了液压式自爬模系统，主要是从以下几方面考虑：

（1）出于成本考虑，项目只安装了一台动臂塔吊，而外幕墙的安装，钢结构的安装，柱子钢模的起吊，部分装修材料的垂直运输和卸料平台的安装都需要使用塔吊，如果采用普通挂架系统，则会大大增加塔吊的使用时间。

（2）从施工流水安排上考虑，由于单层面积小（约为 900m^2），如果采用常规方法，最后施工工序制约大。

（3）从节省人工角度考虑。

（4）从节省工期考虑，自爬模系统可大大节省工期。

（5）出于施工安全方面考虑。

7.5.1.2　液压式自爬模系统介绍

液压自爬模系统的爬升主要依靠系统自带的液压顶升系统，该系统包括液压千斤顶和换向盒，通过改变换向盒的提升方向，从而达到提升导轨或提升架体，作用于换向盒的力来自液压千斤顶。爬升速度快，安全系数高，既可直爬，也可以斜爬，最大斜爬角度为 $18°$。其结构主要分为四部分：模板系统、埋件系统、支架系统和液压系统，如图 7-55 所示，液压自爬模平面布置图如图 7-56 所示。

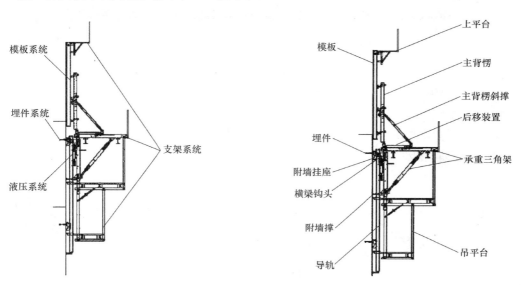

图 7-55　液压自动爬模系统的组成

1. 模板系统

Hikma 项目地上 62 层，采用了 18mm 厚的桦木模板配合 50mm×100mm 木方以及工字木组成模板系统，其主要考虑为桦木模板能够循环使用 32 次以上，故项目施工期间只

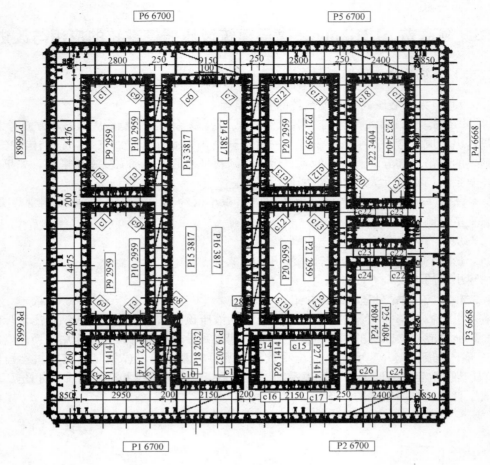

图 7-56　液压自动爬模平面布置图

需要更换一次模板，大大节约了时间。

2. 埋件系统

前一次浇筑时将埋件埋入墙体中作为下一次浇筑的主要受力部件。该系统主要由以下构件组成：①埋件板；②高强度螺杆；③受力螺栓；④爬锥（图 7-57）。

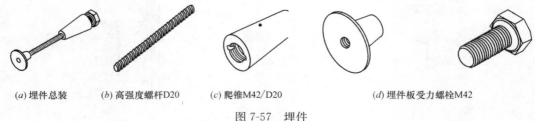

(a) 埋件总装　　(b) 高强度螺杆D20　　(c) 爬锥M42/D20　　　(d) 埋件板受力螺栓M42

图 7-57　埋件

浇筑完成后，并非整个埋件都不可取出。其中，受力螺栓和爬锥可重复使用，减少了不必要的材料浪费。Hikma 项目核心筒共分为九个部分，其中内部设置爬锥 21 个，外部设置爬锥 16 个（图 7-56）。

3. 支架系统

支架系统是整个系统的支撑部分，主要由上平台、主背楞及主背楞斜撑、承重三脚架、后移装置、附墙撑、附墙挂座、横梁构头、导轨、吊平台等组成，如图 7-55 所示。

（1）上平台由可倾挑架铺上木板组成。可倾挑架安装在木梁上，其安装角度可调，当模板系统斜爬时，可保证其始终保持水平，方便工人行走和工作。

（2）主背楞一侧固定在组装好的模板上，另一侧安装主背楞斜撑，同时，下部固定在后移装置上。它可随后移装置一起移动，带动整个模板移动。主背楞、斜撑和后移装置三者组成三角形，通过调节斜撑的长度即可实现模板的倾斜角度的调节。

（3）承重三脚架是整个模板系统重要的支撑部分，三脚架斜杆换成了斜撑，斜撑长度可调。

（4）后移装置安装在承重三脚架横梁上部。后移装置上的齿轮与三脚架横梁上的齿条啮合。因此，该装置可在三脚架横梁上前后移动。

（5）附墙挂座是整个模板系统非常重要的受力部件，一端固定在埋件上，另一端安装承重三脚架。附墙挂座分为单埋件挂座和双埋件挂座，其中，双埋件挂座可承受的力更大一些，可根据需要进行选择。

（6）导轨是整个模板系统爬升的轨道。爬升方向的转换是通过上、下换向盒实现的。即通过上、下换向盒先提升导轨，提升导轨过程中换向盒位置不变，导轨到达其提升高度后，然后改变转向盒的提升方向，换向盒沿着导轨进行爬升，从而带动爬架的提升。

（7）吊平台安装在整个模板系统的下部，方便工人进行埋件拆除和浇筑后的清理工作。

4. 液压系统

液压系统是整个液压式爬模的动力装置，主要由动力单元、液压油缸、配电柜等组成。

7.5.2　液压式自爬模的安装流程

1. 液压自爬模系统的安装切入点

如图 7-58 所示，首先浇筑首层核心筒墙体并预埋爬模挂架，等第一层核心筒拆模后，安装其承重三脚架，浇筑第二层核心筒之后安装导轨和吊平台，完成自爬模系统的最后安装。

2. 液压自爬模的系统的安装

液压自爬模系统安装如图 7-59 所示。

7.5.3　液压式自爬模的爬升流程与垂直度控制

7.5.3.1　首次爬升流程

（1）安装模板完毕后浇筑混凝土→（2）施工人员在操作平台上绑扎钢筋→（3）清理杂物和检查设备固定情况→（4）墙体混凝土强度达到 10MPa 以上后，拆模、后移模板→（5）插导轨→（6）爬升架体→（7）均匀提升架体到位→（8）安装吊平台同时施工人员在平台绑扎钢筋→（9）模板清理刷脱模剂→（10）埋件固定在模板上→（11）墙体钢筋验收之后开始合模板→（12）检查模板间尺寸及四个角点坐标→（13）模板验收通过，浇筑混凝土→（14）进入循环标准层爬升流程。

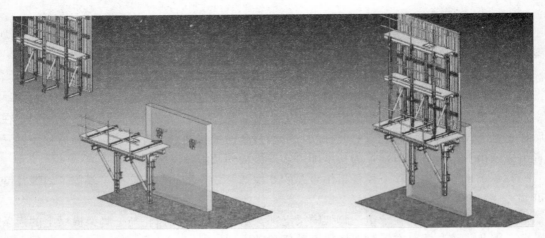

图 7-58　液压自爬模系统模拟动画截图

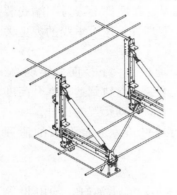

(a) 安装三脚架

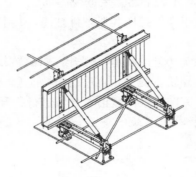

(b) 安装三脚架平台板图

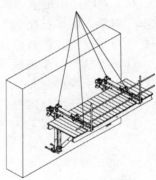

(c) 吊装三角架

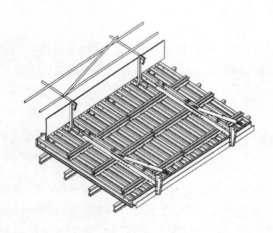

(d) 拼桁架、安装所有操作平台

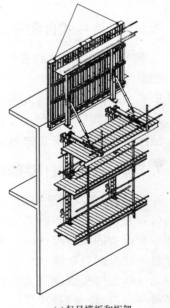

(e) 起吊模板和桁架

图 7-59　自爬模系统安装

7.5.3.2　垂直度控制

针对核心筒垂直度偏差的问题，我们采取了以下控制措施：

（1）在核心筒每个角点距角边 10cm 处设置控制线，合模时严格按照此线测量。通过检查该层核心筒的偏差范围，从而通过模板调节丝杠和导轨尾撑来纠正偏差。

（2）用铅垂仪进行测量。在距核心筒侧边 60cm 处由铅垂仪从最顶层楼板上的控制点向上投点，控制模板边线，精确度精确到 5mm 之内。

（3）在模板验收之前设置垂直线和水平通线，确保模板的垂直度偏差和水平偏差范围控制在 3mm 之内，模板上口拉通线，通过核查对角线长度来检查井筒方正与否，在墙模板内侧放置与墙等宽的木方，以保证浇筑出来的混凝土墙面宽度精确无误。

7.5.4　液压式自爬模方案的改进

由于项目本身的特殊性，再加上爬模系统本身设计的缺陷，在使用过程中也是困难重重，为了增强爬模系统的实用性和可操作性，对原爬模系统进行了几项大的改进，极大地提高了使用效率，节约了资源，降低了施工成本。

7.5.4.1　改进模板阴角大角模

原设计中，爬模系统阴角模单侧宽度达到 60cm，这样的设计势必会造成拆模的困难，在拆模的过程中将不可避免的破坏模板的完整性，减少模板的循环次数，在实施过程中也确是如此。针对此种情况，我们对模板进行重新设计，尽可能地减少阴角模的单侧长度，并对钢背楞重新加工，经过改进后的模板再也没有出现拆模困难的情况，如图 7-60 所示在 T 形背楞处将模板切开减少单侧长度，这样拆模就很容易，但是切割处合模时需要额外加固。

7.5.4.2　爬模爬锥定位卡尺

由于核心筒的钢筋太密，许多 7.5cm 宽的爬锥很难放进去，再加上设计的时候考虑不周，钢筋绑扎时需要将预埋爬锥、对拉螺杆的位置让开。如图 7-61 所示，我们用直径 32mm 的钢筋制作了一个预埋件定位卡尺，可以有效地把预埋件的位置让开，卡尺可以每层循环使用，大大减小了施工过程中因为预埋件需要调整花去的人工。这样不仅可以减少模板开洞数量，而且可以提高效率，增加模板周转次数节约成本。

图 7-60　改进了的阴角模

图 7-61　爬模爬锥定位卡尺

7.5.4.3 爬模操作架拐角处更改

起初设计的爬模操作架由于考虑不周，爬模安装完毕后会在上平台四个角处留下空缺，不但会造成安全隐患，影响美观，而且不利于施工，决定自行对该处进行改进。如图7-62所示，将拐角处每侧做成45°斜角，这样模板合上后操作平台就会形成一个通路，降低了安全风险，同时也有利于钢筋的绑扎，核心筒拆模之后，模板后移之后通路上会出现缺口，此时我们在上面放置临时跳板（图7-63）加入解决。

图 7-62　上平台拐角处做 45°斜角

图 7-63　拆模后拐角处放置临时跳板

7.5.4.4 降低爬模挂架的高度

在原设计中，爬模最下一层挂架高度为 2.8m，如图 7-64 所示，由于爬模受限于布料机的长度，核心筒只能高于楼板三层施工，如果按照原设计施工，爬模最下面一层操作平台会由于低于楼板预埋钢筋的高度而影响下一层钢筋的绑扎，影响工程的进度。针对此种情况，将最下面一层挂架的高度由 2.85m 改为 1.8m，如图 7-65 所示，这样就使核心筒和楼板的施工互不影响，可以先剔凿预埋板筋，省去在支设板模的同时还要剔凿板筋，减

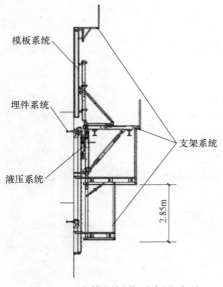

图 7-64　爬模原操作平台设计图

图 7-65　高度降低后的爬模操作平台

少在支设模板时交叉作业对工期的影响，提高了效率。

7.5.4.5　在爬模操作平台上钉铁皮

由于核心筒和楼板施工不可避免地会造成交叉作业，任何材料和工具从核心筒操作平台上坠落都可能造成人员的伤害。为此，决定将混凝土浇筑操作平台全部钉上铁皮，并且使铁皮的高度和模板的顶标高一致。这样一来，不但确保了施工的安全，而且有利于混凝土的浇筑，即使因为布料机操作的原因部分混凝土撒落在平台上，用铁锹也很容易铲到核心筒墙里面，减少了混凝土损失。

7.5.4.6　核心筒内模后爬升，搭操作架

浇筑完混凝土之后，根据爬模的原始设计方案需要等上 24h 之后等爬模爬升完毕之后才能进行竖向钢筋对丝工作，这样大大耽误了施工进度，会使整个施工工期向后推迟近两个月。经过技术人员商讨、受力分析、计算之后，决定在爬模内模操作平台上面搭设脚手架平台，如图 7-66 所示，这样，浇筑混凝土后的第二天就可以马上在脚手架平台上面绑扎内墙的竖向钢筋，不仅有效地解决了钢筋工窝工问题，而且大大缩短了工期。

图 7-66　爬模内侧增加的固定操作平台

7.5.5　爬模施工安全注意事项

（1）在合模前，必须对附墙预埋件进行再次定位复核，以保证位置精确。

（2）混凝土浇筑完毕后，不能马上进行爬升，根据计算必须等到混凝土强度达到 10MPa 以上。

（3）由于该项目为超高层项目，风荷载大，所以爬架各层操作平台四周采用多孔彩钢板，如图 7-67 所示。

（4）在爬架上配置足够消防设施。

（5）由于爬架为非承重结构，故严格不允许在爬架上堆放材料；同时爬升时操作人员不得站在爬升件上爬升。

（6）爬升时务必要稳起、稳落和平稳就位，防止大幅度摆动和碰撞。要注意不要使爬

升模板与其他构件卡住，如发现此现象，应立即停止爬升，排除故障后再行继续爬升。

（7）每个单元的爬升应在一个工作台班内完成，不宜中途交接班，爬升过程中如遇六级及以上大风 应停止作业。

（8）在爬升过程中，不得进行交叉作业。

（9）在操作平台板上楼梯洞口处设置合页板，如图 7-68 所示，使用时打开，不用时关闭，防止人员踏空坠落。

图 7-67　平台四周设置安全网

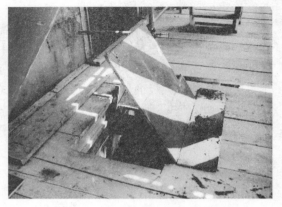

图 7-68　平台板上楼梯洞口处设置合页板

7.5.6　结语

以上系统地介绍了液压式自爬模体系，并着重叙述了系统的安装和操作流程，并结合 Al Hikma 项目使用过程中遇到的问题，对其进行了大量的改进，希望能对以后项目液压式自爬模系统的应用提供借鉴。

7.6　阿联酋 Al Hikma 超高层建筑液压式保护屏系统的应用及改进

7.6.1　工程概况

Al Hikma 项目地处迪拜中央商务区，是一座超高层办公楼，周边建筑设施有地铁、迪拜购物中心及世界最高楼"哈利法·塔"，以及其他高层建筑。Al Hikma 大厦如图 7-69 所示。

图 7-69　Al Hikma 项目

7.6.2　液压式保护屏系统介绍

Al Hikma 项目地理位置特殊，位于迪拜中心地带，与主干道 AL Sheikh Zayed 大道及沿路观光地铁的最近距离不足 20m，安全防护和施工安全至关重要（图 7-70）。故项目采用了液压式保护屏系统，以保证项目的安全实施。该系统包括保护屏系统本身及卸料平台，自带的 5m 长卸料平台随保护屏系统自动爬升，避免了普通卸料平台的反复安装和拆卸；保护屏本身采用多孔彩钢板作为外围防护，替代了传统的安全绿网，既不会增加风荷载的影响，又比原来的塑料网片安全性大大增强；保护屏采用了液压顶升系统，可随楼层施工进行爬升，一次成型无需更换；爬升系统可独立分片提升，且单面爬升一层高度只需要 5 名工人 30min 内即可完成，大大节约了人力成本与时间成本。

图 7-70　安全防护系统

7.6.2.1　液压式保护屏的工作原理

保护屏系统采用液压顶升系统使整个架体在无需塔吊等外力的作用下沿导轨实现自我爬升，且导轨也可由此系统进行自我提升，整个过程无需借助其他机械。

7.6.2.2　液压式保护屏的构造：

保护屏系统（图 7-71）由以下几部分组成：①支架结构；②液压系统；③卸料平台；④外围结构。

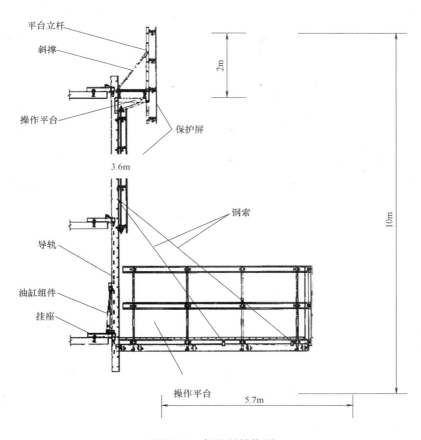

图 7-71　保护屏结构图

1. 支架结构

支架结构为其主要骨架部分，包括挂座、导轨、撑钩及承重装置。

（1）挂座，如图 7-72 所示。挂座是用来固定导轨及爬升导轨时作为支撑基座的，是主要受力构件，整个保护屏的重量全部由挂座传递到结构板平。

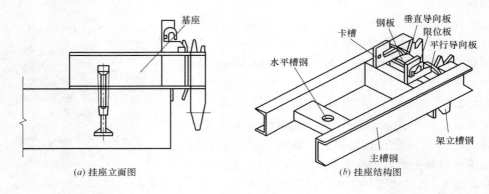

(a) 挂座立面图　　　　　　　　　(b) 挂座结构图

图 7-72　挂座

（2）导轨，如图 7-73 所示。导轨是由两个槽钢背对用支撑梯档焊接，用于保护屏的爬升及爬升完毕后与承重销或承重舌一起固定在挂座上。导轨的内侧横向设有多个梯档，导轨上开有承重口，供承重销插入固定。

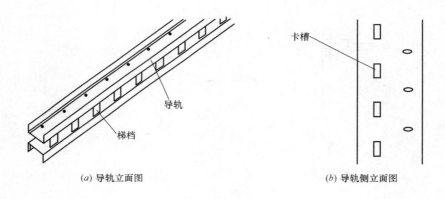

(a) 导轨立面图　　　　　　　　　(b) 导轨侧立面图

图 7-73　导轨

（3）撑钩，包括折弯板、限位钢板、撑钩顶板、撑钩钢板、拉紧弹簧、限位销、复位弹簧、焊接垫圈，如图 7-74 所示。

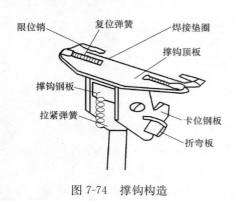

图 7-74　撑钩构造

（4）承重装置分为：承重销（图 7-75）和承重舌（图 7-76）两种，它们的作用是相同的，可根据楼板施工的情况选择两者之一。

承重舌滑下顶住梯档从而承受导轨的重量，所以爬升的行程是由梯档的间距决定的。而承重销在使用时是插在导轨的卡槽里的，因卡槽的间距较密，所以可以实现在导轨爬升过程中特定位置的静止。

2. 液压系统

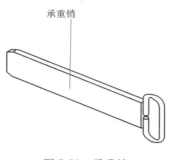

图 7-75　承重销

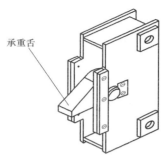

图 7-76　承重舌

液压体系通过操作液压系统完成，控制油缸伸缩，由挂钩带动导轨上升（图 7-77、图 7-78）。

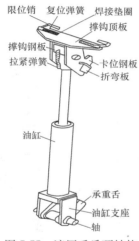

图 7-77　液压千斤顶结构

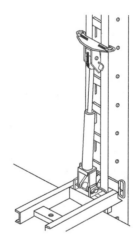

图 7-78　液压系统

3. 卸料平台

为了方便下层拆模层的材料转运，保护屏在最下层设置了卸料平台，并且可以随保护屏一起爬升，节约了安装卸料平台的成本（图 7-79）。

4. 外围结构

外围结构分为保护屏、保护屏支撑及连接件以及操作平台。外围结构是保护屏体系的保护结构。它采用了多孔压型钢板替代了传统的安全绿网，不论从刚度还是外观上都有了很大程度的提高，既安全又美观，并且可以在上面进行喷绘设计，用作企业形象宣传更是非常适合（图 7-80）。

7.6.3　保护屏的安装与拆卸

7.6.3.1　保护屏安装

液压式保护屏的安装分为 6 个步骤：

图 7-79　卸料平台

（1）预埋件的安装。在楼板钢筋绑扎之前，就要先在模板上测量定位挂座的位置，尤其是预埋螺帽的位置。在绑扎过程中将预埋件与板以及梁的钢筋共同绑扎好，并将螺栓上好，以免混凝土流入（图 7-81）。

图 7-80　外围结构外观　　　　　　　　　　图 7-81　挂座预埋件

（2）楼板混凝土浇筑完成后，待 24h 之后安装挂座。使用螺栓将挂座与预埋件连接牢固。待 3 层楼板全部浇筑完毕，安装好挂座后便可以安装导轨（图 7-82）。

（3）外围结构可在下方吊装区拼装，然后由塔吊进行整体吊装，安装在导轨上（图 7-83）。

图 7-82　安装过程　　　　　　　　　　图 7-83　外围防护拼装

（4）卸料平台的安装：

① 卸料平台的固定。卸料平台的主梁与导轨的连接是导轨与主梁的一端通过钢销连接，而主梁的另一端用防风绳固定，钢丝绳的数量根据设计确定。

② 卸料平台的搭设。首先将操作平台支架固定于导轨上，然后将木梁固定于支架上，将模板固定在木梁上。斜撑用于稳固整个结构和保护操作人的安全，它的一端与导轨连接，另一端与操作平台立杆连接，斜撑上下可调节 300mm，操作平台立杆上的一边与操作平台支架的一端连接，另一边四个伸出的部分上放置并连接木梁，将彩钢板钉在木梁上。最后在楼板与卸料平台直接搭设连接通道。

（5）操作平台的铺设。操作平台的铺设只分为脚手板的铺设及固定以及水平和竖直方向安全网的安装（图 7-84、图 7-85）。

（6）在操作平台上安装液压泵，以及在挂座上安装液压装置。

图 7-84　临边孔洞防护

图 7-85　接缝处防护

7.6.3.2　保护屏拆卸

保护屏的拆卸要有拆卸方案，由项目技术部批准审核，并严格按照方案步骤执行。主要分为 5 个步骤：

（1）先要对保护屏进行彻底清理，包括清理上面的材料、垃圾以及容易碰落的物体。

（2）拆除架体上的液压系统，包括液压泵和液压顶。

（3）然后将上面的防护用钢管、木方以及铁皮瓦由上至下逐片拆除，但对于连接骨架的钢管、工字木、跳板等连接不可拆除，保持其牢固地与导轨连接。

（4）使用塔吊将两根导轨组合架体从挂座上提出，吊运至地面，进行进一步拆卸。如屋面场地足够大，可先吊至屋面拆卸后分部吊下。

（5）最后拆除挂座。

7.6.3.3　保护屏安拆的安全要求

（1）要有完善的安拆方案。

（2）塔吊、塔司及信号工具备资格并经过交底，不得违章指挥，违章作业。

（3）现场清理，并在安装位置的下方拉设警示带，设专人看守其他人不得进入，严禁交叉作业。

（4）安装人员登高作业系好安全带，使用安全绳系统保障临边作业安全，工具等用小绳系在身上。

（5）大风等恶劣天气禁止安拆工作。如吊装时遇紧急情况，要有紧急迫降避险等应急措施。

（6）各组件牢固连接，检查后方可整体吊运，吊装时严禁人员站在保护屏上。

7.6.4　液压式保护屏的爬升流程及注意事项

7.6.4.1　保护屏系统的爬升流程

（1）保护屏安装到位后，通过液压系统，控制油缸组件完成保护屏的提升。安装液压系统，接好油管，操作液压泵顶升保护屏，当承重舌超过上一档梯档自动落下后，将液压顶回位，承重舌承受荷载，然后开始下一档的顶升。

（2）保护屏爬升到达预定位置后，插上承重销。

（3）拆除油缸所连接的油管，拨开限位板，将油缸组件整体卸下。

（4）将卸下的油缸组件提升至上一层平台，并安装于挂座上，连接液压管路，准备下一次提升。

（5）卸下最下层的挂座以备循环使用。

7.6.4.2　保护屏爬升时的注意事项

（1）由于保护屏体系的各个流程中的吊装部分都具有体量大的特点，所以在吊装过程中如遇到特殊情况难以顶升，可使用塔吊或者汽车吊作为辅助。

（2）爬升过程中要安排好控制人员：由1名工长带领，作为上下层的协调指挥；顶层与底层要安排人员负责检查上下是否有阻碍；中间液压系统部分要设置1名开泵机人员；每个液压顶位置最好设置1名看护人员，顶升过程中检查撑钩及承重舌是否到位，液压顶顶升速度是否平衡，如遇到不平衡情况及时调整。

（3）保护屏体系在吊运过程中要注意各组装部件的牢固性，以免吊装过程中脱落。

（4）由于各模板都是经过计算获得确切的尺寸，而导轨是严格按照预埋三脚架连接，同时楼面形状在不断收缩，所以接口处的相对位置要严格按照图纸设计要求，防止在爬升的过程中因为保护屏的过大而挤压另外的爬升体系发生危险。在提升前要检查各位置是否有足够空间，如遇阻碍必须提前对保护屏进行修改，去掉过大的部分。

（5）卸料平台上的材料等必须清理干净，通道拆除，不得有与楼内结构连接的部分。封闭接口与临边的安全网要拆除，清理保护屏上的所有可能掉落的垃圾等。

（6）专人看守，下方封闭，逐片提升，不得交叉作业。

7.6.5　保护屏的改进

根据各个项目的不同，保护屏的使用肯定也不是千篇一律的，在某些方面需要根据现场的实际情况不断地进行改进，使之适应实际需要。针对 Al Hikma 项目的特点，我们对保护屏体系做了以下改进：

1. 系统的改进之一

（1）原有的保护屏分上中下三层，上层为浇筑层，中层模板层，下层拆模层。Al Hikma 项目由于施工进度较快，监理工程师要求项目部必须做到保留两层模板层并有两层回顶层。因此在原有基础上，必须在保护屏中间增加一层模板层。

（2）Al Hikma 大厦 29 层以下部分楼板存在预应力施工，而预应力张拉时人员必须要位于板边操作拉拔机，故原有的只有最上层带有操作平台的保护屏不能满足要求。项目部提出在第二层结构外围增加一个附挂结构（图 7-86、图 7-87）。

2. 系统的改进之二

从图 7-88 中的结构可以看到原有的保护屏设计支撑结构的挂座较短，适合于规则形状的楼边缘。而考虑到 Al Hikma 项目楼板边缘是不规律收缩，层与层的边缘不尽相同，或凸或凹（例如图 7-89 上下层对比图），原有挂座不能满足要求。我们提出增加挂座的长度，但考虑到挂座长度增加可能引起挂座的长细比不满足材质要求，还不能让挂座本身的自重过大，所以研究后将原挂座制作成一个三角结构（图 7-90），同时在后端增加一个螺杆拉结件，这样既解决了楼板边缘的不规律收缩所引起的不稳定，又很好地提高了保护屏

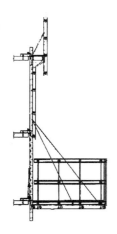

图 7-86　保护屏原图

图 7-87　增加的中间层

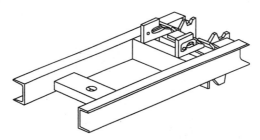

图 7-88　原来的基座结构

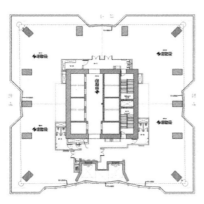
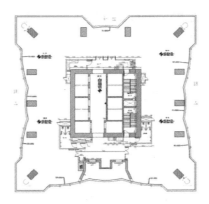

图 7-89　16 层（左）与 17 层（右）板平对比

的结构稳定性。

3. 系统的改进之三

由于 30 层、45 层以及 57～60 层的层高都要达到 4m 以上，原有的保护屏只能保护到超过标准层（层高 3.6m）最上层板平 1.8m 的位置，这样就不能对顶层楼板人员的施工起到保护作用。项目部研究后，制定了一套修改方案，在最上层保护屏上增加超过原高 2m 的脚手架防护，与原本的保护屏连接在一起，可一同爬升，并使用安全网覆盖，如图 7-91、图 7-92 所示。

图 7-90　三角支架结构

图 7-91　标准层施工

图 7-92　非标准层施工

4. 系统的改进之四

施工后期，应监理工程师要求，结构施工由原来的两层模板两层回顶方案变更为三层模板两层回顶，故拆模层下移一层。如果按照改进一的方案增加模板层是相当复杂而且费时的，那么我们可以将卸料平台下移一层并延长下方导轨，这样只改动两块保护屏的卸料平台即可满足要求（见图 7-93 与图 7-94 的变化）。

图 7-93　卸料平台下移前

图 7-94　卸料平台下移后

7.6.6　结论

液压式保护屏体系的使用对建筑施工安全起到了很大的帮助，尤其对于高层建筑的施工，既能够保障作业安全，又大大节约了工程施工中的人力、物力与时间，而且保护屏的周转更是将防护体系自身的成本降到了最低，从而大大降低了施工成本。综合来看，保护屏作为高层建筑施工的一种新型防护体系，在今后的建筑领域必定会不断改进完善，并起到积极的作用。

7.7　南方酒店项目临时支撑系统拆除探讨

Southern Sun Hotel 项目为标准四星级酒店，具有星级酒店高质量精装修要求的各显要特征。本项目有很多难点，如城市中心区深基坑土石方开挖、厚筏板大体积混凝土施工、基坑临时支撑拆除、型钢混凝土施工以及位于第六层的转换层结构施工。

7.7.1　酒店项目简介

7.7.1.1　项目概况

Southern Sun Hotel 项目（以下简称"SSH"）位于阿联酋阿布扎比市中心，业主为阿联酋知名国际性投资集团 DAS Holding 下属的 United Group HoldinGS。该项目为地下四层、裙楼四层、地上总共二十四层的四星级酒店（图 7-95）。合同范围包括结构、装修、机电、室外工程等，总建筑面积约为 4.8 万 m^2，工期 27 个月，合同金额为 2.2 亿迪拉姆。

7.7.1.2　工程现状

"SSH"项目基础工程是前期由另一家基础公司进行开挖，交接的工程现场为已开挖的一个约 50m×50m 见方、开挖深度约为 10m 的基坑，已完成护坡桩、地面下 6m 左右处的围檩梁、基坑降水井点布置等多个分项，基坑靠近 MINA 路侧中央为一近 45°的施工便道，如图 7-96 所示。

7.7.1.3　周边环境

本项目沿街布置，靠外侧（东南向）为正在深基坑施工的 MINA 路改造工程，东北向为一正在运营的 ADNOC 加油站，项目与加油站间正进行管网改造工程，项目靠内侧（近海滨路侧）及另一侧为两幢正在营业的 Al Diar Mina Hotel 及 Hotel（图 7-97）。道路施工、管网改造、设施及建筑等距本工程仅数米远，在各方面，对本工程各阶段施工作业的开展都将产生一定的影响。

图 7-95　南方酒店

253

7.7.2 基坑临时支撑系统

本工程地处城市建筑密集区，受周边环境的影响，基坑支护采用内支撑体系，方形基坑采用环形钢筋混凝土支撑体系，并在基坑四角加设两道钢管角撑。

1. 基坑临时支撑系统设计

基地支撑系统设计见图 7-98。

图 7-96　项目基坑开挖完成

(a) 内侧及另一侧酒店

(b) 加油站侧正管网施工

图 7-97　项目周边环境

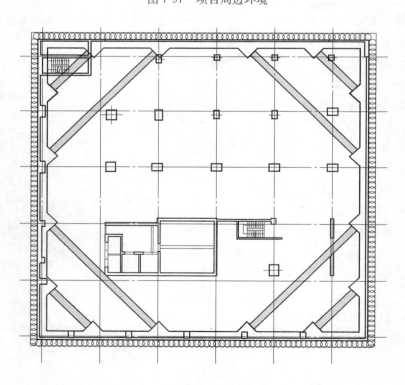

图 7-98　基坑临时支撑系统平面布置

其中：红色线条 为混凝土围檩梁 ，截面尺寸为 1400mm（H）×1500mm（W）
粉红色线条为 ϕ1000、29mm 厚的钢管角撑，内道钢管长 8m，外道钢管长 22.4m。

2. 临时支撑施工情况

临时支撑如图 7-99 所示。

混凝土支撑浇筑时预留了孔洞（图 7-100）。

图 7-99　已施工完成的临时支撑一角　　　　　图 7-100　支撑浇筑时孔洞

7.7.3　基坑临时支撑拆除

1. 拆除时间的选择

在筏板浇筑完成，并达到一定的强度，护坡桩便与筏板形成一个整体，即满足临时支撑系统的条件。此时，混凝土围檩底部距筏板面仍有 3.4m＋1.9m 高，临时支撑围檩所需要搭设的满堂架为 5.3m 高，且架体过高，需要用于确保架体稳定而增设的措施，工程量将大大增加。同时，因工作面过高，也将面临高处作业安全方面的问题。因此，我们选择在筏板上一层，也就是 B3 层楼板浇筑完后，开始临时支撑系统的拆除。

2. 拆除施工方法的选择

常用的混凝土拆除方法有火药爆破拆除、机械拆除、人工拆除等。火药爆破瞬间释放冲击力较大，机械拆除振动大、噪声大，人工拆除工期长。为了确保不对临时支撑体系、已施工的永久结构工程及周边建筑、地下设施造成不利影响，严格控制支撑体系拆除后基坑的变形，考虑安全、质量、工期等因素，结合当地常见、适用的施工方法，可采用金刚绳切割施工法，同时在施工过程中采取降振、降噪措施，确保混凝土拆除的顺利进行。

3. 拆除的主要施工顺序

施工准备→施工围挡及安全标识设置→支撑脚手架搭设→划线定位→水钻钻孔及绳锯切割→混凝土块吊装→清理场地、支架拆除。

（1）施工准备

进行施工机具的调试与人员的入场安全教育，落实施工所需电源、水源以及库房。

（2）施工围挡、安全标识设置及划分好施工区域

为确保切割的安全施工，对所要拆除的部位进行脚手架支撑及施工防护和安全围挡，

并采用密目网全封闭，且不得擅自拆除或移动；围护栏必须做到清洁整齐，无破损。

划分好施工区域，避免立体交叉作业，采用区域隔离的方式，强调各区域的管理，严禁垂直面同时施工或上面施工下面过人的现象，杜绝坠物伤人事故的安全隐患。

（3）支撑脚手架搭设

据以往经验，临时支撑下方满堂架（图 7-101）可按如下进行搭设：

① 立杆：按井字布置，立杆间距控制为 600mm 以内，同时，立杆距外侧护坡桩及临空侧应小于 250mm。

② 水平杆：水平杆双向布置，水平杆的间距不大于 600mm。

③ 支撑：采用 8.5cm 工字木支撑，以确保安全施工。

④ 斜杆：为增加满堂架的稳定性，除水平杆外还须设置剪刀撑及斜撑，以分担楼板或梁上切割施工时的荷载。

脚手架搭设应严格参照脚手架安全技术规范。

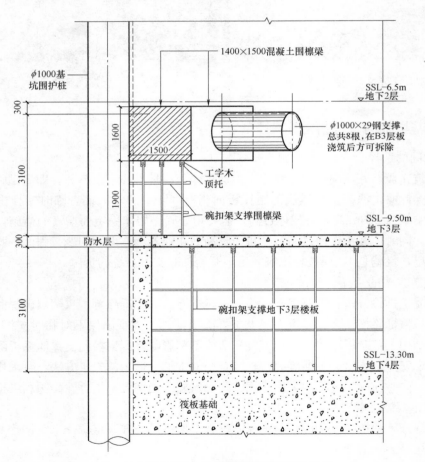

图 7-101　临时支撑满堂架搭设示意

（4）划线定位

切割尺寸计算：工程现场可摆放 25t～70t 吊重的起重设备，可根据吊车的覆盖半径及吊重范围，混凝土支撑按每米重 1.4×1.5×2.5＝5.25t，考虑 1.2 的安全系数，即每米安全吊重应为6.3t，同时结合吊装效率与经济性的对比，计算出最优的切割尺寸。

在对切割尺寸进行计算后，专业现场施工人员对需切割部位支撑梁进行定位放线，分出切割尺寸。

（5）绳锯切割及混凝土块吊装

根据切割路线，每隔3～4m用水钻钻一个ϕ76的透孔，以便于链条穿过。取适当位置安装膨胀螺栓，用来固定切割机与导轮。

安装示意图如图7-102所示。

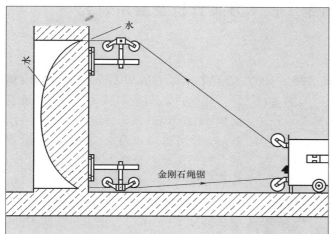

(a) 水钻钻孔

(b) 金刚石绳锯切割梁

(c) 现场实景施工照片

图7-102　绳锯切割

金刚石绳锯的操作由专人进行，切下的混凝土块用吊车及时吊离现场，以免对脚手架及下层楼板造成荷载过大。

钢管拆除采用氧割即可轻易拆除。

（6）清理场地、支架拆除

依据现场条件，选择人工倒运或机械铲运的方式将渣土清理出工作面；注意要随施工随清理，以免渣土过多，造成下层楼板荷载过大。

区域拆除完成后，即可拆除满堂架，开始下一个分项工程的施工。

7.7.4 小结

以上就 SSH 项目临时支撑系统的拆除作为探讨主题，通过分析拆除时间、拆除方法、施工顺序的选择，以及施工机械的选择、分析吊重的计算原则等方面，得出了合适的解决方案。同时，施工过程中应严格按技术标准进行控制，消除质量和安全隐患，以确保拆除工作的顺利进行。

7.8 天阁项目群塔施工技术方案分析及应用研究

7.8.1 概述

阿联酋某一超大高层建筑群项目（图 7-103）位于中东最大的贸易金融旅游城市迪拜，建筑占地面积有 4 万 m^2，建筑总面积 41.6 万 m^2，为一层地下室，一层首层，3 层裙房以及 21 层标准层组成的大型公寓及办公楼。本工程由地上六栋高层商务楼、公寓及地下车库组成。地下一层至裙楼三层连为一整体。地上塔楼部分主楼 21 层，建筑总高度 100m 左右。本工程采用全现浇钢筋框架－核心筒混凝土结构，柱距（跨度）主要为 8.0m×8.0m。

图 7-103 天阁项目效果图

本高层建筑群项目场地尺寸不规则，最长距离 346m，最短距离 290m，最宽 160m，最窄 96m。为完成现场物料的垂直运输任务，拟在施工现场安装 12 台塔吊，12 台人货两用电梯，12 台布料机即每栋塔楼各 2 台。各塔采用支腿固定基础与筏板整浇，塔吊基础预埋在筏板基础中，待塔吊安装到位后，结构主体施工到一定高度，各塔均需附着。

7.8.2 群体塔吊布置

7.8.2.1 塔吊平面布置原则

（1）满足施工需要，不出现或最大程度减少施工盲区。

（2）塔吊布置在建筑内时，避免塔节与结构梁冲突，应保证塔节边缘与结构梁有一定的距离，方便结构施工。

（3）保证塔吊安拆、使用方便，塔吊中心距离待建建筑地上部分最外沿或外架边距离不得小于 2.5m，塔吊起重臂位于顶升方向时，塔吊的起重臂、平衡臂等部件到待建建筑外沿距离不得小于 2.5m。

（4）塔吊初始安装高度时，起重臂、平衡臂等可回转部件尽可能能够整周回转而不碰到周围的树木、已有建筑等实体结构。

258

7.8.2.2 群体塔吊布置方案

1. 群塔数量确定

经对工程钢筋、模板、脚手架的吊装次数的计算，得出群塔总数量为 12 台，均选用 E14/14 型，臂长为 42m 的 4 台，臂长为 50m 长的 2 台，臂长为 54m 长的 6 台。

2. 群塔的布置

根据项目的具体情况及群塔平面布置原则，每栋塔楼需要 2 台塔吊作业，每栋塔楼的塔吊既能完全覆盖该塔楼，又不至于互相影响，且与其他塔楼的塔吊也不存在碰撞的危险性。塔楼 A 和塔楼 D，塔楼 B 和塔楼 E，塔楼 C 和塔楼 F 的塔吊联合起来能完全覆盖中间车库部分。考虑到结构封顶后，装修施工时塔吊的使用数量为 4 台。因此，在各塔楼塔吊的定位时应考虑四台塔吊可以覆盖 6 栋主楼，以满足装修使用。即塔楼 B 留一台 3 号塔吊，覆盖塔楼 A 和塔楼 B；塔楼 C 留一台 5 号塔吊覆盖塔楼 B 和塔楼 C；塔楼 D 留一台 11 号塔吊覆盖塔楼 D 和塔楼 E；塔楼 E 留一台 9 号塔吊覆盖塔楼 E 和塔楼 F。这样，即减少了群塔对装修工程的影响，也节约了群塔成本。群塔的平面定位坐标图如图 7-104 所示。

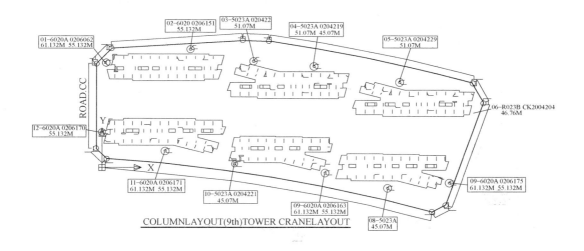

图 7-104 塔吊平面定位坐标图

3. 群塔的编号

根据项目现场塔吊的布置，群塔均在建筑主体外围，即靠近马路的裙楼部分，因此，对现场各塔吊的编号既有利于施工组织的安排，又利于塔吊施工的管理。本工程从塔楼 A 开始顺时针编号，分别编为：塔楼 A 有 1 号塔吊，2 号塔吊；塔楼 B 有 3 号塔吊，4 号塔吊；塔楼 C 有 5 号塔吊，6 号塔吊；塔楼 F 有 7 号塔吊，8 号塔吊；塔楼 E 有 9 号塔吊，10 号塔吊；塔楼 D 有 11 号塔吊，12 号塔吊。

7.8.3 群体塔吊施工组织

7.8.3.1 车库施工阶段

根据项目的工期要求，6 栋塔楼要求水平施工，即同步施工，因此各塔楼的塔吊也会同时工作。在车库施工阶段，即 GF（Ground Floor）至 P3（Podium 3），每层的面积均比较大，因此整个施工面被分成三个部分，即 PART1、PART2 、PART3，中间部分需要两边塔楼的塔吊联合工作才能完成，为防止塔吊的互相影响且吊装任务的重复，合理的组织吊装任务便具有深刻的意义。由于中间部分需要由四台塔吊的联合工作，因此，每部分施工需要分段分流水施工。四台塔吊同时分成两组相互配合施工，譬如 PART1 部分，由 1 号、2 号、11 号、12 号塔吊共同完成，1 号和 12 号塔吊组成流水段共同工作，2 号和 11 号塔吊组成流水段共同工作（图 7-105），这样便避免了塔吊的闲置和劳动力的窝工现象。

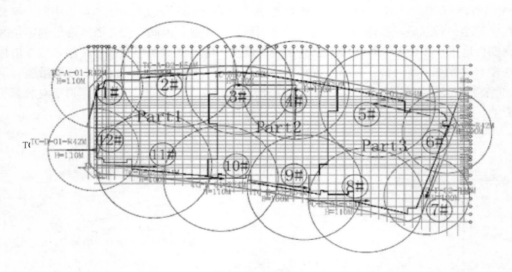

图 7-105　车库施工阶段塔吊平面布置图

7.8.3.2　主楼施工阶段

主楼施工阶段，主要为 6 栋塔楼的主体施工，因此群塔的任务相对于车库施工阶段较少，但是，同样为了避免群塔的闲置，因此各塔楼分流水施工，分为 PART1 和 PART2 部分，负责 PART1 部分的群塔有 1 号塔、3 号塔、5 号塔、7 号塔、9 号塔、11 号塔；负责 PART2 部分的群塔有 2 号塔、4 号塔、6 号塔、8 号塔、10 号塔、12 号塔。群塔同时工作，更要防止相互影响及相互碰撞，塔楼 A、B 之间，B、C 之间，D、E 之间，E、F 之间的 2 号塔、3 号塔、4 号塔、5 号塔、8 号塔、9 号塔、10 号塔、11 号塔在同时工作时，必须安排好群塔的旋转方向，吊装任务等，以免群塔之间的相互碰撞。主楼施工阶段同时也要控制塔楼 B、塔楼 C、塔楼 F、塔楼 E 的塔吊的提升高度，以免在群塔施工时塔臂碰撞建筑物。

7.8.3.3　装修阶段

装修阶段，塔吊的使用频率逐渐减小，群塔的数量也随之减少，最终将留四台塔吊为装修使用，分别为 3 号塔吊、5 号塔吊、9 号塔吊、11 号塔吊（图 7-107）；四台塔吊可以覆盖 6 栋楼，保证装修阶段装修材料的垂直运输。在装修阶段，群塔数量的减少，使之相互之间的影响也随之减小，四台塔吊同时工作，之间没有相互碰撞的危险，且结构已封顶，塔吊均已提升到最高高度，也不存在与其他建筑碰撞的危险，因此，装修阶段群塔的施工组织主要是吊装任务的组织，即吊装任务的先后顺序及类别分类。

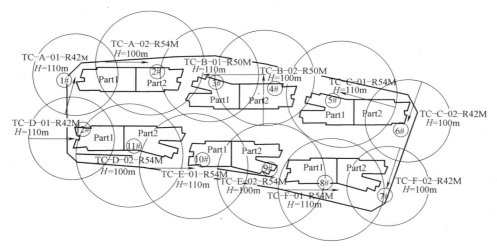

图 7-106　主楼施工阶段塔吊利用

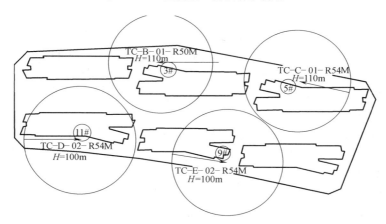

图 7-107　装修施工阶段塔吊平面布置图

7.8.4　群体塔吊施工交叉作业防碰撞分析

7.8.4.1　群塔作业实际状态及因素分析

由于受不规则场地和工期等因素影响，按规划布置的塔吊存在严重的交叉作业，最为严重的是：1 台塔吊作业要与另 5 台塔吊交叉作业面的有 1 台（9 号）；1 台塔吊作业要与另 4 台塔吊交叉作业面有 3 台（5 号、7 号、11 号）；1 台塔吊作业要与另 3 台塔吊交叉作业面的有 3 台（1 号、2 号、4 号）；1 台塔吊作业要与另 2 台塔吊交叉作业面的有 5 台（3 号、6 号、8 号、10 号、12 号）。如果解决不好群塔作业问题，就将带来严重的后果：①塔吊与塔吊之间的碰撞；②塔吊吊钩钢丝绳与大臂或平衡臂的碰撞；③塔吊与相邻建筑物的碰撞；④塔吊与布料机的碰撞。这样严峻的安全问题摆在我们面前，这在国内和中东公司的工程施工中尚属首次，经项目部集体研究并经大家讨论：①安装群塔防碰撞系统；②对同一高度交叉作业的塔吊大臂长度控制；③为控制交叉作业面，在裙楼施工结束对部分塔吊大臂实行截臂，以减少交叉的碰撞几率并以表格形式将最为关键的施工过程中的塔吊安装高度与建筑物的施工进度控制进行对比，这样可以控制并指导塔吊安装与现场进度之间的不协调，从而避免出现交叉作业所带来的碰撞等问题。

在多台塔机同时施工时，如何防止塔机相互碰撞，防止塔机与建筑障碍物碰撞以及防止吊物进入某些禁区（如街道、校园、公众区域、铁路、电网等）上空等，一直是建筑施工安全中最重要的问题，有关部门已将其纳入严格的施工安全管理，制定了相应的法规和标准，希望最大限度地保证建筑施工的安全。尽管如此，还是不可避免地发生某些塔吊间的干涉碰撞或吊物误入保护区域上空等安全事故。此类事故发生的原因，归结起来主要有：①塔吊操作者往往将注意力集中在自己塔机吊起的重物上，而忽视相邻塔机的运行状况；②操作者几乎看不到自己塔吊的平衡臂；③（相邻低塔）塔机操作者会因阳光眩目或夜间光线不足而看不到其他塔吊的纤细吊索进入自己的工作区域；④塔机操作者可能会错误估计他所操纵的塔机吊臂尖端与其他塔吊或建筑物之间的距离；⑤对跨越建筑物之外的某些保护区域（吊钩禁入区），操作者几乎看不到。因此如何解决、预防此类事故发生的措施和方法成了亟待解决的问题。

7.8.4.2 群塔作业防撞安全管理措施

鉴于群塔作业有其自身的特点及协调工作的不确定性，以上问题经常出现，影响工程现场作业，项目部结合项目的三种型号塔吊性能进行反复研究，考虑本工程的施工进度是分流水段进行，但在施工进度相差无几的情况下，项目部设计出项目群塔作业控制表，采用塔机防碰撞系统，同时制定相应的安全管理措施，供群塔作业方案借鉴，指导群塔作业过程中安全操作。以下是项目群塔防撞措施的内容及相关措施。

1. 塔机防碰撞系统

项目采用的塔机防碰撞系统是一种司机工作辅助安全系统，仅是一种辅助控制装置，它能提供有用的塔机操作信息和必要时的强制停车控制，但不能取代塔吊操作者的指令，不能完全将它作为一种安全保护系统。虽然它已将现场可能出现的各种系统缺陷及其避免方法集成到系统中，但复杂的现场还存在着某些没被识别出的缺陷，何况迪拜的气候条件塔机防撞系统是不是能适应，还需实践检验。对识别出的缺陷，系统会立即启动对应固化的解决方案，若缺陷没有被识别出来，塔机会像没有安装防碰撞系统一样的工作，此时，塔机工作中就存在潜在事故危险。在其系统中出现的一系列系统本身可能出现的缺陷，这其中失效因素有以下几点：

（1）系统内部缺陷，如系统部分零部件失效。

（2）传感器精度偏差。

（3）相邻塔机防碰撞系统被解除。

（4）相邻干涉塔机系统有缺陷。

（5）需要交流信息的任何两台塔机上的 CXT/800 系统通信故障。

以上这些故障若没有被有效识别出，都可能造成塔机防碰撞系统失效，这将威胁着塔机的正常使用。因此，系统投入使用后，定期对传感器精度校准和零部件的维护十分重要。

2. 控制特殊操作要求的工作区（根据工程需要适时调整）

（1）限制塔机进入某些工作区。

（2）允许塔机有条件进入工作区。

（3）对在某个工作区工作的塔机的最大速度进行限制。

（4）允许自由设定安全工作区。

（5）允许塔机以某种特殊逻辑规则在某些工作区工作。

3. 安装高度限制和吊臂长度限制

项目群塔塔机安装分为五次，每次都需作详细的对比，确保塔吊升高过程中出现碰撞等问题，原则是先高后低，逐次提升。

（1）本工程流水作业进度是：A、D楼为第一进度；B、E楼为第二进度；C、F楼为第三进度。也就是说：1号、2号、12号、11号塔吊为第一"高度群"；3号、4号、10号、9号塔吊为第二"高度群"；5号、6号、8号、7号塔吊为第三"高度群"。但各施工进度只相差一至二层（约6.6m），再加上塔吊间的距离太近，并且有的塔吊就安装在两幢楼的中间，因此塔吊安装高度要整体综合考虑，并适时调整工作区。

在塔吊安装到最大独立高度而楼层施工进度达不到第一道附着，而塔吊间又存在碰撞隐患时，采取安装临时附着措施，再将该塔顶升到最大独立高度。为满足施工需要和塔吊作业安全，1号（A01）塔在裙楼的P2层（第6.5个标准节）处安装临时附着，并将其顶升到58.8m，等楼层施工到30m以上时，在30m处安装正式附着，此时将临时附着拆除；其他各塔都安装到塔吊第一阶段的安装高度。塔吊第二阶段的安装按相关设计的高度实施。

（2）在塔吊第一、二阶段安装高度，由于受施工进度和塔吊型号的制约，塔吊间高差不能完全满足安全间距，此时要求塔司严格按照《塔吊安全技术操作规程》谨慎操作，并正确使用群塔防撞系统，确保施工安全。所有低塔必须在相邻高塔安装第一道附着并顶升之后完成"塔身顶升、安装附着、再顶升（如6号、8号塔吊）"或"安装附着、塔身顶升"的工序。8号塔吊在安装附着之前的顶升，必须限制9号塔的工作区域。

（3）塔吊第三、四、五阶段安装高度，按相关设计实施，各阶段的顶升时间分别为不能满足施工高度时进行。只有1号塔吊在安装第三道附着之后，施工高度超过95m，再在88.2m处安装第四道附着，然后将其顶升至126m高度，才能保证各塔的安全运行。

4. 项目群塔防撞控制表

为了指导现场塔吊安装时控制高度以及编排12个塔吊安装顺序，我们编制了项目群塔防撞控制表，见表7-3。这也是提供现场塔吊安装时机的理论依据，为实际安装操作提供位置及时机参考。

7.8.5　群塔施工安全技术措施

安全保障是使用垂直运输设施中的首要问题，必须严格做好以下几个方面：

7.8.5.1　安全措施内容

（1）首次试制加工的垂直运输设备，需经过严格的荷载和安全装置性能试验，确保达到设计要求（包括安全要求）后才能投入使用。

（2）设备应装设在可靠的基础和轨道上。基础应具有足够的承载力和稳定性，并设有良好的排水措施。

（3）设备在使用以前必须进行全面的检查和维修保养，确保设备完好。未经检修保养的设备不能使用。

表 7-3

项目群塔防撞控制表

塔吊编号	塔吊型号	自由高度	实际高度	第一道附着高度(m)				规定高度	第二道附着高度(m)			规定高度	第三道附着高度(m)			规定高度	第四道附着高度(m)		最终高度(m)	平衡臂长(m)
				规定高度	附着顶升(节)	附层/塔吊绝对附着高度	控制高度		附着顶升(节)	附层/塔吊绝对附着高度	控制高度		附着顶升(节)	附层/塔吊绝对附着高度	控制高度		附着顶升(节)	附层/塔吊绝对附着高度		
1	6020A	52	33.6 / 58.8	37 / 正式	7.5/21 / 12.5	1/21 临时 / 5/35	58.8	62.2	15.5/29 / 20.5	7/43.4 临时 / 12.5/57.8	81.2	87.4	23.5/37 / 28.5/	14/85.8 临时 / 18/79.8	103.6	109.8	31.5 / 45	21/88.2 临时	126	14.8
2	6020A	52	50.4	37	12.5/28	5/35	72.8	62.2	20.5/34	12/57.8	95.2	87.4	28.5/42	18/79.8					117.6	14.8
3	5023A	60	58.8	45	15.5/29	7/43.4	81.2	70.2	23.5/37	14/85.8	103.6	92.6	31.5/45	21/88.2					126	13.6
4	5023A	60	50.4	45	12.5/26	5/35	72.8	70.2	20.5/34	12/57.8	95.2	92.6	28.5/42	18/79.8					117.6	13.6
5	5023A	60	58.8	45	15.5/29	7/43.4	81.2	70.2	23.5/37	14/85.8	103.6	2.6	31.5/45	21/88.2					126	13.6
6	F0/23B	60	40.5	48	6.5/19	2/28.8	64.4/73	84	13.5/28/29	8/49	86.8/95.8	131.8	20.5/34	16/69					109.5	12
7	6020A	52	50.4	37	12.5/26	5/35	72.8	62.2	20.5/34	12/57.8	95.2	87.4	28.5/42	18/79.8					117.6	14.8
8	5023A	60	5.8		15.5/29	7/43.4	81.2	62.2	23.5/37	14/85.8	103.6	103.6	31.5/45	21/88.2					126	14.8
9	6020A	52	44.8	37	10.5/24	3/29.4	67.2	62.2	19.5/32	10/51.8	89.6	92.6	26.5/40	17/74.2					112	14.8
10	5025A	60	58.8	45	15.5/28	7/43.4	78.4	70.2	22.5/38	13/65	100.8	100.8	29.5/43	20/82.6					120.4	13.6
11	6020A	52	42	37	9.5/23	2/28.8	64.4	62.2	17.5/31	9/49	85.8	85.8	25.5/39	16/71.4					109.2	14.8
12	6020A	52	50.4	37	12.5/28	5/35	72.8	62.2	20.5/34	12/57.8	95.2	87.4	28.5/42	18/79.8					117.6	14.8

说明:一号塔临时附着为7.5节\顶至21节,塔吊节全按2.8m/节计算,6号塔为SM节/节,6.5节为临时附着点,如果在103.6m处的情况下,灰色块的免附着,塔吊附着绝对高度是从筏板上300mm开始算起。

（4）严格遵照设备的安装程序和规定进行设备的安装（搭设）和接高工作。初次使用的设备，工程条件不能完全符合安装要求的，以及在较为复杂和困难的条件下，应制定详细的安装措施，并按措施的规定进行安装。

（5）确保架设过程中的安全，注意事项为：①高空作业人员必须系好安全带；②按规定及时设置临时支撑、缆绳或附墙拉结装置；③在统一指挥下作业；④在安装区域内停止进行有碍架设安全的其他作业。

（6）设备安装完毕后，应全面检查安装（搭设）的质量是否符合要求，并及时解决存在的问题。随后进行空载和负载试运行，判断试运行情况是否正常，吊索、吊具、吊盘、安全保险以及制动装置等是否可靠，都无问题时才能交付使用。

（7）进出料口之间的安全设施、垂直运输设施的出料口与建筑结构的进料口之间，根据其距离的大小设置铺板或栈桥通道，通道两侧设护栏。建筑物入料口设栏杆门，小车通过之后应及时关上。

（8）设备应由专门的人员操纵和管理。严禁违章作业和超载使用。设备出现故障或运转不正常时应立即停止使用，并及时予以解决。

（9）位于机外的卷扬机应设置安全作业棚。操作人员的视线不得受到遮挡。当作业层较高，观测和对话困难时，应采取可靠的解决方法，如增加卷扬定位装置、对讲设备或多级联络办法等。

（10）作业区域内的高压线一般应予拆除或改线，不能拆除时，应与其保持安全作业距离。

（11）使用完毕，按规定程序和要求进行拆除工作。

7.8.5.2　安全操作要求

（1）所有指挥人员必须穿着橙色带反光条的马甲，便于识别和管理。

（2）各指挥人员必须使用《起重吊运指挥信号》（GB 5082—85）规定的指挥信号和指挥语言。

（3）作业中，只允许一个人对司机的操作发出指挥信号，严禁有两个或两个以上的人对司机发出指挥信号。其他指挥人员只能互相传递指挥信号。利用通信设备进行指挥时，各台塔吊只允许与之相配合的信号工与司机使用的通信设备的频率相同。

（4）指挥人员之间必须有良好的配合，特别是在起重机作业中，由一个指挥人员转入另一个指挥人员指挥时，相互交接的指挥人员必须事先联系好后方能交接，绝对不允许两个人同时指挥、间断指挥或无指挥作业。

（5）司机在正常作业中，只服从穿着橙色马甲的指挥人员的指挥信号，对其他人员发布的任何信号严禁盲从；严禁无指挥操作，更不允许不服从指挥信号，擅自操作。

（6）严格执行起重吊装作业的"十不吊"规定。

（7）作业时所有塔吊必须开启塔吊防撞系统，严禁有的使用有的不使用防撞系统，并有专人监督塔吊的运行状态。

（8）在吊运大模板作业时，遇有五级及以上风力时，一律停止吊运作业。

（9）运转至相邻较高的塔吊，在运行时载重小车必须回收到最小幅度处，并且空载时将吊钩起升到最高点，吊钩上严禁吊挂重物跨越低塔。

（10）塔司必须严格按照本塔机技术性能表和起重特性曲线图的规定作业，不得超载或强行作业。塔机在每班作业完毕后，吊钩必须升高至超过周围最高障碍物的高度，载重小车收放在最小幅度处，回转制动器处于松开状态，切断总电源方可离去。

7.8.5.3　安全控制要求

（1）装设附着框架和附着杆件，应采用经纬仪测量塔身垂直度，并应采用附着杆进行调整，在最高锚固点以下垂直度允许偏差为 2/1000。

（2）在附着框架和附着支座布设时，附着杆倾斜角不得超过 10°。

（3）附着框架宜设置在塔身标准节连接处，箍紧塔身。塔架对角处在无斜撑时应加固。以上安全管理措施是根据天阁项目复杂的施工环境编制的，由于各种型号设备的进场时间不同和工地施工进度要求，导致各型号的塔吊无法错位安装，也给后续的施工留下了极大的安全隐患，所以要求所有相关操作人员，包括：塔司、信号指挥、挂钩工、布料机司机及其他管理人员，严格遵守《塔吊安全技术操作规程》和《布料机安全技术操作规程》，以及本项目的多塔作业群塔防撞安全管理措施，杜绝违章指挥和违规操作，确保安全生产，保障工程的顺利完成。

7.8.6　结论

在高层、超高层建筑施工中，合理配套是解决垂直运输设施时应当充分注意的问题。项目群塔交叉平立面作业问题多，冲突大，覆盖重叠区域多。针对以上问题，项目部集思广益地提出群塔施工技术措施及应用方案，为指导群塔施工安装等技术难题，提出了可行、经济安全的一套组织方式和方法，对以后类似工程有借鉴指导意义。同时我们在群塔中配合使用人货电梯及布料机等综合利用，在选择配套方案时，项目部遵循以下几方面进行比较，从中选用最适合项目自身特点的垂直运输设备：

（1）短期集中性供应和长期经常性供应的要求，从专供、联（分）供和分时段供的三种方式的比较中选定。所谓联分供方式，即"联供以满足集中性供应要求，分供以满足流水性供应要求"。

（2）使设备的使用率和生产率达到较高值，使使用成本达到较低值。

（3）在充分利用企业已有设备、租用设备或购进先进的设备方面作出正确的抉择。在抉择时，一要可靠，二要先进，三要适应日后发展。

在技术要求高的超大、超高层建筑施工中，合理选用垂直运输设备是十分必要的，项目群塔垂直运输配套的成功应用，使中建中东公司在这方面得以获得可贵的经验，为以后大型项目群塔作业的成功运作奠定了良好的基础，提供了宝贵经验。

第8章　地基与基础工程篇

8.1　燥热临海地区桩基负极保护施工技术

8.1.1　概述

随着沿海城市的建设与发展，越来越多的高层建筑将建设在临海地区，建筑基础是上部建筑的支撑，同时也属于隐蔽结构，一旦破坏必定会影响建筑的使用寿命，所以对桩基钢筋的保护直接关系到建筑的使用年限和安全系数，特别是已受"盐害"的钢筋的防护已成为当今世界的重大问题。

阿拉伯海处于热带季风气候区，终年气温较高。夏季局部地区温度可高达 60℃，尤其是阿联酋临海区海面由于陆地干热气流的"烘烤"，水温达 30℃以上，因为阿联酋地区干旱少雨，海水含盐度一般大于 3.6%，属于高盐度海水。高温情况下的混凝土构件，尤其是处于高盐度海水中的混凝土构件极易发生混凝土钢筋的锈蚀，我们根据燥热临海地区的特点，进过工艺创新，研究出了《阿联酋燥热临海地区桩基负极保护施工技术》。

本技术主要应用项目是处于中东燥热地区的超高层高级办公楼项目——Al Hikma Tower，位于繁华的迪拜商务区，面向阿联酋交通主干道扎伊德大道，毗邻世界上最大的购物商城 Dubai Mall 和世界第一高楼迪拜塔，项目不远处便是阿拉伯海湾。整个项目由主楼和车库两部分组成，其中主楼高超过 280m，基础采用筏板桩基础，在项目施工初期，桩头剔凿的时候发现桩头钢筋有外露现象，问题出现后引起领导高度重视，通过专家和技术人员分析后，提出了解决方案-负极保护法。负极保护法是常用的很有效的电化学保护方法，在国内通常用于地下金属管道设施的保护，但是随着混凝土钢筋的腐蚀问题越来越受重视，近几年阴极保护技术也逐渐引入对混凝土钢筋的保护领域，但是在燥热临海地区对桩基钢筋的保护还没有形成统一认识，本工法主要依据美国腐蚀工程师学会（NACE）制定的标准方法，该技术的实施有效地抑制了钢筋的腐蚀，取得了良好的效果，为国内类似问题的解决提供了借鉴之处。

8.1.2　特点

（1）可进行远距离阳极配置，实现更大范围的保护电流供给，阳极有效保护半径大。

（2）在高温、高盐度介质环境下，可以有效阻止钢筋腐蚀。

（3）输出电流和电压可连续调节，易于控制腐蚀效果。

（4）延长了辅助阳极寿命长，减少了大型工程成本。

8.1.3　适用范围

本技术适用于燥热临海地区，钢筋混凝土结构处在高盐度海水中，或者钢筋已经被腐蚀的情况。

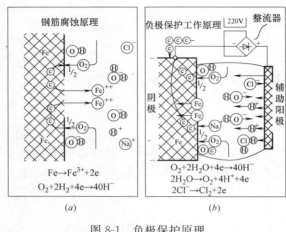

图 8-1　负极保护原理

8.1.4　工艺原理

钢筋表面的腐蚀（图 8-1a）是铁原子失去电子变成铁离子溶入混凝土的微孔水中而发生的反应，反应情况为阳极反应：

$$Fe = Fe^{2+} + 2e^- \qquad (1)$$

阳极反应生成的电子通过钢筋本身定向移动到钢筋表面上的阴极区域，并在那里与水和氧气发生反应生成氢氧根离子（图 8-1b）：

阴极反应：

$$4e^- + 2H_2O + O_2 = 4OH^- \qquad (2)$$

电子在反应中被消耗，从而保持了钢筋的电中性。在阴极区域生成的氢氧根离子（OH^-），增加了该区域附近微孔水的局部碱度，强化了该处钢筋表面上的钝化膜。必须注意的是，氧和水在阴极区域的存在是钢筋发生腐蚀的必备条件。阳极的 Fe^{2+} 进一步反应便产生了铁锈。

$$Fe^{2+} + 2OH \longrightarrow Fe(OH)_2 \qquad (3)$$

$$4Fe(OH)_2 + O_2 + 2H_2O \longrightarrow 4Fe(OH)_3 \qquad (4)$$

$$2Fe(OH)_3 \longrightarrow 2H_2O + Fe_2O_3 \cdot H_2O \qquad (5)$$

由图 8-1（a）钢筋的腐蚀机理可以得知，钢铁在腐蚀介质中的腐蚀是一个电化学过程，钢铁失去电子发生阳极氧化反应，阴极保护就是利用了它的电化学腐蚀原理，通过人为的给它施加负向电流，金属表面由原来的失去电子的氧化反应成为得到电子的还原反应，从而使金属的腐蚀不再发生。

阴极保护系统的主要设备有：辅助阳极、变压整流器。其工作原理如图 8-1（b）所示。变压整流器直流电源的正极连接辅助阳极，负极连接需要保护的构件。电流从辅助阳极流出，经大地到达需要保护构件表面破损处，再沿保护构件流回电源的负极。

8.1.5　工艺流程及操作要点

8.1.5.1　工艺流程

施工工艺流程见图 8-2。

8.1.5.2　施工操作及设计要点

每个施工步骤的正确实施及测试对阴极保护系统的有效运行都是很重要的，为此，必须了解和掌握以下技术要点：

1. 参比电极的安装及其接地

（1）埋设位置。将电极埋在被保护金属结构物附近，置于地下足够深的土壤中，处于

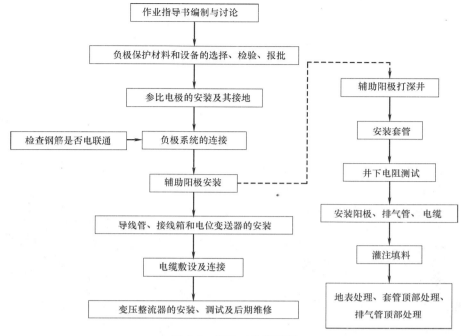

图 8-2　施工工艺流程图

永久湿润的环境。

（2）将参比电极浸泡在适量的蒸馏水或清洁淡水中不少于 2h。

（3）将埋有电极的回填料袋，埋入预先挖好的埋设坑中，并将周围土壤压实，随后向埋设地点浇灌适量的淡水，以改善电极连接状态。

（4）将参比电极导线汇总到一起，如图 8-3 所示，打筏板前一定注意管线的保护。

2. 负极系统的连接

结构物可实施阴极保护措施的前提条件是混凝土中所有钢筋必须是电连通的，否则会引起"杂散电流"腐蚀。为此，结构物在建造时，所有钢筋的接触点（如主筋与箍筋之间）都应做好连接。本项目基础直径 1.2m 和 1.5m 的桩共有 85 根，桩头钢筋通过焊接箍筋的形式将桩主筋连接在一起，然后通过筏板钢筋将所有桩头连

图 8-3　参比电极电缆汇总

在一起，实现了电连通，连接桩头钢筋的主筋都必须使用焊接连接，这样可以保证连接的有效性。

3. 辅助阳极的选择及安装

由中国科学院金属腐蚀与防护研究所试验得出的数据可知，海水中钢筋的腐蚀速率随温度的升高而增加，随着 pH 值的降低而增加。所以在燥热高盐度海水地区的迪拜，钢筋

的腐蚀速率要比正常情况下高很多，也就需要更高的电流来防止钢筋的腐蚀。因此，必须选择额定输出电流高的阳极。如果阳极过早失效或者消耗速度比预期的快，更换阳极的成本就会比较高。本项目基于燥热气候及高盐度海水的特点，选择的辅助阳极是由高硅铸铁和填埋料（焦炭粉）组成，通过打深井的方式将 4 根 15m 长的辅助阳极棒埋在了靠近筏板的区域。

辅助阳极的主要安装步骤有：

（1）打深井：如图 8-4 所示，根据现场情况，打井机器位于地下水位 6m 多的地方，所以需要的打井深度为 9m。

（2）安装套管：打完阳极井后，首先安装 9m 的管子到井底，然后将置于外部的 6m 的套管密封接上。该套管位于阳极井顶部。

(a)　　　　　　　　　　　　　　　　*(b)*

图 8-4　打深井及辅助阳极套管的安装

（3）回填：将辅助阳极区域回填土，回填的时候主要保证管子的直立，这样有助于以后放排气管、阳极串和电缆线。

（4）安装阳极：将排气管平放在地面上，将其底部封住。将阳极串靠近排气管平放，排气管的下端部超出底部阳极下端 0.5m。用塑料绳将配重块连接到最下部的阳极，距离阳极下端部 3m，将阳极串、排气管、电缆固定在一起。此时，在阳极上安装定位器。阳极电缆每隔 2m 用胶带与排气管固定一次。固定阳极时，阳极距离排气管的距离为 5～7cm，如图 8-5 所示。

（5）在安放阳极串的同时下放注料管，下放阳极串/排气管，阳极串定位后，迅速固定好阳极电缆。

（6）用泵将填料打入阳极井，此操作一旦开始，中途将不能停止，直到填料填充完毕。从阳极井的底部注入填料，将避免产生孔隙、填压不实等问题出现。用粗砂或砾石将填料上部的空间填满。高出地表的套管注意保护，确保气体排出的同时也要防止昆虫进入排气管。

4. 导线管、接线箱和电位变送器的安装

电位变送器（图 8-6）安装的时候需要注意，因为其工作的时候会产生热量，所以需

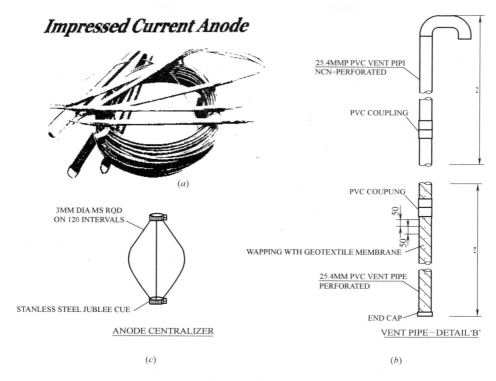

图 8-5 阳极串、排气管、定位器
（a）阳极串；（b）排气管；（c）定位器

要良好的通风条件，如果通风条件不具备，应将电位变送器的盖子打开，以防止设备过热导致设备失灵。

5. 变压整流器的安装、调试及后期维修

通过电缆把变压器、电位变送器、接线盒、辅助阳极按照技术要求连接成完整的保护系统。启动变压整流器电源，调节设备输出旋钮，使电源设备电压及电流输出为零，调节设备输出旋钮，使设备输出电压和输出电流平稳上升，测量保护电位，直至到达最小保护电位值而不超过最大保护电位值为止。观察仪器输出显示数据并做好详细记录，在设备刚投入使用一

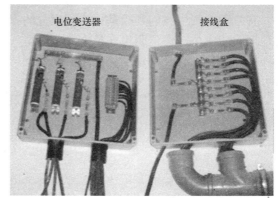

图 8-6 电位变送器和接线盒

段时间内，要经常测试保护电位，如保护电位值偏高，应适当减少设备电流输出值，直至保护电位值稳定。防止"过保护"发生。如果实施阴极保护过程中，不能够合理控制和适时调整所施加的阳极电流量或电流分布不均匀，会导致多的氢离子在钢筋表面放电生成氢气。这样，一方面钢筋有发生"氢脆"断裂的危险，另一方面可导致混凝土与钢筋之间的"握裹力"下降，影响结构物承载能力。

电源设备日常维护：

271

（1）电源设备应由专人负责管理，各旋钮及接线不能随意变动。

（2）保证电源设备正常供电。

（3）电源设备显示有明显变化时，应及时做好记录，并检查线路接线是否正常，设备熔丝是否完好。

（4）每月定时做好电源设备使用记录，记录内容包括时间、天气状况、负责人、设备输出电压及输出电流的数据、保护电位数据。

8.1.6　主要施工机具设备

本施工技术采用的主要施工设备见表8-1。

主要施工设备　　　　　　　　　　　　　　　　表8-1

序号	设备名称	规格型号	数量	备注
1	汽车吊	25t	1	吊装设备
2	电焊机	DX1-300F-3	1	焊接
3	打井机	—	1	做辅助阳极井
4	挖土机	—	1	埋设管子
5	钢尺	5m	1	测量

8.1.7　质量控制

8.1.7.1　阴极保护准则

虽然阴极保护的原理很简单，强制一直流电流施加于金属结构以减小腐蚀速率，但是涉及一个问题，即如何知道地下钢筋得到了充分保护。

有多种准则供我们判断是否达到充分的保护，其中最常用的就是电位准则，即测量物与地之间的电位以评估阴极保护电流从环境（土壤或水）流到结构上引起的结构电位相对于环境的变化。有必要定期进行测量和检测，以便及时发现管道阴极保护状况的变化，有时可能需要频繁的测试和检测。

本技术主要依据的阴极保护准则是美国腐蚀工程师协会（national association of corrosion engineers，简称 NACE）的标准：①NACE SP0169-96；②NACE SP0572-95。

8.1.7.2　阴极保护参数及其控制

1. 自然电位

自然电位是金属埋入土壤后，在无外部电流影响时的对地电位。自然电位随着金属结构的材质、表面状况和土质状况、含水量等因素不同而异，一般自然电位在$-0.4\sim0.7$V 之间，在雨季土壤湿润时，自然电位会偏负。一般取平均值-0.55V。

2. 最小保护电位

最小保护电位是金属达到完全保护所需要的最低电位值。一般认为，金属在电解质溶液中，极化电位达到阳极区的开路电位时，就达到了完全保护。

3. 最大保护电位

保护电位不是越低越好，是有限度的，过低的保护电位会造成防腐层漏点处大量析出氢气，造成涂层与管道脱离，即阴极剥离，不仅使防腐层失效，而且电能大量消耗，还可导致金属材料产生"氢脆"，进而发生氢脆断裂，所以必须将电位控制在比析氢电位稍高的电位值，此电位称为最大保护电位，超过最大保护电位时称为"过保护"。

4. 最小保护电流密度

使金属腐蚀下降到最低程度或停止时所需要的保护电流密度，称作最小保护电流密度，其常用单位为：MA/M^2 表示。处于土壤中的裸露金属，最小保护电流密度一般取 10ma/m^2。

8.1.7.3　后期调试及检查

为了确保阴极保护系统能够正常运转，后期调试及维修应按以下要求每季度进行：

（1）读取、记录、分析直流变压整流器的电流输出数据。

（2）读取、记录、分析直流变压整流器的电压输出数据。

（3）检查变压整流器的物理损伤。

（4）打开 AC 断开阀（在变压整流器开关旁，或在变压整流器面板上），以关闭变压整流器。

（5）检查变压整流器是否过热。

（6）检查所有连接是否紧密，用手拨动看是否有火花产生的迹象。

（7）检查变压整流器部件是否适度润滑。

（8）打开变压整流器，重新读取、记录变压整流器电流和电压输出。

（9）测量并分析阳极至建筑结构电阻，结构至电解质电阻，以及阳极至电解质电阻。

（10）测量并分析建筑结构至参比电极的势能，与美国腐蚀学会标准 NACE RP- 01- 69 对比试验结果，看建筑结构是否发生极化。

（11）调节、检查显示器，确保显示器读数精度。

（12）按需调整变压整流器。

（13）将所测书面记录，提交并永久保存。

（14）清洁外部单元。

8.1.8　安全措施

（1）鉴于迪拜燥热的气候，施工时做好防暑工作，特别在地下室二层布线及安装变压整流器的时候，一定要保持地下室空气流通。

（2）临时措施结构加工及安装前，应提供材料质量证明书、材料试验检验报告。

（3）基坑开挖及铺设管线时，临边位置设置防护栏，周围拉设警戒线，安排专职安全人员进行巡查。

（4）吊装辅助阳极构件时，应对各专业施工人员进行安全交底。

（5）现场施工人员应做好个人防护，焊接等特种作业人员必须穿戴防护服，佩戴防护面罩。

8.1.9　环保措施

（1）辅助阳极棒是由高硅铸铁和填埋料（焦炭粉）组成，其寿命长，避免了以后阳极棒失效后更换阳极棒造成的材料浪费及废旧阳极棒对土壤的污染。

（2）选择深井阳极，大大缩减了辅助阳极的占地面积，减少了对场地周围植被的破坏。

（3）对于现场回填开挖基坑用的回填土，要及时用塑料布进行覆盖，因为本项目处于临海地区，海风比较大，容易扬尘污染。

（4）焦炭粉属于"高污染"材料，所以使用时需特别注意，材料要集中存放于干燥、空旷的仓库，使用之前拿塑料布盖好，灌注阳极棒的时候，在场地下面铺塑料布，散落地上的碳粉要回收利用，没有用完的焦炭粉要及时退回厂家。

8.1.10　效益分析

外加电流负极保护法的实施不仅攻克了工程遇到的巨大技术难关，保证了 Al Hikma 项目基础的顺利施工，得到了业主、监理及设计单位的一致好评，而且经济效益和社会效益非常显著，具体如下：

（1）如未采用本技术而采用重新打桩基，本项目的筏板基础混凝土的浇筑不可能顺利的按期进行，这样不仅耽误施工工期，造成业主对总承包商的高额的工期索赔，而且会产生高额的施工费用。通过对比分析，采用本系统直接产生的经济效益为 1500 万迪拉姆，约合 2625 万元人民币。

（2）外加电流负极保护阻锈法为公司承接类似工程、解决类似问题打下了坚实的基础，带来潜在的收益或者避免的损失也是无法估量的，间接创造了巨大的经济效益。

（3）确保了工程顺利实施，保证了工程施工质量，方便了施工，大大提高了工程实施进度。

（4）该施工技术不仅解决了工程实际难题，创造出新型的施工方法，而且在课题研究和实际应用过程中将全部过程数据及施工难点记录下来，这对以后类似工程、解决类似问题具有极大的借鉴意义。

8.1.11　应用实例

本技术应用项目是阿布扎比王室投资开发的高级办公楼项目 Al Hikma Tower，位于繁华的迪拜商务区，面向阿联酋交通主干道扎伊德大道，毗邻世界上最大的购物商场 Dubai Mall 和世界第一高楼迪拜塔，地理位置得天独厚。整个项目由主楼和车库两部分组成，其中主楼高达 280m，包括 2 层地下室、GF 层、中间层、60 层标准层、两个屋面层和楼顶 46m 钢结构。主楼建筑面积 $57945m^2$，总造价 335000000 迪拉姆，合同工期 919 天。

在项目施工初期，桩头剔凿的时候发现桩头钢筋有外露现象，在海洋环境中钢筋很容易腐蚀，钢筋混凝土结构的腐蚀破坏是危害钢筋混凝土结构的最主要、最严重的隐患，因此需要对这些外漏金属的防腐进行研究，采取简便经济的防腐措施对其进行保护，确保整个混凝土结构的耐久性。目前提高钢筋混凝土结构耐久性的措施主要有：高性能混凝土、混凝土有机涂料、环氧涂层钢筋、钢筋阻锈剂、负极保护技术等新技术，这些新技术各有特点和优势，因此我们需要对其进行分析比较。

在技术方面，如高性能混凝土提高了混凝土的耐久性、抗氯离子渗透性、抗冻融破坏性等性能，但同时也容易产生细小的裂缝，从而减少了混凝土防护层的厚度和增加了氯离子渗透路径；有机涂料可以阻隔氯离子渗透、阻锈剂能改善和提高钢筋的防腐蚀能力，但防护期一般在 15～25 年，防腐保护效果不确定性大。环氧涂层钢筋的防护期较长，但同时也存在着巨大的隐患，就是环氧钢筋施工要求高，在施工过程中很难保证不产生部分破损，一旦产生破损，即使是很细小的破损，也会在其范围内产生电化学反应，加速破损处钢筋的腐蚀，如同坚固的大坝中存在着白蚁洞穴。

Al Hikma 项目出现的问题是桩钢筋外露，如图 8-7 所示，原因是打桩的时候保护层没有做好，这种情况已经不适合前几种施工方法，所以经过研究分析，我们选取了负极保护技术。负极保护技术不是被动防护，而是主动预防，可对钢筋混凝土中钢筋腐蚀环境情况的监测，对钢筋所需的保护电流、保护电位进行 24h 监控和调节，达到主动预防效果；即使混凝土本身存在缺陷、裂缝等，也不会对钢筋的防护效果造成不利影响，仅引起保护电流的变化。并且保护年限可根据要求进行设计，保护年限可超过 50 年。因此从实际保护效果来看，负极保护技术在防护期限和主动控制等方面具有显著的优势。

Al Hikma 项目基础桩基处于海洋环境当中，原本混凝土中的钢筋由混凝土包裹，但是由于打桩的时候保护层没有做好，导致钢筋出现外露现象，海水中有大量氯离子导致钢筋发生电化学腐蚀。

铁在环境的作用下自发的释放能量形成氧化物的过程就是铁的腐蚀。这是由于铁在热力学上是不稳定的，有向更稳定氧化物转化的倾向。铁在电解质中的腐蚀是电化学腐蚀，其反应式如下：

$$Fe-2e^- \longrightarrow Fe^{2+}$$

$$O_2+2H_2O+4e^- \longrightarrow 4OH^-$$

$$Fe^{2+}+2OH^- \longrightarrow Fe(OH)_2$$

$$4Fe(OH)_2+O_2+2H_2O \longrightarrow 4Fe(OH)_3$$

$$2Fe(OH)_3 \longrightarrow Fe_2O_3+3H_2O$$

$$6Fe(OH)_2+O_2 \longrightarrow 2Fe_3O_4+6H_2O$$

由于腐蚀环境的差异，其反应产物成分的各物质含量也有所不同，颜色呈黄色至红褐色，主要成分是 $Fe(OH)_2$、$Fe(OH)_3$、Fe_2O_3、NH_2O、Fe_3O_4 的混合物及其水合物。

外加电流法又称强制电流法，它是由外加的直流电源直接向被保护金属结构物施加阴极电流使其发生阴极极化。

本系统主要包括的组件有：参比电极、变压整流器、辅助阳极、接线盒、电缆、电位变送器。

1. 参比电极

参比电极是阴极保护系统中重要的组成部分之一。它既可用来测量被保护构筑物的电位，又可作为恒电位仪自动控制的信号源。常用的埋地用长寿命参比电极有铜 $Cu/CuSO_4$ 参比电极和锌参比电极，锌参比电极由于其抗压的特点，在一些陶瓷罐硫酸铜参比无法使用的地方显出其优势。本项目选择的是锌参比电极。

2. 变压整流器

该装置把交流电转化为低压直流电，变压整流器常常配备有在合理范围内，精细调节直流输出的功能。直流电源的正极连接辅助阳极，负极连接需要保护的构件。电流从辅助阳极流出，经大地到达需要保护构件表面破损处，再沿保护构件流回电源的负极。

3. 辅助阳极

辅助阳极由高硅铸铁和填埋料（焦炭粉）组成。阳极寿命应尽可能长，选择合适的数量并埋在土壤电阻率较低的位置，以降低阳极接地电阻。本项目选择了四根辅助阳极，通过打深井的方式将辅助阳极埋在靠近筏板的区域。

4. 接线盒

接线盒主要为了连接阴极电缆和变压整流器。

5. 电缆

电缆主要功能是将上述各部分组件，按照技术要求连接成完整的保护系统。

6. 电位变送器

电位传送器可将埋地金属构件的电位信号隔离变换成准工业信号输出，便于站控系统进行数据采集和处理。

本施工项目的桩基分布图如图 8-8 所示，直径 1.2m 和 1.5m 的桩共有 85 根。途中显示有辅助阳极、参比电极的位置。

图 8-7　桩头钢筋外漏

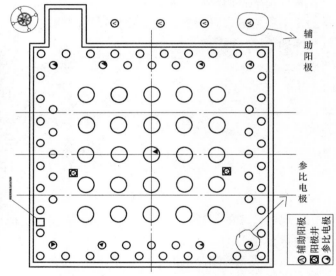

图 8-8　桩基础及辅助阳极分布图

根据 ASTM C876 标准（American Society for Testing and Materials），测试的钢筋腐蚀结果见表 8-2。

钢筋腐蚀测试报告　　　　　　　　　　　　　　　　　　　表 8-2

断路电压值 （毫伏和饱和甘汞电极）	腐蚀条件
＜−426	重腐蚀
＜−276	高风险腐蚀
−126 to −275	中度腐蚀
＞−125	低风险腐蚀

2011 年 6 月 21 日激活负极保护系统后，7 月 20 日和 10 月 27 日又进行了负极保护系统测试

续表

参比电池	2011 年 6 月 14 日	2011 年 7 月 20 日		2011 年 10 月 27 日	
	自然电压 （mV）	通电电压 （mV）	断电电压 （mV）	通电电压 （mV）	断电电压 （mV）
12250	−222	−538	−362	−677	−437
12240	−560	−914	−738	−995	−754
12239	−377	−736	−560	−866	−626
12198	−336	−827	−644	−886	−638
12206	−67	−337	−161	−411	−171
12220	−356	−528	−382	−657	−417
12212	−603	−1040	−859	−1161	−917
R1	−428	−683	−567	−780	−539
R2	−46	−377	−197	−444	−202

负极保护的结果证明，本系统有效地阻止了混凝土中钢筋的腐蚀。

8.1.12 结语

钢筋混凝土结构物的设计寿命要求一般为 40～50 年，有的要求上百年。而现实中，处在腐蚀环境中的结构物，远达不到设计寿命要求。有的在 15～20 年出现钢筋锈蚀破坏，甚至不足 5 年就开始修复。腐蚀引起混凝土结构的破坏，不仅影响结构的安全性，也加剧了业主的经济负担。本系统的设计寿命是 50 年，能有效阻止混凝土中钢筋表面的电化学腐蚀。本技术在本项目的成功应用不仅赢得了业主、监理设计单位的一致好评，而且为公司承接类似工程，解决类似问题提供了有力的技术支撑，同时也说明了阴极保护法在钢筋防腐工程领域中的重大意义。

8.2 英标规范下中东地区超高层建筑筏板施工

8.2.1 施工流程及控制要点

Al Hikma 项目地处阿联酋迪拜，该项目地下 2 层、地上 62 层，总高 282m，属于超高层建筑，筏板施工工艺比较复杂，以下主要介绍英标规范下中东地区筏板的施工流程及控制要点。业主在移交现场时桩基础、800mm 厚的地下连续墙、边坡支护和降水工程（图 8-9）都已经完成，所以项目开始后筏板施工流程主要包括：基坑开挖→破桩→场地平整和虚土压实→垫层混凝土浇筑→砌筑砖胎模→防水施工材及其保护层的浇筑→绑筏板钢筋→筏板内部模版的支设→混凝土浇筑前的检查验收→筏板大体积混凝土浇筑→筏板混凝土标高控制及其养护。

8.2.1.1 基坑开挖

基坑的开挖深度为 13.65m，核心筒部分的开挖深度为 14.75m，基坑边坡支护采用地下混凝土连续墙，混凝土连续墙上端采用工字钢桩加混凝土挡土板的支护结构。图 8-10

所示为挖掘机在对基坑进行开挖。施工控制要点主要有：

（1）在开挖前一定要确认地下是否有市政管道，而且在开挖前必须精确定位市政管道的位置，用人工将其挖开，然后才可以进行机械开挖。

（2）由于受自然条件的影响，开挖时的标高可能高于投标时的标高，所以要进行自然土标高的测量，用于后期索赔及与开挖分包的结算。

（3）根据英标规范规定，最终开挖标高要控制在实际控制标高的±2.5cm处，为了不破坏硬土层，故将机械开挖标高控制在实际控制标高上5cm处，然后采用人工平整。

（4）开挖采用挖掘机和步步卡相配合，并要修一条到基坑的坡道，一般情况下一个挖掘机要配2～3个50m³的运土卡车。

8.2.1.2 破桩

破桩的工艺流程为：破桩标高确定→剔桩头→桩身处理→桩头锚固钢筋处理。图8-11所示为采用风镐进行破桩，施工控制要点主要有：

（1）破桩之前先将破桩标高标好，围绕桩身周围做一道平线标记，沿此平线采用手持电动切割机进行切割，深度约为5cm。

（2）破桩的时候注意对桩主筋的保护，在没有经过批准的情况下不要切割任何钢筋，尤其是桩主筋，破桩完成后要用塑料薄膜包裹桩主筋以防止钢筋腐蚀。

（3）桩头在剔凿后，其表面应平整，同一基坑内的桩头表面应处在同一标高位置。

（4）注意在剔桩头过程中，不得破除到标高控制线以下，不得将主筋弯曲超过30°以上，不得只从一个方向开始破除，应从四个方向向内破除。

图8-9 井点降水　　　　　图8-10 基坑开挖　　　　　图8-11 破桩

8.2.1.3 场地平整和虚土压实

因为桩与桩之间的距离只有1.5m左右，大型机械进不去，所以我们采用的主要机械是步步卡（bobcat）、滚轮压实机和两头忙，有部分区域机械进不去的就用风镐和电锤将土块破碎后开挖。图8-12所示为用步步卡进行场地平整，图8-13所示为滚轮压实机对虚土进行压实。施工控制要点主要有：

（1）基坑开挖至设计标高，表面平整，将浮土清除干净，根据英标规范规定，如有超挖部位应用级配砂石填平。

（2）在垫层混凝土施工之前，要进行平整后土体干密度试验和承载力试验，需经监理批准的试验室测试合格后方可进行筏板混凝土垫层的施工。根据英标规范要求，每500m²要至少做3个土体试验，干密度要≥95%设计要求干密度，承载力根据结构设计要求进行控制。

（3）根据英标规范，土体试验通过后要喷洒防白蚁药水，在喷洒后 2h 内要覆盖塑料薄膜，并在 24h 内完成垫层的混凝土浇筑。

图 8-12　步步卡进行场地平整　　　　图 8-13　滚轮压实机进行虚土压实

8.2.1.4　垫层混凝土浇筑

防白蚁药水喷洒过后 24h 之内就必须浇筑混凝土垫层，施工控制要点主要有：

（1）垫层混凝土强度为 C20，根据英标规范要求坍落度在 150mm，混凝土坍落度的允许偏差值控制在 ±30mm 范围之内。

（2）垫层混凝土的模板采用 10cm 厚的木方，以保证垫层混凝土的厚度，如果垫层混凝土的厚度小于 10cm 容易破裂。

（3）垫层混凝土表面进行两遍压平，以确保混凝土表面的平整度，这样可以保证防水施工的质量，该步骤需要经监理验收。

（4）根据英标规范要求，垫层混凝土养护需要 7d 后才可以做防水。

8.2.1.5　砌筑砖胎模

基础垫层浇筑完成就开始放线砌筑砖胎膜，砖胎膜主要分为核心筒砖胎膜和筏板砖胎膜，砖胎膜的施工工艺流程为：浇筑地梁及预留构造柱钢筋→浇湿砖块→抄平放线→立皮数杆→送砖、砂浆→摆砖样→砌砖、浇筑构造柱和圈梁→复测水平标高、修砖缝、清理砖墙→清理落地灰→砖样内侧水泥砂浆粉刷→清理落地灰。施工控制要点主要有：

1. 筏板砌筑砖胎膜控制要点

由于筏板砖胎膜高 3.7m，长 30m，且其一侧要做回填土并压实，其控制要点如下，

（1）基层必须压实平整。

（2）考虑回填土的侧向压力，砖胎膜砌筑前要浇筑砖胎膜地梁和构造柱，如图 8-14 所示，构造柱侧向受力相当于悬挑板受力，其根部主要受弯矩作用，构造柱设置间距为 3.5m 一个。

（3）考虑回填土的侧向受力，砌筑结束后墙体与地面用 T32 的钢筋进行拉结，其间距为 3.5m。

（4）砖胎膜顶部砌筑圈梁，增加砖胎膜的整体性。

（5）砖胎膜用 DP410 抹灰材料进行抹灰处理，方便后期防水施工。

2. 核心筒砌筑砖胎膜控制要点

(1) 基层必须压实平整。

(2) 砌筑结构内侧打木支撑，如图 8-15 所示，以防止回填土时砖胎膜侧塌。

3. 回填土

(1) 回填土时分层回填、压实，根据英标规范规定，回填土分层压实厚度为 150~250mm，用滚轮压实机压实。

(2) 回填土压实时用水，必须使用施工用水，禁止使用海水。

(3) 回填土颗粒最大直径不能超过 10cm。

8.2.1.6 防水施工及其保护层的浇筑

当垫层混凝土和砖胎膜施工完成之后，开始防水工程的施工。防水施工前需报监理验收，验收要点有：垫层表面、砖胎膜表面及柱头修补等。防水的施工流程为：表面打磨、做倒角→刷冷底子油→粘贴防水卷材→竖向结构粘贴 6mm 厚保护板→水平方向防水浇筑 5mm 厚保护砂浆。施工控制要点如下：

(1) 桩头顶部因为破桩的时候会被打烂，所以需要对桩头进行修补，图 8-16 所示为采用环氧树脂对桩头进行修补，这种材料的硬化时间短，强度增长快，硬化后可以马上粘贴防水卷材。另外，应注意桩头修补工作应在防水分包的合同范围内明确规定，圆形模板的制作也应属于防水分包的工作范围。

(2) 根据英标规范规定，防水卷材厚度为 3mm，保护板厚度为 6mm。

(3) 根据英标规范规定，防水卷材搭接宽度为 100mm。

(4) 施工期间必须采取有效措施，使基坑内地下水位稳定降低在底板垫层以下不少于 500mm 处，直至施工完毕。

(5) 铺贴卷材的基层应洁净、平整、坚实、牢固，阴阳角呈圆弧形。

(6) 防水卷材与机电防雷接地铜管处的防水节点处理需要特殊处理，如图 8-17 所示。

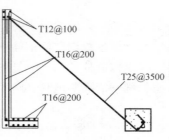

图 8-14　砖胎膜地梁和构造柱　　　　　　　图 8-15　砌筑结构内侧做木支撑

8.2.1.7 绑筏板钢筋

本工程基础底板为无梁式筏板基础，基础筏板平均厚度为 3.5m。底板钢筋为双层双向，底板钢筋上下网为 T32@120，局部下网有 T40@120，部分支座负筋为 T40@120。柱插筋为 T32、T25mm，外墙插筋为 T25@150，核心筒墙体插筋为 T25@150。

筏板钢筋绑扎的施工流程为：清理弹线→绑电梯井及积水坑钢筋→底板下铁绑扎及垫垫块→摆放马凳→底板上铁绑扎→墙、柱、楼梯插筋→清理、验收→隐蔽记录并进入下道

图 8-16　桩头修补

图 8-17　防雷接地根部防水处理

工序。施工控制要点主要有：

（1）根据英标规范规定钢筋下料前要进行抗拉强度试验、屈服强度试验和弯曲试验，且每 50t 要进行一次试验，每次试验不少于三组，而且所有类型钢筋最小屈服强度不得低于 $460N/mm^2$。

（2）由于筏板钢筋种类只有一种，而且三分之二的工人为外籍工人，故钢筋下料及预埋很容易出现问题，分工必须合理，责任明确，专人专项，并采用中国人带领的形式。

（3）在进行电梯井基础和塔楼边缘处基础钢筋施工时，应当尽量保证钢筋位置的准确性，当整片钢筋网基本形成时，如果出现钢筋位置有偏差的情况，修正的难度将相当大，而且电梯井斜坡和塔楼边处的竖向防水保护层均为柔性材料，当钢筋位置出现偏差时，部分区域的防水会造成损坏，而且在调整钢筋位置时也很容易破坏防水，所以必须在这些防水保护相对薄弱的部位特别注意，尽量保证位置准确，保护防水。

（4）角钢马凳的施工过程较为繁琐，将马凳绑扎到施工完的底铁上后，需要立即在立杆中部焊接钢筋将其连成整体，并在立杆上部用水准仪调整水平角钢的高度，焊接后将竖向角钢多余部分切除，如图 8-18 所示，保证筏板上铁的保护层厚度，根据英标规范规定底铁保护层厚度为 75mm，顶铁保护层厚度为 60mm。

图 8-18　对马凳顶部的焊接

（5）由于在筏板上部钢筋施工过程中，成捆的钢筋料将摆放在马凳上，钢筋还可能在角钢上拖动，因此会产生相当大的施工荷载，必须加焊一些剪刀撑，增加角钢的稳定性系数。在电梯井基础部位钢筋上下层的高度将达 4.6m，此处的角钢必须在中间增加横向支撑，并有效地与其他区域的角钢连成一个整体，而且在吊放上层钢筋的时候，每平方米不能堆放超过 1t 的钢筋，以防止角钢倾覆。

（6）由于本项目所有筏板的浇筑方法采用斜面分层并沿塔楼纵向顺推的方式，在浇筑过程中会产生相当大的推力，很容易造成墙柱钢筋的移位，因此必须保证在混凝土浇筑过程中墙柱钢筋位置的准确性，所以在混凝土浇筑之前应该采取措施来对墙柱进行限位，由于柱子的钢筋直径都比较大，在筏板偏底部和偏顶部可设置两根较粗的钢筋与邻近的角钢连接来减少柱子的位移，同时也在柱钢筋插筋的时候预先向可能产生位移的反方向偏出少许距离，一般以 0.5～1cm 为宜，后期的实践都证明了其良好的效果。对于钢筋直径相对较小，相对长度较大的墙体插筋，钢筋很容易在混凝土压力的作用下产生弯曲，特别是墙体中部的位置，所以一般都在中部的位置加强支撑，同时在筏板面上部用钢筋将整个墙体连接起来，保证其整体性。

（7）本工程墙、柱、楼梯插筋较多，插筋施工在确保位置准确的同时还应保证插筋锚固长度符合设计及英标规范要求，同时必须保证插筋甩茬长度满足搭接要求。

（8）根据英标规范规定，混凝土浇筑高度不能超过 2m，由于筏板平均厚度为 3.6m，混凝土浇筑前，应预先设定浇筑口，以便混凝土泵管能够深入筏板中，防止混凝土离析。

8.2.1.8 筏板内部模板的支设

在钢筋施工的后期，因为模板工程要穿插作业，所以必须布置好施工安排，尽量在第一时间完成有后续模板作业的工作，包括积水坑、集水井和降水井等模板的支设，施工控制要点主要有：

（1）降水井的模板应进行特殊加固，因为降水井的预留是从筏板底部到顶部，高达 3.5m 左右，混凝土浇筑的时候模板所受的浮力会很大，为了防止模板上浮和底部混凝土因为压力大而外漏，我们主要采取了两点措施：①在降水井底部四周放置网片可以保证底部混凝土砂浆不外溢。②在加固模板的同时将模板与筏板钢筋绑在一起，如图 8-19 所示，而且在模板上面放配重防止浇筑混凝土的时候模板上浮。

（2）模板保证垂直，根据英标规范规定，用 2m 托线板检查垂直度偏差保证在 5mm 之内。

（3）模板顶部必须设置可靠的限位措施，如在模板内侧加斜撑。

（4）阴角模和阳角模处确保不漏浆，可在模板连接处贴 3mm 厚的双面胶将拼缝处堵实。

8.2.1.9 混凝土浇筑前的检查验收

混凝土浇筑前的检查主要分为工程师自检和监理验收，自检阶段检查内容主要包括以下几个方面：

（1）钢筋和模板的检查，主要包括：①核心筒、挡土墙的起始筋的位置、数量和间距。②洞口的加筋位置、尺寸和数量。③桩头钢筋除锈。板筋的位置及其搭接。④马凳的稳定性和间距。⑤挡土墙起始筋中间的止水带的放置。⑥模板的稳定性、尺寸及保护层厚度。

（2）机电预埋管件的检查，主要包括：①防雷接地装置的检查。②楼层电气接地管线装置的检查。③积水坑的尺寸和位置。④地下排水管的位置及其排布。

（3）结构预埋件的检查，主要包括：①挡土墙模板预埋件尺寸、位置及数量的检查。②混凝土温度检测件的检查。③负极保护参比电极的检测及其保护的检查。

（4）防水卷材的检查，主要包括：①防水卷材是否空鼓。②竖向结构防水卷材保护板是否破坏。

（5）浇筑前外部构件的保护，主要包括：①起始钢筋的保护（图 8-20）。②预埋件的保护。③机电管、线、盒的保护。

图 8-19 降水井模板的支设

图 8-20 对竖向结构起始筋的保护

8.2.1.10 筏板大体积混凝土浇筑

本项目基础采用桩筏结合形式，筏板平均厚度为 3.5m，局部厚度达 4.6m，长宽各 30m，混凝土总量为 3600m³，采用 C60 混凝土一次浇筑完成，施工控制要点主要有：

1. 混凝土试配

混凝土试配，根据英标规范规定，所有混凝土使用前，要对混凝土进行配合比设计，本项目结合迪拜燥热临海特性以及本项目超高层结构对混凝土强度的特殊要求，进行了试配工作，试配工作内容及要求主要有：

（1）进行 7d 和 28d 强度试验。

（2）进行干燥收缩试验，收缩率不能超过 0.05%。

（3）进行湿润膨胀试验，膨胀率不能超过 0.03%。

（4）水灰比不能超过 0.4。

（5）坍落度测试，坍落度每 100mm 允许偏差范围为 ±25mm。

（6）抗渗方面，对于筏板 C60 的混凝土，渗透深度最大 8mm。

项目开工之后马上选择混凝土供应商进行试配工作并得到监理的批准，在使用过程中不允许私自对混凝土的配合比进行更改，如果需要，需报监理批准。

2. 浇筑过程中对混凝土的检查

（1）温度的检查：根据英标规范规定，在非太阳直射下（如在户外须有遮阳篷），混凝土的入模温度不超过 30℃。

（2）混凝土坍落度检查：混凝土坍落度控制在 150±25mm 左右，而且每 50m³ 混凝土要进行一次坍落度试验。

（3）试块选择：根据英标规范规定，每 50m³ 混凝土要分别做 7d 和 28d 强度试验共计两组，每组 3 个试块，试块标准尺寸为 150mm×150mm×150mm。试块上需标标签并由监理确认签字。

（4）根据 BS 规定，试块从出厂到浇筑入模时间不能超过 2h。

有些监理会要求每一车都检查坍落度及温度，这样做会造成太大的浪费，可根据英标规范规定，拒绝其要求。

3. 浇筑时间和混凝土的供应

由于迪拜的交通比较拥挤，包括对大型车辆如混凝土车的交通管制，筏板的浇筑又必须要保证混凝土输送的连续性，筏板浇筑时间大都安排在周四下午，因为周五和周六是当地的公共假日，交通运输相对疏松，这样可以最大程度地保证混凝土浇筑的连续性，避免产生不必要的施工缝。但是由于迪拜很多项目都会考虑周四晚上浇筑混凝土，这样就会导致一些搅拌站供应能力不足，为了防止此类事情发生，选择混凝土供应商的时候应最少选择两家。

4. 浇筑设备

根据基础底板混凝土方量，经过计算，安排 4 台混凝土汽车泵进行浇筑，现场停两台备用，共计 6 台混凝土泵车，每台混凝土泵车的泵送能力为 $45\sim50\text{m}^3/\text{h}$，连续浇筑时间约为 15h，这样可保证混凝土底板连续浇筑，一次成型，以防止混凝土底板出现冷缝。图 8-21 所示为 4 台汽车泵同时浇筑，因为本项目施工场地特别狭小，混凝土泵车的排布以及混凝土车的运行路线都将是对工地安排合理与否的考验，混凝土泵车出现故障，或者混凝土车等待时间过长导致超时，对我们来说都是极大的损失，与泵车司机、混凝土车司机的协调也是非常重要的一个方面。

5. 浇筑方法

在浇筑过程中采用斜面分层的全顺式沿筏板纵向浇筑方法，在浇筑过程中对混凝土振捣的要求比较高，一个混凝土泵管需要配备 3 个振捣棒，一个混凝土泵管下的施工人数超过 10 多人，并且每三个振捣棒配备一个备用振捣棒。振捣工具所用的电源配备也要求较高，各个混凝土泵车泵臂之前的相互协调和施工用电安全也应当有相当程度地重视。

6. 混凝土施工质量的保证

（1）在混凝土开始浇筑时，混凝土泵管必须插入筏板内，以保证混凝土的浇筑高度小于 2m。

（2）必须保证在每一处的混凝土在初凝前必须被上一层的新混凝土覆盖并捣实完毕，避免产生冷缝，采用斜面分层的方法时行浇筑，要求斜面的坡度不大于 1:3，振捣工作应从浇筑层斜面的下端开始，逐渐上移，保证混凝土的浇筑质量，并要求使用正确的振捣方法。浇捣时，振捣棒要快插慢拔，根据不同的混凝土坍落度正确掌握振捣时间，避免过振。

（3）对已浇筑的混凝土，在终凝前进行二次振动，可排除混凝土因泌水而在石子、水平钢筋下部形成的空隙和水分，提高粘结力和抗拉强度，并减少内部裂缝与气孔，提高抗裂性。

（4）在浇筑时还应注意减少因混凝土浇筑引起的墙柱插筋的钢筋移位和电梯井核心筒及机电设备基础内模的移位。当在浇筑过程中遇到墙柱插筋时，要注意浇筑的方式，不可以在插筋一侧连续浇筑，而应该在墙柱插筋两侧交替浇筑并及时用振捣棒振捣，以减少由于墙柱插筋由于单侧混凝土压力过大而产生位移，在浇筑到钢筋直径相对较小的水箱墙、坡道墙等插筋时，应减小浇筑速度，并安排专人在浇筑完成后对整片墙体进行观察，必要时可以采用人工校正的方式在混凝土凝固之前将钢筋复位。

（5）在浇筑到核心筒或机电设备基础时，也应该减小浇筑速度，并适当加强振捣，以保证在底模和侧模处无露筋现象出现。

8. 2. 1. 11　筏板混凝土标高控制及其养护

混凝土表面的处理及其养护的控制要点主要包括以下两方面：

（1）混凝土表面标高的控制：在筏板钢筋施工完成之后，需在马凳上点焊部分 15cm 长的细钢筋来测设板面标高，间距以 2m 为宜，但应注意在钢筋头上塞泡沫，以防止不安全事故的发生，此外还应将 50cm 标高点测设到墙柱及核心筒插筋上。在混凝土振捣密实后，可将控制混凝土面标高的短钢筋移除，并用刮杆刮平，在墙柱等插盘区域用测设的标高点时进行控制，在中间部分可采用拉线的方式来控制标高。在刮平过程中还应用水平仪进行复查，以保证混凝土面的标高。

（2）混凝土表面的养护：在刮平之后应该立即覆盖塑料薄膜，在 3～4h 后可覆盖保温板并浇水养护，如图 8-22 所示。如在夜间施工可适当延长时间，注意浇水养护应在混凝土能上人后进行，养护应该安排专人，每天的浇水次数以混凝土保持足够的湿润状态为宜，根据英标规范规定，养护时间应该至少持续 7 天，以减少由于混凝土过早失去水分或内部温度升温过快造成的表面开裂。

图 8-21　混凝土浇筑设备

图 8-22　对浇筑完成的混凝土进行养护

8.2.2　施工过程中遇到的问题及解决方法

8.2.2.1　基坑加固

本项目正式开工之前深基坑已经存在三年之久，根据迪拜政府规定，基坑超过三年需要进行二次加固，所以在开挖之前进行了二次加固，基坑深度为 13.65m，原先在 3.5m 和 9.5m 深处已经有两排锚杆，通过设计分析，我们在 6.5m 处进行了二次加固。图 8-23 所示为采用的预应力锚杆加固，首先在基坑周围进行回填土，然后设备进场开始做预应力锚杆，其施工工序为：钻孔→锚杆体系的组装与安放→注浆→张拉与锁定。

8.2.2.2　井点降水深度不够

由于本项目靠近阿拉伯海湾，而且土质为沙土，渗透系数大，所以采用的是深井降水。塔楼和停车场总面积共约为 30m×90m，塔楼处的面积约为 30m×30m，在基坑内部均匀放置 6 个井点，用高强抽水泵往外抽水。由于有两个井点不工作导致水位上升，开挖的时候出现了基坑渗水现象，最后决定采用轻型井点降水进行二次降水，其施工工序为：井点放线定位→凿孔安装埋设井点管→布置安装总管→井点管与总管连接→安装抽水设备→试抽与检查→正式投入降水程序。图 8-24 所示为工作中的轻型井点降水。在筏板浇筑完成后进行浮力计算分析并由监理批准后将轻型井点降水停掉，只留深井降水工作，而深井降水通过受力计算知道，需要等到浇筑完地上两层楼板才能停止。

8.2.2.3　桩头钢筋外露

在桩头剔凿的时候发现桩头钢筋有外露现象，如图 8-25 所示。原因是做桩基础的时

图 8-23　深基坑二次加固　　　　图 8-24　轻型井点降水　　　　图 8-25　桩头钢筋外露

候保护层没有做好，最后经过和当地钢筋防腐公司商议，提出了解决方案—负极保护法。负极保护法是常用的很有效的电化学保护方法，由钢筋的腐蚀机理可以得知，钢铁在腐蚀介质中的腐蚀是一个电化学过程，钢铁失去电子发生阳极氧化反应。阴极保护就是利用了它的电化学腐蚀原理，通过人为给它施加负向电流，金属表面由原来的失去电子的氧化反应成为得到电子的还原反应，从而使金属的腐蚀不再发生。在国内通常用于地下金属管道设施的保护，近几年也逐渐引入对混凝土钢筋的保护领域，但国内尚无统一规范。本项目主要依据美国腐蚀工程师学会（NACE）制定的标准方法，这种方法的实施有效地抑制了钢筋的腐蚀，取得了良好的效果。

8.2.2.4　地下连续墙渗水

筏板做防水时期，由于挡土墙渗水导致防水卷材无法施工（图 8-26），挡土墙渗水是由于场地外部降水问题，如果此时开始重新考虑降水的话不仅耽误工期而且费用高，刚开始我们将渗水的缝用防水环氧树脂给封起来，但是实践证明不行，当天可以把防水卷材贴上去，但是随后水还是会从其他地方渗出来，导致防水卷材空鼓。经过商议，我们采用了引流的方法，将地下连续墙渗水的地方切开，放入 PVC 管引流，将 PVC 管打孔，然后水通过 PVC 管流到轻型井点降水的管井里，最后通过井点降水将水抽走，切开的地方再用水泥砂浆封堵，这样就不会有水从墙体渗出了，实践证明做出来的防水也不存在空鼓现象。

8.2.2.5　降水井的最后封堵

由于降水井是后期封堵的，所以封堵的时候会遇到到很多问题，主要问题有：

1. 封堵时间的确定

降水停了后，地下水会给结构很大的浮力，具体什么时候停止降水要经过计算，看结构到几层能抗住水的浮力。本项目通过计算分析，地上两层楼板浇筑完成后才能停止降水。

2. 降水井预留钢筋的保护

降水井处的钢筋的修补很麻烦，因为降水井周围湿度很大，钢筋很容易腐蚀，而且井筒周围钢筋的连接需要通过套筒连接，钢筋套丝生锈的话会给钢筋连接的施工增加困难，所以需要对降水井预留钢筋进行保护。

3. 缺口处的防水处理

因为之前做防水的时候已经将井筒周围的防水卷材预留出来，所以只需要顺着连接点将降水井筒裹起来，但是需要注意降水井的顶端不做防水因为在浇筑混凝土之前需要有真空泵往外一直抽水，图 8-27 所示在井口顶端我们用一个密封铁盖将井口堵死然后将混凝土浇筑到顶。

图 8-26　地下连续墙渗水

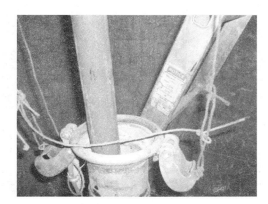

图 8-27　降水井的最后封堵

8.2.3　结语

以上介绍了英标规范下，中东地区筏板施工流程及控制要点，并详细介绍了筏板施工过程中遇到的问题及解决方案，希望对以后的工程提供借鉴。

8.3　阿布扎比南方阳光酒店项目深基坑腰梁拆除技术

8.3.1　工程概况

8.3.1.1　地理位置

南方阳光酒店项目（Southern Sun Hotel）位于阿联酋阿布扎比市中心，临近波斯湾海滨仅约数百米，地下自然水位为地下 3.5m 处，为 MINA 路上 E-12 一号地块。该项目东临一家阿布扎比国营加油站，南临正在施工的 MINA 路改造项目以及哈里法下穿隧道，北面、西面临近两栋 20 余层的营业酒店，其中基坑与北面建筑最近处仅约 5m 左右，与其余面仅一路之隔。周边道路施工、管网改造以及设施、建筑等距本工程仅数米远，且施工现场可利用空间极其狭小（图 8-28），各方面的影响将对本工程各阶段施工作业的开展都将产生极大的影响。

8.3.1.2　工程概况

南方阳光酒店为地下四层、地面层、裙楼四层、塔楼二十层的单栋高层，为一家集餐饮、客房、会议、桑拿、娱乐、健身等为一体四星级酒店，标准层层高为 3.6m，建筑总高度为 104.75m，合同范围包括结构、装修、机电、室外工程等，总建筑面积约为 4.8 万 m^2，工期 27 个月。

本工程 ±0.000＝＋2.200m，自然地面相对标高 −1.500m，绝对标高 ＋0.700m，基坑东西向约 51m，南北向约 48m，基坑占地面积约 2450m^2，基坑开挖深度 15.5m，电梯井部分开挖深度 18.5m。围檩梁顶相对标高为 −6.6m，略高于地下 B2 层楼板面设计高度，钢筋混

287

图 8-28 南方阳光酒店周边环境

凝土围檩梁截面为 1.4m（高）×1.5m（宽），为环四周支撑。基坑临时支撑系统平面布置如图 8-29 所示，现场临时支撑实施情况如图 8-30 所示。

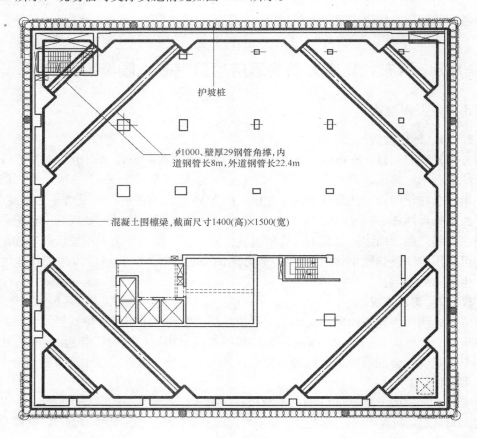

护坡桩

φ1000、壁厚29钢管角撑，内道钢管长8m，外道钢管长22.4m

混凝土围檩梁，截面尺寸1400(高)×1500(宽)

图 8-29 基坑临时支撑系统平面布置

　　(a) 临时支撑一角　　　　　　　　　　　　(b) 混凝土支撑浇筑时预留了吊装孔洞

图 8-30　现场临时支撑实施情况

8.3.2　基坑临时支撑围檩梁拆除分析

8.3.2.1　拆除时间的选择

在拆除的时间选择上，主要有以下方案：

（1）筏板浇筑完成，搭架拆除临时支撑

在筏板浇筑完成，并达到一定的强度，筏板成为护坡桩的底部约束，便与护坡桩形成一个受力整体，理论上采取局部搭设支撑临时保持边坡稳定，分段拆除，并加强边坡监控可满足临时支撑系统的条件。但此时混凝土围檩底部距筏板面仍有 3.4m＋1.9m 高，临时支撑围檩所需要搭设的满堂架为 5.3m 高，且架体过高，需要用于确保架体稳定而增设的措施工程量将大大增加。同时，因工作面过高，高处作业安全方面的问题也需要认真考虑。

（2）B3 层楼板浇筑完成搭架拆除临时支撑，全部拆除后进行 B3 层竖向结构施工

此时，可选择在筏板上一层，也就是 B3 层楼板浇筑完后，B3 层形成新一道的内部支撑，再开始临时支撑系统的拆除。此时架体也仅 1.9m 高，在临时支撑架的搭设以及高处作业等方面，实施起来也十分方便。但由于结构大面积展开，为争取工期，前期劳动力投入较大，如此时暂停主体结构的施工而进行临时支撑拆除，势必将造成大量结构劳动力的窝工以及机械闲置。

（3）B3 层竖向结构与四侧中央围檩拆除同时进行，形成 B2 层中央内部支撑

通过召开多次的专项施工讨论及现场情况调查，得出一种既不影响临时支撑拆除，同时又可创造出主体结构施工的工作面的方案：在对中央四侧围檩进行拆除的同时，通过合理地安排地下室楼板施工，设置合理位置的水平施工缝，创造出地下室楼层施工所需要的工作面，待 B2 层中央楼板浇筑完成，形成第三道内部支撑，确保了地下室施工的正常进度，同时又避免了人员窝工及机械闲置。所以在实施过程中，我们采用了该方案，后文将对该方案实施前的各项考虑以及实施过程中的发生事项进行重点叙述、说明和分析。

8.3.2.2　拆除施工方法的选择

常用的混凝土拆除方法有火药爆破拆除、机械拆除、人工拆除等。火药爆破瞬间释放冲击力较大，对中央城区周边影响极大，且在当地市场是无法被审批使用的；采用液压破

碎挖掘机拆除振动大、噪声大，且需大型吊车吊运挖掘机，同时需在楼板达到一定强度并采取楼板加固措施，破碎散落的渣土还需安排大量人力清扫移除；人工使用风镐虽然可采用多支风枪多处同时作业，但由于截面较大，拆除工期长，而且效率低下。为了确保不对临时支撑体系、已施工的永久结构工程及周边建筑、地下设施造成不利影响，最大程度地控制支撑体系拆除后基坑的变形，考虑安全、质量、工期等因素，结合当地常见的、适用的施工方法，可采用方案三所示拆除时间，使用金刚绳切割施工法，同时在施工过程中采取降振、降尘、降噪措施，减少对周围环境的影响，确保混凝土拆除工作的顺利进行。

8.3.2.3 拆除工作期间的主要施工过程安排

结合第三方案拆除时间的主要计划，制定了拆除工作期间的主要施工过程，如图 8-31 所示。

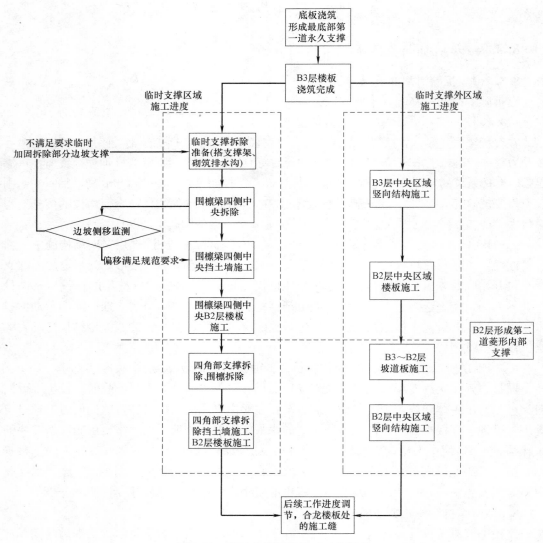

图 8-31 临时支撑拆除施工工艺流程

8.3.3　围檩梁拆除施工方法

8.3.3.1　临时支撑支架及 B4 层围檩梁处回撑架手架搭设

据以往经验，临时支撑下方满堂架可按如下进行搭设方案：①立杆：按井字布置，立杆间距控制为 450mm 以内，同时，立杆距外侧护坡桩及临空侧应小于 200mm；②水平杆：水平杆双向布置，水平杆的间距不大于 450mm；③支撑。采用 8.5cm 双工字木支撑，以确保安全施工；④斜杆：为增加满堂架的稳定性，除水平杆外还须设置剪刀撑及斜撑，以分担楼板或梁上切割施工时的荷载及加强整体稳定性。⑤回撑架。B3 层由于新近浇筑混凝土，强度仍未形成，所以在围檩梁下 B4 层处应搭设 900mm×900mm 立杆间距的回撑架来保证拆除过程中的稳定性（图 8-32）。

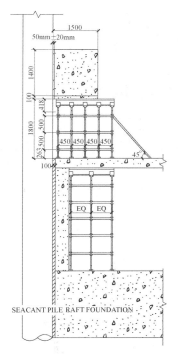

图 8-32　围檩临时支撑支架示意图

8.3.3.2　施工区域划分

根据现场实际情况和延米切割单元重量，切割单元设计表和切割单元编号及吊车布置示意如图 8-33 所示。

8.3.3.3　主体结构施工缝位置

考虑围檩内边线往内 2m 为围檩拆除工作面，中央区域的主体结构可先行施工，施工缝处应按设计加设钢筋（图 8-34）。

8.3.3.4　金刚石绳锯切割施工

围檩梁拆除过程严格执行先四周拆除，后角部拆除的工序施工。在角部拆除前，要等待地下二层中央楼板结构浇筑完成并达到足够强度后方能进行。

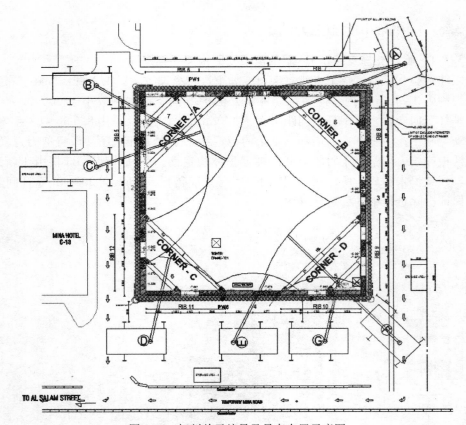

图 8-33　切割单元编号及吊车布置示意图

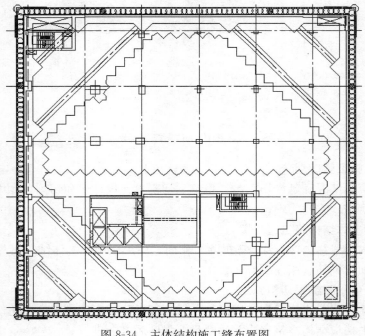

图 8-34　主体结构施工缝布置图

拆除前对拆除块按照吊装单元划分图取样放线，再固定绳锯设备切割围檩梁，根据切割路线，每隔 3～4m 用水钻钻一个 $\phi76$ 的透孔，以便于链条穿过。取适当位置安装膨胀螺丝，用来固定切割机与导轮（图 8-35）。

图 8-35　金刚石绳锯设备安装及工作示意图

金刚石绳锯的操作由专人进行，切下的混凝土块，通过已有的吊装孔，分批及时吊离现场，以免对脚手架及下层楼板造成过大荷载。角部钢管较混凝土围檩梁重量较轻，采用氧割设备即可轻易拆除。

8.3.3.5　边坡偏移监测

为确保拆除过程中边坡的安全性，应沿周边护坡桩每隔 3～5m 布设侧移监测控制点，围檩梁拆除过程中认真监测边坡侧移量，如监测到过程中侧移量过大（超过设定限值），将立即停止拆除工作，寻找和分析原因，待得到确认后方能继续进行拆除作业。

8.3.3.6　及时清理支架拆除

依据现场条件，选择人工倒运或机械铲运的方式将渣土清理出工作面；注意要随施工随清理，以免渣土过多造成下层楼板荷载过大。区域拆除完成后，即可拆除满堂架，开始下一个分项工程的施工。

8.3.4　方案实施效益分析

1. 安全效益

通过连接围檩支撑梁下楼板和边坡，形成多道边坡中央支撑体系，大大降低和避免了边坡在地下水侧压力下所产生裂缝以及侧移的几率，极大地加强了高自然水位边坡临时支撑拆除时的安全系数，保障了工程施工的安全进行。

2. 进度效益

在对围檩进行拆除的同时，通过合理地安排地下室楼板施工及临时支撑拆除的部位，设置合理的水平施工缝，创造出地下室楼层施工所需要的工作面，确保地下室施工的正常进度不受临时支撑拆除工作的影响。相比较先完成拆除工作再进行主体结构施工，在该部分工作上节约了 2 周的工作时间。

3. 成本效益

可节省使用常规拆除方式所需的临时边坡支撑措施费用，从进度上缩短了工期时间，同时也规避了工期违约。通过选择合理的拆除方式，设计合理的拆除单元，选择恰当的吊装设备，缩短了中央临时支撑拆除所需花费的时间，从而确保工程的顺利进行，避免了结构高峰施工期间人员窝工，机械闲置，从而降低了工程的刚性成本投入，以及可能性进度延误引起的成本增加风险。

4. 节能和环保效益

采用金刚石绳锯拆除后，围檩的大型混凝土块可作为路灯等部位基础，焊割的钢管也可在新的工程项目中再次循环使用，达到了二次使用，减少能耗，实现了节能环保的目的。

8.4　加筋土挡墙计算分析

加筋土挡墙（Mechanical Stabilized Earth Retaining Wall）是利用加筋土技术修建的一种支挡结构物。由于加筋土挡墙设计过程涉及加筋带强度、锚固强度计算以及总体平衡、基底承载力、抗滑移、抗倾覆、整体滑移等验算，计算过程非常繁琐，给设计过程带来了困难。通常的解决办法是简化计算过程，这虽然可以降低计算难度，但同时也带了精度较低的问题。编写程序对其进行计算可以很好地解决这个问题，前人已经对其进行了一定的研究（蒋洋，2003；任彬，2007），但在一些方面还存在缺陷，主要表现在：①这些程序编制时间较早，所采用规范多为老规范，而当前挡墙设计所用规范在计算方法、参数选择和材料属性上都有较大的修正；②程序主要针对加筋带的加筋土挡墙形式进行计算，事实上国内大部分地区的加筋土挡墙设计都已经放弃了筋带而改用土工格栅形式，而两种形式挡墙的计算方法存在一定差异，原有程序不能满足当前要求；③随着新型材料和工艺的出现，所能够支持边坡高度越来越高，国内出现了最多4个分级的挡墙形式，而原有程序仅能支持单级挡墙计算。

综上所述，根据新规范对加筋土挡墙设计程序进行全方位开发可以满足设计方准确设计计算、施工方现场快速验算的需求，对于快速准确的完成工程设计，加快工程进度，保障工程安全具有重要的意义。

8.4.1　挡墙构成

加筋土挡土墙由三部分构成：

（1）墙面单元。墙面单元为预制混凝土构件，其他类型材料也常常被采用，诸如木板及混凝土连锁块。墙面单元通常采用钢销连接。

（2）加筋材料。加筋材料需要具有一定强度和耐久性，并能与土较好结合为一体的性质，主要材料包括土工带、混凝土、扁钢、钢筋、土工格栅等（公路加筋土工程设计规范，1992），目前土工带和土工格栅在国内外较为常用。

（3）加筋材料之间的压实填料。填料应在墙面单元安装就位后马上碾压。

加筋材料和压实材料结合组成加筋土。加筋土挡墙设计计算一般可以分为路肩和路堤两种形式，需要综合考虑内部及外部的稳定。在这里仅针对路肩形式进行讨论，即不考虑路堤堆土荷载。

8.4.2　内部稳定性分析

加筋土挡墙内部稳定性受诸多因素影响，如拉筋数量、断面尺寸、强度、间距、长度，以及作用在墙面板上的土压力、填土性质等。与挡墙内部稳定相关的破坏形式，包括由拉筋开裂造成的断裂和由拉筋与填土之间结合力不足造成的加筋土断裂。

加筋土结构内部稳定性分析方法很多，大多采用库伦和郎金理论，目前在设计中用得较多的是应力分析法和楔体平衡分析法。由于我国规范中采用应力分析法，在这里仅对其进行讨论。

8.4.2.1　基本假定

应力分析法主要有三个基本假定（图 8-36）：

（1）在荷载作用下，拉筋体沿拉筋最大拉力点的连线产生破坏，因此加筋土被拉筋最大拉力点连线分为活动区和稳定区，拉筋在墙面处的拉力为拉筋最大拉力的 0.75 倍。

（2）加筋土中的应力状态，在结构顶部为静止状态，随深度逐步向主动应力状态变动，深度到 6m 以下便是主动应力状态。

（3）只有稳定区内的拉筋与填土的相互作用才能产生抗拔阻力、主动应力状态。

8.4.2.2　拉筋拉力计算

在路肩挡土墙的形式中，拉筋拉力主要来源于加筋土自重和车辆荷载。

1. 加筋土自重产生的拉力

根据应力分析法基本假定，加筋土内任一深度 h_i 处的水平应力由拉筋来局部平衡，因而加筋土自重对第 i 层拉筋所产生的拉力 T_{hi} 为：

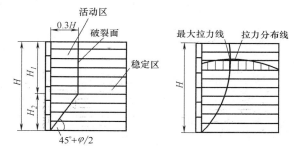

图 8-36　加筋土应力基本假定

$$T_{hi} = \sigma_{vi} K_i S_x S_y$$

式中，σ_{vi} 为第 i 层拉筋处的竖向应力（kPa）；K_i 为第 i 层拉筋处的土压力系数；S_x、S_y 为拉筋水平、竖直方向的计算间距（m），在使用土工格栅的情况下，S_x 取 1，下同。土压力系数 K_i 可按下式计算：

$$\left. \begin{array}{ll} K_i = K_0 \left(1 - \dfrac{h_i}{6}\right) + K_a \dfrac{h_i}{6} & (h_i < 6m) \\ K_i = K_a & (h_i \geqslant 6m) \end{array} \right\}$$

式中，K_0 为静止土压力系数；K_a 为朗金主动土压力系数。

由于墙背后填土土压力作用，使得各层拉筋偏心受力。作用于拉筋上的竖向应力 σ_v 可按均匀分布、梯形分布和梅耶霍夫分布计算。目前大多采用均匀分步法，我国《公路加筋土工程设计规范》（JTJ 015—91）也采用此方法，因此本项目中有关车辆荷载引起的附加拉力、内部稳定性均按照应力均匀分布计算分析。

均匀分布认为加筋体后填土的土压力对加筋体内部的竖向应力 σ_v 不产生影响，即：

$$\sigma_{vi} = \gamma_1 h_i$$

由此，拉筋拉力为：

$$T_{hi} = \gamma_1 h_i K_i S_x S_y$$

2. 车辆荷载产生的拉力

车辆荷载对拉筋产生的拉力可近似以均布土层进行计算，等代均布图层厚度 h_0 按下式进行计算：

$$h_0 = \frac{q}{\gamma}$$

式中　γ——墙后填土容重（kN/m³）；

q——附加荷载强度（kPa），按表 8-3 插值取值。

附加荷载强度 q　　　　　　　表 8-3

墙高 H(m)	q(kPa)
$\leqslant 2.0$	20.0
$\geqslant 10.0$	10.0

车辆荷载换算成等代均布土层厚，这种荷载影响将会随深度增加而减小，即扩散作用。对于路肩式挡土墙，不考虑车辆荷载的扩散作用，故车辆荷载引起的附加拉力 T_{ai} 为：

$$T_{ai} = \sigma_{ai} K_i S_x S_y = \gamma_1 h_0 K_i S_x S_y$$

3. 拉筋拉力

路肩式加筋土挡墙第 i 层拉筋总拉力 T_i 可按下式计算：

$$T_i = T_{hi} + T_{ai} = \gamma_1 (h_i + h_0) K_i S_x S_y$$

8.4.2.3　拉筋断面面积计算

根据不同深度处拉筋所承受的最大拉力计算拉筋断面，一般以容许应力法验算。第 i 层拉筋断面根据拉筋拉力和拉筋强度确定，即：

$$A_i = \frac{T_i \times 10^3}{\eta [\sigma_t]}$$

式中　A_i——第 i 层拉筋的断面积（mm²）；

　　η——拉筋容许应力提高系数；

$[\sigma_t]$——拉筋容许拉应力（MPa）。

对土工格栅，则由于所给出材料属性为单位长度的容许拉力，因此可以直接得到所需宽度。

8.4.2.4　拉筋长度计算

拉筋长度包括有效锚固长度和活动区长度两部分，可按拉筋拉力和容许抗拔稳定系数 $[K_f]$ 计算第 i 层拉筋的有效锚固长度 l_{ei}：

$$l_{ei} = \frac{[K_f] T_i}{2 b_i (\gamma_1 h_i + \gamma^2 h_F) f^*}$$

对高速公路，$[K_f]$ 取 2，f^* 为土和拉筋的摩擦系数，一般可取 0.27。

第 i 层拉筋活动区长度 l_{oi}（m）可按下式计算：

$$\left. \begin{aligned} l_{oi} &= 0.3 H & (0 < h_i \leqslant H_1) \\ l_{oi} &= (H - h_i) \tan\left(45^\circ - \frac{\phi}{2}\right) & (H_1 < h_i \leqslant H) \end{aligned} \right\}$$

$$H_1 = \left[1 - 0.3\tan\left(45° - \frac{\phi}{2}\right)\right]H$$

则深度 h_i 处拉筋总长度为：

$$l_i = l_{ei} + l_{oi}$$

对土工格栅，b 取值为 1。

8.4.3　外部稳定性分析

8.4.3.1　加筋土挡墙外部失稳形式

加筋土挡墙外部稳定性与工程的地基土（承载能力、沿基础底面滑动等）和工程相连的整体土层等有关，其破坏形式有：①挡墙与地基间摩阻力不足或墙后土体侧向推力过大引起的滑移（图 8-37a）；②挡墙被墙后土体侧向推力所倾覆（图 8-37b）；③地基承载力不足或不均匀沉降面引起的倾斜（图 8-37c）；④挡墙及墙后土体出现整体滑动（图 8-37d）。

加筋土挡土墙的外部稳定性分析时，把拉筋的末端与端面板之间的填土视为一整体墙，即加筋体，验算方法与普通重力式挡土墙相似，视加筋体为刚体。根据破坏形式，外埠稳定性分析的内容有抗滑稳定性与抗倾覆稳定性验算、地基承载力验算，必要时还应对整体滑动稳定性和地基沉降进行验算。

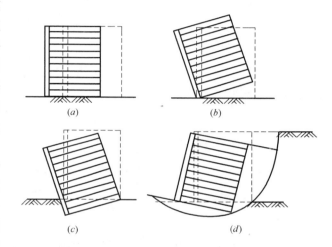

图 8-37　加筋土挡墙外部失稳形式
（a）滑移；（b）倾覆；（c）倾斜；（d）整体滑动

8.4.3.2　抗滑稳定性分析

为防止加筋土挡墙产生滑动，需验算加筋体在总侧向推力作用下，加筋体与地基间产生摩阻力和黏聚力抵抗其滑移的能力（图 8-38），用抗滑稳定系数 K_c 表示：

$$K_c = \frac{\mu \sum N + cL}{\sum T}$$

式中　$\sum N$——竖向力综合（kN），对路肩挡土墙包括加筋土的自重 G_1 和作用于加筋土上的土压力竖向分力 E_y；$\sum T$——水平力综合（kN）；

　　　c——加筋土底面与地基土之间的黏聚力（kPa）；

　　　μ——加筋土地面与地基土之间的摩擦系数，一般取 0.3～0.4。

8.4.3.3　抗倾覆稳定性分析

为保证加筋土挡墙抗倾覆稳定性，须验算它抵抗墙

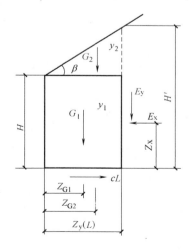

图 8-38　加筋土挡墙抗滑移、
倾覆稳定性分析

身绕墙趾向外转动的能力（图 8-38），用抗倾覆稳定系数 K_0 表示：

$$K_0 = \frac{\sum M_y}{\sum M_0}$$

式中　$\sum M_y$——稳定力系对加筋土墙趾的力矩（kN·m）；

　　　$\sum M_0$——倾覆力系对加筋土墙趾的力矩（kN·m）。

8.4.3.4　地基承载力分析

地基承载力验算就是要验证加筋土在总竖向力作用下，基底压应力是否小于地基承载力。由于加筋体承受偏心荷载，因此基底压应力应按照梯形分布或梅耶霍夫分布考虑。一般多采用梯形分布。基底应力为：

$$\left.\begin{aligned}\sigma_{max} &= \frac{\sum N}{L}\left(1 + \frac{6e}{L}\right) \\ \sigma_{min} &= \frac{\sum N}{L}\left(1 - \frac{6e}{L}\right)\end{aligned}\right\}$$

式中　σ_{max}——基底最大压应力（kPa）；

　　　σ_{min}——基底最小压应力（kPa）；

　　　e——$\sum N$ 偏心距（m），$e = \frac{L}{2} - \frac{\sum M_y - \sum M_0}{\sum N}$。

如果 $\sigma_{min} < 0$，则应按应力重分布计算基底最大压应力：

$$\sigma_{max} = \frac{2}{3}\frac{\sum N}{(L/2 - e)}$$

8.4.4　加筋土挡墙设计计算程序编制

程序 MSE calculator V1.1 是利用 Delphi 进行开发的，针对加筋土挡墙进行设计计算，实现了以下功能。

（1）计算功能，针对土工带和土工格栅两种挡墙形式实现：①计算各层拉筋（土工带或格栅，下同）所对应挡墙压力；②根据压力和拉筋与加筋土摩擦力的平衡计算各层拉筋所需长度；③拉筋强度验算，并在常用拉筋规格中进行选型推荐；④可以考虑车荷载及堆

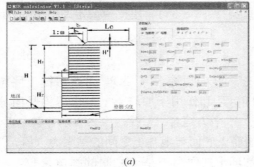 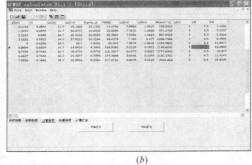

（a）　　　　　　　　　　　　　　　（b）

图 8-39　设计计算界面

（a）参数输入界面；（b）设计计算结果显示界面

土荷载作用。

（2）验算功能：①整体平衡验算；②地基承载力计算；③抗滑移验算；④抗倾覆验算。

（3）辅助功能：①多工程同时运行；②保存计算过的工程并随时调用；③报表功能。

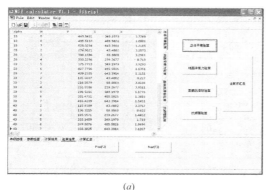
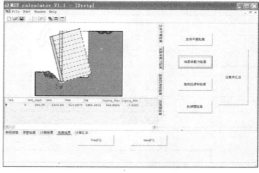

(a)　　　　　　　　　　　　　　　　　　(b)

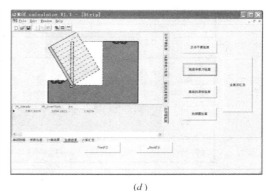

(c)　　　　　　　　　　　　　　　　　　(d)

图 8-40　验算功能

（a）整体平衡验算；（b）地基承载力验算；（c）基底滑移验算；（d）抗倾覆验算

8.4.5　应用范例

8.4.5.1　土工带

选取迪拜酋长路项目 RP5-3 段为例进行计算。该地段为高填方路基地段，由地形、地貌决定了公路路基的设计必须在左右两侧设置加筋挡土墙，以确保不对城市其他建筑物以及管线位置造成太大的影响。整个挡土墙设计与施工选择了加筋土挡墙形式。程序计算参数的选择参照文献（许国光，2009），计算结果自动生成详细报表。

程序计算结果和参考文献计算结果部分数据对比见表 8-4。可见，结果基本一致。部分数据有一定误差，原因是程序从简化的角度出发，根据拉筋层数将其平均分布在挡墙高度上以计算每层拉筋的位置；而文献中手算过程则根据施工图纸详细考虑了挡墙顶、底不同的墙体形式并逐一对其进行计算而得到结果，虽然结果更为精确但不具有普适性，因而难以程序化。

程序在计算土层水平力和拉筋长度的基础上进一步进行了拉筋型号推荐（表 8-4），

并对墙体的外部稳定性，包括抗滑、抗倾覆和地基承载力进行了计算。

拉筋计算长度对比 **表 8-4**

拉筋序号	拉筋长度对比(m)		土层水平力对比(kN/m)		程序推荐拉筋型号(kN)
	程序	文献	程序	文献	
1	7.44	7.54	13.17	10.17	30
2	7.80	7.90	22.77	16.83	30
3	7.75	5.94	31.16	20.48	30
4	7.55	7.10	38.32	30.40	30
5	7.29	6.69	44.27	37.19	30
6	7.00	6.26	49.00	43.97	30
7	6.68	5.21	52.51	44.02	30
8	6.62	5.44	58.55	57.54	30
9	4.48	3.34	65.68	41.85	40

控制参数

2010年7月28日
11:16:51

类型	挡墙高	[Sgm]	[Kf]	Ls	SgmS	b	Lc	bb	bc	m	H'	Gamal	c_S	Phi	N	CE	Sx	Sy	u_B
1	8	50	2	9	500	0.09	9	2	3.5	1.5	1	18.54	55	35	10	0.5	0.8	0.8	0.4

Page 1 of 1

(*a*)

计算结果

2010年7月28日
11:27:41

Zi(m)	Ki	Lc(m)	Lci(m)	Sgm_ai	Ti(kN)	L1i(m)	L2i(m)	Ai(mm^2)	L(m)	CE	Kfi
¥0.40	0.45	9.00	13.20	8.52	12.36	7.08	1.92	¥0.00	9.00	0.50	4.87
¥1.20	0.49	9.00	13.60	8.27	19.25	7.28	1.72	¥0.00	9.00	0.50	5.42
¥2.00	0.53	9.00	14.00	8.04	27.15	7.48	1.52	¥0.00	9.00	0.50	5.33
¥2.80	0.58	9.00	14.40	7.81	36.05	7.68	1.32	¥0.00	9.00	0.50	5.02

(*b*)

验算结果1（整体平衡验算）

alpha	H	P	S	K
10	2	286.1226	310.4735	1.085107
10	3	294.2976	430.4735	1.462715
10	4	305.7427	550.4735	1.800447
10	5	320.4577	670.4735	2.092237
10	6	338.4428	910.4735	2.690184
10	7	359.6979	1030.474	2.86483
20	2	205.2672	310.4735	1.512533

(*c*)

验算结果2（承载力、抗滑移、抗倾覆）

最大基底应力	最小基底应力	抗滑移系数	抗倾覆系数
286.6	75.2	5.405446	17.65217

Page 1 of 1

(*d*)

图 8-41 计算报表

(*a*) 计算参数；(*b*) 计算结果；(*c*) 整体平衡验算结果；(*d*) 其他验算结果

8.4.5.2 土工格栅

由于在迪拜没有土工格栅的使用范例，因此选用某硕士论文中土工格栅算例进行对比计算，与原文结果比较可知计算结果一致，证明了程序对土工格栅计算结果的正确性。计算参数和结果如图 8-41 所示。

8.4.6 结论

前文对加筋土挡墙技术进行介绍，叙述其设计计算过程，包括内部稳定性计算和外部稳定性计算方法，指出当前计算程序的不足和改进方向，并使用 Borland Delphi 7.0 编程工具开发计算程序"MSE calculator V1.1"，实现了加筋土挡墙大部分设计计算验算功能，在一定程度上弥补了该领域的不足。

使用该程序分别对迪拜酋长路项目 RP5-3 段挡墙和某硕士论文工程算例进行计算，与参考文献计算结果进行比较，证明了程序的正确性和有效性。程序计算过程简洁快速，可以大大简化手工计算的繁杂性，降低出现误差的机会，是一种高效的设计计算和验算手段。

由于时间关系，该程序在一些方面还有不足，包括没有对加筋体整体抗滑移验算、没有抗震验算功能、尚未实现对多级挡墙进行计算等，在使用中有一定的局限性，需要在今后的工作中对其进行弥补和改进。

8.5 燥热沙漠地区锚杆系统在摩擦桩静载试验中的应用技术

桥梁工程以及房建的群桩工程完成后都会进行桩的承载力试验，Bypass 项目是阿布扎比市政局为偏远地区投资的一条主干道工程，全长 14km，项目工期只有 22 个月。DR1 桥为道路最后连接酋长路主干线的一座跨线桥，酋长路交通量繁重，车速较高，且桥桩位于道路两侧以及中央带区域，空间十分有限，在进行桩基础设计以及地基承载力的设计中必须要做桩的承载力试验。传统的静载试验采用大的混凝土预制块进行加载，耗时费力，稳定性较差，而锚杆系统对传统的静载试验加载施工工艺进行了改进，该技术的应用对现场桩静载试验将产生积极的影响。下面以 Bypass 项目 $\phi=1m$，$L=24m$ 试验桩为例，叙述这种新工艺的原理和方法。

8.5.1 技术要点

（1）锚杆钻孔，在试桩浇筑后，混凝土试块的 7d 龄期试验通过后进行。

（2）可在较小的场地内进行钻锚注浆，在夜间温度最低时进行加载。

（3）地锚的钢绞线和注浆管需要符合试验要求，且灌浆材料水灰比必须按照要求进行拌制。

（4）机械、材料有序进场进行施工，钻孔同时进行钢绞线编束，同一台注浆机可满足钻孔用水以及注浆压力要求。

（5）严格控制浆体温度以及灌浆过程，确保每一孔注满灰浆。

（6）确保发电机以及液压千斤顶的性能良好。

（7）确保试桩周围在加载期间的扰动为最小。

8.5.2　适用范围

本技术不仅适用于燥热沙漠地区的静力摩擦桩的试验，而且对于各种地质条件下的静力摩擦桩的试验同样适用。

8.5.3　工艺原理

8.5.3.1　工作原理

相对于传统的预制块静力荷载试验而言，锚杆系统采用的仍是依靠地锚桩与砂土的摩擦力来支撑竖向荷载的反作用力，通过地锚和顶部的对拉，使得在中间的液压千斤顶在加载和卸载过程中保持系统受力的单一性和稳定性，从而使得加载结果真实、可靠。

桩的设计承载力 3500kN，试验荷载为 2×3500kN，沉降允许＋10mm，加载时出现裂缝宽度不得超过 0.25mm。锚杆系统安装及千分表如图 8-42 所示。

(a)　　　　　　(b)

图 8-42　锚杆系统安装及千分表

(a) 现场安装场景；(b) 千分表

地锚采用 ϕ15.2mm 钢绞线，长 18m，锚杆注浆深度为 9m，每根桩周围有 8 根锚杆。经过计算，锚头最大承载能力为 30000kN，而试验最大加载量为 7000kN，远远满足设计加载要求。

8.5.3.2　工艺流程

工艺流程如图 8-43 所示。

8.5.3.3　施工步骤

1. 锚杆施工

在桩混凝土通过 7d 龄期试验后，通过 8 根 $L=18$m 地锚的固定，从而为液压静载系统提供强大的拉力支撑，确保加载过程中液压千斤向下垂直稳定传力。

（1）钻孔定位。根据设计以及测量给出精确点位进行定位钻孔（图 8-44）。

由于该地区地下全为砂层，因此钻孔需用足够的水进行辅助工作，其钻孔工作方法同静力摩擦桩。将 ϕ120mm，$L=1.6$m 的护筒（图 8-45）钻入 8m 后开始用 ϕ72mm 钻杆进行深钻，直到钻入 18m 钻深为止。与此同时，钢绞线编束同步进行，每六根编为一束，

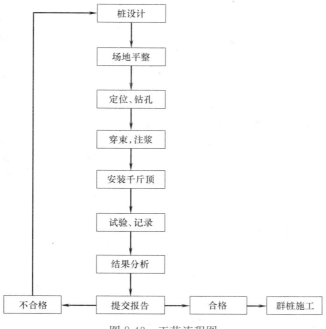

图 8-43　工艺流程图

图 8-44　钻机就位

图 8-45　护筒

中间加一根 ϕ20mm 注浆管，注浆管每 1m 用 ϕ10mm 钻头贯穿并用胶布轻轻缠住；每根钢绞线 PVC 套管长度 $\geqslant$ 9m。

（2）注浆。将拌制好的水泥浆通过高压设备通过注浆管压入管内，水灰比 $W/C =$ 0.55，注浆压力为 150bar（1Bar＝0.1MPa），其工作方法和桥梁灌浆基本相同。钻孔注浆顺序如图 8-46 所示，可在下一个孔注满浆的时候往前面做好的孔内反复注浆，直到注满为止（确保每一个锚杆都有足够的承载力）。

2. 液压加载

（1）准备。锚杆注浆后 7d 开挖桩头。从顶部往下 60cm 切掉多余钢护筒，保证受力

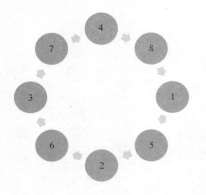

图 8-46　注浆顺序

能直接接触到桩头并向下传递。去掉裸露出来的 PVC 套管，清理钢绞线。

（2）系统示意图，如图 8-47 所示。现场实际效果，如图 8-48、图 8-49 所示。

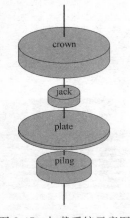

图 8-47　加载系统示意图

图 8-48　千斤顶安装

图 8-49　试验中

（3）注意事项：①系统安装结束后顶部用塑料苫布遮挡，可确保仪器尽量少地受到外部环境干扰。开挖的另一个目的也如此。②放置仪表的平衡梁必须焊接牢固，固定端钢筋必须打入足够深，保证不会自然沉降和抵御一定量的雨水进入。③仪表均匀放置在桩头四周，并将开始数据取某一较大数值，本次开始数据为 40（0.01mm）。④将四周围挡起来，确保系统加载过程中受到的干扰为最小。

（4）加载 。加载开始后保证连续进行，以 25% 的试验荷载进行加载和卸载。按照规定时间及时加载和记录数据并获得旁站现场监理的签字确认。经测试，在 2 倍荷载时沉降，为 2.97mm，卸载后最终沉降为 +1.31mm，满足设计最大要求 +10.00mm。

8.5.4　安全文明施工

（1）所有施工人员进场前须接受项目现场的安全教育。操作手、电焊工及起重信号工应有相关的特种作业证，除常规安全教育外，还应接受各自特种专业的安全教育，考核合格后方可上岗。

（2）所有施工人员按规定戴安全帽、穿安全服及安全鞋等劳保用品。

（3）现场接电应安全可靠，夜间加载现场应有足够的照明设备。

（4）专设起重信号工负责指挥加载锚头的吊运安装，防止吊装过程出现事故。

（5）钻机应两证齐全（行驶证、驾驶证），操作手技术熟练。

（6）拌料工人应戴口罩，防止水泥粉末进入口鼻。

（7）由于是沙漠地区淡水钻孔锚杆，在四周设置引水沟确保水流出场地外，且流出的水会被砂层瞬间吸收，不会对环境造成任何影响。

（8）加载试验为连续进行，需要现场监理和现场工程师及技术员在场，但仍需安排倒班进行作业，避免疲劳作业出现失误。

8.5.5　效益分析

与常规的静力加载施工相比，本技术采用了锚杆系统以及液压千斤顶加载，对场地的要求较少且运输、安装方便快捷，可连续进行加载卸载，且加载过程中安全性高，避免了预制混凝土试块的大量搬运以及在加载过程中的反复搬运称重，及堆积如山的混凝土块的稳定性问题。在加载过程中只需要一名技术员进行加载、卸载记录作业，节省了大量的人工作业。本套锚杆系统设备可进行连续周转作业，在前一步骤完成后机械可转移至下一场地，可操作性较强，安全性高，经济性可观。

8.5.6　应用实例

阿联酋 Bypass Road 项目位于阿联酋东北方向乌母盖万酋长国境内，是阿联酋市政局为偏远地区投资的一条主干道延伸工程。该地区为典型的热带沙漠地质条件，年平均温度在 40℃ 以上。项目在工程终点处设计有跨越酋长路的一座桥梁，桥梁采用钻孔摩擦桩工艺施工，因此在工作桩开始前要先进行地基承载力以及桩的承载力的试验。按照本技术在工作桩附近随机选择一处进行试验桩，后来在工作桩中间又随机选择一个进行试验，且试验都在较短的时间内顺利完成，并且取得了满意的效果，获得了业主以及业主代表的一致好评，单根试验桩节约成本约 2 万迪拉姆，取得了较好的经济效益，而且施工过程中无杂物、废水流出，对于环境的污染基本为零。

8.6 某地下通道深化设计

阿拉伯联合酋长国 UAE（United of Arabian Emirates）的基础设施道路工程正处于高速发展的阶段。迪拜目前主要有三条高速主干道，分别是扎伊德路、酋长路和绕城高速，这些高速主干道连接多个酋长国，设计最高时速上限能达到 140km/h。随之道路交叉路口的设计也进入了新的发展阶段。交通信号灯和环岛等设计主要应用于一些支路或低速路，高速主干道——扎伊德和酋长路上的交叉口以跨路桥梁、复合立体交叉为主，最近几年新建的绕城高速则以地下通道为主，同时地下通道也大量应用在酋长路。因此，地下通道技术将会发挥自己应有的作用。

相对于跨路桥梁、复合立体交叉等设计形式，地下通道有着造价低、施工工艺简便、工期短等优点。地下通道可以大大缓解主干道的交通压力，主要有以下几种交通功能：①联系主干道和支路的交通，各行其道，避免互相干扰；②避免在高速主干道上进行调头而设置交通信号灯，大大提高高速主干道的通行能力；③为阿拉伯当地骆驼群开辟专用通道而不影响主干道的交通。

8.6.1 基本设计原则

8.6.1.1 设计荷载

UAE 基础设施结构设计采用 AASHTO（American Association of State Highway and Transportation Officials）第三版（2005）规范和 BS（英国标准协会）规范相结合，其基本设计参数如下。①恒载。混凝土自重 25kN/m³；50mm 沥青混凝土磨耗层 1.20kN/m³；管线设施 0.75kN/m³；人行道（素混凝土）23kN/m³；路障自重 10.5kN/m；地下水位以上土单位自重 19kN/m³；地下水位以下土单位自重 9kN/m³。②活载，根据 AASHTO 规范活载取 1.5 安全系数，为 4.1kN/m²。③二次荷载。主要指风恒载：风速取为 160km/h，设计风荷载横向为 2.4kN/m²，纵向为 0.9kN/m²，任意方向为 1.9kN/m²。

8.6.1.2 混凝土设计

（1）混凝土等级。混凝土等级设计依据混凝土 28d 抗压立方体试件强度，并假设立方体试件强度为 150mm×300mm 长柱体试件强度的 1.2 倍。①预应力混凝土强度等级为 C45/20；②桥梁上部结构非预应力混凝土、桥墩、桩基和路障、桥台与地下通道现浇钢筋混凝土和挡土墙强度等级为 C40/20；③桥墩基础非预应力混凝土，翼墙和搭板强度等级为 C40/20；④非钢筋混凝土（包括垫层）强度等级为 C30/20。混凝土垫层须用抗硫酸盐水泥，其他结构部位应用普通波特兰水泥。

（2）混凝土保护层。①基础底部厚 100mm；②基础侧部为 75mm；③毛细渗润带与土接触，埋入受保护一侧为 75mm；④钻孔桩钢筋混凝土为 100mm；⑤上部结构外侧、内侧为 50mm；⑥墙体暴露一侧和毛细渗润带以上桥墩为 50mm；⑦伸缩缝和施工缝对接一侧为 50mm。

8.6.1.3 钢筋设计

（1）设计总则。所有受力钢筋采用符合 BS 4449：1988 规范要求的等级 460 类型 2 的变形圆筋；等级 250 的螺旋圆筋须满足 BS 4449：1988 规范要求；钢筋连接的地方不允许任何焊接，而须进行搭接，所有钢筋搭接长度须满足设计规范要求，钢筋搭接须错开且搭接位置应避开最大受力处。

（2）钢筋最小搭接长度表。钢筋最小搭接长度表根据 AASHTO-LRFD 条款 5.11.5.3，综合考虑搭接钢筋的直径、绑扎接头面积、抗震设防等级等一系列影响因素计算得出的偏安全取整值（表 8-5）。当最小搭接长度两根直径不同的钢筋搭接长度，以较细钢筋的直径计算。

钢筋搭接长度　　　　　　　　　　　　　　　　　表 8-5

混凝土等级 （N/mm²）	钢筋直径（mm）	12	16	20	25	32
45	受拉搭接长度（mm）	600	800	1000	1300	2100
40		600	800	1000	1350	2250
45	受压搭接长度（mm）	390	470	550	650	790
40		390	470	550	650	790

（3）其他细节设计原则。①除非特别的另外说明，所有棱角必须设 25mm×25mm 倒角。②箱形结构的顶部道路施工最大厚度不能超过 2000mm。③所有键槽的高度应为 150mm。④地下通道最小净空要求为 5.48m。

8.6.2　施工图深化设计

迪拜基础设施工程一般为设计-施工总承包，所以要求承包商对合同图纸进行二次深化设计，合同图纸业主或业主委托设计方进行初步设计，施工图纸深化设计的本质是对合同图纸的解读，对于承包商而言，则希望通过深化设计，节省材料和资源，使得施工更为简便易行。地下通道深化设计施工图一般分为混凝土尺寸图和钢筋图两大类。

8.6.2.1　混凝土尺寸图

混凝土尺寸图包括总平面图、横断面、纵断面以及各部位的具体尺寸图，主要有：基础底板、墙、顶板、搭板、路障、护栏、挡土墙、防水、施工缝和伸缩缝等。

（1）总平面图、横断面图和纵断面图

在总平面、横断面和纵断面图中，主要是要反映各个结构之间的位置关系，比如通道牛腿与搭板之间的关系、路障与人行道之间的关系、挡土墙与路障之间的关系等，这些都需要反映在二次深化施工图中。同时，需要给出一些控制点的坐标、高程和里程，标出主体结构的关键部位尺寸，辅助结构的总体尺寸，施工缝和伸缩缝的位置等信息，为现场施工的整体把握、工程结算提供一定的技术支持。

（2）主体结构尺寸图

主体结构主要是指地下通道的基础底板、墙和顶板，这些结构的尺寸和位置坐标在合同图纸中一般都已给出，施工图深化设计时需对这些坐标尺寸进行核实。二次深化设计的主要任务就是要通过计算确定其高程，一般方法如下：

① 基础底板高程的计算

根据下穿路的高程（h）、最小路面结构层厚度（δ）、路面宽度（w，黄线之间）路面

横坡（i）计算出基础底板顶的高程（H_1），公式为：$H=h-(iw+\delta)$

从施工角度看，基础底板一般设计成水平的，这有利于施工时的高程控制，基础底板以上的路面横坡主要是通过路面结构层来调整。在基础底板的高程计算中，路面结构层的厚度是可变化的，这需要在进行深化设计之前通过答疑问询、确认信等形式与监理工程师讨论确定。路面结构层厚度越大，需要开挖的深度也就越大，这不是监理工程师所希望的，而路面结构层厚度越小，路面横坡则越难调整，具体施工实践证明，在结构之上的路面横坡需要路面结构至少包含有路基层，其能够有效避免结构不均匀沉降引起的问题。基础底板底高程为基础底板顶高程与基础厚度之差。

② 顶板高程的计算

通过基础底板顶高程（H_1）、墙的高度（h_w）计算出顶板底高程（H_2）。公式为：$H_2=H_1+h_w$；其中墙的高度为净空（L_c）与下穿路最大路面结构层厚度（δ）之和。根

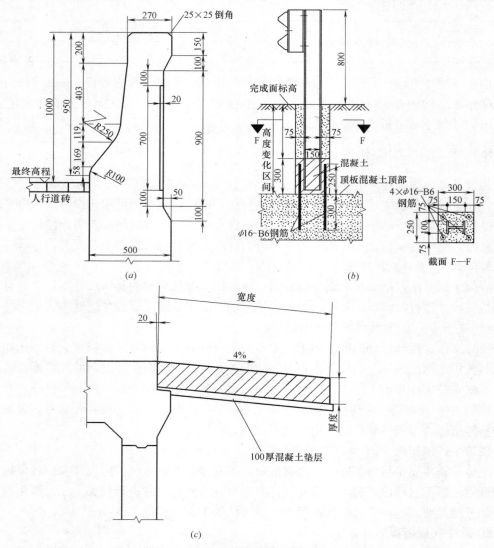

图 8-50 桥头搭板、故障、护栏细部图

据阿联酋道路施工规范，地下通道最小净空要求为 5.5m，考虑到一些大卡车行驶过程中的颠簸，一般可取净空为 5.7m，加上下穿路最大路面结构层厚度，墙的厚度取整大致可取为 6.0m。顶板顶高程为顶板底高程与顶板高度之和。

③ 验算地下通道顶板覆土厚度。

顶板覆土厚度为上穿路高程与顶板顶高程之差，需要保证满足上穿路的最小路面施工厚度根据规范要求，同时不能超过 2000mm。如果地下通道顶板覆土厚度不在此范围之内，则需要递交监理、设计方重新设计合同图纸，调整上穿路或（和）下穿路的纵断面高程，根据调整后的纵断面高程重新计算地下通道的基础底板、顶板等高程，直至使得覆土厚度满足要求为止。

（3）搭板、路障、护栏等辅助设施

基本上地下通道和道路相连接的桥头搭板（图 8-50），其主要作用是为了防止通道与道路的不均匀沉降以后产生的跳车现象。搭板下的路面结构层压实度应达到标准，同时搭板与土层之间设置垫层过渡，使道路结构层承受的活载更小，避免近结构端搭板下方出现脱空区而容易断裂。长度一般取 5m～8m，过长导致搭板容易断裂，而过短则无法起到分散差异沉降的作用。搭板采用等厚度截面，搭板的厚度一般可取 400mm 或者 500mm，横向宽度为道路黄线之间的距离，搭板板面向结构相反方向以 4‰纵坡倾斜，板顶铺装逐渐加厚，为了防止路基沉降后搭板会产生纵向滑移，搭板与通道之间设置锚栓，并预埋在背墙的牛腿上。混凝土路障和钢护栏则是设置在通道顶上穿路的两侧和中央隔离带，起到隔挡通道顶范围内的路面结构层和防护上穿路车辆交通流的作用。路障的设计主要是确定其设计高度，一般需要和人行道步砖、路缘石一起综合考虑，

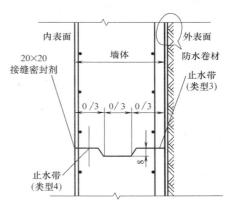

图 8-51　施工缝细部图

按规范要求，路障顶应高出与路缘石顶平齐的人行道步砖 1000mm，而路缘石和路面高程有一定的尺寸关系，这样通过道路纵断面高程可以确定路障的设计高度。按规范要求，护栏杆埋入路面以下为 900mm，而高出路面则为 800mm，当通道顶覆土不足 900mm 时，可以在顶板顶设计小型混凝土块作为护栏杆的基础。

（4）施工缝、伸缩缝和防水细部图

施工缝是在混凝土浇筑过程中，因设计要求或施工需要分段浇筑而在先后浇筑的混凝土之间所形成的接缝。施工缝并不是一种真实存在的"缝"，它只是因先浇筑混凝土超过初凝时间而与后浇筑的混凝土之间存在的一个结合面，该结合面就称之为施工缝。施工缝是结构的薄弱部位，若位置不当或处理不好，将会导致渗漏、开裂甚至影响结构安全，必须予以重视。施工缝的留设原则是应当留设于结构受剪力较小且便于施工的部位，且应避开结构的薄弱环节，并应垂直于结构的纵轴线。对于一般地下通道，施工缝的留设一般应包括如下位置：①墙与基础连接的地方设水平施工缝，一般高于基础顶面 150mm；②整体墙范围内留设垂直施工缝，间距为 10～15m，且一般选择墙的 1/2、1/4、1/6、1/8 等

处；③墙与顶板连接的地方设水平施工缝，一般低于顶板底面150mm；④基础、顶板的施工缝视施工方法而定，原则上是要避免大体积混凝土的浇筑（图8-51）。

伸缩缝是当建筑物较长时为了避免大体积混凝土浇筑由于温度、收缩产生裂缝而设置的变形缝。墙体伸缩缝一般做成平缝形式，也可做成错缝、企口缝等形式。伸缩缝的宽度一般为2～3cm，常用麻丝沥青、泡沫塑料条、油膏等有弹性的防水材料填缝，两条伸缩缝的间距在建筑结构规范中有明确规定。

防水措施的第一道屏障一般是基础、墙体、顶板表面的防水卷材，可抵御外界雨水、地下水渗漏等。同时在施工缝一般采用两道有效的防水措施，如背贴式止水带加中埋式止水带，也可以用诸如止水条、止水膏等材料；伸缩缝一般采用三道有效防水措施，除了施工缝的防水形式外，还增加了嵌缝材料。

8.6.2.2 钢筋图

钢筋图应根据设计规范、承载力要求、活荷载值、抗震等级等一系列设计依据进行设计。这些设计依据在合同图纸阶段已有初步的体现。钢筋图深化设计的主要任务是详细解读出合同图纸中的分布筋、构造筋、封口筋、插筋、板凳筋等的数量、间距、编号、类型、位置等信息，根据钢筋表示规则分别表现在施工图和钢筋料表中，同时通过深化设计，尽可能充分利用钢筋，减少钢筋头浪费率。施工图纸中计算钢筋的长度需考虑混凝土结构层厚度以及钢筋的搭接长度，钢筋的搭接位置应尽量避开结构受力最大处且应做到错位搭接。钢筋的实际下料长度计算是钢筋配料加工的依据，其精确度的高低不仅影响成型后是否符合设计尺寸，而且有时直接影响钢筋绑扎、构件定位尺寸甚至构件受力性能。钢筋下料长度一般按外包尺寸进行，这样钢筋弯起时，其实际下料长度就会有所折减，下料长度＝外包尺寸－量度值＋端部弯钩增量值，量度值和端部弯钩增量值与钢筋的直径有

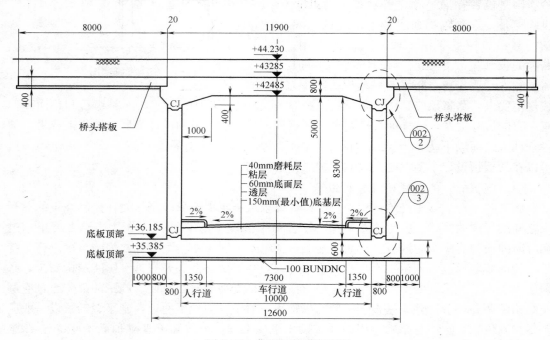

图 8-52 典型钢筋横断面图

关，其取值应符合 BS 规范 4466（1989）的规定。典型钢筋断面如图 8-52 所示，下料计算见表 8-6。

钢筋下料折减长度计算表（mm）　　　　　　　　表 8-6

钢筋直接	等级 250				等级 460			
直径	弯钩半径	量度值	下料长度		弯钩半径	量度值	下料长度	
6	12	100	100		18	100	100	
8	16	100	100		24	100	100	
10	20	100	100		30	100	110	
12	24	100	110		36	100	140	
16	32	100	150		48	100	180	
20	40	100	180		60	110	220	
25	50	130	230		100	180	350	
32	64	160	290		128	230	450	

8.6.3 模板计算

地下通道混凝土浇筑中的模板体系包括基础模板、墙体模板和顶板支撑。由于地下通道的墙体一般都达到 6m 以上，需要分别对其模板、横梁方木和钢梁的强度、抗剪和挠度进行验算。

模板采用 18mm 厚的多层胶合板，其抗弯强度为 0.619kN·m，最大抗剪力为 13.694kN，最大挠度为 $L/250$ 或 1.5mm（取最小值）；作为次梁的方木，根据施工经验

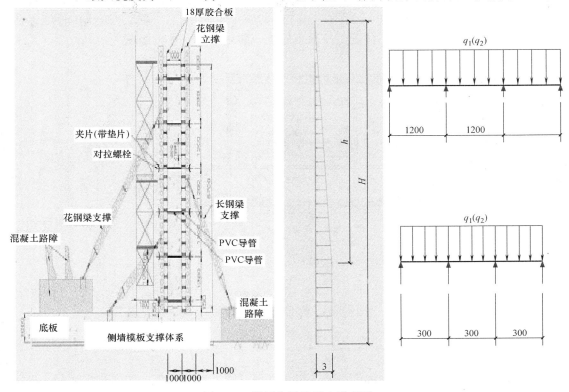

图 8-53　模板布置及受力示意图

一般取间距为 0.3m，其抗弯强度为 5kN·m，最大抗剪力为 11.2kN，最大挠度为 $L/500$ 或 1.5mm（取最小值）；作为主梁的钢梁，间距一般取 1m 或 1.2m，其抗弯强度为 40 kN·m，最大抗剪力为 370kN，最大挠度为 $L/400$ 或 1.5mm（取最小值）；对拉螺杆采用 $\phi16$ 钢筋，间距分布为 1.2m×1.2m，允许最大拉力为 106N/mm²。模板布置图及模板受力示意如图 8-53 所示。

8.6.4 结语

AASHTO 规范和 BS 规范相关条款的掌握是进行深化设计的标准，而合同图纸和合同技术条款的熟悉则是深化设计细化的基础，同时与监理工程师的沟通讨论是施工图纸获批的关键，结合工程量清单（BOQ）进行施工图纸深化设计可为项目争取更大的利益。本例旨在简要介绍地下通道深化设计的一般方法，希望能对今后基础设施建设项目类似工程的设计有所借鉴。

8.7 谢赫哈利法特护医院地下通道施工技术

8.7.1 工程概况

谢赫哈利法特护医院项目的地下通道的施工由于采用先开挖，待通道结构施工完成后再回填的工序，故而施工难度相对较小，施工重点仍是侧重于筏板基础、竖向墙体及顶板。该地下通道的截面如图 8-54 所示。其主要的施工工序包括：基坑开挖→筏板施工前准备工作→筏板施工→竖向墙体施工→顶板施工→防水施工→基坑回填。

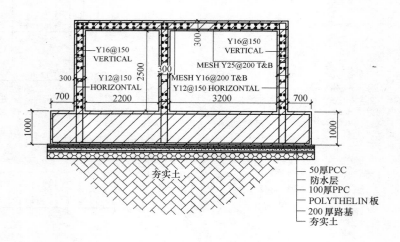

图 8-54 地下通道典型截面

8.7.2 基坑开挖

基坑开挖工程是由专业分包进行的，由于本项目施工场地广阔，有存贮开挖土方的空间，地下通道所在位置相对独立，对其他在施部位没有影响，加之原状土层为散状砂土，所以基坑开挖施工中采用了自然放坡的方式，用工程装载车将挖土运到存放地点。

8.7.3　筏板施工前准备工作

筏板施工前准备工作主要包括以下方面：土层夯实→铺填路基石→路基石夯实→密实度试验→喷洒防白蚁药水→铺塑料布→浇筑 100mm 厚混凝土垫层→混凝土垫层表面处理→涂刷冷底子油→粘 SBS 防水卷材→浇筑 50mm 厚混凝土保护层。

当基坑开挖至设计标高时，可用人工将表面的少量浮土清理，然后进行夯实，在夯实完成得到监理验收通过时，就开始铺填路基石了。本项目按照图纸设计要求，路基石的铺填厚度为 200mm，按照当地规范要求，不用分层铺设，直接一次铺设并压实，基坑的开挖宽度大概在 10m 左右，因此采用 10t 的压路机进行压实，压实工作完成后需要对路基石做密实度试验，试验通过后即可准备浇筑混凝土垫层。

在混凝土垫层浇筑前需要当地专门的公司在需要浇筑垫层的区域喷洒防白蚁药水，在药水喷洒完后尽快用塑料薄膜盖住，以便最大程度地发挥药效。当混凝土垫层施工完成后，就进入了筏板底部防水工程的准备工作阶段。首先是要对混凝土垫层表面粗糙处进行打磨处理，局部地方可以采用批准备的混凝土修补材料进行修补，在以上工作完成并经监理的验收之后，便可以开始在混凝土垫层上刷冷底子油，验收通过后可以粘贴 SBS 防水材料了。防水材料共粘贴两层，在粘贴时应该注意接缝处粘牢压实，防止出现空鼓。防水材料粘贴完毕之后，就剩下筏板施工前的最后一项工作，做防水材料的保护层。对于混凝土垫层上的防水材料采用 50mm 混凝土保护层，施工方法是先在防水层铺塑料薄膜，然后在塑料薄膜上面做类似于抹灰时灰饼一样的标高控制点，浇筑防水卷材上面的混凝土保护层（图 8-55、图 8-56）。

图 8-55　筏板施工前期垫层浇筑准备工作　　　　图 8-56　混凝土垫层上冷底子油施工

在筏板施工前的准备工作中，主要有以下几个方面需要注意：

（1）在浇筑垫层前，要考虑到 SBS 防水卷材的厚度，在回填时控制标高比设计标高低 20mm 为宜，因为在图纸上并不反映防水的厚度，但在施工时必须考虑 SBS 防水卷材的厚度，否则防水的混凝土保护层厚度会减小，混凝土容易碎裂，起不到保护防水的作用。

（2）垫层混凝土浇筑完成后对表面要进行压光，并及时养护，防止因混凝土表面质量问题造成的大面积修补及出现混凝土裂缝引起的修补工作。

（3）由于该工程采用先浇筑混凝土，再做外防水的施工步骤，后期筏板外侧的防水卷材需要与垫层上的卷材相连接，所以防水卷材上混凝土保护层浇筑时不宜将两边的防水卷材全部覆盖，每边留出300mm左右为宜，然后用木板等对该部位的卷材进行保护。

8.7.4 筏板施工

筏板施工（图8-57）是整个地下通道结构施工中的重点，筏板宽度7.7m，厚度1m，局部在积水井部位的厚度为2m，由于筏板全长近180m，设计要求分四段浇筑，既减小了筏板混凝土裂缝产生的可能性，也为整个地下通道的施工创造的流水施工的条件，缩短了施工工期。

筏板的施工包括以下几个步骤：混凝土保护层上确定筏板及墙体插筋位置→筏板钢筋绑扎及墙体插筋→筏板侧模及施工缝支设→施工缝处止水带放置→混凝土浇筑→混凝土表面处理。

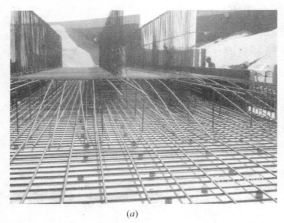

(a)   *(b)*

图8-57 地下通道筏板施工

在防水保护层浇筑完成后，要在混凝土上放出筏板的位置及筏板上部墙体位置，这样可以保证钢筋施工时有足够的工作面而且可以保证位置摆放正确，在钢筋绑扎完成后模板可以根据放出的线来支设，在放置墙体插筋时可以按照地面上的墙线来控制插筋位置。放线完成后就可以开始筏板钢筋绑扎了，先绑扎底部钢筋，然后放置马凳，再铺设上筋，最后放置墙体插筋。模板施工主要有筏板侧模、施工缝处的闸水模板、积水井模板、通道外墙踢脚的吊模，筏板侧模支撑通过把比较粗的废钢筋打入沙土中来固定，施工缝处的模板主要是钢丝网片来阻挡混凝土，然后在网片后方用木方来固定，施工缝下边及两侧要按照设计要求放置好止水带，积水井的模板固定有一定难度，在混凝土浇筑过程中容易产生较大的上浮力，在保证模板强度的情况下，可以在模板上方堆积一定的重物来防止模板上浮，保证混凝土的设计尺寸，通道外墙踢脚的模板采用吊侧模的方式，要保证两侧墙体侧模的位置，并在施工缝处沿墙纵向放置止水带。混凝土浇筑采用泵送混凝土，沿筏板长度方向纵向顺推，在泵管下配备三个振动棒进行振捣，浇筑至设计标高时，进行压光处理。筏板基础的施工主要有以下几个方面需要注意：

（1）在进行积水井基础和通道转角处基础钢筋施工时，应当尽量保证钢筋位置准确，当整片钢筋网基本形成时，如果出现钢筋位置有偏差的情况，修正的难度将相当大，而且积水井处的坡向防水保护层均为柔性材料，当钢筋位置出现偏差时，部分区域的防水会因为钢筋压力过大而造成损坏，而且在调整钢筋位置时也很容易破坏防水，所以必须在这些防水保护相对薄弱的部位特别注意，尽量保证位置准确，保护防水层。

（2）筏板基础混凝土浇筑采用沿纵向顺推的方式，在浇筑过程中会产生相当大的推力，很容易造成板墙钢筋的移位，因此必须保证在混凝土浇筑过程中板钢筋位置的准确性，但是由于在混凝土浇筑过程中无法采用有效的参照来确定墙柱是否产生了整体位移，只能通过在浇筑混凝土之前要把预留插筋板扎牢固的方法把其固定，从而避免板墙预留插筋的移位。在钢筋施工的后期，因为模板工程要穿插作业，因为必须布置好施工安排，尽量在第一时间完成有后续模板作业的工作，保证钢筋与模板的同时施工，减少施工时间。

（3）通道外墙在浇筑筏板时需要同时浇筑150mm高的踢脚，对墙体的位置控制尤为重要，因此在模板施工中必须严格控制吊模的位置及强度，保证混凝土浇筑完成后墙体位置准确。

（4）混凝土施工质量的保证主要包括结构功能和建筑使用功能两个方面。要保证结构功能，首先必须保证在每一处的混凝土在初凝前必须被上一层的新混凝土覆盖并捣实完毕，避免产生冷缝，采用斜面分层的方法时行浇筑，要求斜面的坡度不大于1/3，振捣工作应从浇筑层斜面的下端开始，逐渐上移，保证混凝土的浇筑质量。并要求使用规范正确的振捣方法，浇捣时，振捣棒要快插慢拔，根据不同的混凝土坍落度正确掌握振捣时间，避免过振。对已浇筑的混凝土，在终凝前进行二次振动，可排除混凝土因泌水，在石子、水平钢筋下部形成的空隙和水分，提高粘结力和抗拉强度，并减少内部裂缝与气孔，提高抗裂性。在建筑方面，筏板表面要求一次成型，并且要按照图纸要求进行放坡，在控制混凝土标高时，可以在三道竖向墙钢筋上用胶带标记出参考标高，在浇筑混凝土的过程中采用带线的方法来控制混凝土表面高度，达到设计的坡度要求。

8.7.5　竖向墙体及顶板施工

竖向墙体施工按照筏板浇筑时的施工段来进行，在筏板基础工程结束后要由测量人员进行放线，待放线结束后，将施工缝处的混凝土表面进行凿毛，剔除松散的混凝土，再进行钢筋绑扎，钢筋绑扎的时候要严格按照图纸上的要求来进行施工，尤其是要控制好钢筋的大小以及间距，从而方便监理的验收，钢筋绑扎结束后将要对已完成的工序进行保护层的铺设，最后进行模板的加固以及混凝土浇筑。混凝土浇筑的时候要比较注意振捣棒的振捣时间，不可过振，造成混凝土离析。当混凝土达到一定强度后方可进行模板的拆除工作，模板拆除后要按时对混凝土进行养护。墙体的位置、垂直度和混凝土的表面质量是竖向墙体施工中控制的关键，施工中三道墙体同时浇筑，外侧墙体的支撑和相互之间的支撑非常重要，是保证墙体垂直度的重要因素。墙模板支设前要保证模板表面干净光滑，模板支设完成后还要检查模板下部的堵缝工作，在混凝土浇筑前要向墙内提前浇筑100mm厚的同混凝土级配的水泥砂浆，防止墙体下部出现蜂窝、麻面、烂根等质量问题（图8-58a）。

顶板在施工过程中首先要进行板底模板的支设与加固，在模板工程结束后要由测量人员按照图纸对现场进行板外边线以及预留洞口控制线的弹放，之后方可进行顶板钢筋的施

(a) (b)

图 8-58　地下通道竖向墙体及顶板施工

工，在钢筋工程绑扎结束后要对已绑扎结束的钢筋进行垫块的铺设，之后在监理验收合格后方可进行混凝土浇筑。在混凝土浇筑后要按照要求来进行混凝土的养护，达到强度后方可进行模板的拆除工作。顶板混凝土浇筑后表面也要求压光，考虑到上面也要做 SBS 防水卷材，在顶板浇筑时可以适当由中间向两边做出 2% 的坡度，以杜绝以后可能发生的积水现象（图 8-57b）。

8.7.6　防水处理及基坑回填

地下通道顶板浇筑完成后，再进行完逃生房、换气孔等零星辅助结构的施工，然后就可以开始进行整个通道外部防水施工了。其工序基本上和垫层上的防水施工一样，在混凝土表面处理完成后开始涂刷冷底子油，然后粘贴 SBS 防水卷材。在地下通道外部防水施工中应该注意侧面的防水卷材一定要和筏板底部的防水卷材相连接，形成一个整体，起到保护混凝土结构的功能。在顶板处铺防水卷材也应该注意铺设顺序，先铺较低的位置，再铺高处的位置，防水卷材粘贴完成后水平方向的仍需浇筑混凝土保护层，在竖向的需要再粘贴一层柔性保护板。

图 8-59　结构完成后回填工作

上述所有工作都完成后就开始进行基坑回填了，由于地下通道上面的设计是绿化，所在可以直接用以前开挖的砂土来回填。整个地下通道由筏板到顶板高度为 3.8m，在回填时单侧受到的土压力特别大，而且地下通道两侧与主楼及功能房处均无连接，因此很容易在回填时发生位移，破坏混凝土结构和防水措施。所以在回填的时候要注意在地下通道两侧同时回填，使得地下通道在回填时的侧向外力最小，顺利完成基坑回填工作（图 8-59）。

8.8　谢赫哈利法特护医院停机坪设计与施工

8.8.1　工程概况

谢赫哈利法特护医院项目总建筑面积为 65000m²，其中主楼建筑面积为 63246m²，包括地下一层，地上 6 层，为框架剪力墙结构。功能房为地面一层，建筑面积为 5902m²，包括 service block（功能房）、laundry room（洗衣房）、medical gas room（医疗气体站）、pump room（泵房）等功能结构。

图 8-60　停机坪和主楼效果图

该项目在主楼侧设置两个直升机停机坪，如图 8-60 所示。

8.8.2　停机坪的选址

停机坪的选址主要考虑以下几点：

（1）基础承载力要满足直升机的起降。由于直升机的起降对停机坪地面的承载力要求较高，因此在选址时首先要对该地域天然土的承载力进行验算是否符合起降要求。必要时可以选择回填土来满足要求。本工程采用石子分四层回填压实，每层各厚度为 250mm，其上浇筑 100mm 厚的素混凝土垫层。

（2）该地域的面积尺寸应满足直升机起降需要。按照布置形式可以划分为两种：①停机升降区和避难场所集中布置。通常要求场地面积较大，以确保直升机升降、悬停、消防器材的搬运、人员疏散、伤者救护、收容等诸多要求，其平面形状尺寸不宜小于直升机旋翼直径的 1.5 倍。考虑到使用直升机的种类较多以及现用机型的尺寸，本工程停机坪尺寸为 41.7m×38.7m，满足直升机机型及地面要求。②停机升降区和避难场所分开布置。此种布置方式较灵活，但避难区域应符合安全、方便的布置原则，其形式、面积、数量不作限制，应根据实际情况而定。停机坪适停飞机参数举例如表 8-7 所示。

停机坪适停飞机参数举例　　　　　　　　　　　　　　　　表 8-7

旋翼转动时机长(m)	18.48	机身长(m)	15.48
桨叶折叠时机宽(m)	3.79	机高(m)	4.92
主旋翼直径(m)	15.08	最大重量(kg)	8350
尾旋翼直径(m)	3.04	空重(kg)	4120
悬停升限(m)	2150	最大速度(km/h)	296
载客量(含驾驶员)(人)	22	航程(km)	640

注：直升机可选用法国宇航工业公司制造的"超级美洲豹"（SUPERPUMA AS 332 型）

（3）停机坪应该选址在交通疏散方便，易于运输的位置。由于医院急救停机坪的特殊性，其对时效的要求非常高，因此选址时要注意交通方便，能以最短的时间到达急救中心。本工程选用主楼和功能房之间的空地作为起降场地，有专设道路和主楼入口连接。

本工程设计停机坪主板尺寸为 38.1m×41.7m，为一个矩形的常规形状，在各边的中心线位置设置四条宽度为 2cm 的分仓缝，分为四块尺寸为 19.04m×20.84m。用分隔板填充隔离（图 8-61）。

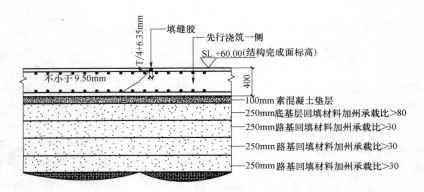

图 8-61　停机坪剖面图

针对停机坪的特点，设计施工时需要满足航空标准。直升机停机坪承受荷载大，板面厚度大，因此模板支设、钢筋铺设、面层是极为重要的一方面，同时，停机坪面上的附属设施以及标记、航标灯等应符合国际航空标准要求。

8.8.3　施工工艺

8.8.3.1　工艺流程

机具材料准备→土方开挖→基础回填压实→垫层浇筑→钢筋安装→混凝土浇筑→机电灯具施工→竣工验收。

8.8.3.2　土方开挖

土方开挖之前，要求测量员在需要开挖的地面上大致定位出开挖方位，并且根据上部结构的尺寸和开挖深度以及土质特性放宽留出边坡，在地面做好标记，开挖过程中施工队测量员应该全程跟踪，防止深挖或者超挖。

8.8.3.3　基础回填压实

土方开挖完毕后，应进行分层回填压实。本工程采用碎石子分层回填压实，总共分四次回填，每层回填高度为 250mm，在每层填完之后，宜边浇水边用小压路机压实。由监理批准做好压实试验，之后方可进行下一步工序。

8.8.3.4　垫层浇筑

垫层采用的是 100mm 厚 C20 素混凝土。垫层最主要的功能是为上层板调整标高，但最薄处不应小于 50mm。因此在垫层浇筑之前应该打好标高，并且调整回填石子的标高以及平整度。

8.8.3.5　钢筋安装

要求垫好垫块，满足关于保护层厚度的规定。在钢筋安装进行的同时，及时和机电分包沟通，要求及时准确地标示出各个预埋件（缆风环和各种灯具预埋管道的安装）。如发现和结构有冲突应立即沟通协商解决。

本工程板顶配筋为 T12@100MESH，板底配筋为 T12@150MESH，保护层厚度为 4cm。

8.8.3.6　混凝土浇筑

选用 C50 的混凝土四次浇筑成型，注意泵送混凝土的坍落度。在浇筑之前要确认所有的预埋件埋设到位，浇筑时要谨慎，不得使其偏位。浇筑完毕后应采用蓄水或者塑料薄膜覆盖养护，养护时间不得少于 14d。

8.8.3.7　机电灯具的安装

（1）航标灯。为了保证夜间的正常使用，直升机停机坪应设置夜间照明，还应设置着陆区域界限灯、障碍灯。当停机坪为圆形时，周边灯不应少于 8 个；当停机坪为矩形或方形时，则其任何一边的周边灯不少于 5 个，上述周边灯的间距均不应大于 3m。导航灯应设在停机坪的两个方向，每个方向不少于 5 个，其间距可为 0.4～0.6m，泛光灯设在停机坪与导航灯相反方向，对于进出场空域内的障碍物也应设置指示灯。照明电源应为消防回路，单独设置时应考虑 4h 连续供电。

为便于飞行员尽快找到停机坪，在机坪上和周边都安装不同色彩的各种信号灯，如朝天安装的红色定位灯（便于飞行员准确停机），还有每分钟闪光 40 次的障碍信号灯，用不同色彩示意风向的风向灯（指引飞行员使机头迎风停下）及境界灯（指明停机坪的边界和范围）等。施工时地面伸出的裸露电管，应采用壁厚不小于 2.5mm 的钢管敷设，用防水接线盒与电管丝扣连接，以确保密封效果。航标灯应固定在面板上，不得以钢管替代支掉点。①机坪瞄准灯。嵌入式安装，ϕ230mm，埋深 120mm，6 盏瞄准灯须同时串联相接。②机坪围界灯。14 盏围界灯安装在停机坪外边界位置，标明停机坪边界，直接并联接入电源。③机坪泛光灯。每组 8 盏，须同时串联相接，保证频闪同步。④风向灯。用不同色彩示意风向的灯，用来指挥飞行员使机头迎风停下。以上航标灯，除航空障碍灯按景观照明平时点亮外，其余直升机停机坪的功能照明在需要时才点亮。

（2）缆风环。按照直升机停机坪的特殊性要求，还应设置缆风环。本工程缆风环锚固长度为 50d，在与底板筋交界处用电焊固定，以保证位置准确。环根部为 ϕ28 的 HPB235 级钢筋弯成 Ω 形，预埋在混凝土结构中，顶部比面层标高低 5～10mm，外环为 ϕ28 的 HPB235 级钢筋，焊成封闭式圆环，外径 250mm，在面层上预制成环状凹槽，保证缆风环不用时，能与面层相平，用船舶漆作防腐处理。

（3）消火栓和监控系统。在停机坪边界处设置的消火栓，接口高度不大于 1.0m，消火栓按消防要求应离停机坪边界外不小于 5m 距离，应安装在直升机旋翼范围之外，消火栓与消防加压泵连接，其报警、控制、通信等系统直接与消防控制中心联网。整个停机坪设置四个电视探头，保证始终处于中心的监控之中。

（4）航空标记。按航空要求，停机坪面上应有色彩鲜明的标记，显示停机坪的中心位置和边界位置。先用水泥掺 10% 的建筑胶和 3% 的颜料，按设计要求刷出图案，然后在上面打砂纸、刷底漆、中漆、反光面漆。最后再统一罩防水面油，应注意防止被污染，保证色彩鲜明。此外还应按国际民航公约标准规定设置直升机边界位标志。

8.8.4　停机坪协调施工

由于本工程机电工程为外分包，因此在协调方面存在诸多不便，在协调的时效性和多样性上经常会产生问题。往往是结构已经上报批准图纸，现场已经开始施工，而机电分包又报上一版变化极大、需要作出诸多修改的新一版图纸，造成技术部和现场施工的诸多困难，或者是现场结构和机电洞口产生矛盾，但回复却需要相当长的时间，造成工期延误，这两种是经常产生的问题。因此，需要结构工程师和协调员要随时跟踪事件处理状况，要经常向机电询问进展。在停机坪施工的过程中，结构工程师和协调员需要和机电及时沟通，在钢筋绑扎的同时，就要求机电立即进场标示出预埋件的定位和尺寸并和结构图纸相对照，如准确无误，经监理验收通过后方可进行下一步施工。综上，和业主、机电以及其他分包的协调工作主要包含以下三个方面：

（1）深化设计阶段的协调。这一阶段协调指的是在技术部收到 CONSTRUCTION DRAWING（合同施工图）之后进行深化设计，报批 SHOP DRAWING（现场施工图）时和监理以及机电分包进行协调。这一阶段主要工作是收集停机坪所有其他和结构相关的所有批准最新图纸、变更和 RFI（施工信息解答请求），例如各种信号灯穿线位置，预埋件、预留孔的具体尺寸定位以及其他的标志和附属设施的定位尺寸等，然后根据其他所有设施的最新图纸在和结构不冲突的前提下报批结构施工图纸，并且注明和这些设施相关的所有结构的来源，并且要求机电确认无误，盖章通过的情况下方可上报监理批准后下发现场进行施工。

（2）现场施工阶段的协调。这一阶段主要是在施工过程中存在的机电和结构的交叉作业带来的协调。由于停机坪的特殊性，在施工过程中有大量的预埋件和线管，因此需要机电和结构密切协调施工。例如，在绑扎板底钢筋时，现场工程师根据结构队的人力、材料、工效等准确估算出完成所需时间，提前通知机电进场时间，使机电和结构队配合无间，既没有延误工期，又没有造成窝工，堪称协调施工成功的范例。

（3）后期结算的协调。在停机坪完工后，由于现场施工中所遇到的问题，或者因业主要求而产生的变更和 RFI，或者因其他的原因造成的用工量、材料成本、工期的延误和增加，需要合约部根据现场实际情况所作的记录等有效文件和机电以及业主进行协调，确保不能让公司蒙受损失。

8.8.5　前景展望

民用直升机停机坪在国内工程中并不多见，一般仅见于大型医院、酒店屋面或者商业中心等大型建筑。中建中东公司在海外能够建设谢赫哈利法特护医院这样的综合项目，能够大大锻炼工程师和施工队伍，使公司拥有这方面的宝贵经历，拓宽公司的业务范围，为以后公司再接类似的工程打下坚实的基础。

第9章 围护结构工程篇

9.1 迪拜天阁项目玻璃幕墙施工技术

铝合金幕墙是一种建筑结构外围护构件。玻璃四周嵌固在铝合金结构框架上，框架与建筑结构固接。幕墙框架自重和所承受的风荷载、地震作用通过连接件传递至建筑结构。玻璃幕墙分为明框玻璃幕墙、隐框玻璃幕墙、半隐框玻璃幕墙、全玻璃幕墙。本节以阿联酋迪拜某高层建筑项目为载体，全部采用明框式玻璃幕墙。阿联酋迪拜某高层建筑项目地上塔楼部分主楼21层，建筑总高度100m左右。

9.1.1 幕墙安装前的现场准备工作

9.1.1.1 施工辅助设施安装

本项目结构的特点是：塔楼标准1层、2层板边一致，标准3层及以上楼板比标准1层/2层楼板整体外挑。幕墙安装位置分阳台区域与非阳台区域。故由结构形式决定本工程幕墙安装的施工辅助设施主要有：①脚手架：裙楼4层，塔楼标准1层、2层采用满堂式脚手架施工，在较低的高度内搭设脚手架不仅安全因素有保证，而且施工人员在脚手架上工作方便，工作效率高；②电动吊篮：塔楼标准3层及以上楼层采用电动吊篮施工，在较高高度内使用吊篮施工既避免了脚手架随着架设高度的增加占地面积越大的弊端，而且可以多点任意吊篮而灵活作业，使得施工工序的穿插更加方便与自然；③人字梯以及小型钢管架——阳台区域采用。幕墙工作范围有一部分是在阳台内进行，考虑到2m多的层高限制，只需搭设人字铝梯或者简易钢管架即可满足施工要求。

1. 脚手架搭设注意要点

（1）安全要素：从裙楼4层至标准2层的满堂脚手架的搭设必须符合相关的脚手架搭设施工规程，所有支撑立柱、连接横杆，必须横平竖直，每隔数米需要与结构柱拉结，整个外架立面需要设斜撑与剪刀撑，底部设置扫地杆，以增加整体稳定性与抗倾覆性。跳板必须满铺，并且设置挡脚板。脚手架外层应该设置安全挂网。

（2）施工要素：在玻璃幕墙施工时，脚手架作业面的铺设主要考虑立柱上下两端的固定施工需要。由于工人需要手持冲击钻在下挂梁上钻眼固定膨胀螺栓，故脚手架的作业面需要距离下挂梁一定合适的高度（本结构下挂梁下口距离结构板面为2.4m），以方便工人施工。可以考虑每层设置两道工作平台：一层靠近下挂梁，一层与板边基本平齐。此外考虑到外墙铝塑板的施工，脚手架不能与结构板边距离过近，一般以30cm为宜。在现场安装立柱时，标准1层/2层脚手架区域需要将临边防护拆除（本工程临边防护均在板边的最外端），标准3以上楼层需要将临边防护内移，以便幕墙工作的开展。另外考虑到安装玻璃的方便，脚手架与结构的拉结点应当参照幕墙图纸，尽量选在可开启的气窗处，这样既保证了幕墙工作的连续性，又不会频繁的拆装拉结点，保证架体的安全。

2. 电动吊篮注意要点

迪拜天阁项目工程高 21 层，标准层为 1 层～21 层，高约 124.7m。外墙装修的垂直系统，采用电动吊篮。电动吊篮性能先进，安全升降，拆装方便，使用高效，是外墙装饰工程的理想设备。

（1）吊篮荷载及尺寸。本工程选用从国内运来的 ZLD 63 的电动吊篮，根据现场施工的实际需要，限制使用载荷为 6.3kN。篮筐外形尺寸：（长×宽×高）（2000×3）mm×760mm×1450mm，单元长度为 2m，然后按需要进行拼装，最大长度为 6m，甚至 8m；最小长度为 4m。

（2）吊篮安装楼层。吊篮进场安装时，结构尚未封顶，因此采用在楼层中部安装一次后，再上翻至顶层施工的顺序。吊篮所安装楼层及位置应该依据在最少的上翻及移位次数内，幕墙有效安装范围的最大化这一原则，以节约周转成本及时间。

（3）吊篮施工的安全保障：①每个吊篮顶部均设置防护顶板，其材料采用 2.5cm 厚的木模板，防护顶棚可以有效地保护吊篮内施工人员免受其上部个别小体积坠物的伤害。②每个吊篮均设有与结构相连接的独立安全绳，并给吊篮施工人员以相配套的安全自锁器，防止吊篮意外坠落造成的事故。③在吊篮设备层，每套吊篮支架的配重设施，均由钢管顶撑与结构面卡紧，防止吊篮支架的侧向移动。④所有吊篮操作人员均为接受正规培训的合格人员，同时现场还配有专门的吊篮维护人员，时刻保障吊篮作业的安全性与高效性。

（4）吊篮施工受制约的因素：①安全挑网。出于安全角度考虑，本项目在所有尚未封顶的结构层在施层下方设置环塔楼一周的水平安全挑网。吊篮安装层应该选用位于挑网下方的楼层。此时需要保证吊篮工作面内所有临边砌筑、二次结构浇筑等工作基本结束，以免将来幕墙作业与装修冲突，造成交叉作业，存在安全隐患。②吊篮所在设备层与室内砌筑的影响。由于机电配管安装等工作是由下至上逐层安装，不能跃层安装，故需要吊篮设备层的室内砌筑工作不能中断。这样就需要在砌筑作业的同时，考虑到对已经安装吊篮系统的保护；对于尚未安装吊篮系统的楼层，要在装修砌筑墙体时，尽量留出吊篮机构的安装空间，以免将来不必要的更改墙体工作。③安全规范明确规定，禁止同一工作面内的竖向交叉作业，故吊篮的使用位置与时间需要与上部结构与装修施工队伍密切协调，以保证吊篮内施工人员的安全作业。

9.1.1.2 建筑结构的校核修正

根据幕墙图纸和主体结构图纸初步测量，检查幕墙能否按图施工，可提前知道幕墙安装出现的问题。根据主体结构图纸中建筑物轴线对建筑物外形进行认真、精确的测量，特别是板边定位，结构下挂梁及反檐尺寸的校核。测量放线后，检查建筑物的结构边线在允许偏差的范围内，则可进行幕墙的施工工作。如果建筑物的结构边线超出允许偏差的范围，应及时分析原因，解决问题。现场工程师需要依据已由监理批准的图纸，对安装工作设计的建筑结构部位进行尺寸、标高等校核工作，以保证幕墙工作的连续性与正确性。

依据现场实际安装情况，建筑结构主要存在的问题有：①下挂梁标高不正确，下挂梁在实际浇筑过程中，有时底模加固不够，造成一跨之内下挂梁下口标高偏低，这样就导致立柱无法嵌入正确的安装位置。需要依据实际情况对下挂梁底部进行剔凿。②由于依据图纸，本层顶的下挂梁外立面投影应该与本层楼板的外边线重合，而实际施工中，存在结构板边向内或者向外偏位的情况，特别是向内偏位，使得下部的膨胀螺栓无法固定。这样就需要依据植筋方案来打眼植筋，为下部固定螺栓留充足位置。③依据建筑造型需要，在立柱之间，砌筑有填充墙，而现场墙体砌筑是先于幕墙的安装工作，故难免填充墙与幕墙立柱之间存在误差，对于较大的缝隙，可以用抹灰修补，若墙体超出立柱间距，则需要剔凿相应部位，以保证立柱的安装位置。

9.1.2　幕墙的材料质量控制

现场分包进场后，在其正式开始安装施工之前，与安装相关的所有材料必须经过相应英标（British standards）或者美标（American standards）所要求的性能参数测试，以确保所选定尺寸与型号的材料符合建筑用途。在本项目中，所有相关材料性能测试报告与数据均由相关分包或者材料供应商提交给总包与监理方审核，当地具有检测资质的第三方单位提供具体的分项测试。

玻璃幕墙相关主要的检测分项为：玻璃与铝框物理性能检测，连接材料（膨胀螺栓）的拉拔试验，以及密封胶的性能测试。

9.1.2.1　玻璃与铝框物理性能检测

建筑玻璃幕墙通过检测可以发现设计和生产制作中的缺陷以及安装过程中应注意的问题，从而可以确认设计及材料选择的正确性和幕墙设计功能是否符合实际需求。

天阁项目建筑幕墙物理性能检测主要项目是指幕墙风压变形性能（Wind resistance）、幕墙雨水渗漏性能（Water penetration）、幕墙空气渗透性能（Air infiltration）、幕墙层面变位性能（Building movement）等多项物理性能指标的测试。测试平台为模拟现场实际环境的玻璃及窗框系统。

检测流程基本为：①在正负气压下的空气渗透试验，这是模拟试验的第一项测试，用于检测密闭环境下，铝框-玻璃整体密封效果。②静止风压下雨水渗透测试，在无风压状态下，检测玻璃幕墙系统的抗雨水渗透性能。③动态风压下雨水渗透测试，在设定风压下，检测玻璃幕墙系统的抗雨水渗透性能。④普通风压变形测试，玻璃的正反双面在不同强度的风速下，玻璃幕墙表面不能有超过规范要求的变形。⑤强风状况下幕墙结构的变形测试，试验模型处于强风状态下，变形性能应该符合相关安全规范的要求。⑥幕墙层面变位测试，当幕墙系统所附着的结构发生位移或者变形的情况下，测试幕墙系统与结构的协调变形能力，这项测试主要是考虑到地震情况下，幕墙系统发生变形后，仍能正常工作（如继续抵抗雨水渗透的性能）。

9.1.2.2　膨胀螺栓拉拔试验

膨胀螺栓为固定芯柱与结构层的重要连接件，本工程所使用螺栓均已进行了拉拔试验后再被现场采用。需要注意的是图纸要求采用两种长度的膨胀螺栓：11cm 与 9.5cm，但在现场实际安装中由于有些区域结构板面不能达到设计标高，结构面偏低。此时，普通的11cm 螺栓已经不能保证合适的锚固长度（芯柱底座已插入较厚的垫片），为了保证幕墙整体的稳定性，在部分此类区域，现场采用 15cm 长的螺栓（相同厂家生产），以确保足够的锚固长度与强度。

9.1.2.3　密封胶的性能测试

结构胶要有很好的抗拉强度、剥离强度、撕裂强度和弹性模量，它同时也起到避震的作用。结构密封胶和耐候密封胶必须由材料供应方提供的产品质量保证年限的质量证明以及相容性和粘结性试验报告。在天阁项目幕墙体系采用的密封胶在试验室主要进行下列性能测试：①拉伸强度测试；②固化后硬度测试；③高温加热下，胶体质量损失测试；④剥离强度测试。需要注意的是，在现场进行幕墙明框四周打胶时，要避免附近装修施工粉尘对尚未干透胶条的污染，如果油漆、粉尘等杂质混入胶体内，一是会改变胶体最终颜色，使其无法达到最终的装饰效果；二是会与胶体本身材料发生反应，降低胶体本身的耐候性。

9.1.3　幕墙的安装过程

9.1.3.1　幕墙安装前的测量定位

由于幕墙安装涉及最终的外立面装饰效果，在整个立面内给人的观感非常明显。故幕墙的安装施工，对测量精度要求很高。玻璃幕墙作为建筑物外墙装饰工程，其施工质量会影响整栋建筑物的外观。质量符合要求的玻璃幕墙，组成一幅平整的镜面，如果平面度不合格的玻璃幕墙，组成的镜面出现断开、重复，甚至扭曲变形。其中幕墙立柱的安装与调校，对整幅幕墙的平面度和垂直度起关键控制作用。如果立柱安装偏差超出规范要求，通过安装横梁及玻璃铝框进行调整后幕墙的平面度和垂直度，也难以达到设计和施工规范要求。

本项目幕墙按照图纸设计位置，幕墙的测量定位包括两个部分：空间定位与立面垂直度校核。

1. 空间定位

空间定位决定了幕墙的立柱的点位。具体平面定位可以分为 X 方向定位（即立柱距离结构板边的相对位置）、Y 方向定位（即立柱距离垂直板边的竖向结构的相对位置）、Z 方向定位（即立柱相对室内净空的上下位置）、在结构施工的过程中，为了保证结构的整体垂直度与一致性，从下至上在每层都设置有控制点，8 个控制点依次分布在走廊两侧，以保证能充分控制整层结构的精确位置。这些控制点位就成为幕墙 X、Y 方向定位最重要的参照。

（1）X 方向定位：本项目幕墙位置在设计时，为了便于控制，芯柱中心线即为一条与板边平行的轴线。故在确定芯柱距离板边远近位置时，可以参照控制点盒子的 X 方向的控制线来确定轴线位置。

（2）Y 方向定位：依据幕墙图纸，立柱的 Y 方向位置由相邻轴线确定。立柱分布一般以一跨为单位，在此跨内，第一根立柱与附近轴线的相对距离由幕墙图纸给定。我们可以通过控制点图纸，查得控制点与所需要轴线的相对距离，从而将立柱附近的轴线位置精确定位。找到轴线位置后，即可按照幕墙图纸确定第一立柱的位置，其余立柱位置可依据图纸由横向连接件定位。在现场实际施工中，由于室内砌筑基本完成，有时安装所需轴线与控制点无法直线测量距离，我们采用辅助参考线来放出立柱位置。在结构板施工结束后，柱模板支设之前，结构施工队伍将柱边控制线放出，一般柱边控制线距离结构柱边距离为 50mm 或者 35mm。故定位轴线时，可以借助柱边 50/35cm 线，再辅以结构柱的截面尺寸来定位。

（3）Z 方向定位：控制幕墙立柱与室内净高的相对位置主要参照装修 1m 线，依据幕墙图纸，幕墙立柱安装后距离下挂梁与结构板面的距离是一定的。从立柱铝框下口（不包括芯柱部分）向上量取 694/894mm 后标记，此位置即装修 1m 线的位置。现场实际安装时，以一跨长为单位。用水准管比对立柱标记与核心筒内的装修 1m 线标志，使二者水平，此时立柱在 Z 方向内的位置即为图纸要求安装高度。

2. 立面垂直度校核

幕墙立面垂直度由测量放线控制，使用钢丝线作为垂直度测量控制线。钢丝线的精确定位是玻璃幕墙立柱安装施工中的重要工序，测量放线的准确性决定幕墙的质量。高层建筑主体结构的施工测量中，在测量竖向垂直度时，每隔 3～5 条轴线选取 1 条竖向控制轴线，各层均由初始控制线向上投测。测量时一般出现误差，高层建筑施工层间垂直度测量偏差不应超过 3mm，即主体施工层间轴线偏差在 ±3mm 之间都是允许的。

明框式铝合金玻璃幕墙立柱一般从下向上逐层安装。玻璃幕墙的安装施工规范要求：立柱轴线前后偏差不应大于 2mm，左右偏差不应大于 3mm。通过分析实际存在的情况，在幕墙立柱施工测量放线时，不采用主体结构施工的各层轴线，而利用在同一平面中垂直于同一条直线的平行直线来控制立柱安装，以保证立柱在整个立面内的垂直度到达规范要求。

根据幕墙图纸的立柱外表平面，在幕墙最底层的楼面测量出外表平面的底层控制线，用经纬仪直接向上投测到幕墙顶层，形成顶层控制线。由顶层控制线和底层控制线两条平行线形成一个平面，即立柱外表平面。确定立柱的外表平面后，在底层控制线和顶层控制线之间垂直位置上下拉钢丝线，这样按一条直线施工，可以避免各层测量放线引起的立柱轴线左右偏差的问题。

按上面方法测量放出的钢丝线作为标准安装立柱的参照，可以给施工安装人员一个容

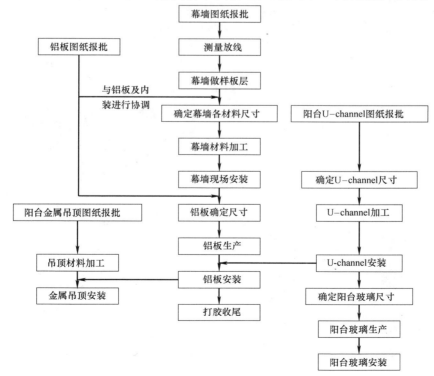

图 9-1　幕墙安装主要施工流程示意图

易观测、校正的标准。安装立柱时，通过与钢丝线对每根立柱进行调整，使每根立柱中央对准重合位置的钢丝。每层立柱安装完，应使用经纬仪对立柱进行检测，如果立柱安装偏差超出规范要求的，必须进行调整或重装，每层立柱安装偏差应及时消除不得积累。

9.1.3.2　安装流程

幕墙安装的主要施工流程如图 9-1 所示。

本项目幕墙基本为明框嵌入式幕墙，在设计时没有预留埋件，而是将幕墙通过膨胀螺栓直接与结构连接。本明框式幕墙体系是刚性固定在每层，主要受力构件为铝合金装配式中空立柱，此立柱两端为预先加工插入的铁质芯柱，上下芯柱与立柱为半刚性连接，有一定调节的空间。幕墙安装位置分为阳台区域与非阳台区域。在非阳台区下部芯柱直接通过 11cm 长的膨胀螺栓打入板边，上部芯柱通过 9.5cm 的膨胀螺栓打入结构预先与板一起整浇的下挂扁梁中。在阳台区的立柱以及裙楼 4 层的立柱是需要下部芯柱的膨胀螺栓打入预先浇筑的 12cm 高的反檐上（图 9-2）。

玻璃幕墙不同金属材料接触处设置绝缘垫片（厚度 4mm），绝缘片的大小不小于接触面积，以保证铝合金立柱与连接件可以充分接触，立柱与横梁接触处装有柔性垫片。立柱与结构固定的上下端头处均放置有垫片，既保证了立柱与结构的相对柔性连接（容许结构有一定的沉降与变形），也避免了由于结构偏差与板面缺陷所造成的安装问题。

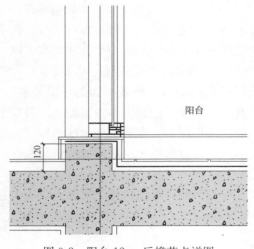

图 9-2　阳台 12cm 反檐节点详图

立柱接头应有一定的空隙，采用套筒连接法（图 9-3）。立柱始终处于受拉状态，不能成为受压构件，以免造成立柱弯曲变形，影

(a)　　　　　　　　　　　　　　　　(b)

图 9-3　立柱连接套筒

响玻璃的完整性。活动接头通过芯柱连接上、下立柱，芯柱与上下铝框柱用可调节螺栓固定，在部分结构不满足安装高度的位置（如下挂梁偏低或者结构板面没达到设计标高），可以通过调节螺栓来改变芯柱的高低。芯柱伸入上、下立柱不小于 2 倍立柱截面高度，且芯柱壁厚明显大于其插入的铝制立柱壁厚，以提高整体刚度，保证幕墙的稳定性。

9.1.3.3　隐蔽工程验收

为确保玻璃幕墙的质量与安全，结合玻璃幕墙施工的特点，应加强施工过程中的隐蔽工程验收。应特别注意幕墙构件与结构主体之间节点的连接，幕墙四周与结构连接的接头处理，幕墙伸缩变形缝包括上、下封口及墙面转角节点、立柱活动接头节点，防火保温设施等都应随工程进展及时进行隐蔽工程验收。在此需要特别注意的是幕墙设计中相邻每一户型的玻璃单元均有防潮要求，故此处玻璃为不可透视玻璃。具体做法是先对玻璃背后墙体进行防潮覆层的处理（通过涂刷黑油，当地做法），然后在此防潮层的基础上安装岩棉，隐蔽验收通过后，才可以安装特殊设计的单面（6mm）玻璃。

9.1.4　结语

近年来，玻璃幕墙工程已经成为现代高层建筑工程中的一个亮点。随着新材料、新技术的不断涌现，给建筑幕墙设计施工提出了新的挑战的同时，也带来了新的机遇。幕墙工程的质量控制应从选择具有资质及较强施工能力的专业施工队伍开始，严格玻璃幕墙工程的每一个分项目，对材料、构件的加工制作、安装等设置相应的质量控制点，施工过程中严格按技术标准进行控制，消除质量和安全隐患，确保玻璃幕墙工程的结构安全和重要使用功能。

9.2　蒸压加气混凝土砌块在迪拜天阁项目中的应用

9.2.1　天阁项目概况

"天阁"（SKYCOURTS）项目由 6 栋高层建筑组合而成连体大型住宅建筑群，项目占地面积 4 万 m²，总建筑面积约 416119m²。标准层层高为 3.3m，建筑总高度为124.7m。"天阁"项目由整体式裙楼和塔楼组成：地下一层和 GF（GROUND FLOOR）是停车场，P1（PODIUM1）至 P3 三层是消费娱乐区及停车场及零售店面，标准层是六栋 21 层的塔楼，22 层为屋面设备层，共 2836 套高档精装修公寓，全部为住户。屋顶为景观花架梁。该项目不仅造型设计优美，功能实用合理，而且采用了人性化的设计，在裙楼屋面设置了游泳池，儿童游乐设施及绿化景观。更为令人称赞的是在每栋塔楼都有贯通 7～8 层用于观景及休憩的"天阁"，也就是该项目名称的由来。

本工程室内隔墙主要采用 200mm 厚轻质加气混凝土（ACC-Autoclaved Aerated Concrete）砌块。砌块砖的规格、尺寸、强度等级符合设计要求，有出厂合格证及复试报告。水泥为 32.5 级普通硅酸盐水泥，有出厂合格证及检验报告。砂为中砂，含泥量小于 3%。使用前用筛子过筛。其他材料有墙体拉结筋及预埋件、石灰膏等。

9.2.2　蒸压轻质砂加气混凝土砌块的性能及特点

蒸压轻质砂加气混凝土以石英砂、水泥、石灰和石膏为主要原料并加入适量发气剂

（铝浆），经科学配料、搅拌、预养、切割，在高温高压下养护而制成的一种轻质、多孔新型建筑材料。该技术起源 20 世纪前期的瑞典，至今历经近一个世纪的发展，目前已经在全世界取得了长足的发展。具体性能如下。

（1）重量轻。

常用的 05 级的容重只有 500kg/m³ 左右，是普通混凝土的 1/4，黏土砖的 1/3，空心砌块的 1/2，可以有效地减轻建筑物的自重，减少基础和结构投入，降低施工时的劳动强度，从而节省基础费用及增加建筑物安全性，见表 9-1。

几种常用建筑材料的体积密度（kg/m³） 表 9-1

材料	加气混凝土	木材	黏土砖	灰砂砖	空心砌块	陶粒混凝土	普通混凝土
指标	400～700	400～650	1600～1800	1700～2000	900～1700	1400～1800	2200～2500

（2）强度利用率大。

强度利用率大，由于加气混凝土砌块重量轻，每块可以做到相当于 10 多块红砖体积，所以整体强度大，强度利用率提高，其强度利用系数为 0.7～0.8，而黏土砖强度利用系数为 0.2～0.3，远远比加气混凝土砌块小，见表 9-2。

黏土砖与 AAC 强度比较 表 9-2

材料	本身强度（MPa）	砌体强度（MPa）	强度利用系数
黏土砖	10.0	3.1	30%
加气混凝土（B06）	5.0	4.0	80%

（3）保温、隔热性能好。

保温、隔热性能好：根据容重不同，导热系数只有 0.11～0.16W/（m·K）。保温效果是黏土砖的 5 倍，普通混凝土的 10 倍，厚度 100mm 的 AAC 砌块的保温性能相当于 370mm 厚的黏土砖墙。对框架结构的建筑，在对冷热桥做适当处理的情况下，250cm 厚的墙体即可达到节能 65% 的要求。

（4）耐久性好。

产品主要成分为硅酸盐材料，不存在老化问题，也不易风化，是一种耐久的建筑材料，其正常使用寿命完全可以和各类永久性建筑物的寿命相匹配。

（5）高耐火性能。

产品原材料属于不燃硅酸盐材料，体积热稳定性好，热迁移慢，具有很好的耐火性，能有效地抵抗火灾，并且可以保护其结构不受火灾影响。而且本身属于无机不燃物，在高温下不会产生有害气体。5cm 厚加气混凝土砌块＋钢结构复合＞3h；10cm 厚加气混凝土砌块墙耐火极限＞4h；15cm 厚加气混凝土板材耐火极限＞4h。

（6）吸声、隔声性能好。

由于产品内部的微观结构是由很多均匀互不连通的微小气孔组成，隔声与吸声性能俱佳，而且悬挂重物等指标均达到国家要求，150mm 厚墙体即可达到一级隔声和防火要求。依其容重和厚度不同可降低 30～50 分贝的声量，是具有隔声与吸声双重效果的优良建材。

（7）抗渗性好。

产品内部小孔均为独立的封闭孔，直径约为 1～2mm，能有效地阻止水分扩散，结合先进的施工工艺技术和配套的界面剂，能有效地防止渗水。研究表明：除结构原因外，

80％以上的外墙渗漏，水都是从砌筑灰缝渗入的。加气砌块的专用胶粘剂缝仅有2～3mm，仅为一般砌筑灰缝的1/4～1/5，专用粘结剂缝比一般砌筑灰缝更致密，因此，大大降低了渗水的概率（表9-3、表9-4）。加气混凝土孔隙率达70％～80％封闭孔，孔径约在1mm左右，能浮于水面。

普通砖与AAC吸水比较（浸水72h）   表9-3

砖	浸水72h	体积吸水率35％	所有空隙均吸水
加气			35％～40％孔未吸水

普通砖与AAC吸水比较（一端浸水1cm 10h后）   表9-4

砖	一端浸水1cm，10h后	高度24cm以上，吸水量7g/cm^2
加气		高度9～10cm，吸水量2～3g/cm^2

（8）收缩率小。

由于砂加气混凝土的干燥收缩值很小，快速干燥法测量≤0.5mm/m，事实上，在自然状态下其收缩值更小，一般仅0.2mm/m左右。因此，不会因为砂加气混凝土砌块本身的微小收缩而引起墙体开裂。

（9）无放射性。

由于原材料都是采用无放射物质的石英砂、水泥、生石灰、石膏、铝浆作为原材料，产品完全符合国家卫生标准，属于环保绿色建材。

（10）可加工性好。

加气混凝土材料重量轻，规格大小多样，便于钉、钻、砍、锯、刨，便于敷设管线，可直接用榔头把钉钉入墙内，一般2～3寸的钉子钉入墙内2/3，可垂直悬挂2～5kg的物体；可固定膨胀螺栓，一般打孔固定6～8mm的膨胀螺栓，该螺栓可垂直受力35kg，水平受力15～20kg；可以直接固定吊橱、空调、油烟机等，给水电安装、家庭装修带来方便。

9.2.3 施工工艺

9.2.3.1 施工工艺流程

基层清理→找平→放线打底→排砖、绑扎构造柱钢筋→立皮数杆→拉线→墙体砌筑、

图9-4 排砖

图9-5 鱼尾铁的设置

预制过梁放置→构造柱、现浇过梁支模→构筑柱、现浇过梁混凝土浇筑→构造柱、现浇过梁拆模→勾缝→养护。如图 9-4～图 9-7 所示。

图 9-6 砌筑网片的铺设　　　　　　　　　图 9-7 构造柱与现浇过梁的浇筑

9.2.3.2 施工方法

（1）砌筑前应在基础面上定出各层的轴线位置和排数。砌筑前，应按砌块尺寸和灰缝厚度计算皮数和排数。砌筑采用"挤灰挤浆"法，先用瓦刀在砌块底面的周肋上满披灰浆，铺灰浆长度为 2～3m，再待砌的砌块端头满披头灰，然后双手搬运砌块，进行挤浆砌筑。砌块应尽量采用主规格砌块，用反砌法砌筑，从转角或定位处开始向一侧进行。

（2）内外墙同时砌筑，纵横梁交错搭接。上下皮砌块要求对孔、错缝搭砌，个别不能对孔时，允许错孔砌筑，但是搭接长度不应小于 90mm。无法保证搭接长度时应在灰缝中设置构造筋或加钢筋网片拉结。

（3）砌体灰缝应横平竖直，砂浆严密。水平砂浆饱满度不得低于 90%，竖直灰缝不低于 60%，不得用水冲浆灌缝。水平和垂直灰缝的宽度应为 8～12mm。墙体临时间断处应砌成斜槎，斜槎长度不应小于高度的 2/3。如必须留槎应设直径 4mm 钢筋网片拉结。预制梁板安装应坐浆垫平。

（4）墙上预留孔洞、管道、沟槽和预埋件，应在砌筑时预留或预埋，不得在砌好的墙体上凿洞。如需移动已砌筑好的砌块，应清除原有的砂浆，重铺新砂浆砌筑。在墙体的下列部位，空心砌块应用混凝土填实：底层室内地面以下砌体、楼板支承处如无圈梁时，板下一皮砌块等。砌块每日砌筑高度应控制在 1.5m 或一步脚手架高度，每砌完一楼层后，应较核墙体的轴线位置和标高。

（5）钢门、窗安装前，先将弯成 Y 形或 U 形的钢筋埋入混凝土小型砌块墙体的灰缝中，每个门、窗洞口的一侧设置两只，安装门窗时用电焊焊接。在砌筑过程中，应采用原浆随砌随收缝法，先勾水平缝，后勾竖向缝。灰缝与砌块面要平整密实，不得出现丢缝、瞎缝、开裂和粘结不牢等现象。

9.2.4 施工质量控制

（1）加气砌块运输、装卸过程中，严禁抛掷和倾倒，防止损坏棱角边，防止碰撞墙体。

（2）对暖卫、电气管线及其他预埋件，应注意成品保护，不得碰撞损坏、移动。临时穿墙的拉结、电线、支撑等严禁私自拆除。

（3）不得直接将脚手架放置在砌块墙上。墙体内应尽量不设脚手眼，如必须设置时可用 191mm×190mm×190mm 砌块砌，利用其孔洞作为脚手眼，砌体完成后用 C15 混凝土填实。

（4）砌体表面的平整度和垂直度、灰缝的均匀程度等，应较核检查并校正所发现的偏差。

（5）在砌完每一层楼后，应校核墙体的轴线尺寸和标高。在允许的范围内的轴线以及标高的偏差，可在楼面上予以校正。

（6）应注意现场的文明施工，及时清理废料、垃圾，保持现场整洁。

（7）建筑施工过程中可能遇到的问题及相应的处理办法：

① 防水处理。加气混凝土砌块空隙率大，吸水高。因而不得砌筑在建筑物标高±0.000 以下或长期浸水或经常受干湿交替部位。在砌块墙底部应用小块实心砌体砌筑，其高度不宜小于 200mm。砖砌体内要有三层防水砂浆，砖砌体与加气混凝土之间还需要有防水砂浆。

② 运输。加气混凝土砌块表面强度低，在运输和搬运过程容易缺角或断裂现象，增加材料的损耗和浪费，因而在运输和搬运过程应小心操作。

③ 粘结。加气混凝土砌块表面容易起粉末，不易于与砂浆更好的粘结。所以砌块墙体宜用粘结性良好的专用砂浆砌筑，也可用水泥石灰混和砂浆，砂浆的强度等级不宜小于 M2.5；用于外墙的不低于 M5，砂浆必须搅拌均匀，随拌随用，砂浆的稠度以 5～7cm 为宜。

④ 口处理。若加气混凝土砌块墙上直接预留门窗洞口，容易造成门窗边渗水或漏水现象，因而在处理门窗边框塞缝时宜用 1：1：2 膨胀水泥砂浆内掺 108 胶水进行塞缝，塞缝前基底清洗干净用水泥浆刷一遍，先用发泡胶填缝，再用水泥砂浆嵌缝，确保框边密实无缝后在外边打防水胶。

⑤ 生产龄期。加气混凝土砌块的生产龄期为 28 天，因而供应量受到一定的限制，不适宜小规模生产。先进的六面切割设备保证了产品外形尺寸的精确性，产品的长、宽、高方向上的偏差在±1.0mm，结合薄层砂浆的应用，不但能保证砌筑尺寸的精确而且施工速度快，周期短。

9.2.5 结论

相对于传统的砌筑产品，蒸压轻质加气混凝土砌块具有质轻、保温、隔热、隔声、防火等优良特性，还可以锯、钉、刨加工成各种形状。具有施工速度快、灰缝小，可减少墙体复合应力，而增加墙体有效强度，使抗震性能大为提高，广泛使用于高层建筑、民用大开间建筑及其他框架结构建筑，以及旧房改造、加高和特殊功能要求建筑等。AAC 是迄今为止能够同时满足墙材革新和节能 65% 要求的唯一单一墙体材料。使用 AAC 的建筑物，经综合计算，工程总造价可降低 10%，节约钢材 14%，墙体自重下降 26%，地震荷载降低 40%，提高等级级别后可用于多层建筑承重结构。

9.3　科威特中央银行新总部大楼清水实心砌体施工技术

9.3.1　应用简介

中东科威特中央银行项目清水砖墙的价值得到了延伸。地下室的设备用房、停车场的配电室和储藏室、塔楼的电梯厅和办公区，清水砖墙恰到好处的体现，成为了项目的装修一景。

清水砌体有其独特的画面：标准砌块，材质密实，砌筑讲究排砖的美感，砌块间留有勾缝，配以浅色装饰涂料，不再有抹灰、瓷砖等外饰装修，感观效果可体现砌块轮廓、灰缝，而且满足建筑物的结构及建筑功能要求，都要达到最终的装修效果。砌砖这一分项工程即是"创监理程精品"的一个经典缩影。

9.3.2 材料应用及报批

砖墙施工所需的任何主材和辅材，都需要以材料报验的形式，按照相关合同规范要求提交给监理工程师审批，包括砌块、马粪板、鱼尾铁、密封胶、钢桁架、角钢、塑胶棒、系梁、过梁等，这些材料可以很好地保证砖墙的强度和稳定性。

在该项目中，砖墙都是非承重砖墙，包括混水墙（plaster block wall）、清水墙（Exposed block wall）。施工工艺方面，清水墙有别于混水墙，清水砖墙强调砌块（fairface）、勾缝的一次成型的美观效果；而混水墙则有后续的瓷砖、石膏板、抹灰装饰，不需强调勾缝、砌块质量等建筑要求（图9-8）。

(a) 清水砖墙　　　　　　　　　　　　　　(b) 混水砖墙

图9-8　砖墙

优质的砌块是实现清水砖墙的前提和保证，工程要求砌块尺寸规则、平整、密实、无破损、观感良好。项目的清水墙砌块包括390mm×190mm×190mm、390mm×190mm×90mm、290mm×190mm×140mm三种规格，耐火等级可以达到2～4h。

砖墙的主材和辅材见表9-5。

砖墙的主材与辅材　　　　　　　　　　　表9-5

材料	用　　途	材　质
Masonry unit（砌块）	主材	混凝土
Steel truss（钢桁架）	连接水平砌块，使其成为一个整体	—
Compressible Filler（马粪板）	放置于控制缝以及砖墙和混凝土墙柱的接缝处，既缓冲结构形变，又可支撑Backup rod	矿棉
Metal strap（鱼尾铁）	拉结砖墙和混凝土墙柱，增加砖墙稳定性	—

材料	用　　　途	材　　质
Backup rod（塑胶棒）	为密封胶提供载体,使密封紧密	聚乙烯泡沫
Sealant（密封胶）	密封砖墙结构接缝,起防尘美观的作用	硅酮胶
Movement tie（伸缩铁）	置于控制缝处,既起连接作用,又可允许形变	塑料和钢
Angle steel（角钢）	连接砖墙和顶板,提高砖墙的稳定行	—
Lintel beam（过梁）	保证门窗洞口处结构稳定,防止徐变产生的开裂	混凝土＋钢筋
Tie beam（系梁）	提高砖墙的稳定性和自身承载力	混凝土＋钢筋

9.3.3　图纸编制、排版及报批

在国际工程中,我们需要对合同图纸进行深化设计,即根据合同规范绘制 Shopdrawing,并将其作为现场施工的依据。砖墙 Shopdrawing 包含很多施工信息:排砖、标高、门窗与机电洞口的位置、过梁、系梁、控制缝、连接节点等。

根据砌筑规范,有几个指标是常见的,而且须严格控制的:如墙长超过 9m 需要设置控制缝,洞口超过 30cm 需要放置过梁,墙高超过 3m 需要浇筑系梁等,在画图的过程中,除了对一些构造要求的应用,如何根据门窗洞口的位置和尺寸进行排砖才是真正的本领所在,保证竖向砖缝与砌块的中线对齐是排砖的主要原则,为了美观和提高稳定性,应尽量避免窄砖（小于 10cm）的出现,通过调整第一皮砖或系梁的高度使得配有过梁的洞口上缘与灰缝平齐,在直角转角处须有牙槎使得砖墙成为一个整体（图 9-9）。

图 9-9　砖墙转角处的压槎

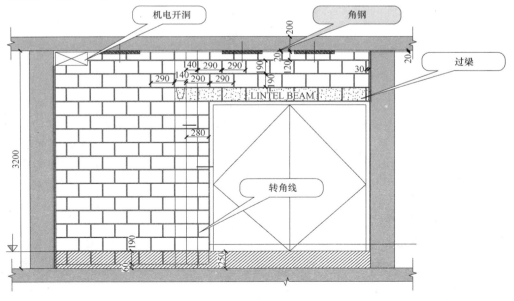

图 9-10　砖墙排砖布局

砖墙的美感来自两个方面，一个是排砖布局（图 9-10），另外一个就是节点设计（图 9-11～图 9-14）。在国际工程中，节点设计的种类和精细程度在很大程度上反映了工程的水准。节点如砖墙与砖墙的连接，砖墙与混凝土柱或墙的连接，砖墙与混凝土顶板的连接等，如图 9-12 所示。

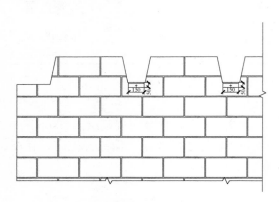

图 9-11　砖墙与密肋梁 Waffle 的连接

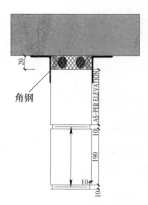

角钢

图 9-12　砖墙与顶板的连接

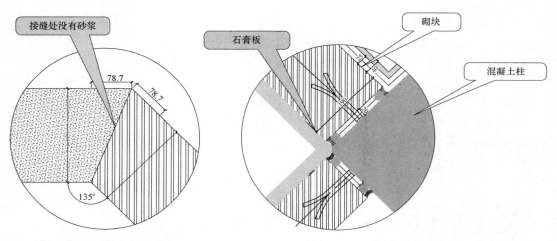

接缝处没有砂浆

石膏板

砌块

混凝土柱

图 9-13　135°转角处的节点　　　　　　图 9-14　90°转角处的节点

砖墙之间的连接经常灵活地运用控制缝来保持彼此排砖的独立性。当砌筑清水砖墙时，砌块应与柱切角的内侧对齐，以便展现打胶之后的起伏效果。当砌筑混水砖墙时，砌块应与柱切角的外侧对齐，以方便石膏板安装时的找平。在潮湿区域（多以瓷砖装修为主），砖墙与混凝土墙之间用砂浆填充，不需留有空隙等。在砌筑过程中，很容易出现设计变更以及各专业之间的协调，根据现场情况迅速作出调整是对画图员基本的要求。

9.3.4　施工准备

对于砌筑工程来说，施工前的准备是十分重要的，要至少考虑三个因素：①Engineer（设计）的工作是否已经批复；②材料是否到场，劳动力是否充足；③专业协调如何，是否具备工作面。

现场工程师时刻都需要关注材料到场情况，即关注 MDS（Material delivered to site），保证现场至少有可以使用三天的生产材料，在拿到批复的图纸之后，首先要对现场工人进行技术交底，强调指出应该注意的问题，与各专业协调之后安排杂工清理现场，为砌筑工创造工作面，并且保证搅拌机和切割机的可用性。

9.3.5　施工组织

在砖墙的施工过程中，正常情况下是一名工人负责一道或者几道砖墙，以保证施工的连续性。将砖墙的第一皮砖作为验收的核心内容（核实排版），其中排砖、标高和连接节点是核对的基本内容，同时，在做第一皮砖放线的时候要充分考虑到砌块与混凝土柱梁的位置关系，尤其是在层高很高的情况下，需保证砖墙与混凝土梁板外缘竖直在一个平面内，很多情况下都需要做调整和打磨以达到精细的效果。

为了保证砌筑的质量和稳定性，现场的砌筑须遵循如下的原则：

（1）砖墙的前三皮和后三皮每一层都要有 steel truss，中间位置每三层需放置一道 steel truss（图 9-15），在砖墙的转角处每层都需放置 steel truss。

（2）在与墙柱的连接处，每三层需放置一道 metal strap，在门框的薄弱处，每层都需要放置 metal strap，保证拉结作用。

（3）在控制缝的位置，每三层需放置一条 movement tie，使得砖墙既可有位移，又连接成一个整体，所有穿过控制缝的 steel truss 都应切断。

（4）每天每道墙砌筑不能超过 5 层（1m）。

（5）与顶板连接的 angle steel，需要在上层静荷载稳定之后再做固定，以防止砖墙的开裂。

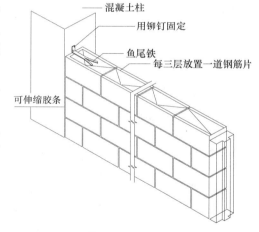

图 9-15　砖墙的排砖及辅材的摆放规律

9.3.6　结语

清水砌体施工经历了两个阶段：质量控制和专业协调。质量控制主要包括砂浆的配合

图 9-16　混水墙与风管的协调

图 9-17　清水墙管线埋设的 Mock-up

比，灰缝的饱满度，鱼尾铁的缺失，拐角处拉结筋的缺失，控制缝处拉结筋没有断开等。对于清水墙，我们有相应的 Shop drawing，在设计图纸的时候已经做过与机电的协调工作，但施工过程中，与机电的洞口协调一直是我们施工管理面临的课题（图 9-16、图 9-17）。

同时，与结构的协调又更困难一些，在浇筑混凝土的过程中我们很难保证结构尺寸没有偏差，而对结构尺寸的纠偏会给砌筑工程带来大量的工作，这一切的协调工作都需要现场工程师有足够的经验去预见，及时解决发现的问题，保证设计与施工之间信息的通畅。

9.4 科威特中央银行新总部大楼层面种植区防水施工

按照设计要求，科威特中央银行项目人防及停车场屋面均是绿化种植的建筑做法。本文对种植屋面的工艺流程进行归纳总结，特别是对基层修补及地漏灌浆、防水等工艺进行了说明。

9.4.1 种植屋面做法

种植屋面的建筑做法为（从上到下）：种植土（Planting Soil）、土工布过滤层（Soil Separator）、砂砾过滤层（Gravel Drainage layer）、刚性保护层（Sand/Cement Protection Screed）、APP 防水卷材（Waterproof membrane）、水泥砂浆层（Sand/Cement Screed）、轻质混凝土找坡层（Light Weight Concrete Laid To Slope）、基层洞口处理（图 9-18）。

种植屋面防水施工采用热粘满铺法施工，防水材料采用 APP 改性沥青防水卷材（Modified Bituminous Membrane）。

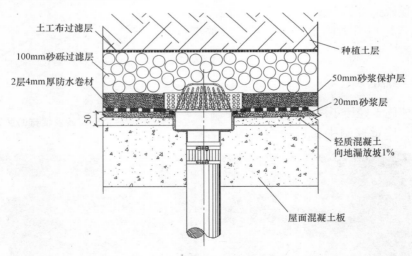

土工布过滤层

100mm砂砾过滤层

2层4mm厚防水卷材

50

种植土层

50mm砂浆保护层

20mm砂浆层

轻质混凝土向地漏放坡1%

屋面混凝土板

图 9-18 种植屋面构造剖面图

9.4.2 材料使用及性能

9.4.2.1 修补材料

混凝土缺陷修补材料采用 FOSROC 公司生产的 RENDEROC BF2 LIQUID 和 REN-

DEROC HS，替代国内传统的混凝土修补材料水泥砂浆或者细石混凝土。主要用来修补基层的蜂窝、麻面等缺陷。

（1）RENDEROC BF2 LIQUID 是一种用于修补混凝土及砌体表面缺陷的溶剂材料，可与其他粉末状 FOSROC 修补材料混合，可产生高性能的匀质类水泥砂浆，能够修补 0～10mm 范围内的缺陷，与基层混凝土有很好的粘结性能，无需养护且不开裂，操作简易快捷。

（2）RENDEROC HS 是一种不含金属颗粒、不含氯的纤维加强型高性能修补材料，与水等溶剂充分混合后可以形成聚合物改性触变修补砂浆，具有优良的触变性能，收缩性小、渗透性低，特别适合仰面及垂直面施工，可用喷浆设备进行湿喷施工，也可用刮刀或灰刀进行砂浆施工，施工层厚度可达 50mm。

9.4.2.2　灌浆填充填料-Conbextra BB80

Conbextra BB80 是一种高性能的水泥浆，用于地漏处灌浆，可以用来浇筑桥墩底座、墙柱及往复式运动机械的承重基础，Conbextra BB80 水泥浆在低温下仍具有很好的流动性能，凝固后不收缩、不透水，且具有很高的受压强度，28d 后可达到 C80 混凝土的抗压强度，其性能远优于国内常用的细石混凝土。

9.4.2.3　防水材料

（1）基层处理剂-AWAZEL PRIMER D 41，是一种黑色油状的防水、防潮底漆，具有很强的基层粘结性能，可以用来提高基础与改性沥青卷材的粘结能力。

（2）4mm APP 改性沥青卷材，是一种高性能的塑化体（APP）改性沥青卷材，通常采用一层或者两层 AWAZEL PY 40250 E 防水卷材作为屋面及水箱的防水材料，AWA-ZEL PY 40250 E 在低温下具有很好的柔度，在高温下具有很好的耐久性能，对盐分及化学物质具有很好的抵抗性，拉伸强度大，不宜撕裂或刺破，经久耐用且施工简单方便。

（3）CIM 1000，是一种聚氨酯防水涂料，可以粘附于混凝土、钢铁、玻璃及木块等大多数物质表面，形成一层坚韧的弹性薄膜，能够抵抗酸碱等化学物质的腐蚀，本工程中 CIM 1000 用于处理出屋面水管、灌溉水管预留套管及泛水（UPSTAND）处防水卷材的

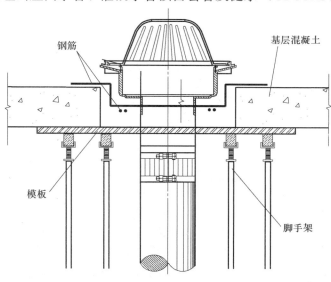

图 9-19　地漏模板安装及灌浆

收口，涂抹厚度一般为 1.5mm，预防卷材收口处出现渗漏。

9.4.3　屋面洞口封堵及处理

种植屋面结构楼板施工完毕后，场地清理干净，屋面通风洞口留设及灌溉水管预埋套管、地漏安装完毕，并由机电工程师验收合格。

9.4.3.1　地漏洞口处理

地漏洞口封堵之前，要将地漏洞口周边混凝土基层凿毛（通常每边扩展 10～15cm）。要先检查地漏标高并验收合格后，用水湿润并清除浮浆，在地漏四周放置补强钢筋，固定底部模板，采有水灰比 0.15∶1 的 Conbextra BB80 水泥浆对地漏进行灌浆（图 9-19）。

9.4.3.2　出屋面水管洞口处理

机电分包应按照图纸所示出屋面水管的位置安装水管，并由机电工程师验收合格。出屋面水管洞口封堵施工同于地漏处洞口封堵，不过须在出屋面水管根部围绕水管做 150mm 高的混凝土台，有利于固定水管，便于防水卷材的施工及收口，防止渗漏。

9.4.4　找坡层施工

9.4.4.1　施工流程

基层修补、补洞处理──→做灰饼、冲筋──→轻质混凝土找破施工──→水泥砂浆找平。

9.4.4.2　施工工艺

（1）基层处理。将屋面结构上的落地灰及其他所有杂物清理干净，检查基层平整度，基层应尽量平缓，没有太大的起伏。采有 RENDEROC BF2 LIQUID 和 RENDEROC HS1∶3 混合均匀的水泥浆修补有缺陷的混凝土基层及泛水（UPSTAND）根部。

（2）做灰饼、冲筋。按照屋面平面图所示放坡方向，以地漏为中心沿放坡方向放置

图 9-20　灰饼、冲筋施工

100×100mm 的泡沫塑料及 50×20mm 厚的方钢，测量人员根据水平控制线及图纸所示标高，通过增加或减少调节泡沫塑料厚度的方式来调整方钢的标高，标高校核完成后，用干硬的水泥砂浆在泡沫塑料周围做灰饼固定方钢（图 9-20）。

（3）轻质混凝土施工。标高经土建工程师验收合格后，轻质混凝土才能施工，地漏要用细密的钢丝网罩罩住，避免混凝土进入地漏。施工时应注意脚下，不能碰触或踩踏灰饼及冲筋，用木抹子将轻质混凝土刮平，混凝土应与方钢下缘平齐。

（4）水泥砂浆罩面。轻质混凝土凝固后，须重新检查方钢标高，标高校核完成后，水泥砂浆才能施工，水泥砂浆配合比为 1∶3，操作时先在两方钢之间均匀地铺上砂浆，比冲筋面略高，然后用刮尺以方钢为准刮平、拍实，待表面水分稍干后，用木抹子打磨，要求把砂眼、凹坑、脚印打磨掉，在水泥砂浆初凝之前（此时人站在上面有脚印但不下陷），将方钢取出，用相同配合比的水泥砂浆补平，用铁抹子抹压第二遍，要求不漏压，做到压实压光，凹坑、砂眼和脚印都要填补压平。

（5）地漏节点处理。地漏找坡层面层应对准地漏排水口，地漏排水口与找坡层交接位置应平滑、顺畅，不得有积水（图 9-21）。

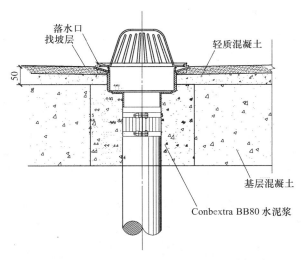

落水口
找坡层
轻质混凝土
50
基层混凝土
Conbextra BB80 水泥浆

图 9-21　地漏节点处理

（6）养护。水泥砂浆找坡层抹平压实后，常温时在 24h 后护盖塑料薄膜浇水养护，每天不少于 2 次，养护时间一般不少于 7d。

9.4.5　APP 改性沥青防水卷材施工

9.4.5.1　施工流程

基层处理（基层处理剂施工）→防水卷材施工→蓄水试验。

9.4.5.2　施工工艺

（1）基层处理。①基层清理及修补。基层处理剂施工之前要将基层的砂粒、浮灰、垃圾、油污清理干净，如施工区域扬尘、风砂沙较多时，须反复清理，并用吸尘器、空气压缩机等加强清理，基层必须平整、牢固、无棱角、无空鼓松动、起砂、蜂眼、脱皮、积水等现象。②节点处理。出屋面的构筑物（泛水、风管洞口）及灌溉水管基础要将混凝土打磨光滑，用配合比为 1∶3 的 FOSROC 材料修补混凝土上的蜂眼及麻面，其与找坡层交界处采用配合比为 1∶2.5 的水泥砂浆做 50mm×50mm 的倒角，转角处应抹成圆角。

（2）基层处理剂施工。

基层处理剂施工时基层必须干燥（国内工程一般要检测基层干燥度，一般要求含水率不大于 9%），没有明水。

屋面防水采用满贴法施工，防水卷材下面区域包括泛水、灌溉水管根部的混凝土台、灌溉水管预留套管等均须涂刷基层处理剂，涂刷基层处理剂时，宜向一个方向进行，要用力薄涂，使其渗透到基层毛细孔中，待溶剂挥发后，基层表面形成一层很薄的薄膜牢固粘附在基层表面，不可漏涂。基层处理剂厚度一般为 1.5mm（0.2～0.3kg/m²），要求厚薄均匀，不漏底、不堆积，自然风干至触指不粘，施工完毕后要采取适当的防护措施，不得过多踩踏已完工的涂膜。

9.4.6　防水卷材施工

APP改性沥青防水卷材采用热熔法施工，即采用火焰加热器（喷枪）熔化热熔型卷材底层的热熔胶进行粘结的施工方法。具体做法为：用火焰喷枪烘烤4mm厚改性沥青卷材的底面，使其与基层粘结牢固，应注意调节火焰的温度和移动速度，使卷材表面的沥青熔化的温度控制在200～300℃之间，不要烧穿卷材。

9.4.6.1　细部处理

基层处理剂干燥后，首先要对地漏及灌溉水管预留管等位置进行加强处理，切取小块APP改性沥青防水卷材，将其放在地漏及灌溉水管预留套管边缘，用火焰喷射器烘烤至变软熔化，用抹子将其反复压实磨平，使之在地漏及灌溉水管预留套管与基层交接位置形成一层均匀的沥青加强层（图9-22）。

(a) 　　　　　　　　　　　　　*(b)*

图9-22　地漏细部处理

9.4.6.2　防水卷材铺贴施工

确定卷材铺贴顺序和铺贴方向，铺贴顺序为同一平面内从低处开始铺贴，先铺贴屋面层后铺贴泛水（UPSTAND），铺贴方向为屋面长度方向，排尺定位，确定好卷材的幅数，然后铺贴卷材。

第一层卷材铺贴时，要先将卷材张开，把卷材位置摆正，搭接尺寸准确后，重新将卷材卷起，用火焰喷枪或喷灯烘烤卷材的底面和基层，喷灯距交界处300mm左右，使卷材表面的沥青层熔化，边烘烤边向前滚卷材，随后用压辊滚压，使其与基层或与卷材粘结牢固，保证粘结平面内没有空鼓、气泡现象，注意烘烤温度和时间以使沥青层呈融熔状态为度（图9-23）。

图9-23　第一层防水卷材施工

卷材纵向搭接宽度为100mm，横向搭接宽度为150mm，同一层相邻两幅卷材铺贴时，横向搭接边应错开1/3的幅长，卷材的搭接要严密、可靠，不得有褶皱、翘边和封口不严的缺陷，接缝处要有沥青条挤出。

当卷材铺贴至地漏及出屋面水管位置时，先用壁纸刀按照地漏及水管尺寸裁剪卷材，然后用火焰喷枪烘烤卷材底部及边缘，使卷材牢固严实的粘贴在地漏及水管的周边，再用烧热的抹子抹出平滑的过渡边（图 9-24）。

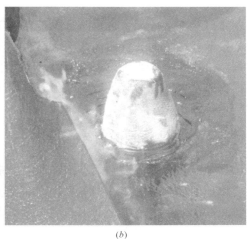

(a)　　　　　　　　　　　　　　　　　(b)

图 9-24　地漏处防水卷材施工

在泛水（UPSTAND）处铺贴卷材时，卷材要尽量漫过泛水或在泛水顶部位置搭接，避免在泛水腰部出现接缝。

在第二层防水卷材铺贴之前，第一层防水卷材必须经工程师验收合格，第二层防水卷材铺贴施工工艺流程同第一道卷材铺贴工艺相同，但应注意：上下两层卷材长边接缝应错开不小于三分之一幅宽，短边搭接缝错开不小于 1.5m，且上、下两层卷材禁止相互垂直粘贴，卷材铺贴完毕后，对卷材收头、封口部位进行密封处理，先用火焰喷枪烘烤外露的卷材边缘，再用抹子抹出平滑的过渡边，出屋面水管及灌溉水管预留管周边卷材收口处需用 CIM 1000 做密封处理（图 9-25）。

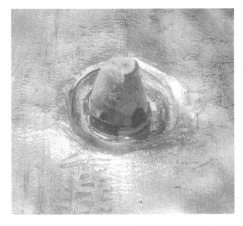

图 9-25　出屋面水管处卷材收头地漏处卷材收头处理

9.4.6.3　蓄水试验

先用防水卷材将地漏密闭，然后向试水区域蓄水，蓄水深度不小于 250mm，蓄水时间不小于 48h，检查是否有渗漏部位。

9.4.7　保护层施工

蓄水试验完成应尽快进行防水保护层施工，在地漏四边 500mm 处放置木方，以地漏为中心按照找坡方向放置截面为 50mm×50mm 的方钢，将木方及方钢用干硬的水泥砂浆固定好，采用配合比为 1∶2.5 的水泥砂浆做 50mm 厚的防水保护层。

操作方法同水泥砂浆找坡层施工方法相同，面层抹压完 24h 后，覆盖塑料薄膜进行浇水养护，每天不少于 2 次，养护时间一般不少于 7d。

9.4.8　质量控制要点

（1）地漏位置及标高必须准确，地漏灌浆必须密实牢固，轻质混凝土及水泥砂浆施工时，要将地漏用细密的钢丝网罩罩住，不要踩踏、碰触地漏。

（2）基层处理剂施工之前，基层必须干燥、干净，出屋面构筑物根部须做 50×50mm 的倒角，出屋面水管根部须做 150mm 高的混凝土台。

（3）基层处理剂涂抹要厚薄均匀，不漏底、不堆积，完成后要采取保护措施，禁止过多踩踏。

（4）铺贴防水卷材时要注意烘烤温度和时间，不要烧穿卷材，保证卷材与基层粘结牢固，没有空鼓、气泡，卷材搭接尺寸要准确，上下两层卷材须错缝铺贴，卷材接缝要严密、可靠，不得有褶皱、翘边和封口不严的缺陷，接缝处要有沥青条挤出。

（5）对卷材收头、封口部位进行密封处理，先用火焰喷枪烘烤外露的卷材边缘，再用抹子抹出平滑的过渡边。出屋面水管及灌溉水管预留管周边卷材收口处需用 CIM 1000 做密封处理。

9.4.9　结语

种植屋面是当前比较流行的一种屋面做法，由于它具有景观、环保、隔热等众多优点，因而逐渐受到业主认同，但是种植屋面对防水施工工艺要求相对普通屋面更高，施工工序更复杂，难度更大，要求使用的防水材料规格更高，设计和施工不合理都会造成屋面渗漏，因此在施工过程中应特别注意。

9.5　预制混凝土楼板湿区域地面装修方法

9.5.1　概述

预制混凝土楼板中，由于其自身结构的特殊性，致使在地面装饰工程中与现浇混凝土楼板有着很大的不同，下面以 EP（EMIRATES PRECAST）板为例，概述装饰过程中预制楼板湿区域地面的装修方法。

9.5.2　特点

9.5.2.1　结构特点

　　EP 板是由钢筋混凝土作骨架，内部填充泡沫组成的整体。由于板的跨度较大，一般在板的中部设一条或几条肋，以增加板的强度和稳定性，如图 9-26 所示，剖面中的节点 D 就是为增加板的强度而设置的肋。EP 板的下部骨架中只有一排钢筋（A98），所以保持其结构的整体性是非常必要的，EP 板出厂后，不可以根据现场情况随意开洞，否则会使板自身的整体性及承受荷载的能力遭到破坏，严重的可能造成板的坍塌。EP 板的留洞图应由机电确认后，在板生产前，由总包发给厂家，厂家根据留洞图进行板的生产加工，如

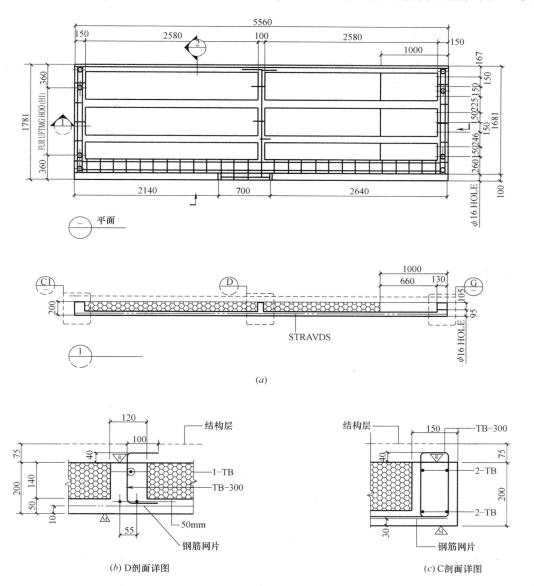

图 9-26　EP 板设计图

遇到洞口不能按图开设或者洞口尺寸有所更改时，厂家应及时与总包和机电协调解决。由于变更等原因，在板安装完毕后，仍有可能出现板的外开洞或者对板洞口位置进行更改的情况，对于上述情况，总包单位需通知厂家，请专业的人员核实现场情况并确定解决方案。

9.5.2.2 EP 板的设计安装

EP 板生产厂家拿到项目的平面布置图以后，根据不同楼层平面布置的不同，对楼板进行设计，把每层的楼板，分成若干个小板，并根据总包提供的留洞进行图纸设计，图纸中详细标明每块小板的尺寸，洞口留设的位置并对不同的小板进行编号，待图纸批准后，厂家根据图纸的编号进行生产、加工及运输。楼板运到现场后，总包单位根据预先设定好的吊装顺序进行吊装，吊装完毕后，总包和机电安装单位应共同检查现场洞口是否与图纸吻合，如有洞口未按图预留现象，须由总包单位通知厂家协调解决，同时应对上述情况做好记录，为后期索赔做好准备。

9.5.3 湿区域地面的施工顺序

9.5.3.1 混凝土 TOPING

EP 板根据设计要求，分为 150mm、200mm、250mm，现场调装完成后，在板上铺设 T10 的钢筋网片，然后浇筑 75mm 厚的混凝土 TOPING。由于 TOPING 完成后，其表面与装修完成面只有 50mm，不足以安装湿区地漏管线，EP 板的生产过程中，应对地漏区域作处理，以保证地漏管线的安装，方法是：在 EP 板的生产前，总包在板的留洞图中提供地漏的大致位置，厂家根据图纸在地漏范围大约 650mm×650mm 的区域不填充泡沫板，待现场 EP 板吊装完毕，浇筑混凝土 TOPING 前，现场在厂家留洞区域支小模板，此区域的 TOPING 不打，但钢筋网片照常铺设，待后期装修过程中，机电安装完地漏处水管的准确定位后，再把此处的混凝土打掉。

9.5.3.2 机电安装地漏管线

在湿区域地面装修工作开始之前，机电应根据批准的地砖施工图确定地漏位置，在所有项目的湿区域装饰工程中，地漏的位置都被规定的非常严格，基本有如图 9-27 的几种形式：

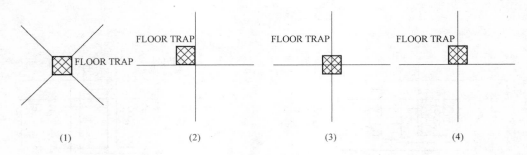

图 9-27 地漏布置

其中第一种为棕榈岛别墅项目所用，第二种为环球湖景公寓 E1 项目所用，第三、四种一般为在现场满足不了第一、二种施工时，能够被监理认可的其次选择。不难看出，几种形式的共同特点是地漏的边、角需要与地砖的边、角形成关系，要么对角，要么居中，这样才能保证地砖完成后，地面整体效果的美观性，所以监理公司对地漏的位置要求都比较严格。目前各项目对地漏位置的施工顺序为：根据地砖 SHOP DRAWING 放地漏管→打地漏处混凝土→做砂浆找平层→防水、试水→砂浆保护层→铺地砖，地漏盖微调地漏位置。根据现场调查，这种施工方法控制地漏位置的准确率只能达到约 60%～70%。那么以湖景公寓（E1）项目为例，E1 项目共有 331 个 units，其中有 STUDIO、1BEDROOM、2BEDROOM、3BEDROOM 以及复式等几种户型，以最小的 STUDIO 为例，就有阳台、卫生间、厨房区域的三个地漏，其他户型每个房间的地漏就更多，依此计算整个项目的地漏在 1500 个左右，如假定地漏位置准确率为 70%，那么位置不符合设计要求的地漏就是 450 个。对不符合位置要求的地漏进行整改，应该说是很复杂的过程，大体步骤应该是首先把地漏周围的地砖砸掉，敲掉防水保护层及防水，剔掉地漏周围的混凝土，然后机电进行整改，整改完成后再重做找平层，刷防水，防水保护层等，这样不仅造成了大量的人力、物力浪费，同时对施工组织安排、工期都会造成一定影响。目前的这种施工方法不能很准确地控制地漏位置，不能把地漏一次性放于地砖的边角上的原因有两点：

（1）虽然机电现场施工的图纸与地砖施工图纸为同一图纸，但由于没有考虑现场的砖墙误差、抹灰误差、地砖砖缝等因素，所以地砖施工中的 SP（STARTING POINT）会与图纸有不同程度的变化。

（2）地漏管与地漏盖基本成咬合状态，所以只用地漏盖调节地漏位置的余地很小，大约为 1～1.5cm 可调，而且如果用地漏盖板进行调节，地漏盖与地漏管就不会是完全咬合状态，会对防水等造成一定程度的影响，所以一般不应用地漏盖调节地漏的位置，只能进行微调。经过现场情况的调查研究，现总结出能准确控制地漏位置的方法如下：

① 现场根据地砖 SHOP DRAWING，确定地砖 SP（STARTING POINT），弹出地漏附近的地砖线，放线要严格准确，后期地砖施工时，地砖要完全根据此放线施工。

② 机电安装根据地漏附近的地砖线进行地漏管的准确定位。

③ 现场工程师确认机电安装确实根据放线进行的管线定位，没有定位准确的须立即整改。

④ 打地漏处混凝土。

⑤ 做砂浆找平层。

⑥ 防水、试水。

⑦ 砂浆保护层。

⑧ 铺地砖，地漏盖微调地漏位置。

在两种施工方法的比较中，改进后的方法地漏位置的准确率可以达到 95% 以上，后者之所以能够准确地控制地漏的位置，最主要原因是在地漏管线安装前增加了地漏弹线这一项，这样机电在安装管线的时候就会清楚地知道地漏周围地砖的准确位置，地漏也自然放得准确。虽然后者在地漏放线过程中会增加一定的人工（大约每层 5 个），但是相比不弹线造成的损失，这项工作是相当必要的。

9.5.3.3　浇筑漏处的混凝土

由于地漏周围的混凝土 TOPING 没有浇筑，所以在机电安装完地漏管线后，应迅速把此区域的混凝土浇筑掉，混凝土的来源可以有以下 3 种：

（1）结构剩余混凝土。在结构施工还在进行的过程中，可以采用结构剩余混凝土，这种方式既避免了混凝土的浪费，又可以节省拌制混凝土所需的时间。但是此种方法需要考虑混凝土的垂直运输。

（2）现场拌制。现场拌制时，用不收缩水泥、黑砂、粒径小于 1cm 的石子以 1：1.5：2.5 比例拌成碎石混凝土进行浇筑。

（3）成品干灰。考虑到混凝土的垂直运输，配合比等因素，采用成品干灰现场拌制为较合理的选择。浇筑前，应清除洞口周围的木模板，所有的浮灰、落地灰以及洞口内的垃圾并浇水湿润。

9.5.3.4 防水找平层

待地漏周围的混凝土达到一定强度后，可开始防水找平层的施工，防水找平层施工前须将湿区域的浮浆、落地灰清理干净，再用 1：3 的水泥砂浆进行找平，根据 1m 线在地面与墙面的交接处做 30mm×30mm 的倒角，并在墙面刷防水的区域（一般为地面上翻300mm）用砂浆找平，砂浆找平层完成后，应进行压光并检查在砂浆表面是否有砂眼、蜂窝麻面，如果存在应立即进行修补，找平层区域四周应做挡水坎，为将来防水后的试水工作做好准备，防水找平层需向地漏处找坡，通常小区域（厨，卫生间）为 1%，阳台等较大区域为 0.5%。

9.5.3.5 防水、试水

EP 板的防水做法大体分两种，第一种做法是在做完防水后进行机电水管的安装，防水表面平整，没有明显的阴、阳角，防水被破坏的几率较小，但这种施工很容易造成积水，并且防水区域较深，已经在 TOPING 内的钢筋网片以下，在做砂浆找平层时，需要割掉板上 TOPING 内的 T10 钢筋，施工起来很复杂。第二种做法是在机电装完水管后，用细石混凝土把地漏与 TOPING 打平，在 TOPING 上做防水找平层，然后在防水找平层上刷防水，这种做法相比第一种来说施工比较方便，不需要割钢筋网片，我们通常选用这种方法进行防水处理，但是应该注意的是，刷防水的时候在地漏周围会出现较多小阳角，容易造成防水的破坏，对这部分区域应加强保护。防水刷两遍，第一遍防水结束后，防水具有一定硬度后可开始刷第二遍防水。为了使防水与防水保护层能很好地粘结，防止在两种不同材料之间出现空鼓，在刚刷完第二遍防水的时候，应在刷好的防水上撒细砂。第二遍防水结束后，防水需要养护 12h，期间不允许在防水上进行任何操作，以免对防水进行破坏。防水养护 12h 后，可以开始试水，水放好以后，试水深度高于防水找平层最高点2m 以上，水放好后，请监理共同记录好时间，自此时间 24h 后可开始防水试水验收。试水过程中如发现有漏水现象，应把防水区域的水扫干，并在漏水区域进行防水修补，等防水有一定硬度后，可重新开始试水。

9.5.3.6 防水保护层（找平层）

地砖铺贴有干铺和湿铺两种方法，干铺的做法是在完成防水保护层后，还需在防水保护层上垫砂（干浆），瓷砖铺在砂上，砂的配比是水泥：黑砂为 1：3，加水至黑砂手抓成团，落地散开的状态。而湿铺是在防水上做防水找平层，将来的地砖铺在防水找平层上，由于这两种情况的施工方法不同，所以防水以后的做法也不同。干铺防水保护层的做法是在防水试水通过后，用 1：3 的水泥砂浆覆盖防水，表面不需找平，为防止防水保护层失水开裂，在完成防水保护层后的 2～3 天，应进行养护。湿铺防水找平层的做法是在试水通过后，根据地面找坡及标高做出灰饼，用 1：3 的水泥砂浆做防水找平层，砂浆找平层完工后，须进行 5～7 天的养护。

9.5.3.7　铺地砖（大理石）

防水保护层经过 2～3 天的养护后，可开始铺地砖的工作，铺地砖前应找准起始点（STARTING POINT），方法是根据地漏定起始点，由于每个地漏都是根据地砖线完成的，所以根据地漏定的起始点也就是根据地砖图的起始点，铺贴前根据地漏弹几条控制线，目的是检查现场的误差，如果不能按照图纸施工，应暂停现场施工并通知工程师，与工程师协调解决。地砖与大理石铺装的不同在于使用的胶粘剂不同，铺大理石采用粘结力更强的胶粘剂。地砖铺贴前应清除地面上的浮浆、落地灰，使地面露出混凝土的质地。干铺地砖的施工方法是，水泥和黑砂以 1：2 的比例混合，根据完成面标高铺在地面上做垫层，同时在垫层上面铺地砖，地砖上的胶粘剂应涂抹均匀，使其与垫层很好的粘结，地砖铺好后用橡胶锤将地砖敲平。

9.5.4　成品保护

地砖完成后，应对地砖进行保护，市场上的保护材料大概为三种：三合板，地革和纸皮。每种材料的价格不同，应根据各自项目的情况来选择不同的地砖保护材料。以迪拜市场为例，三合板的价格大约 10DHS/m²，地革 4DHS/m²，纸皮 2DHS/m²，三合板的价格较高，但可以循环利用，地革和纸皮一般为一次性保护，由于三合板价格较高，并且遇水或暴露在阳光下容易翘起，需要用胶粘，才能保持平整性，循环利用的价值不高，所以不建议采用三合板保护。地革和纸皮相对比较便宜，根据项目施工组织的特点，可采取不同的保护材料。按照正常的施工顺序，地砖的铺贴应在吊顶完成以后，这样，吊顶施工对地砖的破坏就会大大 降低，这样采用纸皮保护就更为经济适用，但是如果由于各种原因，不能按照正常的施工顺序进行现场的施工，那么应该选用保护能力比纸皮强的地革作为地砖的保护材料。

9.5.5　总结

现如今，预制板在结构施工中的应用已经越来越广泛，尤其在迪拜这样处在非地震带的国家，由于预制板结构具有生产加工方便，自重小，施工周期短等优点，因此在迪拜市场有很多项目都采用这种结构方式，例如中建的 E1 项目、MUDON 别墅项目等。预制结构同样有很多不足，由于板都是预制后吊装完成，其整体性会比较差，在遇到地震等自然灾害的情况下，建筑受到冲击，其内部会产生很多内部应力，不利于抗震，所以在地震多发区域，还是应该采用现浇结构。本节从预制板结构出发，着重阐述了预制结构中湿区域地面的施工方法，在对几种施工细节的比较中，意在找出最适合此种结构的地面施工方法，为丰富公司施工技术的制度化，规范化，尽自己的一份力量。

第 10 章　钢结构工程篇

10.1　阿联酋 Al Hikma 超高层建筑鱼鳍造型钢结构设计与优化

10.1.1　工程概况

Al Hikma 项目位于阿联酋迪拜中央商务湾区，毗邻迪拜轻轨，与世界最高楼迪拜塔仅数步之遥，项目业主为阿联酋王室成员——阿联酋总统的弟弟。该项目地下 2 层，地上 62 层，总建筑高度达 284.88m，总造价达 6.03 亿元人民币，整体效果如图 10-1 所示。

项目主体结构四个角上都安装有 8 根鱼鳍钢结构造型，共 32 根，分布在 26～38 层以及 48～60 层；单根高度 17m，最宽处 7.245m，重量约 4t。下文将着重阐述一下该钢结构造型的设计与优化。

10.1.2　英标下中东地区钢结构设计流程

阿联酋当地的结构设计大都依据英美规范，当地政府对建筑结构的设计审批有着具体的要求，流程如下：①钢结构专业分包商必须拥有迪拜市政局（Dubai Municipality）认证的设计与施工资质；②总包按照合同要求选择专业分包，申报分包资格预审（Prequalification）材料，以获得业主的批准；或者直接与业主指定专业分包合作；③专业分包按设计建造合同进行结构设计，并将设计结果与设计图纸报至设计监理审批，并验算建筑主体结构承载力直至获得批准；④监理将其批准的设计计算和图纸申报至

图 10-1　Al Hikma 整体效果图

迪拜市政局并获批准；⑤依照市政局批准的图纸，分包向监理报批施工图并获得设计监理批准。

10.1.3　鱼鳍钢结构造型的设计与优化

鱼鳍钢结构造型（下文简称"造型"）英文名称为"decorative fin"，因其形状弯曲似鲨鱼鳍而得名。原设计时，造型外观张向天空（图 10-2），仅由底部两个固定点提供支撑；在经过数次设计优化后，最终造型顶部收拢固定于结构柱，其中部与混凝土主体结构之间也由增设的 2 组拉结杆（图 10-3）连接。以下着重论述了整个设计和优化过程。

10.1.3.1　鱼鳍造型的结构原设计

（1）设计软件及荷载取值

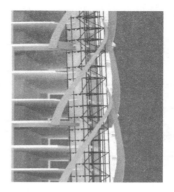

图 10-2　鱼鳍造型原设计图

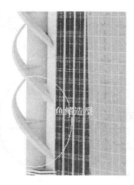

图 10-3　鱼鳍造型最终设计图

设计采用 SAP2000 程序建立分析模型，按照英标 BS 5950：2000 要求，考虑材料自重以及风荷载的作用。恒载标准值为钢材自重，由程序自动导入，并考虑外覆铝板自重 $0.4kN/m^2$；风荷载取值为 $3.5kN/m^2$，双向考虑，直接作用于造型结构表面。

（2）原鱼鳍造型结构截面设计

依前所述，鱼鳍钢结构原设计特点如下：①造型整体外张（图 10-2）；②造型结构形式采用钢桁架体系，截面形式如图 10-4 所示；③造型与建筑主体结构柱由高强螺栓固定，连接形式如图 10-5 所示。

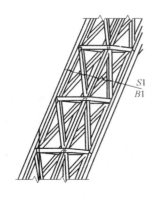

图 10-4　原设计截面形式

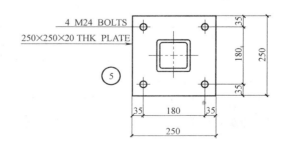

图 10-5　单组固定点示意图

349

造型截面使用如下四种英标规格钢材，见表 10-1。

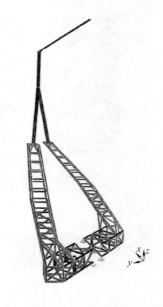

造型钢材规格　　　表 10-1

序号	规格
S1	SHS $80 \times 80 \times 3.0$
S2	SHS $60 \times 60 \times 4.0$
CH1	CHS 219.1×6.1
CH2	CHS 114.3×3.6

（3）原鱼鳍造型结构设计计算结果

建立计算模型如图 10-6 所示，计算得出支座节点的最大和最小反应力见表 10-2。

根据表 10-2 计算结果，并通过验算建筑主体结构承载力，我们发现：①连接构件不能满足承载力要求；②建筑主体结构柱不能为造型提供可靠承载。

图 10-6　鱼鳍造型初步设计模型

支座反力计算结果　　　表 10-2

点号	作用类型	最大			最小		
		F1（kN）	F2（kN）	F3（kN）	F1（kN）	F2（kN）	F3（kN）
左肢-1	Env	162.177	225.404	226.605	−300.166	−98.46	−120.703
左肢-2	Env	150.61	136.367	107.623	−186.37	−163.946	−156.384
左肢-3	Env	304.085	243.569	58.162	−254.625	−229.612	−81.093
左肢-4	Env	238.527	81.623	112.575	−118.988	−191.557	−59.584
右肢-1	Env	225.809	162.768	226.638	−98.752	−301.094	−120.567
右肢-2	Env	136.631	149.955	107.689	−164.364	−185.403	−156.408
右肢-3	Env	243.896	304.012	58.323	−229.771	−246.666	−81.336
右肢-4	Env	81.982	239.498	113.072	−192.059	−119.638	−59.875

10.1.3.2　鱼鳍造型结构优化与最终设计

（1）鱼鳍造型结构优化

设计根据以上结果对鱼鳍钢结构造型进行了以下优化：

① 将鱼鳍造型结构形式由桁架变为钢管骨架，以减小造型自重（图 10-7）。钢管骨架采用英标 BS 5950-1：2000 规范下四种不同直径的冷加工钢管焊接或者栓接形成，钢管截面外直径从 114.3mm 至 323.9mm 不等，厚度最大 6mm；其外表面还焊接有角钢为铝板提供固定点。经统计计算发现，优化后的单根重量约 4t，比优化前减轻约 1.5t。

② 造型由开口优化为闭口，通过增加一个上部连接构件，以期改善结构整体的受力（图 10-8）。

③ 在造型的下部 1/4 处增设两根拉结杆，增加受力点减小应力集中，以改善结构受

力（图 10-9）。与建筑主体结构的连接方式由高强螺栓连接改为钢箍连接，使传递至混凝土柱的荷载更为均匀（图 10-10）。

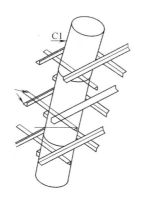
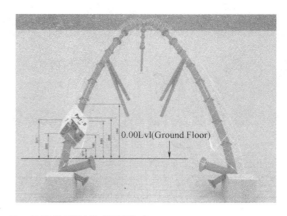

图 10-7 最终造型结构截面形式

图 10-8 最终造型顶部拉结模型及实照

图 10-9 中部拉结杆模型与实照

（2）鱼鳍造型最终计算结果

调整之后的造型模型如图 10-11 所示，造型改用以下几种规格圆钢作为主骨架截面（表 10-3），支座反力计算结果见表 10-4。

图 10-10　钢箍连接模型及实照

圆钢规格　　　　　　　　　　　　　　　　　　表 10-3

序号	规格
S1	CHS 323.9 × 6.0
S2	CHS 219.1 × 6.1
S3	CHS 168.3 × 5.0
S4	CHS 114.3 × 5.0

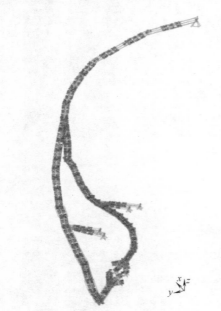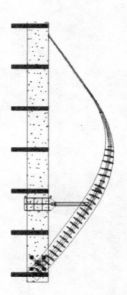

图 10-11　鱼鳍造型最终设计模型

支座反力计算结果　　　　　　　　　　　　　　表 10-4

点号	作用类型	最大			最小		
		F1 (kN)	F2 (kN)	F3 (kN)	F1 (kN)	F2 (kN)	F3 (kN)
左肢-1	Env	11.445	25.751	18.234	−71.21	−7.019	−15.303
左肢-2	Env	164.426	19.673	63.803	−38.32	−83.192	−16.605

续表

点号	作用类型	最大			最小		
		F1 (kN)	F2 (kN)	F3 (kN)	F1 (kN)	F2 (kN)	F3 (kN)
左肢-3	Env	14.923	144.174	58.168	−79.269	−25.379	−11.169
左肢-4	Env	36.253	23.56	18.285	−13.055	−85.344	9.862
右肢-1	Env	19.751	39.612	23.07	−82.554	−11.938	−9.857
右肢-2	Env	137.843	17.667	58.167	−28.058	−79.04	−13.205
右肢-3	Env	21.112	162.991	58.689	−77.881	−42.728	−17.402
右肢-4	Env	25.719	8.859	19.816	−5.947	−73.689	−15.432
顶部	Env	16.098	14.549	17.583	−16.763	−15.094	−8.939
中部拉接-1	Env	125.711	96.204	2.548	−144.358	−111.142	1.82
中部拉接-2	Env	143.149	167.285	2.117	−145.253	−169.689	1.512
中部拉接-3	Env	121.205	103.268	2.327	−126.517	−107.974	1.662
中部拉接-4	Env	110.109	153.163	2.884	−118.56	−164.528	2.06

对比表 10-2 和表 10-4 的数据可以发现，最终模型对主体结构的作用大幅度减小，支座受力更趋于合理。经验算，主体结构受力安全。

模型自身的在包络荷载作用下的应力分布如图 10-12 所示。

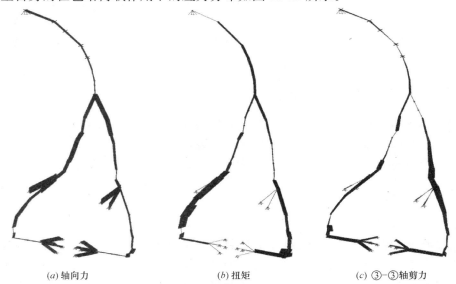

(a) 轴向力　　　　　　　　(b) 扭矩　　　　　　　　(c) ③-③轴剪力

图 10-12　造型在包络荷载下的应力分布图

10.1.3.3　鱼鳍造型外覆铝板验算

在确定造型主体结构安全之后，接下来对造型外覆铝板进行了验算，单块铝板模型建立如图 10-13 所示。取风压为 $F_w=3.5\text{kPa}$，恒载取为铝板自重。

1）组合应力验算：作用在铝板上的最大应力 $\delta=30.5\text{N/mm}^2$；应力 $\delta=37.3/1.2=31.2\text{N/mm}^2>30.5\text{N/mm}^2$；验算合格。

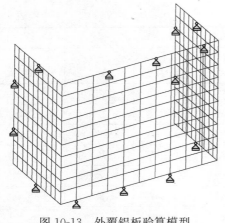

图 10-13　外覆铝板验算模型

2）变形验算：计算得最大变形 $d_E = 8.52\text{mm}$；允许最大变形 $d_{Emax} = L/100 = 9.53 > 8.52\text{mm}$；验算合格。

综上所述，造型外覆铝板在风压与自重荷载作用下承载安全、变形可靠。

10.1.4　结论

鱼鳍钢结构造型从原设计到最终设计，并拿到监理和当地政府批准，经过了技术和设计人员的反复讨论和论证，希望其设计及优化过程能给其他相关项目提供参考和借鉴。

10.2　阿联酋 Al Hikma 超高层建筑鱼鳍造型钢结构施工技术

10.2.1　工程概况

Al Hikma 项目塔楼主体的四个角上安装的 32 个鱼鳍钢结构是本项目的一大特点和难点，32 个钢结构鱼鳍造型分布在第 26 层、29 层、32 层、35 层、49 层、52 层、55 层、58 层上，每层 4 个，属于高空安装作业，施工上具有极大的挑战性。在施工中主要的施工难点有：①鱼鳍造型结构分三块拼装，各部分安装精度要求极高；②鱼鳍造型由铝扣板拼接而成，而且铝扣板由下而上螺旋三维造型上升，对于测量定位要求极高；③鱼鳍造型安装时与主体结构、幕墙及擦窗机之间协调极为复杂。

10.2.2　钢结构鱼鳍造型的安装方案

鱼鳍造型结构的安装主要分为地面拼装和楼层施工两部分，其中地面拼装包括拼装平台的搭设、钢结构骨架的拼装、铝扣板骨架的安装和铝扣板的拼装。楼层施工主要包括钢结构抱箍的定位与安装、基座和鱼鳍钢结构之间钢结构连接件的安装、钢结构鱼鳍造型三部分的定位和安装。

10.2.2.1　地面拼装

（1）操作平台的搭设

起初选择的方案是搭设垂直脚手架，竖直方向拼装钢构件，但是由于架子太高，且侧向受力较大，需要对脚手架特殊加固，最重要是由于吊装的时候先安装两个腿部，然后再安装上部结构，这样就必须先将上部结构移开再起吊两个腿部，工序较复杂，最终我们选择了水平拼装方案，这样脚手架只需要承担竖向荷载，水平荷载很小，如图 10-14 所示。根据钢架的造型特点在现场搭设了脚手架，用塔吊将钢架平放到架子上，然后建立局域坐标系统，通过全站仪定位调整各个连接点和端点的高度将其调整为相对水平，调整水平后如果将其顺时针转动 90°就是安装完成之后的状态。

（2）主体钢骨架的拼装

考虑到塔吊的起重能力及高空安装的难度，将主体钢骨架拆分为三部分进行拼装

part1、part2 和 part3，如图 10-15 所示。各部分之间由高强度螺栓连接，在拼装的时候我们主要通过建立局域坐标系统，通过全站仪进行测量定位，然后确定各个连接点及其端部的位置。

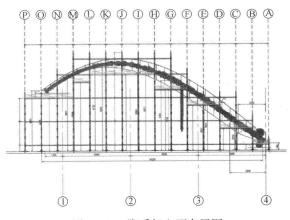

图 10-14　脚手架立面布置图　　　　　　　图 10-15　拼装示意图

（3）次龙骨的安装

次龙骨主要由角钢和铝骨架两部分组成，其中角钢是为了固定铝骨架，铝骨架是为了固定铝扣板，由于铝扣板是由下而上螺旋三维造型上升，所以此部分测量定位要求极其精确，图 10-16 所示是 3D 模型的建立，然后通过 3D 模型建立局域坐标系统来确定铝扣板龙骨的位置（图 10-17）。施工时先将角钢焊接好，然后用全站仪将铝扣板的角点坐标放线到角钢上，根据放线来定位铝骨架，完成之后将多余的角钢切除。

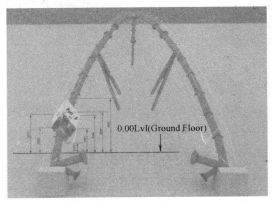
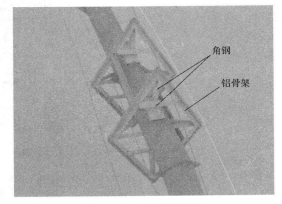

图 10-16　建立 3D 模型　　　　　　　图 10-17　3D 模型详图

（4）铝扣板的安装

铝扣板是要根据次龙骨的定位由现场得到具体尺寸和 3D 模型尺寸对比之后，然后在工厂加工，铝扣板的安装精度要求高，图 10-18 所示铝扣板之间的拼缝必须相互平行并螺旋上升。

（5）楼层操作平台的搭设

根据现场的特殊性和钢结构安装的要求，搭设的悬挑脚手架，因为最大悬挑长度将近

图 10-18　铝扣板安装

6m，我们将部分脚手架深入板内用支撑加固。脚手架在吊装鱼鳍钢结构之前主要是用作角柱箱形钢结构及铝扣板的安装和鱼鳍钢结构抱箍安装，在吊装鱼鳍钢结构之前将悬挑脚手架拆除，钢结构根部连接件吊装完成之后再次搭设脚手架平台，主要是为了连接上部钢结构和以后对铝扣板的修补工作。

10.2.2.2　楼层施工

楼层钢结构鱼鳍造型的施工时基于 3D 模型的精确定位而展开的，如图 10-19 所示。其安装顺序是：①抱箍体系的安装；②两个底部连接件的安装；③两个腿部的安装；④上部结构的安装；⑤上部连接件的安装。

图 10-19　操作平台搭设

（1）抱箍体系的安装

对于抱箍的设计，我们有过三种考虑方案，分别是 U 形、L 形、条形，因为抱箍需要安装在柱子四周，而且抱箍重量重，U 形和 L 形的抱箍很难穿过柱子铝扣板骨架，所以施工难度大，而且由于柱子的四个角很难保证 100% 直角，所以 U 形和 L 形安装后很难保证能和柱子紧贴，最终经过商议，我们选择了条形安装方案。其缺点就是现场焊接多，所以每次焊接完成之后我们都会邀请第三方进行焊接质量检验。

（2）底部连接件的安装

在安装抱箍阶段我们就对照 3D 模型，严格控制抱箍上与连接件连接的螺栓孔的位置，连接件安装之后，检查与 3D 模型中的接头处的标高是否一致。如果接头位置与设定标高不一样，就需要对抱箍进行调整，不然的话会导致上部钢结构因为尺寸偏差而跟预埋件位置对不上，图 10-20 所示为连接件跟上部钢结构对接过程。

（3）吊装

先安装腿部构件③（图 10-19），这两部分必须严格按照 3D 模型精确定位，否则会造成与上部结构无法对接，如果上部结构④无法对接，其解决方法是将连接圆盘切割掉调整连接点，或者使用拉链对底部连接件进行调节，吊装腿部构件和上部结构时塔吊使用时间比较长，所以需要合理安排塔吊使用时间，只有等三部分构件全部安装完毕才能释放塔吊吊钩。

（4）钢结构鱼鳍造型上部连接件的安装

上部连接件⑤（图 10-19）需要等上部结构④安装完成，进行现场测量后再

图 10-20　连接件对接

进行加工，因为上部连接件尺寸要求精度高，如果提前生产，很容易因为前部分构件的安装微小偏差而导致上部连接件作废，最终导致材料浪费。

10.2.3　安装方案的改进及关键施工工艺

10.2.3.1　鱼鳍钢结构截面形式的选择

本方案设计之初选择的截面形式为钢桁架结构，如图 10-21（方案一），钢桁架结构具有很好的刚度和稳定性，而且安装铝扣板的时候不需要焊接次龙骨，但是由于钢桁架结构自重重，结构计算时不符合要求，且生产难度大，工期比较长。为了减少构件重量，缩

短生产工期，最终选择了第二种界面形式如图 10-22、图 10-23 所示。

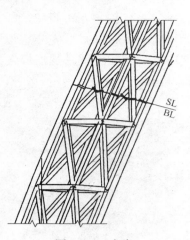

图 10-21　方案一

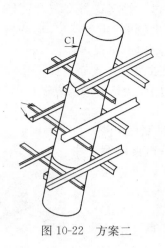

图 10-22　方案二

图 10-23　铝扣板龙骨

10.2.3.2　各结构间的协调

鱼鳍钢结构在设计和吊装过程中涉及很多与其他工种的协调问题，主要需要协调的作业有：

（1）与主体结构的协调

在设计之初，通过建立 3D 模型模拟与板、梁的冲突，对于有冲突的地方结构可以适当做出避让，避免以后对结构的剔凿。在结构柱子浇筑之前检查预埋的高强螺栓的位置是否正确，避免以后因为螺栓位置有偏差导致预埋螺栓不能用。

（2）与角柱箱形钢结构及铝扣板的协调

共有 3 处需要协调：①鱼鳍钢结构的连接件需穿过箱形钢结构，该节点通过建立 3D 模型避免。②鱼鳍钢结构中间部分的拉结杆需要穿过箱形钢结构及其铝扣板，该部分通过 3D 建模避免。③钢结构上部拉结杆需穿过箱形钢结构及其铝扣板，该部分冲突通过 3D 建模避免。

（3）与幕墙的协调

鱼鳍钢结构的底部需要穿过幕墙的铝扣板，在做样板的时候是先安装的幕墙铝扣板，后安装鱼鳍钢结构，但是实际中两者冲突较大，对铝扣板的切割改动太大，而且高空施工困难，最后改变了安装顺序（图 10-24、图 10-25）。

（4）与擦窗机的协调

由于鱼鳍钢结构造型复杂，且悬挑较大，擦窗机无法清洗到所有地方，经过商议我们选择的方案是用绳子将擦窗机吊篮拽到鱼鳍钢结构的内侧，但是这样的话擦窗机的绳索就会碰到钢结构的铝扣板，铝扣板是不能承受外力的，否则很容易产生变形。我们通过建立 3D 模型，模拟擦窗机工作时其绳索与鱼鳍钢结构有接触的位置，然后在鱼鳍钢结构主骨架上焊接固定滑轮的钢角架，此滑轮不用时可以取下，这样就不会影响建筑的美观性。图 10-26 和图 10-27 所示拽拉擦窗机吊篮的时候先将擦窗机的绳索挂扣到鱼鳍钢结构主龙骨的滑轮上，然后通过拽拉吊篮及吊篮自身的伸缩，就可以清洁到所有的阴暗面。

图 10-24　与角柱上箱形钢结构
的节点 3D 协调图

图 10-25　与幕墙和角柱上铝扣
板的节点协调示意图

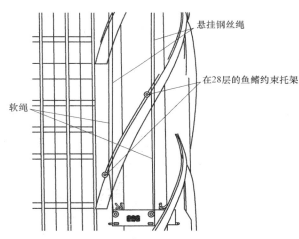

图 10-26　擦窗机吊篮

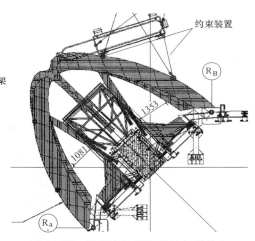

图 10-27　用绳索拉擦窗机挂扣滑轮上

10.2.4　安全防护措施

Hikma 塔项目紧邻迪拜轻轨线路，项目据轻轨最近距离只有 13m 左右，而其一立面的 16 个造型钢结构都需要在轻轨一侧进行吊装，且在进行吊装的时候需要搭设悬挑脚手架平台，物件的坠落必将成为施工中的最大安全隐患，因此考虑如何在施工过程中保证人员安全、消除安全隐患是非常重要的问题，必须采取切实可行的安全防护措施。

10.2.4.1　吊装过程中的监督

在吊装开始前，我们严格制定吊装程序，吊装前填写吊装申请表，由主管工程师和安全官检查之后签字确认才能吊装，同时还对信号工加强培训，信号工要严格执行吊装程序，申请表中工程师和安全官的签字缺一不可，吊装过程中安全官必须在场，否则不能吊装。设备工程师需要定期检查塔吊及其绳索，确保安全。

10.2.4.2 悬挑操作平台的安全防护

在使用悬挑平台前，检查所有有可能坠落物件的地方，悬挑平台在使用之前必须有项目安全部和第三方验收，验收合格之后方能使用，项目安全部每天都要派专人对操作平台进行检查，确认没有安全隐患之后再挂牌使用。

10.2.5 总结

综上所述，要出色完成一项超复杂大型钢结构安装，需要从设计方面源头控制制作、安装过程每一个环节。本造型钢结构较复杂，立体交叉作业多，需要协调的工种多，所以，在施工前必须有详细可行的施工方案，要求每个细节必须按审批的方案实施，确保施工安全。

10.3 阿联酋 Al Hikma 超高层建筑风帆造型钢结构施工技术

10.3.1 工程概况

阿联酋 Al Hikma 项目设计使用功能为办公楼，地下 2 层，地上 62 层，总建筑高度 284.88m，屋面往上为高 54.08m 的帆船造型钢结构，其上将悬挂阿联酋奠基人与迪拜酋长国现任酋长的巨幅 LED 画像，如图 10-28 所示。

图 10-28　Al Hikma 施工实景

图 10-29　刚桁架模型

设计选用钢桁架体系作为帆的主骨架，由四根空间钢桁架柱从屋面四角各自向上延伸并向内靠拢，后两两相交于最高点形成高低跨，高跨净高度（相对屋面标高）达 54.08m，低跨净高度为 38.79m，两跨之间设有 5 层 10 根桁架拉结形成一个整体，其底部位置另外设置有多个支撑件与混凝土主体结构核心筒相接；LED 画像体系由 2D 平面钢架与 LED 屏幕组成，平面钢架坐立并拉结于刚桁架之上，最终成型如图 10-29 所示。

10.3.2　阿联酋当地钢结构的设计施工流程

阿联酋当地的结构设计与施工大都依据英美规范，而且当地政府对各建筑结构的设计和安装都有具体的要求，下面简单介绍一下当地钢结构的设计安装流程。

（1）钢结构专业分包商必须拥有迪拜市政局（Dubai Municipality）的认证设计与施工资质。

（2）总包按照合同要求选择专业分包或与总包合同中规定的业主指定分包合作，并申报分包资格预审（Prequalification）材料，以获得业主与监理的认可与批注。

（3）专业分包进场，按设计建造合同进行结构设计，并报监理审批。

（4）监理将其预审过的设计申报至迪拜市政局并获其批准。

（5）依照市政局批准的图纸，分包向监理报批材料，施工方案，验收方案以及详细施工图并获得监理批准。

（6）材料报批后，用于加工生产的各批材料都需要取样送至监理指定的实验室做材性试验，试验包括力学性能测试与化学分析两部分，试验结果满足英标规范要求才允许使用。

（7）材料生产安装过程中的各项内容，必须遵守已批准的验收方案中的规定，向监理报验并获得通过。

10.3.3　风帆造型钢结构的加工与安装

一般来说，大跨度空间结构的安装都具有很强的空间性、关联性，尤其是大吨位单元的吊装、扭曲构件高空精确对接和焊接均是巨大的技术挑战。对此，我们明确了"工厂精确放样生产，现场准确安装复核"的总体思路。

10.3.3.1　高空钢结构的 3D 定位生产

工厂采用三维放样生产钢构件，设计考虑塔吊的起重能力，将整个体系分为若干构件，除预埋构件与平面钢架杆件外，体系一共分为 200 多根构件。其中包括 4 根空间桁架柱构件 80 根，横向连接构件 10 根，基座 12 根以及数根拉结杆件与支撑件，如图 10-30 所示。

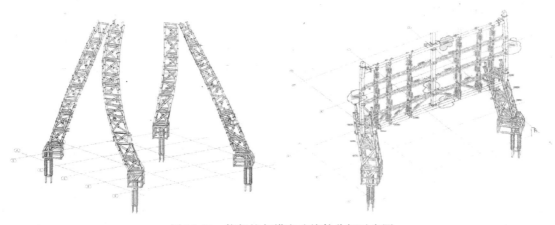

图 10-30　桁架柱与横向连接件分解示意图

每一构件均在工厂内进行焊接而成，且构件两端都留出预留连接片及连接孔，这样就使得材料在运抵现场后只需要在全站仪的配合下，起吊及微调至正确空间点位，再用高强度螺栓将其与已经安装复核过下部构件固定即可，极大程度地简化了安装过程，保证了拼装质量，抵消了迪拜当地燥热天气因素的影响，还最大程度地减少了现场的不良焊接率，起到了良好的效果。另外，为保证焊缝质量，材料在运抵现场时，钢结构分包商须提供第三方验收及认证的焊接质量报告。

10.3.3.2　风帆造型钢结构的安装

风帆造型钢结构的施工主要分为预埋构件（图 10-31）的安装和屋面以上体系安装两部分，具体流程如下。

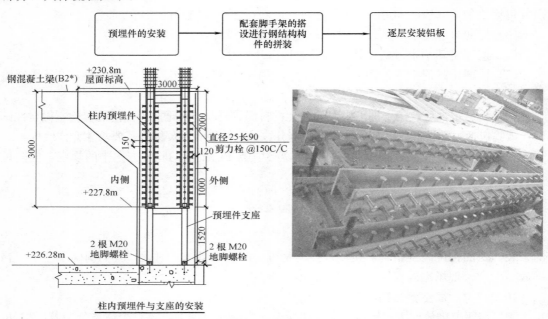

图 10-31　柱内预埋件示意图与实照

1. 预埋构件的安装

按照设计，高空钢结构的预埋件主要位于顶层混凝土角柱与屋顶以上设备层核心筒内。

（1）内预埋件及安装

柱内预埋件（图 10-31）共有四根，分别位于屋面四根角柱内。每根预埋件均由四根相同尺寸及标高的工字形钢柱在上部用钢构件焊接相接而成，工字形钢腹板两侧与两翼缘板外侧中心线位置焊有 9cm 长、垂直间距 15cm 的剪力栓。为便于安装，预埋件底部还设计有支架为其提供支撑。预埋件顶部高于屋面标高 50cm，底部标高＋227.8m，支架底部标高＋226.28m。

与柱内预埋件相关的安装工作于 60 层（屋面下一层）楼面板浇筑时就已开始，其重点安装流程如下。

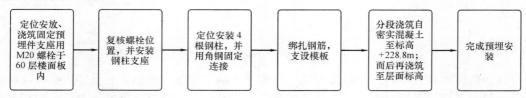

（2）核心筒内预埋件及安装

核心筒内预埋件分为 L 形与"一"形两种（图 10-32），共计 16 个。由于预埋件重量重且墙内钢筋密集，预埋安装十分费时，这里由于篇幅问题就不再累述了。

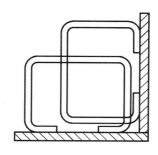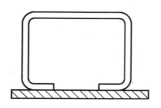

图 10-32　核心筒内预埋件示意图

2. 钢结构体系安装

按照风帆造型钢结构体系的安装顺序，其过程大致包含以下几步：

（1）基座的安装

最先安装的是四个基座，基座被栓固在柱内预埋件之上（图 10-33）。

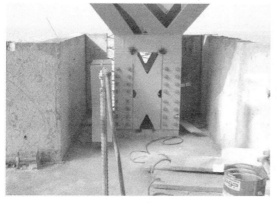

图 10-33　空间桁架柱的基座图　　　　图 10-34　空间桁架柱的标准固定形式

（2）空间桁架柱的拼装

高跨空间桁架柱分为 23 节，低跨空间桁架柱被分为 17 节，每节高度 2～3m 不等。安装某一节时，先将操作平台搭设至该节的底部预定标高处，后吊装该节构件，配合全站仪的空间坐标定位，将该节构件用螺栓固定在下一节之上，如图 10-34 所示。而后重复这一过程，直至桁架柱吊装完成。

（3）横向连接构件的安装

当空间桁架柱安装至连接构件标高时，即开始该层横向连接构件（图 10-35）的安装。横向连接构件的准确安装主要依靠其所联系的空间桁架柱的准确定位安装，在实际安装中，主要通过二次复核桁架柱定位以及微调来实现。

（4）铝扣板的安装

按照设计，除 2D 平面钢架外的所有构件将由铝扣板包裹最终成型。

10.3.4　高空钢结构的施工模拟

大型空间钢结构在施工过程中的受力状况完全不同于使用阶段，甚至有些工程的结构最不利受力阶段出现在施工期间。因此，我们对构件的吊装过程进行了模拟。通过建立SAP2000 模型（图 10-36），主要考察了 9 种阶段施工时钢结构体系的稳定性，重点考虑了当局部已建立，但设计拉结构件并未安装时的体系稳定。

图 10-35　横向连接构件与桁架柱的连接

图 10-36　施工模拟模型之一

根据验算结果可得，在实际施工过程中可将下部结构作为其上部结构的安装作业平台，在各阶段结构都能保证自身稳定，保障施工安全。

10.3.5　操作脚手平台的设计与验算

项目选用 K-LOCK（英式碗口型）脚手架，脚手架屋面满堂布置（图 10-37），脚手架底部铺设木质垫板，使荷载均匀传递至楼板，并考虑与其他屋面设施（如擦窗机基础、设备基础）的协调。

按照英国标准 BS 1387 计算脚手架负荷，并对比 BS 1139 中规定的安全使用荷载，验算脚手架的安全性。横杆外直径48.3mm，厚度 3.2mm，屈服强度 235MPa，标准跨度 1.8m/跨，计算有效跨度为 1.5m，线自重为 0.04kN/m；檩条宽度 1.5m，线自重 0.55kN/m，考虑使用频率为中度使用（只为施工人员提供操作平台，不堆放材料），使用活荷载为 0.8kN/m²，转换为线荷载 1.2kN/m；按两端简支简化模型，如图 10-38 所示。

负荷能力：

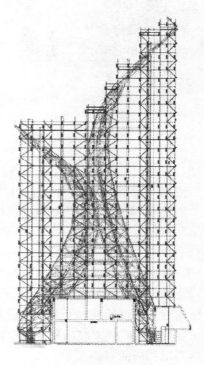

图 10-37　脚手架立面图

F_y＝235MPa

A＝453mm^2

S＝6520mm^3

验算：

M_p＝$F_y S$＝1.532kN・m＞0.72kN・m　　　　　安全

V_c＝0.4$F_y A$＝42.48kN＞1.62kN・m　　　　　安全

竖杆考虑钢管、檩条、楼梯、支撑的自重以及活荷载，一榀脚手架传到最底层的压力为 31.40kN。

再计算竖杆的轴向承压能力 P_c（弹性模量）

F_y＝235MPa　　　SIF＝1.1　　r＝15.98mm

E＝200000MPa　　　　　　A＝453mm^2

L＝1500mm　　　　　　　L/r＝93.76

C＝$\sqrt{2\pi E/F_y}$　＝129.61＞93.867

$$F_a=\frac{\left[1-\frac{\left(\frac{L}{r}\right)}{2C^2}\right]F_y\times SIF}{\frac{5}{3}+\frac{3\left(\frac{L}{R}\right)}{3c}-\left(\frac{L}{r}\right)^3/(8C)^3}=100.86\text{MPa}$$

P_c＝$F_a A$＝100.86×453＝45.69＞31.40kN　　　安全

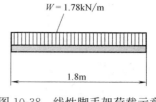

图 10-38　线性脚手架荷载示意

图 10-39　动力塔吊

10.3.6　塔吊的选型

由于风帆造型钢结构的静高度达 54.08m，项目在塔吊选型上也做了充分的考虑。为了保证钢结构吊装的顺利进行，塔架的自由高度须超过 57m；出于成本考虑，在项目施工组织设计阶段曾计划选用 QTZ160F 型平臂塔吊，而最终由于塔吊拉结无法满足自由高度的要求等原因而改选用 KNF336I 型动力塔吊（图 10-39）。该塔吊实际最小起重 3.2t，最大起重量 8t。

10.3.7　高空钢结构的施工安全与防护

由于风帆造型钢结构帆船造型的施工属于高空作业，加之项目紧邻迪拜轻轨和 ZAYED 大道，故安全与防护尤为重要。

（1）阿联酋当地安全施工规定。分包在施工开始之前须向由政府批准的第三方报批安全评估与具体防护方案，在得到其批准后方可施工；依照迪拜交通局规定，任何吊装不得在临近轻轨侧实施。

（2）吊装过程中的安全控制。在钢结构的吊装过程中，我们也采取了以下措施来保障施工安全：①规定在风速高于 4 级情况下不能使用塔吊；②吊装作业区外围使用警示带戒严，并安排专人看守；非相关人员不得进入塔吊作业区内；③安排通过政府认证的专业信号工与塔吊操作手进行配合。

（3）脚手架的安全防护：①脚手架使用前须经过第三方机构验收与认证；②规定施工人员在恶劣天气条件下不得上架工作；③安全防护滤网围绕包裹脚手架外周，随脚手架的搭设一同升高，防止物件坠落；④定期安排专人对脚手架进行检修与清理。

10.3.8 结语

综上所述，Al Hikma 项目风帆造型钢结构净高达 54.08m，体量大，且安装工作在标高 230.8m 的屋面展开，可想而知是一个复杂的系统工作。其涵盖了专业分包的选择；结构设计；与业主监理及政府协调；施工安装模拟分析；施工平台的设计与搭设；塔吊的选型以及结构的安装定位等多方面的内容。以上各环节互相关联，相互制约，必须综合考量才能出色地完成该项钢结构的安装。

10.4　阿联酋 Al Hikma 超高层建筑钢结构设计与优化

10.4.1　工程概况

图 10-40　屋面钢结构体系成型图

阿联酋 Al Hikma 项目屋面钢结构体系整体呈帆船形式，采用钢桁架体系作为帆的主骨架，由四根空间钢桁架柱从屋面四角各自向上延伸并向内靠拢，后两两相交于最高点形成两跨，高跨净高度达 54.08m（相对于屋面标高），低跨净高度为 38.79m，两跨之间设有 5 层 10 根桁架拉结形成一个整体，最终成型如图 10-40 所示。

设计采用 SAP2000 商用程序，按照英标 BS 5950：2000 要求，考虑材料自重、活载以及风荷载的作用组合。①恒载标准值为钢材自重，由程序自动导入；②风载按英标 6399，PART-2，1997 计算得出；③建筑高度（保守考虑）$H=250$m；④类别为棚屋，见表 10-5。

设计计算图表　　　　　　　　　　　　　　　　表 10-5

1	$K_b=2$	无动力 $C_r=0.25$	阵风因子 $G_t=3.44$
2	高度因子 $S_a=1.0$	方向因子 $S_d=1.0$	季节性因子 $S_s=1.0$
3	$V_s=V_b \cdot S_a \cdot S_d \cdot S_s \cdot S_p=22.5$m/s	离海洋最近距离 $D_s=5.0$km	捕捉因子 $S_c=1.80$
4	*tabulence* 因子 $S_t=0.07$	实时风压 $Q_s=0.613V_e2=1.548$N/mm^2	地形增量 $S_h=0.0$
5	基本风速（频繁风速）$V_{bl}=22.5$m/s	地形与建筑影响因子 $S_b=S_c[1+(G_t \cdot S_t)+S_h]=(1.8×(1+3.44×0.07)+0)=2.2$	有效风速 $v_e=v_s \cdot S_b=50.25$m/s
6	计算后保守取值为取值 3kN/m^2，双向考虑，直接作用于结构表面；另检修活荷载取值为 1kN，按节点布置		

10.4.2　基于阿联酋燥热气候条件的设计考虑

由于项目地处阿联酋这一海洋沙漠性气候国家，气候干燥炎热，通常夏季昼夜温度都在 20～45℃ 范围内浮动，太阳直射下和背阴处的温差所产生的温度应力，容易对结构产生较大影响。因此，在设计和施工中考虑温度效应就显得尤为必要。

温度对于结构的影响主要有日照温度作用、骤然温变作用与年气温变化作用三种。设计重点考虑了日照温度作用下结构的应力和应变，将温度影响作为两种工况来考虑（①温度升高；②温度降低），并参与荷载效应组合。温度升高和降低的大小根据施工时的温度以及当地的最高和最低温度来确定。按迪拜气象局近 25 年来的统计资料，迪拜地区平均年最低气温为 22.3℃，年极端最低气温为 7℃；平均年最高气温为 33.4℃，年极端最高气温为 48℃，年平均日气温为 27.5℃，因此确定：最大正温差：20.5℃；最大负温差：－21.5℃。

10.4.3　钢桁架体系模型的建立及优化

10.4.3.1　钢桁架体系的建立

从结构受力来看，由于所有荷载都将传递至下部钢筋混凝土框剪体系上，下部结构体系承受了很大的负荷，如何设计并优化这一结构就变得十分关键。设计遵照 BS5950：2000 标准，利用 SAP2000 有限元计算软件建立了精确的三维空间计算模型（图 10-41），模型包括了 3D 钢桁架与 LED 画像平面钢架，考虑了检修楼梯，支撑等全部结构构件。为简化水平作用的计算，设计将模型分为 10 层，基础为屋面标高，在局部坐标系里定为 ±0.000 标高点，后第一层为 10m，第二层至第九层为 5m，最高一层为 4.08m。

初步设计时，假定该体系直接固定在屋面板上，支座图如图 10-42 所示，模型中支座被假定为固定支座，以得出支座反力数据再验算楼板承受力。而按照英标考虑荷载组合，初步计算后得出在选用 S-335 级型钢时，支座产生的包络反力值见表 10-6。

图 10-41　钢结构体系模型

桁架柱支座反力　　　　　　　　　　　　　　　　　　表 10-6

支点	剪力 x	剪力 y	拉力	支点	剪力 x	剪力 y	拉力
①	1200	1100	6880	⑤	1200	590	5700
②	1200	55	4076	⑥	1000	820	4800
③	405	621	3122	⑦	65	1610	4000
④	420	841	5466	⑧	1000	2050	6250

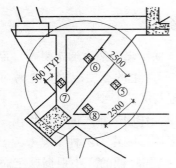

图 10-42　初步设计支座布置图

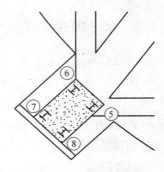

图 10-43　最终支座布置图

10.4.3.2　设计的优化

（1）验算后发现屋面板按现有梁柱布置情况不能承受该体系的重量，但若在桁架柱支座下方添加支撑体系，势必影响塔楼屋下层的使用空间，这与建筑顶层为酒店的建筑功用相冲突；于是设计在兼顾这些因素的情况下，做了如下修改：将支座外移组合到屋面四角柱内，设置预埋件为其提供竖向支撑，如图 10-42～图 10-44 所示。

（2）水平荷载下的结构受力安全方面，依前文所述，风荷载考虑为 3kN/m²，LED 画像的受荷面积取为全部面板的 1/2 的情况下，计算得出水平位移过大，因此设计在钢结构体系下部增加了 10 处水平支撑，支撑均设置在屋顶以上设备层楼板标高处，并直接与混凝土核心筒中的预埋件固定，最终确定设计模型如图 10-41 所示。利用 ASP2000 建模计算，结果显示钢结构各部分在各荷载组合下的承载力计算安全，变形验算可靠。

10.4.3.3　构件截面设计

在 Al Hikma 高层钢结构设计中，主要是采用焊接箱形桁架截面作为标准构件，这样做也有效地节约了成本；钢材选用 S-335J0 级钢材，焊接组成如图 10-45 所示的标准桁架单元，再逐层采用 Degree8.8 级（英国标准 BS 3692）的镀锌螺栓栓接，极大地简化了施工过程。

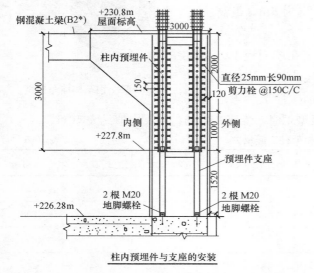

图 10-44　柱内预埋件示意图

（1）钢材的选用。在 Hikma 高空钢结构体系中，工字钢主要采用 S355J0 级钢板材制作，而圆钢管与方钢管则主要采用 S355JOH 无缝钢管；这类钢材在英国规范 BS EN 10025（1994）中属于工程和焊接用非合金钢，当钢材厚度小于 30mm 时，其含碳率≤0.20%，含磷率与含硫率均≤0.040%，经实测，其屈服强度≥385MPa，抗拉强度在 525～590MPa 之间，伸长率≥22%，纵向冲击韧性≥36%，具有良好的机械性能与焊接性能，均满足规范要求。

（2）截面设计。在进行设计钢结构构件截面时，其中最重要的一个因素是结构构件的应力水平，构件的应力水平不仅体现构件安全与否，而且还与结构的用钢量直接相关。本案中由于安全性的考虑，桁架各构件的应力比均控制在低于 0.7 的范围之内。

10.4.4　主要计算结果与用钢量统计

10.4.4.1　静荷载作用下的内力与变形

依前文所述，在考虑恒荷载、活荷载、风荷载和温度作用的组合，对结构空间计算模型进行分析，得出内力与变形值（图 10-46）。由程序的计算结果可知，最大层间位移均发生在 Y 向风荷载单独作用下，其值见表 10-7。

体系在各工况下的最大层间位移　　　　　　　　　　表 10-7

楼层	方向	荷载	最大层间位移（mm）	楼层	方向	荷载	最大层间位移（mm）
10 层	Y	WIND-Y	2.911	5 层	Y	WIND-Y	5.943
9 层	Y	WIND-Y	1.655	4 层	Y	WIND-Y	4.502
8 层	Y	WIND-Y	6.447	3 层	Y	WIND-Y	1.733
7 层	Y	WIND-Y	7.436	2 层	Y	WIND-Y	3.150
6 层	Y	WIND-Y	7.066	1 层	Y	WIND-Y	0.062

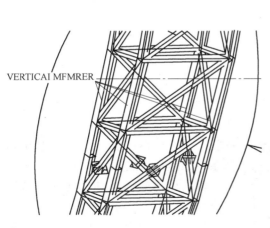

图 10-45　桁架柱标准单元

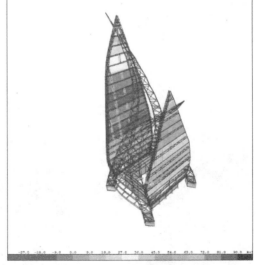

图 10-46　WIND-Y 作用下结构包络应力图

10.4.4.2　用钢量统计

在高空钢结构设计概算阶段，整个桁架体的统计用钢量为 720.7t。

10.4.5　结语

综合该高空钢结构体系的设计过程，不难发现对于露天的焊接箱形桁架而言，由于其

369

设计截面较小，在考虑了各种效应的作用（包括当地燥热气候影响）之后，钢结构设计的重点仍应放在对构件截面设计与优化之上，若体系构件的应力比能进一步进行优化，材料的利用率会进一步提高，结构的经济性也会更趋于优化。

10.5 阿联酋 Al Hikma 超高层建筑悬空钢结构幕墙施工技术

10.5.1 工程概况

Al Hikma 项目在面向哈利法塔侧，建筑配套有全楼高观光电梯，此部位装修子项繁多，包括蜘蛛式（spider system）悬空钢结构玻璃幕墙体系、单元式玻璃幕墙、明框式玻璃幕墙、铝塑板幕墙、墙面防水油漆以及观光电梯的安装等单项工程（图 10-47、图 10-48），各单元交互复杂，因此也成为了项目工程施工中的一大难点和亮点。

图 10-47　Al Hikma 效果图

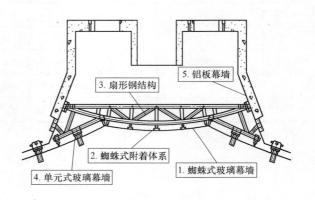

图 10-48　观光电梯井标准层平面布置图

10.5.2 观光电梯幕墙体系简介

图 10-49　项目观光电梯外立面局部

项目观光电梯幕墙在立面上分为两段，一是底层与底层夹层的明框式幕墙（图 10-49），幕墙以钢柱及钢结构为传力体系；二是从 1 层～60 层主要由蜘蛛式悬空钢结构幕墙体系和单元式幕墙体系组成（图 10-48）。

另外，铝塑板幕墙的平面覆盖范围为从电梯井两侧剪力墙的拐角处至板边区域，立面上涵盖从 GF 层～60 层的所有楼层；并在与幕墙接触部位打胶收口密闭；其立面边线随剪力墙高度的增加而内收成斜线（图 10-50）。

鉴于蜘蛛式悬空钢结构幕墙体系有别于一般幕墙体系的特殊性，本文将主要讨论该体系的组成及相关施工技术。

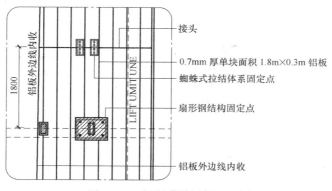

图 10-50　铝板幕墙局部立面图

10.5.3　蜘蛛式悬空钢结构幕墙

蜘蛛式悬空钢结构幕墙体系包括幕墙玻璃、蜘蛛式不锈钢索附着体系和扇形钢结构承重体系，其受力原理为幕墙玻璃安装在蜘蛛式不锈钢附着体系上，该体系通过与电梯井和扇形钢结构承重体系连接，将主要由风荷载产生的水平荷载及自重产生的竖向荷载有效地传递至扇形钢结构和剪力墙上。与传统拉索点式玻璃幕墙采用不锈钢索柔性支承结构作为主要受力体系相比，Hikma 项目的复合点式观光电梯幕墙创新性地将刚性桁架结构与不锈钢钢索柔性结构相结合，形成复合点式幕墙体系，如图 10-51 所示。该体系主要应用于超高层建筑中。扇形刚桁架结构主要承担由风荷载产生的水平荷载，限制幕墙的水平位移。

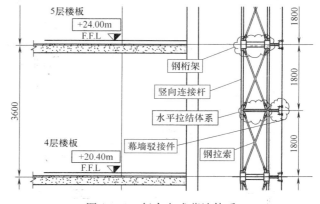

图 10-51　复合点式幕墙体系

10.5.3.1　点式幕墙玻璃

项目的点式幕墙玻璃选用的是厚度为 19.52mm 的夹层钢化玻璃（laminated temper glass），单块最大尺寸为 1233mm×2215mm。玻璃采用四点固定的形式，使用驳接爪件固定于扇形钢结构或拉结于钢拉索之上。我们验算了风压之下玻璃的应力与变形（图 10-52），结果显示符合澳大利亚建筑用玻璃规范 AS 1288-2006 与美国建筑物玻璃耐负荷性测定标准 ASTM E1300 的相关规定。

10.5.3.2　蜘蛛式不锈钢索附着体系

（1）附着体系的组成

蜘蛛式不锈钢索附着体系主要由以下构件组成：①水平与竖向拉杆；② 钢拉索；③平帽连接件；④4 爪驳接件；⑤2 爪驳接件；⑥低碳钢、不锈钢拉索连接件。具体尺寸和材料汇总见表 10-8。

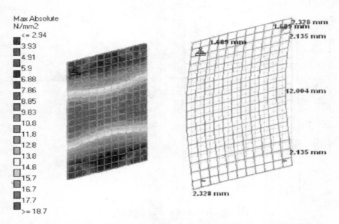

Maximum stress in face glass (N/mm²) & Glass deflection (mm)

图 10-52　风压作用下夹层钢化玻璃的应力与变形

蜘蛛式不锈钢索附着体系的组成材料　　　　　　表 10-8

序号	名称	规格	序号	名称	规格
1	水平、竖向拉杆	MS CHS 60×5.5mm	4	4 爪驳接件	不锈钢 4 爪驳接件
2	钢拉索	不锈钢拉索,直径 12.6mm 与 16.3mm 两种,316L 级	5	2 爪驳接件	不锈钢 2 爪驳接件
3	平帽连接件		6	低碳钢、不锈钢拉索连接件	长度 MS 90mm、SS 150mm

（2）连接节点

蜘蛛式不锈钢索附着体系通过与电梯井剪力墙和扇形钢结构承重体系的连接，将荷载均匀地传递至剪力墙上。

① 与主体结构剪力墙的连接。该连接主要把幕墙自重所产生的竖向荷载传递至剪力墙上，如图 10-53 所示。

② 与扇形钢结构的连接。该连接主要将水平力传递至扇形钢结构承重体系，扇形钢结构再将水平荷载传递至剪力墙上；同时也承担一部分竖向荷载。

10.5.3.3　扇形钢结构承重体系

扇形钢结构由 S355JR 级 MS 150mm×250mm×16mm 矩形钢管焊接而成。每层布置，钢结构竖向中心线与楼板中心线同标高（图 10-54）。其在整个体系中起主要承重作用，不仅为两侧的隐框式玻璃幕墙提供支撑，而且还与钢拉索体系一起承受传递作用于点式幕墙的各种荷载。

10.5.3.4　扇形钢结构的生产过程

由于钢结构组合截面整体呈曲面，为保证精度，加工时采用大型辊压机将钢管一次辊压成型，而后将各部位进行处理焊接，如图 10-55 所示。

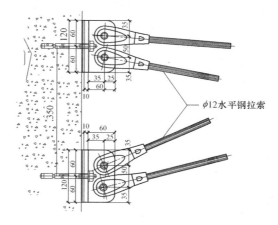

图 10-53　蜘蛛式不锈钢拉索固定节点图

材料焊接完成后需要聘请第三方机构进行焊缝质量进行磁力测试鉴定，合格后按技术要求做防锈处理，养护后出厂。

图 10-54　安装完毕的扇形钢结构

按照迪拜市政府的要求，所有室外钢结构需要有 2h 的防火极限；因此材料出厂后需要进行防火处理。按照监理批准，项目选用 CAFCO WB3 水基性喷洒涂料，该涂料可达英国规范 BS 476 Part 20&21 的要求最高两小时防火时限。喷涂时先涂刷环氧聚酰胺漆底漆，间隔 1 天后开始喷涂 CAFCO WB3 涂料共五层，每层间养护 2 天，且每层干燥后厚度需不低于 0.936mm，最后待防火涂层完全干燥后（静置至少 7 天）再涂刷面层。所以考虑到安装进度的需要，必须在现场提供足够的涂料喷涂场地，已形成生产流水，保证施工进度。

(a)

(b)

图 10-55　扇形钢结构加工及成型示意图

10.5.4　铝板幕墙

如前所述，在观光电梯井两翼剪力墙上安装铝板，项目出于成本的考虑选用了价格相对便宜，施工简便的卡扣（CLIP）铝板系统。该系统主要特点是使用了可嵌入龙骨，其安装过程十分简单，只需先用膨胀螺栓将龙骨固定调平，后直接将轻质铝板（厚度为0.7mm）扣嵌在龙骨沟槽内即完成安装，如图 10-56 所示。

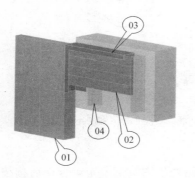

图中：
1. 门
2. 条状铝板
3. 收边铝板
4. 可嵌入式龙骨

图 10-56　CLIP 铝板系统

10.5.5　隐框式玻璃幕墙

隐框式玻璃幕墙由固定件、转接件与幕墙单元板组成，如图 10-57 所示。

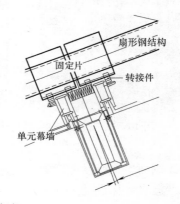

图 10-57　隐框式玻璃幕墙

10.5.6　施工机械的选择

10.5.6.1　起重设备

由于单根钢结构重量约 2.4t，而项目选用的 KNF336I 型动力塔吊，实际最小起重3.2t，最大起重量 8t，满足一次起吊的要求。因此项目选用整体吊装的方案进行钢结构的安装。即在工厂将钢结构构件一次性加工成型并进行防锈处理后运抵现场，再进行防火处理及构件的吊装。

10.5.6.2　安装过程中的持重设备

由于扇形钢结构的调整和安装是一个比较长的过程，会持续两天左右的时间，在塔吊将钢结构起吊至安装部位后，原则上塔吊是不能够移开的；而若塔吊不能移开，项目其他工作则无法展开。有鉴于此，通过设计计算，项目在 60 层安装了一台单轨吊车（图 10-58），用于在扇形钢结构安装期间把持钢结构。

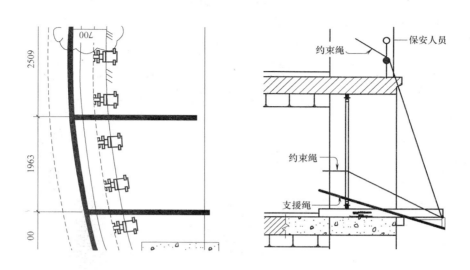

图 10-58　单臂滑轨设计示意图

10.5.7　安装操作平台

为配合扇形钢结构、蜘蛛式附着体系和玻璃幕墙及铝板的安装，项目选用了 MC500 MSM Super 型升降式平台为工人操作平台，平台由埋入式基础、双轨道支架、拉结以及平台支撑等组成（图 10-59）。该平台横向宽度 8.4m，纵向宽度 3.4m，最大承重为 3.6t，高度 204m，进深方向可自由移动。为保证安全，每 9m 设置两组拉结，分别将轨道支架与建筑主体结构可靠连接。

为确保施工安全，在脚手平台的操作过程中，明确了避免立面交叉作业，操作平台只供施工人员使用及携带少量小五金材料，严禁堆放大型材料的原则要求。

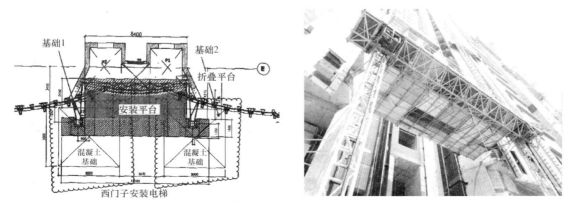

图 10-59　MC500 式升降平台布置图及实照

10.5.8 观光电梯幕墙的施工

项目观光电梯井部位单项工程众多，工序交错复杂（图 10-48），该部位包括：①铝板安装；②扇形钢结构安装；③蜘蛛式不锈钢索附着体系安装；④单元式幕墙安装。

10.5.8.1 观光电梯装修施工工序

为保证各项施工的有序进行，防止立面交叉作业，又兼顾工程工期的要求，我们将该区域的总体安装顺序安排如表 10-9 所示。

观光电梯装修施工工序   表 10-9

序号	工序	说明
1	钢桁架定位	测量放线，在剪力墙及楼板上将钢桁架固定片位置定出
2	铝板定位	测量放线，确定铝板龙骨位置
3	铝板安装	安装、调整铝板龙骨
4	铝板安装	在非砖墙区域安装铝板，并留出钢桁架固定位置
5	钢桁架支座安装	打孔，临时固定桁架固定片，报验
6	钢桁架安装	安装钢桁架，校准固定
7	砖墙	浇筑反檐，砌筑砖墙
8	支座防火处理	在钢桁架支座处浇筑混凝土，涂刷 fendolite 水基性防火材料，覆盖固定点
9	铝板安装	全面完成铝板安装工作
10	附着体系安装	安装竖向钢构件，竖向拉杆，附属水平拉杆，斜拉杆以及后张拉（幕墙系统供应商指导）
11	蜘蛛式幕墙	安装蜘蛛式幕墙玻璃固定铁件，校准
12	蜘蛛式幕墙	在非左右两端区域安装蜘蛛式幕墙玻璃，打胶
13	单元式幕墙	安装与单元式幕墙交界处的单元式幕墙角钢，校准
14	单元式幕墙	安装单元式幕墙组装板元
15	单元式幕墙	单元式幕墙防火施工
16	蜘蛛式幕墙	安装端部蜘蛛式幕墙，在两体系交接处打胶
17	最后处理	清理、移交

10.5.8.2 铝板施工流程

铝板施工的流程如下：

（1）铝板与扇形钢桁架支座节点处理

根据阿联酋政府要求，扇形钢结构承重体系必须具备 2 小时以上的防火极限能力。因此在扇形钢桁架安装完成后，其支座处需支设模板，浇筑混凝土并涂刷 Fendolite 水基性防火材料。故铝板与支座交接处必须进行切割留空，待支座防火处理完成之后，再安装覆盖板收口，如图 10-60 所示。

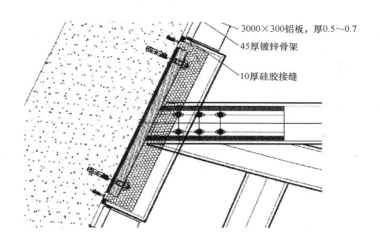

图 10-60　扇形钢结构支座处铝板收口形式

（2）砌筑结束后铝板安装

如图 10-61 所示，当扇形钢结构安装完毕后，半边有部分位置要先浇筑反檐，然后砌筑砖墙，之后再把剩余铝板安装完毕，收口边角条如图 10-62 所示。

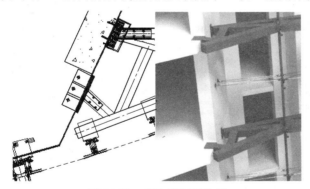

图 10-61　半边需砌筑位置

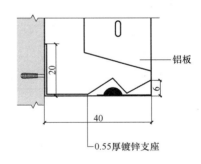

图 10-62　铝板收口边角条

10.5.9　蜘蛛式悬空钢结构幕墙的施工

蜘蛛式悬空钢结构幕墙的施工包括：①扇形钢结构的施工；②蜘蛛式附着体系的施工；③幕墙玻璃的安装。

10.5.9.1　扇形钢结构的安装

安装时，要在全站仪的配合下，将构件起吊及微调至正确空间点位，再用高强度螺栓将其与建筑主体固定即可，极大程度地简化了安装过程、保证了拼装质量、抵消了迪拜当地燥热天气因素的影响，还最大程度地减少了现场的不良焊接率，起到了良好的效果。另外，为保证焊缝质量，材料在运抵现场时，钢结构分包商须提供第三方验收及认证的焊接质量报告。钢结构的安装流程如下：

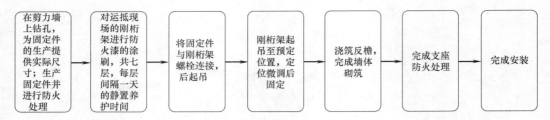

10.5.9.2 蜘蛛式附着体系及玻璃幕墙的安装

蜘蛛式幕墙的安装具体流程如下：

10.5.9.3 单元式幕墙的安装

单元式幕墙的安装具体流程如下：

在建筑防火分区划分上，观光电梯井被划分为一个独立的防火分区，其主要的隔离节点如下。

（1）点式幕墙与单元式幕墙的交接点如图 10-63 所示。

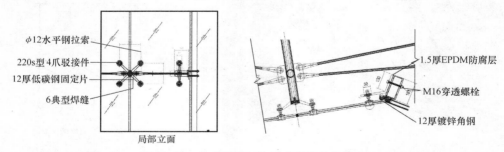

图 10-63　点式幕墙与单元式幕墙的交接点

（2）观光电梯井两翼底部的收口如图 10-64 所示。

10.5.10　蜘蛛式悬空钢结构幕墙的优化过程

为达到兼顾各项指标要求，蜘蛛式悬空钢结构幕墙的实施从开始设计就历经了多次变更，下文列举了主要的设计阶段过程。

10.5.10.1　初步方案

初步设计时，为保证观光电梯的视野通透，设计采用了无拉结体系的设计（图10-65），即分别采用钢管截面或者钢管组合截面作为蜘蛛式幕墙和单元式幕墙的支撑体系。但因后续验算过程中无法保证两个体系的变形一致性，从而转用了优化方案的设计。

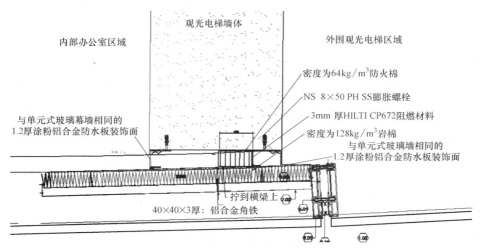

内部办公室区域

观光电梯墙体

外围观光电梯区域

密度为64kg/m³防火棉

NS 8×50 PH SS膨胀螺栓

3mm 厚HILTI CP672阻燃材料

密度为128kg/m³岩棉

与单元式玻璃墙相同的
1.2厚涂粉铝合金防水板装饰面

与单元式玻璃幕墙相同的
1.2厚涂粉铝合金防水板装饰面

拧到横梁上

40×40×3厚：铝合金角铁

图 10-64　观光电梯井两翼底部的收口

10.5.10.2　优化方案与最终方案

优化方案设计加强了蜘蛛式幕墙的支撑体系，通过减小单元面积，添加蜘蛛式钢拉索和设置斜向拉索等措施，以希望改善该系统幕墙的刚性（图 10-66）。计算通过后，由于迪拜市政府出台了建筑新规，要求室外钢结构需要有 2 小时的防火极限能力，在验算过程中我们发现以优化方案中的扇形钢管截面尺寸，无法达到这一要求。所以最后增大了扇形钢结构的截面，并将蜘蛛式幕墙与单元式幕墙的支撑统一起来，形成了如图 10-67的最终设计方案。

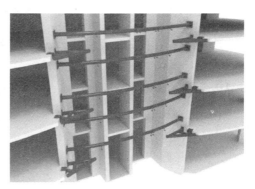

图 10-65　初步设计方案效果图

图 10-66　优化设计方案效果图

图 10-67　最终设计方案效果图

10.5.11　观光电梯幕墙施工的安全措施

主要安全措施如下：

（1）指定安全工程师负责电梯井幕墙施工。

（2）绝对避免交叉作业，具体方法为，在新的工作日开始前一天与所有参与观光电梯井施工的分包开碰头会，确定工作日的施工细节和时间；安全工程师必须保证上述细节的实施。

（3）对施工设备定期检查，如吊篮，施工平台等，并制定严格的操作规范，操作手原则上不允许更换。

（4）风速高于 4 级时不允许使用塔吊。

（5）吊装作业区外围使用警示带戒严，并安排专人看守；非相关人员不得进入塔吊作业区内。

（6）所有设备操作手必须拿到第三方的认证证书，并确保其有效期限，及时更新。

10.5.12 结语

综上所述，本文详细阐述了蜘蛛式悬空钢结构幕墙系统的组成、工作原理及使用材料，并详细介绍了其施工安装步骤、所需机械以及铝板、单元式幕墙安装作业的交叉以及节点详图，希望能对相关工程提供帮助和借鉴。

10.6 科威特中央银行新总部大楼钢结构安装技术

10.6.1 工程概况

CBK 项目主体结构为混凝土核心筒剪力墙与钢管斜肋柱（内浇混凝土，强度为 C80）和楼面钢梁组成，塔楼楼板为混凝土压型钢板复合板。混凝土的核心筒和剪力墙布置在东南和西南侧；北立面为斜肋柱，由直径 800mm 且不同壁厚的钢管交叉成网状，与水平面呈 81.92° 的倾角。裙房建筑也采用了很多高空间、大跨度的钢结构桁架和门式桁架，在塔楼的 5 层到 7 层悬挑出 25.45m（北侧）和 10.25m（后）、高达 10.1m 的巨型桁架结构（内浇混凝土，强度为 C80）。另外，还有一些屋面、雨棚，以及一些配合装修的次要钢结构。合同用钢量约为 8000t，实际用钢达到约 10000t。其主要结构布置如图 10-68 所示。

10.6.2 安装工作范围

10.6.2.1 钢管斜肋柱

主要分为直线段和 X 交叉段，X 交叉段又可分为三管相贯柱（细分为平面和空间两种）、四管相贯柱（细分为平面和空间两种）、五管相贯柱（皆为空间结构）和 V 形相贯柱四大类型。有 5 件处于内三角部位构件超过塔吊承载能力，重量分别为：DC03-25/26 计 21.4t、DC03-27/28 计 15.4t、DC06-33/35/41/47 计 52.98t、DC09-46/47 计 16.7t、DC12-33/37/46 计 16.6t。斜肋柱具体形式如图 10-69 所示。

10.6.2.2 楼面梁和压型钢板

楼面梁包括边梁为 UB686×170 的工字钢梁，通过直径 $\phi500×32$mm 的牛腿与斜肋柱连接，另一端支撑于混凝土剪力墙上。压型钢板型号为 YX-51-305-915 厚度 1.2mm，用

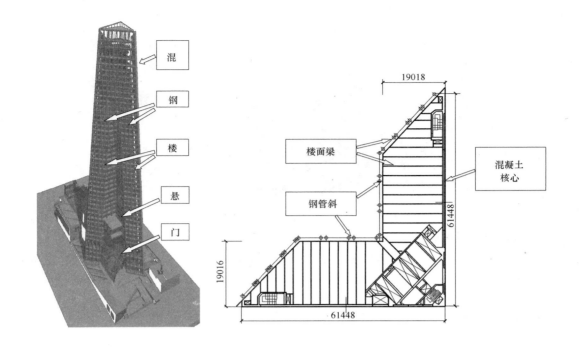

(a) 主体结构　　　　　　　　　　(b) 塔楼标准层平面

图 10-68　CBK 塔楼平面示意

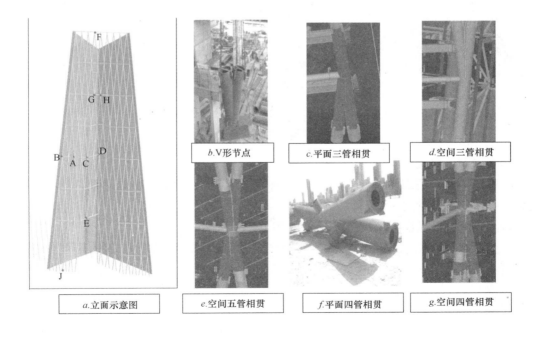

图 10-69　斜肋柱形式

ϕ19 栓钉与楼面梁固定。楼面梁体系如图 10-70 所示。

图 10-70　楼面梁体系示意图

10.6.2.3　巨型悬挑桁架

主桁架长 52.900m、宽 19.090m、高 10.100m、前后分别悬挑 25.450m 和 10.250m；支座桁架长 31.350m、宽 17.700m、高 10.240m。另外，42 号杆件作为主桁架的一部分，又是塔楼主体结构的重要构件。主要为截面 900mm×800mm×30mm×60mm 的箱形杆件构成，总重量达 561t。悬挑桁架如图 10-71 所示。

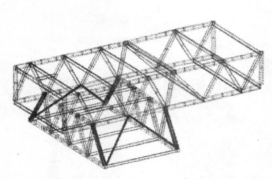

图 10-71　悬挑桁架示意图和实体照片

10.6.2.4　门式桁架

跨度 21.9m，门式桁架（图 10-72）顶标高 30.398m～36.257m，主要为直径 200mm 的钢管杆件，总重量达 350t。

10.6.2.5　普通框架结构

在主体结构内部，还有一些由工字钢梁柱和压型钢板组成的普通框架结构（图 10-73），主要位于裙楼的公共区域和顶层阁楼内。一般为不同规格的工字钢和焊接 H 型钢组成。

10.6.2.6　其他零星钢结构

屋面、雨棚和配合装修的次要钢结构（图 10-74）。

10.6.3　施工部署

以斜肋柱和楼面梁的安装为主线，配合混凝土核心筒和剪力墙的进度推进，计划为 7

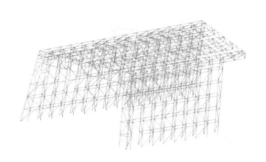

图 10-72　门式桁架示意图和实体照片

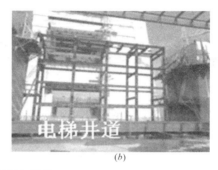

(a) 　　　　　　　　　　　　　　　　(b)

图 10-73　普通框架结构

(a) 　　　　　　　　　　　　　　　　(b)

图 10-74　零星钢结构

天一层。桁架等结构安装要配合主体结构的安装要求和进度插入，在不影响主体结构施工的前提下尽早完成。其他钢结构在保证前面两项工作的前提下推进，以不影响其他工作的展开为要求。

在平面上，将塔楼的两翼分为两个施工段，由两组队伍分别流水施工（图 10-75）。

10.6.4　工艺质量要求

本安装工程全部采用美国 ASTM 材料系列和 AISC 360-05，AISC Steel Construction Manual，13 Edition 等设计规范以及 AWS D1. 1-D1.1M-2010 钢结构焊接规范的

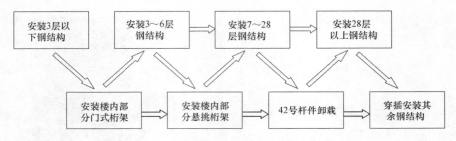

图 10-75　钢结构安装总体工序流水示意

标准要求施工，从材料构件进场验收到安装完成后的检验检测都有严格的管理程序。焊工要根据其工作内容分别达到 G3、G6 或 G6r 的证书等级，并且要有第三方认证；焊接工艺过程要按照批准的 ITP 进行，并经第三方全程跟踪和检测，焊缝要求 100%的 UT 和 25%的 MT。安装精度方面，要有测量、控制和纠偏方案，斜肋柱和楼面梁要在初装、高强度螺栓终拧、焊接前、焊接后和混凝土浇筑后分别对斜肋柱进行测量和调整，以满足 AISC 303-05 的精度要求。其他结构也基本按照这个程序进行焊接和安装、检测。

10.6.5　主要安装工艺

10.6.5.1　钢结构预埋件安装

钢结构预埋件是整体结构协同作用的关键部件，也是钢结构安装的重要基础。本工程混凝土结构的复杂性又给埋件的安装增加了很多难度。本工程预埋件大致可分为：地脚螺栓和墙体预埋件两类。地脚螺栓包括：斜肋柱预埋件、入口大厅门式桁架预埋件、TC 柱埋件和 LTC 柱埋件等。墙体预埋件为楼层梁安装用预埋件。

在土建结构底板或墙体钢筋作业基本完成后钢结构预埋件安装，安装时，采用三维坐标从项目规定基准点就近预埋件位置引申测量点进行定位。在测量墙体预埋件时，需要设置全站仪固定临时平台，以确保测量引入点的精确性。埋件定位后需要进行必要的加固措施，以防止后续混凝土施工对定位精确性干扰（图 10-76、图 10-77）。

10.6.5.2　斜肋柱和楼面梁的施工

（1）安装工序

安装工序如图 10-75 所示。

（2）焊接工艺质量控制

焊接质量控制主要为：仰焊、厚板焊接的焊接过程质量控制和全部焊缝焊接的外观成形质量控制。严格按照现场实际情况确定的焊接形式，以及现场确定的焊接工艺评定报告相关参数进行。

（3）测控纠偏

测量偏差主要产生原因为：测量依据误差、测量操作偏差、测量体系偏差以及构件调整后对其他构件影响偏差等。

1）测量依据偏差：主要为测量基准点的偏差和位移引起，因为测量基准点大部分布置在建筑物周边，随着建筑施工进行，地基变形沉降等原因会引起测量基准点一定范围内变化，因而需要对测量基准定位进行定期观测并做数据修正后再作为测量依据。

图 10-76　地脚螺栓定位加固

图 10-77　墙体预埋件定位加固

2）测量操作偏差：主要体现在数据读取、棱镜安置、测量观测点稳固性等原因造成，施工操作时进行有针对性的防范措施。

3）测量体系偏差：涉及钢结构测量的主要为钢结构测量与土建结构施工测量，分别为两家单位分别进行测量，因为相互之间的测量误差而引起，必须及时定期的对双方测量依据和观测点进行复核，以确定相互一致性，从而避免相互交叉部位和衔接部位产生问题。

4）构件调整引起偏差：因为钢结构构件之间的关联性，在测量时对单一构件进行调整会引起其他构件的相应变化，因而在构件安装和构件调整时要进行详尽分析，尽量减少累积误差产生。

斜肋柱和楼面梁安装工序见图 10-78。

（4）临时固定和操作平台

根据施工详图设计，钢管斜肋柱的临时固定主要靠临时耳板和高强度螺栓解决。在实际安装中，开始的几节增加了缆风绳以加强稳定性，待基本形成一个部分完整的结构体系后才进入正常方案，如图 10-79～图 10-83 所示。

10.6.5.3　钢结构安装与混凝土结构施工的配合

由于本工程混凝土核心筒剪力墙不是全部闭合的筒体，而是沿 90°伸出两翼，并有楼梯间在两翼末端。所以混凝土结构不能承担全部水平力，需要钢结构的辅助。因而混凝土施工与钢结构安装要在进度上严密配合，根据计算，已经完成全部钢结构安装并完成楼板打灰的楼层与正在进行两翼混凝土施工的差距不能超过 10 层。但是，因为工序和操作空间的要求，最紧凑的安排就是 8～10 层。

因此，钢结构安装与混凝土结构施工之间的配合至关重要，任何一步工作的延误都会产生连锁反应，以至于影响到整个工程进度。

10.6.5.4　超重构件吊装

因为项目投标和开工准备阶段的钢结构图纸还仅仅是概念设计，钢结构分包进场后进行了全部的结构计算和详细设计，最终的结果是构件重量大大超过了原来预计的情况，初步发现有 9 根超过了塔吊的提升能力，后经过进一步优化设计和采取减重措施，还是有 5 根构件超重。

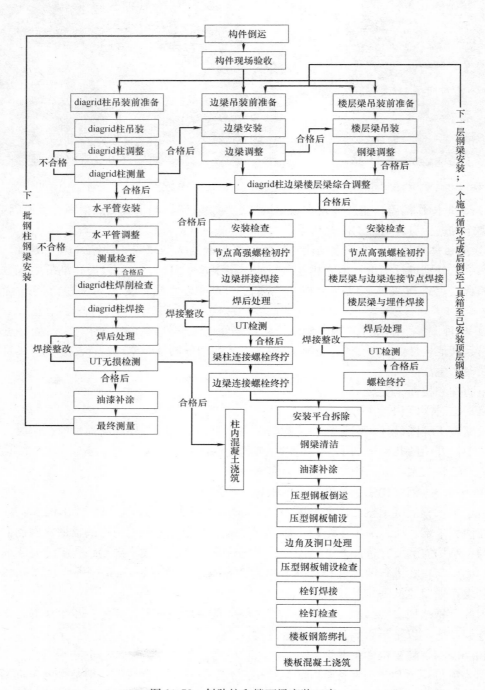

图 10-78　斜肋柱和楼面梁安装工序

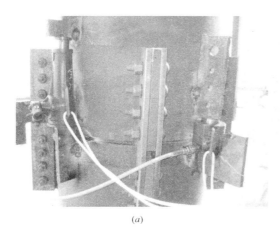

(a)　　　　　　　　　　　　　　　　(b)

图 10-79　临时耳板和高强螺栓

(a)　　　　　　　　　　　　　　　　(b)

图 10-80　钢柱安装操作平台和楼层梁安装操作平台

图 10-81　模板操作和爬升装备区及钢结构施工平台区

387

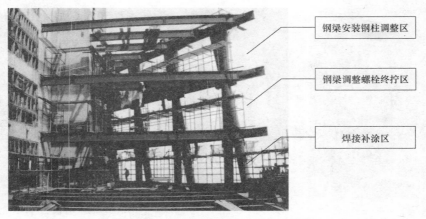

图 10-82　下部钢结构施工平台区示意

图 10-83　上部模板爬升装置和模板操作区

本工程场地狭小，起重量合适的汽车吊（250～300t）无法开进现场；因为语言问题，多国人员参与起吊工作，沟通协调困难，也无法采用双机抬吊的措施；场区外距离比较远，还有的要翻过已经施工到很高位置的混凝土剪力墙。诸多因素影响着方案的选择。根据现场实际情况以及构件特征和构件位置特征采用下部第 3 节和第 6 节采取大型履带吊（750t）场外吊装，上部 9 节和 12 节采取肢解构件牛腿端部现场焊接方式予以解决吊装问题（图 10-84）。

10.6.5.5　裙房桁架安装

裙房桁架是本工程的一组重要结构，从员工车库穿过塔楼延伸到入口大堂，包含了几种类型的结构形式：普通框架、简支桁架、L 形桁架和门式桁架。跨度 21.900m，最大标高 36.257m，而且在入口大堂处还有一个悬挑 13.820m 的造型。

该结构基本都是外露的结构，是建筑装饰的一部分，而且从员工车库到入口大堂有一个向下的坡度，安装精度要求高；每品桁架都是平面结构，通过杆件逐榀相连形成立体和稳定的结构，安装次序也很重要。

钢结构分包开始的方案是单榀安装，用脚手架等措施临时固定，我们认为安全问题比较大，而且这对构件自身的刚度也是考验，建议两榀一组安装，可以根据吊重分段组拼。

(a) 构件吊装时　　　　　　　　　　　　　　　(b) 构件就位后

图 10-84　构件吊装图

实际安装基本采纳了这个意见，将两榀桁架一组组成自身稳定结构，先安装立杆再安装横梁，效果很好。

根据总体部署，要优先保证塔楼钢结构的安装进度；还要在其上部的礼堂悬挑桁架安装前完成，以避免将来起吊通道被遮盖。实际操作中，位于塔楼内部的桁架跟随塔楼钢结构的安装进度完成，塔楼外部的基本穿插于悬挑桁架的安装过程中完成。其中金库上方的两榀桁架因为塔吊的影响没有安装，在礼堂楼面上留洞，放置提升捯链等设备以备以后安装使用。

10.6.5.6　悬挑桁架安装

悬挑桁架是礼堂的主体结构，主桁架位于塔楼的 5 层到 7 层，长 52.900m，宽 19.090m，高 10.100m，前后分别悬挑 25.450m 和 10.250m；支座桁架位于 3、4 层，长 31.350m，宽 17.700m，高 10.240m。另外，42 号杆件作为主桁架的一部分，又是塔楼主体结构的重要构件。主要为截面 900mm×800mm×30mm×60mm 的箱形杆件构成，总重量达 561t。

悬挑桁架是本工程的亮点之一，悬挑于 45.500m 的高空，伸出近 26m，给人以很大的视觉冲击。但是，这也是本工程的难点之一。由于塔吊起重能力和场地的制约，只能采取高空散拼的方式安装。经过仔细分析对比后，决定了塔楼内部分的桁架小散件安装、塔楼外部分大散件安装的方案，一方面保证了工程进度，另一方面又减少了高空作业时间，保证安全。

10.6.5.7　D42 号杆件安装及结构卸载

D42 号杆件是一个非常特殊和重要的构件，它既是悬挑桁架的一个重要杆件，承担塔楼 7 层以上部分斜肋柱的荷载，上部荷载经它通过桁架结构及其支撑系统传递给基础。由于悬挑桁架的插入，打破了斜肋柱体系的结构完整性，它在这里也起到局部加强的作用。所以，D42 号杆件的安装也是十分重要的。

由于 D42 号杆件跨度较大（总计长度 19.090m），而且在整个结构体系没有完整成型前承担着较大的荷载，同时考虑施工可行性问题，设置了临时支撑桁架用于其安装。根据结构计算和施工验算，当结构达到 28 层的时候才能拆除这个临时支撑（结构卸载）。

D42 号杆件支撑及卸载如图 10-85、图 10-86 所示。

图 10-85　D42 号杆件支撑

图 10-86　D42 号杆件卸载

10.6.6　经验和总结

10.6.6.1　标准与规范

国外工程大多采用英美规范，钢结构的规范主要是美国的 ASTM、AWS 等，对这些规范的熟悉和掌握是我们做好工程的保障。在这些标准中，关于质量的要求、关于检测的标准和手段等，应该是我们学习的重点。另外，对属于建筑装饰部分的钢结构也有相关规范参照执行，（相对应规范主要为 SSPC 油漆涂装系列和 ASTM E 119、ASTM E 605、ASTM E 736、ASTM E 761、ASTM E 759、ASTM E 760 等防火涂料系列）也是我们应该学习和掌握的。

因为我们的工程师都有国内相关规范的基础，也能熟练运用，所以在学习国外规范的时候，应该加强对比性的学习，从整体上把握国外规范的结构，了解其章节上与国内规范的对应关系和特殊的地方。这样的学习方法可能更容易融会贯通和实际应用。

10.6.6.2　程序与控制

大多数人对国际承包工程都有体会：很注重工作程序。我们既然参与国际工程的竞争，既然认识到了这一点，就得学会和掌握它，使我们的工作完全处于受控状态。具体到钢结构的工作程序，主要有：施工准备阶段的报批程序、施工阶段的检测程序（ITP）和施工阶段的验收程序等。其中 ITP 是一个非常重要的工作程序，它是承包商根据规范要求和自己公司的工作程序编制的，要经过工程师的审批。如何编制 ITP，使其既能满足合同规范要求，又能加快工程进度，保护承包商的利益，需要好好研究和谨慎处理。项目除了钢结构外，玻璃幕墙、石材和电梯的分包都会涉及 ITP，都要好好研究借鉴。

10.6.6.3　方案的协调

钢结构工程一般都是要由承包商做深化设计（本工程更是向上延伸到了结构分析和计算），如何考虑施工方案，深化细节的研究，并且提出比较具体的要求反映到深化设计中，实现省工省料的目的，这是充分发挥我们掌控深化设计的优势的地方。

在本项目中有比较成功的经验，比如：构件分段的考虑，节点构造的考虑等，都与施工结合的比较好。但是，也有协调不够的地方，比如斜肋柱的焊接部位相对于结构层标高。当时考虑了焊接操作的高度问题（站在楼板上 1.3m），并以此为依据确定了柱子分段的位置。而实际安装中，并没有利用楼板或楼面梁作为平台操作，另外搭设了平台。这样，操作就不是在一个很舒服的高度上进行的，而且焊缝位置又处于一个容易看见的部位，需要特殊打磨处理。

10.6.6.4　方案对进度的影响

前面在斜肋柱安装问题中提到，综合各种要求和制约因素，钢结构的安装与混凝土结构的施工保持了 10 层的差距。其中有个因素是在钢结构安装本身，在梁上搭设脚手架用于上层边梁的安装和焊接。带来的问题是，尽管本层楼面梁安装完成了，但是，因为脚手架的存在而不能进行压型钢板的铺设和混凝土施工，因为此层楼板没有全部完成而影响到最上面的剪力墙施工。因为吊升空间的要求，斜肋柱的吊装必须等剪力墙混凝土浇筑完毕，模板提升了 2 层后才能进行，所以最终又影响到钢结构的安装。

我们一直建议研究采用悬挂式或者靠斜肋柱支撑的操作平台方案，以消除这一因素对进度的影响，而且也能减少支拆脚手架的人工。但是，始终没有比较理想的方案。这要在以后的类似工程中妥善解决。

第 11 章 经济效益、社会效益及推广应用

11.1 经 济 效 益

　　课题的经济效益，通过掌握海外燥热地区高强度混凝土配合比核心技术，节省当地试验室混凝土配合比设计费用，减少混凝土裂缝，降低工程维修费用。采用 3D 模型和电脑制作效果图，节省了大量设备的采购与使用，节约了大量的人工成本。通过项目的价值工程（优化设计、深化设计），为项目节省了成本。简化了施工的工序，减少材料及人工的浪费。可以通过下述四个项目的具体实施体现出来。

11.1.1　迪拜 Mudon 别墅项目

　　2007 年，阿联酋迪拜 Mudon 别墅项目优化设计工作，将原设计混凝土现浇结构体系，改为全预制结构，预制承重墙、隔墙及女儿墙，预制多孔楼板、屋面板，节省了大量的模板、支撑、脚手架，简化了结构施工，提高了工效，解决了公司劳动力紧张问题，结构工人从原计划的 800 人缩减为 200 人，直接为项目节约 516 万美元＝3173.4 万元人民币。

11.1.2　迪拜天阁项目

　　2008～2010 年，迪拜天阁项目价值工程优化，市政淡水比市场淡水便宜，通过货比三家，施工用水节约 675 万元人民币；采用地下水净化器处理地下水代替海水淡化水，共节约成本 100 万元人民币；在采购钢筋套筒材料时，用合格的国内供应商代替业主指定分包，通过套筒价格差异达到节约项目成本的目的，共计节约成本 815 万元人民币；大面积采用台模体系来代替普通的散支散拆满堂脚手架，节约了铁钉和劳动力；增加了模板的周转使用次数，节约项目成本共计 650 万元人民币；钢筋通过深化设计图纸，零消耗钢筋下料，使长 12m 钢筋用量达到无余料浪费的现象，此项措施共计节约成本近 300 万元人民币。2008 年～2009 年车库柱子和核心筒立面质量达到清水混凝土效果，而避免了基层抹灰工序。获得效益为 $163067m^2 \times 13.2DHS/m^2 = 2152484.4$ 迪拉姆，折合成人民币为 394.3 万元；2008 年度在结构施工过程中，采用承包制度以及使用印度、巴基斯坦工人，获得效益 150 万迪拉姆，折合成人民币为 274.8 万元。通过以上分析，经济效益合计为 3209.1 万元人民币，明显的经济效益证明了这一套价值工程理论的实用性和先进性。

11.1.3　阿布扎比城市之光项目

　　城市之光项目通过结构优化设计，涉及地下室挡土墙、竖向剪力墙及预制楼板（梁）等，节约了 1679.15 万迪拉姆＝2770.6 万元人民币。

（1）筏板方案选择。方案一、筏板的厚度保持原设计不变，减少 5％的钢筋用量；方案二、通过将筏板的厚度减小 500mm 的优化方法，可减少 15％的混凝土用量和 5％的钢筋用量。

（2）优化点。①地下室挡土墙：考虑到桩能够代替挡土墙有效抵抗水平侧向荷载，适当减收墙体厚度。②地下室水箱墙：水箱墙可以由挡土墙代替承 担水平荷载，取消水箱墙，方便了施工。③裙楼基础/独立承台：裙楼筏板钢筋代替独立承台上部钢筋。④地下室墙体拉钩：原设计过于保守，按相应规范，减少拉钩数量。⑤塔楼的竖向剪力墙：减小墙长，方便了台模的周转。⑥预应力楼板（梁）：预应力板比普通混凝土板节省钢筋，节省空间。

（3）优化成本结果（表 11-1）

优化成本结果　　　　　　　　　　　　　　　　　表 11-1

位置	塔楼 C2 & C3	塔楼 C10	塔楼 C11	塔楼 C10a	群房	合计
节约混凝土量（m³）	10271	4086	3875	0	8794	27026
节约混凝土成本（AED）	4989525	2002672	1922886	0	4073322	12988405
节约钢筋量（kg）	321687	287937	212339	605576	（69294）	1496833
节约钢筋成本（AED）	900724	806223	594549	1695613	（194023）	3803086
合计	1AED＝1.65 元					16791491

11.1.4　迪拜 Al Hikma 项目

Al Hikma 项目通过市政淡水比市场淡水便宜，通过货比三家，施工用水节约 77 万迪拉姆；采用地下水净化器处理地下水代替海水淡化水，共节约成本 23 万迪拉姆。在采购钢筋套筒材料时，用合格的国内供应商代替业主指定分包，通过套筒价格差异达到节约项目成本的目的。共计节约成本 90 万迪拉姆；大面积采用台模体系来代替普通的散支散拆满堂脚手架，节约了铁钉和劳动力；增加了模板的周转使用次数，节约项目成本共计 60 万迪拉姆。钢筋通过深化设计图纸，零消耗钢筋下料，使 12m 长钢筋用量达到无余料浪费的现象，获得效益为 45 万迪拉姆。在结构施工过程中，采用承包制度以及使用印度、巴基斯坦工人，获得效益 25 万迪拉姆。通过以上分析，经济效益合计为 320 万迪拉姆（等于 528 万元人民币），取得了良好的经济效益。

11.1.5　项目价值工程结果（表 11-2）

项目价值工程结果　　　　　　　　　　　　　　　表 11-2

序号	项目名称	价值工程结果		备注
		迪拉姆（AED）	人民币（元）	
1	Mudon 预制项目	1923.3 万	3173.4 万	
2	天阁项目	1944.9 万	3209.1 万	
3	城市之光项目	167.915 万	2770.6 万	

序号	项目名称	价值工程结果		备注
		迪拉姆（AED)	人民币（元)	
4	Al Hikma 项目	320 万	528 万	
5	合计		9681.1 万	

仅通过上述四个项目统计，价值工程创造的价值约为 9681.1 万人民币。

11.2　社　会　效　益

课题的研究成果将大大提高中建海外的高强度混凝土施工水平，提高在中东地区的知名度，为以后市场开拓奠定良好的基础；提高我们的国际项目专业管理能力；通过价值工程实施总结，形成中建股份实施项目效益管理的重要部分。为公司能够更好的在阿联酋站稳脚跟有很大的社会作用。

中建中东公司承建的项目工程建设过程中，先后有当地政府的一些王子和政府的领导和业主单位的领导来工地暗访和考察，他们对我们项目施工现场的项目管理、工程结构、装修水平、机电安装、施工环保、安全文明给予了高度的评价。到目前为止，我们承建了迪拜棕榈岛项目、湖景高层建筑项目、卡塔尔地标—多哈高层办公楼项目、科威特地标—科威特中央银行项目、迪拜穆迪夫别墅公寓项目、天阁项目、迪拜平行路项目、迪拜酋长路项目、拉丝海马医院项目和环城高速公路项目、阿布扎比城市之光项目和女子俱乐部项目、迪拜 Al Hikma 写字楼项目、阿布扎比南方酒店等项目，为公司在阿联酋的建筑市场开拓起到了"中建品牌"效应，也是在 2008 年经济危机以来艰难的市场开拓支持和后盾。很多项目的实践证明了天阁项目的这一套课题研究成果处于领先水平，得到了中东地区社会各界的广泛认可，在中东地区树立起了"中国建筑"—"CSCEC"的金字招牌，充分展现了我们作为"国家队"所代表的中国建筑业的综合实力和竞争水平。

11.3　推　广　应　用

本课题论文、专利和工法等研究成果已经广泛应用到海外多个项目，起到了关键技术指导作用。已经竣工的项目有："迪拜 Mirdif 别墅和公寓楼项目"，"迪拜 Mudon 别墅项目"，"迪拜天阁公寓楼居住项目"，"拉斯海马谢赫蛤利法特护医院项目"，"迪拜平行路基础设施项目"，"阿联酋酋长路高速公路基础设施项目"，"拉斯海马 Bypass 高速公路基础设施项目"，"阿布扎比南方酒店项目"等。在施的项目有："阿布扎比城市之光项目"，"阿布扎比国际机场钢结构项目"，"迪拜海科玛办公楼项目"，"科威特中央银行新总部办公大楼项目"等。本课题研究成果的推广应用中，都取得了可观的经济效益和社会效益。

参 考 文 献

[1] 王厚余. 变电所的系统接地和杂散电流 [J]. 建筑电气，2007，26（9）：4-7

[2] 佟健民. 后张法预应力施工控制 [J]. 山西建筑，2007，33（9）：154-155

[3] 戴志远. 空心板施工体会浅述 [J]. 河北水利，2008（3）：21-23

[4] 李琨，张庭凯，郑英. 混凝土预制板生产中存在的问题及对策 [J]. 山东水利，2008（10）

[5] 杨宗放. 多层现浇预应力混凝土框架结构张拉顺序探讨 [J]，施工技术，1991（4）：26-28

[6] 钟湘江，吴彦. 预制空心板结构性能检验方法探讨 [J]. 中南公路工程，2003（3）：39-41

[7] 建筑施工手册（4 版）[M]. 北京：中国建筑工业出版社，2003

[8] 姚兵. 施工项目管理概论 [M]. 北京：中国建筑工业出版社，1995

[9] 何伯森. 国际工程承包 [M]. 中国建筑工业出版社，2000

[10] 张评衔. 外资工业项目建筑设计及体会 [J]. 工业建筑，2009（SI）：138-142

[11] 杨勃，李英杰. 建筑工程施工成本管理 [J]. 工业建筑，2009（S1）：1137-1139

[12] 赵伟. 超高层建筑钢结构施工技术与管理 [J]. 钢结构，2007（11）：74-77

[13] 余长海. 钢结构专业分包在钢结构制作方面的管理 [J]. 钢结构，2008（3）：76-79

[14] Dubai Municipality-Roads Department. Dubai traffic control devices manual [M]. 2004

[15] Dubai Roads and Transport Authority. Work zone traffic management manual [M]. 2008

[16] BS 8110-1—1997 Structural use of concrete [S]. 1997

[17] BS 4449—1997 Specification for carbon steel bars for the reinforcement of concrets [S]. 1997

[18] AASHTO LRFD Bridge design spectications SI units（3rd ed.）[M]. 2004

[19] 翁祝梅，周建成. 机电安装工程图纸的深化设计流程及要求 [J]. 安装，2009（11）：45-46

[20] 周宇骐. 怎样提升深化设计能力 [J]. 施工企业管理，2008（10）：88-90

[21] 张义光. 浅谈高级民用建筑安装工程的深化设计 [J]. 安装，2008（10）：42-43

[22] 谭长安. 中东地区电气专业深化设计工作介绍 [J]. 建筑电气，2008（27）：15-20

[23] 华北电力设计院. DL/T 5085—1999 钢-混凝土组合结构技术规程 [S]. 北京：中国电力工业出版社，1999

[24] 中国土木工程学会高强与高性能混凝土委员会. CECSI04：99 高强混凝土结构技术规程 [S]. 北京：中国建筑工业出版社，1999

[25] 中国建筑科学研究院. GB 50010—2010 混凝土结构设计规范 [S]. 北京：中国建筑工业出版社，2011

[26] ACI 318—05 Building code requirements for structural concrete and commentary [S]. 2005

[27] BS 8110-1—1997 Structural use of concrete [S]. 1997.

[28] BS 4449：1997 Specification for carbon steel bars for reinforcement of concrete [S]. 1997

[29] BS 8002：1994 Code of practice for earth retaining structures [S]. 1994

[30] 苑金生. 国际工程对建筑材料的采购 [J]. 房材与运用，2005（2）：54-55

[31] 吴恒杰，王卓甫. 大型建筑集团优化的采购方式——集中采购 [J]. 基建优化，2000，21（4）：10-11

[32] 张宸 吴凌菲. 企业物资采购价格管理探析——以建筑企业为例 [J]. 价格理论与实践，2007

（6）：79-80

[33] 韩国平. 施工项目管理 [M]. 南京：东南大学出版社. 2005

[34] 李慧平. 最新国际工程项目管理实务全书 [M]. 北京：中国建材工业出版社. 2006

[35] 钱福培. 现代项目管理概论 [M]. 北京：电子工业出版社. 2006

[36] 何柏森. 工程项目管理的国际惯例 [M]. 北京：中国建筑工业出版社. 2007

[37] 季娜. 论建筑工程的施工现场管理 [J]. 民营科技. 2010（09）：179

[38] 孙玉华. 浅谈建筑工程施工管理 [J]. 价值工程，2010，31（6）：132-133

[39] 梁媛，聂娟. 建筑工程资料管理教学初探. 管理与财富，2009（3）

[40] 仪征、张保昌. 论加强管道建设中工程资料的管理. 大众科技，2005（11）

[41] Tong Jianmin. Construction Control of Post-Tensioned Prestressing. [J]. Construction of ShanXi，2007，33（9）：154-155

[42] Dai Zhiyuan. Brief Introduction of Hollow Slab Erection. [J]. Irrigation of HeBei，2008（3）：21-23

[43] Li Kun，Zhang Tingkai，Zheng Ying. The Problem in production of Precast Concrete Hollow Slab. [J]. Irrigation of ShangDong，2008（10）

[44] HeSixun. Construction of Pre-Tensioned Prestressing Precast Beam & Slab in Extra-High Building Construction，Building Construction，1998（4）：26-28

[45] Chen Daqing. The Calculation of Pre-Tensioned Prestressing Beam Contra-Arch. Building Construction，2001（6）：56-59

[46] Yang Zongfang. The Research of Sequence Stretching in Cast-in-Situ Prestressing Multilayer Building Concrete Frame. Construction Technology，1991（4）：26-28

[47] Weng Zhumei and Zhou Jiancheng. The process and requirements of MEP installation shop drawing. Installation. Vol. 11（2009）

[48] Zhou Yukun. How to improve the shop drawing capability. Construction Enterprise Management. Vol. 10. 2008

[49] Zhang Guangyi. Research on shop drawing of Civil Building Installation Project. Installation. Vol. 10.（2008）

[50] Tan Changan. Introduction of Shop drawing Design Work for Electrical Profession in Middle East District. Building Electricity. Vol. 27（2008）

[51] Peng Gentang. Application Research of Value Engineering（VE）in the Design Stage of Construction Project [D]. Hebei University of Technology，（2010）

[52] Sun Shuming. EPC Project Cost Control Method Research and Application [D]. Xi Nan University，（2011）

[53] 彭根堂. 价值工程在建设项目设计阶段的应用研究 [D]. 合肥：合肥工业大学，2010

[54] 孙书明. EPC 项目中成本控制方法的研究与应用 [D]. 重庆：西南大学，2011

[55] 孙芳垂，汪祖培，冯康曾. 建筑结构优化设计案例分析 [M]. 北京：中国建筑工业出版社，2011

[56] 周建. 价值分析法在 EPC 总承包中的应用研究 [J]. 价值工程，2012（20）：8-9

[57] 肖军. 价值工程在国际 EPC 燃气项目管控中的应用 [J]. 企业导报，2011（14）：294-295

[58] 王川. 设计采购施工（EPC）/交钥匙工程合同条件 [M]. 北京：机械工业出版社，2005

[59] 戚伟峰，舒旭春，申文志，等. 大型旋转楼梯弧形梯梁制作控制技术 [C]. 第四届全国钢结构工程技术交流会论文集，2012

[60] 黄海生，程江敏. 某钢旋转楼梯结构分析及优化设计 [J]. 低温建筑技术，2012（7）：79-80

[61] 吕智睿. 基于曲线方程的旋转楼梯模板支设方法 [J]. 青岛理工大学学报，2012（1）：122-125

[62] 桂平，陈昶. 钢结构旋转楼梯的结构设计与有限元计算方法［J］. 工程建设与设计，2002（5）：6-10

[63] 北京钢铁设计研究总院. GB 50017—2003 钢结构设计规范［S］. 北京：中国计划出版社，2003

[64] 冶金工业部建筑研究总院. GB 50205—2001 钢结构工程施工质量验收规范［S］. 北京：中国计划出版社，2002

[65] 张炳华. 土建结构优化设计［M］. 上海：同济大学出版社，2008

[66] 吴金来. 浅析施工阶段的工程造价管理［J］. 科技信息：学术版. 2006（1）：118

[67] 中国建筑科学研究院. GB 50010—2010 混凝土结构设计规范［S］. 北京：中国建筑工业出版社，2011

[68] 陆啸宇. 国内外工程造价模式对比分析及研究［D］. 上海：同济大学，2008

[69] 李建峰. 工程计价与造价管理［M］. 北京：中国电力出版社，2005

[70] 刘伊生. 工程造价管理基础理论与相关法规 教材［M］. 北京：中国计划出版社，2009

[71] 方鄂华. 高层建筑钢筋混凝土结构概念设计［M］. 北京：机械工业出版社，2004

[72] 杨建. 谈建筑结构的优化设计［J］. 建筑科学，2009. 25（4）：34-35

[73] 江欢成，丁朝辉，杜刚，等. 重庆某超限高层结构优化设计［J］. 建筑结构，2004，34（6）：3-6

[74] 江欢成. 优化设计的探索和实践［J］. 建筑结构 2006，36（6）：1-24

[75] 邱闯. 国际工程原理与实务［M］. 北京：中国建筑工业出版社，2001

[76] 蒋雯. 国际工程承包项目的合同管理［J］. 成都大学学报：社科版，2005（5）：52-54

[77] 李彪. 工程承包联营体组建与管理研究［D］. 南京：河海大学，2006

[78] Charles Y J Cheah, Michael J Garvin, and John B. Miller. Empirical Study of Strategic Performance of Global Construction Firms［J］. Journal of Construction Engineering and Management，2004（6）：58-60

[79] 蒋书义. 国际总承包项目合同管理［J］. 石油工程建设，2005（6）：18

[80] 丁育南，仇伟. 浅谈 FIDIC 施工合同条件下承包商的一般权利和义务［J］. 建筑管理现代化，2007（1）：50-53

[81] Andreas Schneider. Project management in international teams：instruments for improving cooperation［J］. International Journal of Project Management. 1995（13）：33

[82] Davil Bentley, Gary Rafferty. Project management key to success［J］. Civil Engineering，1992（4）

[83] 普通混凝土配合比设计规程（JGJ/T 55—2011）

[84] 李响，阎培渝. 粉煤灰掺量对水泥孔溶液碱度与微观结构的影响［J］. 建筑材料学报，13（6）：787-791（2010）

[85] 阿茹罕，阎培渝. 不同粉煤灰掺量混凝土的碳化特性［J］. 硅酸盐学报，39（1）：7-12（2011）

[86] 安夫宾，彭新成，董明. 混凝土坍落度损失的机理、影响因素及控制措施［J］. 中国建材科技，2010，（4）：29-32

[87] 夏春，王玲芬，匡桂娟，等. 商品混凝土坍落度经时损失控制方法［C］. 2009 中国商品混凝土可持续发展论坛暨第六届全国商品混凝土技术与管理交流大会论文集. 2009：108-113

[88] 程娟，郭向阳. 预拌混凝土坍落度经时损失与控制的试验研究［J］. 混凝土，2005，（1）：64-66，68

[89] 于华东，李兆肇，徐雪峰，等. 谈降低混凝土坍落度损失的几项措施［J］. 能源技术与管理，2005，（4）：65-66

[90] 杨志. 泵送混凝土坍落度损失原因及对策［J］. 水泥工程，2010，（6）：63-67

[91] 伍勇华，何廷树，梁国正，等. 萘系高效减水剂坍落度损失机理及控制措施探讨［J］. 建筑技

术，2010，41（5）：459-461

[92] 王伟，王中华，罗云龙. 超吸水聚合物对混凝土渗透性及耐久性的影响［J］. 西北农林科技大学学报，自然科学版，38（10）：229-234（2010）

[93] 中华人民共和国国家规范. GB/T 50080—2002 普通混凝土拌合物性能试验方法标准［S］. 北京：中国建筑工业出版社，2009

[94] Nunna P，Ramakrishnan V. Performance characteristics of polypropylene fiber reinforced concretes［A］. Nunna Paper presented at Session No. 14，"Recent developments in fiber reinforced concrete，Part 1"［C］，during the 72nd annual meeting of the transportation research board. Washington D C，1993

[95] 黄承逵，赵国藩. CECS38：2004 纤维混凝土结构技术规程［M］. 北京：中国计划出版社，2004

[96] 华渊，连俊英，周太全. 长径比对混杂纤维增强混凝土力学性能的影响［J］. 建筑材料科学学报，2005，8（2）：71-76

[97] 邓宗才，何唯平，张国庆. 聚丙烯腈纤维对混凝土早期抗裂性能的影响［J］. 公路，2003（7）：163-165

[98] 司秀勇，潘慧敏. 纤维对混凝土早期抗裂性能的影响［J］. 硅酸盐通报，2011，30（6）：1425-1429

[99] 成全喜，江书杰，孙锦镖. 聚丙烯纤维混凝土抗裂性能试验研究［J］. 天津城市建设学院学报，2003，9（4）：265-268

[100] 高美蓉，秦鸿根，庞超明. 高性能混凝土内养护技术的研究现状［J］. 混凝土与水泥制品，2009，167（3）：9-12

[101] 陈德鹏，钱春香，高桂波，赵洪凯. 高吸水树脂对混凝土收缩开裂的改善作用及其机理［J］. 功能材料，2007，38（3）：475-478

[102] 詹炳根，丁以兵. 掺聚丙烯酸酯类 SAP 低水灰比水泥浆水化研究［J］. 建筑材料学报，2007，10（2）：148-153

[103] 黄政宇，王嘉. 高吸水性树脂对超高性能混凝土性能的影响［J］. 硅酸盐通报，2012，31（3）：539-544

[104] 詹炳根，丁以兵. 超强吸水剂对混凝土早期内部相对湿度的影响［J］. 合肥工业大学学报（自然科学版）. 2006，29（9）：1151-1154

[105] 林玮，石亮，李磊，等. 减蒸剂在泰州大桥混凝土工程的应用研究［C］. 第十三届纤维混凝土学术会议暨第二届海峡两岸三地混凝土技术研讨会论文集，2010：884-888

[106] 中华人民共和国国家规范. GB/T 50082—2009 普通混凝土长期性能和耐久性能试验方法标准［S］. 北京：中国建筑工业出版社，2009

[107] 余涛，阎培渝. 阿联酋的混凝土生产与质量控制［J］. 混凝土世界，2012（08）：93-95

[108] 中华人民共和国国家规范. GB/T 50080—2002 普通混凝土拌合物性能试验方法标准［S］. 北京：中国建筑工业出版社，2009

[109] 中国土木工程学会高强与高性能混凝土委员会. CECS104：99 高强混凝土结构技术规程［S］. 1999

[110] British Standards Institution. BS8110-1：1997 Structural use of concrete 8110-1［S］. England，1997

[111] British Standards Institution. BS5075 Concrete admixtures［S］. England，1997

[112] 梁志国，田三川，王力尚，等. Al Hikma 超高层建筑鱼鳍造型钢结构施工技术［J］. 施工技术，2012，41（20）：8-20

[113] 王明，田三川，王力尚，等. 阿联酋 Al Hikma 超高层建筑风帆造型钢结构施工技术［J］. 施工技术，2012，41（20）：12-14

[114] 田三川，王力尚，许辉，等，阿联酋 Al Hikma 超高层建筑液压爬模系统的应用与改进［J］. 施

工技术，2012，41（20）：1-4

[115] 纪涛，周静，田三川，等. 阿联酋 Al Hikma 超高层建筑液压式保护屏系统的应用与改进 [J]. 施工技术，2012，41（20）：5-7

[116] 沈毅. 早龄期混凝土若干性能的研究 [D]. 杭州：浙江大学，2004

[117] 吴浪. 混凝土早期力学性能研究 [D]. 南昌：南昌大学，2007

[118] 廖忠英. 浅谈混凝土早期开裂原因及抗裂措施 [J]. 城市建设理论研究，2012（6）

[119] 姚燕. 高性能混凝土的体积变化及裂缝控制 [M]. 北京：中国建筑工业出版社，2011

[120] 王铁梦. 工程结构裂缝控制 [M]. 北京：中国建筑工业出版社，1997

[121] British Standards Institution. BS-4449 Hot rolled steel bars for the reinforcement of concrete [S]. England，1997

[122] ACI Committee 301. ACI 301M—99 Specification for structural concrete for buildings [S]

[123] ACI Committee 318. ACI318—89 Building code requirement for reinforced commenting [S]

[124] BS12：1996 Specification for portland cement [S]

[125] British Standards Institution. BS 1881 Method of testing concrete [S]

[126] ACI Committee 207. ACI 207 Mass concrete [S]. 1997

[127] ACI Committee 301. ACI 301M—99 Specifications for structural concrete for buildings [S]

[128] ACI Committee 305. ACI 301R—99 Hot weather concreting [S]

[129] ACI Committee 224. ACI 224. 3R—95 Joints in concrete construction [S]

[130] ACI Committee 207. ACI 207 Mass concrete [S]. 1997

[131] 方美财，马建华，徐成品，等. 黄龙主体育场看台大斜柱施工 [J]. 浙江建筑，2006（6）：33-35

[132] 刘文成. 采用斜支撑施工 T 构箱梁 0♯块技术工艺 [J]. 科技资讯，2006（13）：8-9

[133] 汪正荣，朱国梁. 简明施工手册（4 版）[M]. 北京：中国建筑工业出版社，2009

[134] 郑力. 天津滨海斜拉大桥主塔塔柱施工技术 [J]. 施工技术，2004，33（4）：38-40

[135] 中国土木工程学会高强与高性能混凝土委员会. CECS 104：99 高强混凝土结构技术规程 [S]. 1999

[136] 中国建筑科学研究院. JGJ 107—2010 钢筋机械连接通用技术规程 [S]. 北京：中国建筑工业出版社，2010

[137] 田三川，王力尚，刘辉，等. 迪拜天阁项目群塔施工技术分析及应用研究 [J]. 施工技术，2012，41（18）：86-90

[138] 建筑施工手册（第四版）编写组，建筑施工手册（4 版）[M]. 北京：中国建筑工业出版社，2003

[139] 江正荣. 建筑施工计算手册（2 版）[M]. 北京：中国建筑工业出版社，2007

[140] 冯大斌. 栾贵臣. 后张预应力混凝土施工手册 [M]. 北京：中国建筑工业出版社，1998

[141] 福建省建筑科学研究院. 现浇混凝土后张法有粘结预应力施工工法 [EB/OL]. http：// wenku. baidu. com/view/e0cffce5ef7ba0d4a733b59. html

[142] 冯大斌，董建伟，孟履祥，等. 后张预应力孔道灌浆现状及改进研究 [C]. 中国预应力技术五十年暨第九届后张预应力学术交流会论文集，北京，2006

[143] 曹国雄. 后张法预应力混凝土施工技术在某大厦工程中的应用 [J]. 广东建材，2010（7）：95-98

[144] 中国建筑科学研究院. GB 50204—2002 混凝土结构工程施工质量验收规范 [S]. 北京：中国建筑工业出版社，2002

[145] 中国建筑科学研究院，歌山建设集团公司. JGJ 85—2010 预应力筋用锚具、夹具和连接器应用

技术规程［S］. 北京：中国建筑工业出版社，2010

［146］ 冯大斌. 建筑业 10 项新技术（2010 版本）之高效钢筋及预应力技术［J］. 施工技术，2011，40（5）：19-22

［147］ 杨嗣信，吴琏. 几项主要新技术的应用现状及发展趋势［J］. 施工技术，2011，40（1）：3-7

［148］ 陈江，陶继勇. 预应力施工技术在超高层建筑中的应用［J］. 施工技术，2006，35（9）：73-74

［149］ 石云兴，肖绪文，单彩杰. 建筑业 10 项新技术（2010 版本）之混凝土技术［J］. 施工技术，2011，40（5）：15-18

［150］ 张帆. AutoCAD VBA 二次开发教程［M］. 北京：清华大学出版社，2006

［151］ 吴敬兵，陈定方，余梦华，等. 基于 VBA 的 AutoCAD 与 Excel 信息的双向传递［J］. 武汉理工大学学报（信息与管理工程版），2007，29（02）：74-76

［152］ 张义顺，梁盈，刘海波，等. 压力容器组件三维自动化绘图的实现［J］. 焊接技术. 2010，39（8）：45-48

［153］ 伍清华. VBA 在弯管模参数化设计中的应用［J］. 锅炉技术. 2002（2）：19-22

［154］ 宋俊全，冯连勋. 啮合异向旋转双螺杆三维实体造型研究［J］. 中国塑料. 2003，17（03）：92-96

［155］ 罗驭环，刘晓明. 在 AutoCAD 下用 VBA 开发标准件绘制程序［J］. 中国测试技术. 2003，4（04）：53-54

［156］ 宋俊全，冯连勋. 锥形双螺杆三维实体造型的研究及其开发应用［J］. 中国塑料，2004，18（06）：90-96

［157］ 朱林，郭剑锋. 在 AutoCAD 中用 VBA 实现数控自动编程［J］. 现代制造工程，2004（03）：23-25

［158］ 陈冬青，袁晓梅. AutoCAD 二次开发技术在带传动设计中的应用［J］. 江苏大学学报（自然科学版）. 2006（S1）：41-44

［159］ 邓国成，王莉，朱宏. 基于 VBA 的 AutoCAD 二次开发在地质图中的应用［J］. 工程地质计算机应用，2009（1）：27-32

［160］ 顾勇新. 施工质量控制［M］. 北京：中国建筑工业出版社，2003

［161］ 郭雨忱，吴松. 用于混凝土预制构件的弹性钢模板［J］. 建筑技术，2003

［162］ 胡长明，梅源，董攀，等. 扣件式高大模板支撑体系稳定承载力折减系数的分析与研究［J］. 工业建筑，2010：41

［163］ 建筑施工手册（4 版）［M］，北京：中国建筑工业出版社，2003

［164］ 江正荣. 建筑施工计算手册［M］. 北京：中国建筑工业出版社，2001

［165］ 长沙中联重工 TC6020A 系列塔式起重机使用说明书［R］

［166］ 长沙中联重工 TC5023A 系列塔式起重机使用说明书［R］

［167］ GB 5144—2006 塔式起重机安全规程［S］. 2006

［168］ 袁志强，张会中，陈岚. 群塔技术在北京银泰中心超高层建筑施工中的应用［J］. 施工技术，2011，4（18）：77-79

［169］ 塔式起重机安全操作规范标准与技术［M］. 北京：中国劳动社会保障出版社，2009

［170］ ACI Committee 347. ACI347-04 Guide to formwork for concrete［S］. 2004

［171］ ACl Committee 301. ACI301M-99 Specification for structural concrete for buildings［S］. 2004

［172］ ACI Committee 318. ACI318-89 Building code requirement for reinforced concrete and commenting［S］

［173］ BS 1881 method of testing concrete［S］

［174］ ACI Committee 207. ACI207 Mass concrete［S］. 1997

[175] 郭正兴，王玉岭，姜波. 混凝土结构工程施工规范 GB 50666—2011 编制简介——模板工程 [J]. 施工技术，2012. 41（5）：5-10

[176] 中国建筑科学研究院. GB 50666—2011 混凝土结构工程施工规范 [S]. 北京：中国建筑工业出版社，2012

[177] 中国建筑科学研究院. GB 50204—2002 混凝土结构工程施工质量验收规范（2011 年版）[S]. 北京：中国建筑工业出版社，2011

[178] 张良杰. 建筑业 10 项新技术（2009 版）之模板脚手架技术 [J]. 施工技术，2012，39（4）：29-33，42

[179] 刘吉芳. 台模在建筑施工中的应用研究 [J]. 施工技术，2012，41（11）：81-84

[180] 刘春光，任强. 立柱式台模在无梁楼结构中的应用 [J]. 施工技术，1998，27（3）：23-24

[181] 朱良峰. 高空转换层超重梁板结构承重架施工技术 [J]. 施工技术，2012，41（20）：40-42

[182] 郭庆生，张元春，彭京辉. 大跨度混凝土楼板钢结构转换桁架临时支撑技术 [J]. 施工技术，2012，41（20）：103-104，107

[183] 毛学墙. 洛阳国际贸易中心梁式转换层支撑体系施工技术 [J]. 施工技术，2009，38（4）：62-64

[184] JGJ 183—2009 液压升降整体脚手架安全技术规程 [S]. 北京：中国建筑工业出版社，2009

[185] 上海市建筑施工技术研究所. JGJ 80—1991 建筑施工高处作业安全技术规范 [S]. 北京：中国计划出版社，1991

[186] GB/T 5976—2006 钢丝绳夹 [S]. 北京：中国标准出版社，2006

[187] JGJ 46—2005 施工现场临时用电安全技术规范 [S]. 北京：中国建筑工业出版社，2005

[188] 张明星，吴险峰，吴少平. 液压爬升模板技术在保利 V 座大厦工程中的应用 [J]. 施工技术，2011，40（5）：66-68，81

[189] 付呢婷. 整体自升式钢平台模板体系与爬升模板体系 [J]. 山西建筑，2009（6）：159-160

[190] 唐梦雄. 基坑工程预应力锚索锚固力试验研究 [J]. 岩石力学与工程学报，2007，26（6）：1158-1163

[191] 付志峰. 复杂条件下基坑支护结构稳定性分析 [J]. 城市道桥与防洪，2008，4（4）：90-93

[192] 李志宏，黄宏伟. 支护体系支护参数对基坑支护效果的影响 [J]. 地下空间与工程学报，2007，7（3）：1300-1304

[193] 闫安定. 关于对高层建筑深基坑支护施工技术的思考 [J]. 山西建筑，2012（25）：100-101

[194] 郝胜利，吴刚. 桩锚结构在青岛深基坑支护中应用实例 [J]. 城市勘测，2012（4）：164-168

[195] 张亚威，魏刚. 合肥某深基坑支护检测分析 [J]. 施工技术，2012，41（S1）：12-14

[196] Al Hikma Master Specs [S]. Dubai

[197] 杨嗣信. 建筑工程模板施工手册 [M]. 北京：中国建筑工业出版社，2004

[198] 李瑞平，郎占鹏，常章平. 空中华西村工程液压自爬模施工技术 [J]. 施工技术，2011，40（S2）：238-240

[199] 李康，左巍巍. 阴极保护在滨海核电站管道防腐中的应用 [J]. 中国科技纵横，2013（4）：128

[200] 林义弟，李国轩. 洋山港西港区码头钢管桩牺牲阳极阴极保护 [J]. 港工技术与管理，2013（2）：30-35

[201] 张脉松，尹鹏飞，马长江. 海洋平台外加电流阴极保护技术 [J]. 全面腐蚀控制，2013（3）：20-23

[202] 易桂虎，曼德拉，查汗. 导管架阴极保护设计对比分析 [J]. 天津化工，2013（2）：51-53

[203] 刘生福. 油气长输管道的阴极保护测试 [J]. 全面腐蚀控制，2013（2）：31-34

[204] British Standards Institution. BS8666 Reinforcement-Bar Bending Scheduling [S]. England, 1997

［205］ 朱永清. 复杂环境条件下深基坑综合技术的应用［J］. 施工技术，2011，40（7）：30-33

［206］ 赵志缙，应惠清. 简明深基坑工程设计施工手册［M］. 北京：中国建筑工业出版社，2000

［207］ 陈忠达. 公路挡土墙设计［M］. 北京：人民交通出版社，1999

［208］ 蒋洋. 加筋土挡土墙计算机辅助设计［J］. 交通科技，2003（1）：42-44

［209］ 吕文良. 加筋土挡墙研究现状综述［J］. 市政技术，2003，21（2）：92-96

［210］ 须嘉. MSE 挡土墙及垛式挡土墙的结构设计及应用［J］. 路基工程，2002（6）：22-24

［211］ 欧阳仲春. 现代土工加筋技术［M］. 北京：人民交通出版社，1990

［212］ 任斌. 基于 VB 的加筋土挡墙计算机辅助设计［J］. 基建优化，2007，28（3）：105-107

［213］ 孟剑. 分级加筋土高挡墙设计及承载力研究［D］. 北京：北京工业大学，2005

［214］ 重庆市设计院. GB 50330—2002 建筑边坡工程技术规范［S］，北京：中国建筑工业出版社，2002

［215］ 重庆庆兰实业有限公司. GB/T 17689—2008 土工合成材料塑料土工格栅［S］. 2008

［216］ 中交第一公路工程局有限公司. JTGF 10—2006 公路路基施工技术规范［S］. 北京：人民交通出版社，2006

［217］ BS 5930：1999 Code of practice for site investigations［S］

［218］ BS 8004：1986 Code of practice for foundations［S］. 2004

［219］ American Association of State Highway and Transportation Officials. AASHO LRFD bridge construction specifications（3rd ed.）2010

［220］ 黄绳武. 桥梁施工及组织管理（上册）［M］. 北京：人民交通出版社. 2006

［221］ 路桥集团第一公路工程局. JTJ 041—2000 公路桥涵施工技术规范［S］. 北京：人民交通出版社

［222］ 中国建筑科学研究院. JGJ 94—2008 建筑桩基技术规范［S］. 北京：中国建筑工业出版社，2008

［223］ Extension of By-pass Road to Emirates Road Project Specification & Drawings［R］

［224］ AASHTO American Association of State Highway and Transportation Officials（3rd. ed.）［S］. 2005

［225］ BS4449：2005 Steel for the reinforcement of concrete—Weld able reinforcing steel—Bar，coil and decoiled product［S］. 2005

［226］ BS 4466：1989 Specification for scheduling，dimensioning，bending and cutting of steel reinforcement for concrete［S］. 1989

［227］ 龚晓南. 地基处理手册（3 版）［M］. 北京：中国建筑工业出版社. 2007

［228］ 肖显强. 地下通道的沉降缝防水施工技术［J］. 施工技术，2012，41（S1）：413-414

［229］ 卢艳杏. 浅析大体积混凝土施工裂缝及控制措施［J］. 科技资讯，2010（27）：111

［230］ Offshore Helicopter Landing Areas-Guidance on Standards CAP 437［S］

［231］ The international civil aviation covenant，volume14（I）［S］

［232］ 中国建筑科学研究院. JGJ 102—2003 玻璃幕墙工程技术规范［S］北京：中国建筑工业出版社

［233］ 张立波. 高层建筑设计施工规范与新技术应用实务全书（六）［M］. 北京：海洋出版社，2000

［234］ 彭政国. 现代建筑装饰——铝合金玻璃幕墙与玻璃采光顶［M］. 北京：中国建筑工业出版社，1996

［235］ 杨文军，万利民，嵇康东，等. 东莞篮球中心大型双曲面单索玻璃幕墙施工技术［J］. 施工技术，2012，41（2）：20-24

［236］ 唐峰，唐继宇，符永辉，等. 昆明新机场航站楼基于钢彩带的拉索玻璃幕墙张拉施工［J］. 施工技术，2012，41（9）：11-14

［237］ 关柯，等. 建筑施工手册. 第三版［M］. 北京：中国建筑工业出版社，1997

[238] 许燕燕，张燕. 不同材料外墙节能效果分析 [J]. 中国水运，2011 (11)：265-266

[239] JGJ 144—2004 外墙保温工程技术规范 [S]. 北京：中国建筑工业出版社，2005

[240] 中国新型建筑材料公司常州建筑材料研究设计所. GB/T 1968—2006 蒸压加气混凝土砌块 [S]. 北京：中国建筑工业出版社，2006

[241] 姚谏，夏志斌，严加熺. 粉煤灰加气混凝土砌体轴心受压构件极限承载力的研究 [J]. 浙江大学学报，1993，27 (2)：45-49

[242] 吴东云，何向玲，成美凤. 粉煤灰加气混凝土砌块砌体力学性能试验研究 [J]. 新型建筑材料，2006 (7)：61-63

[243] 徐洪平. 轻质高强粉煤灰加气混凝土砌块砌体受压性能 [J]. 新型建筑材料，2001 (11)：8-9

[244] BS12：1996 Specification for Portland cement [S]

[245] ASTM C 90-946 Specification for hollow load bearing concrete masonry units [S]

[246] ACI Committee 530. ACI530. 1—95 Specification for masonry structures [S]

[247] 中国建筑科学研究院. GB 50210—2001 建筑装饰修工程施工质量验收规范 [S]. 北京：中国建筑工业出版社，2001

[248] 李青. 清水砖墙勾缝施工 [M]. 北京：中国建筑工业出版社，2007

[249] 中南地区建筑标准设计协作办公室；中南地区建筑标准设计建筑图集 05ZJ203 种植屋面 [S]. 北京：中国建筑工业出版社，2005

[250] 王天. 种植屋面工程技术规程 JGJ 155—2007 介绍 [J]. 施工技术，2007，36 (10)：1-3

[251] 李晓芳. 建筑防水工程施工 [M]. 北京：中国建筑工业出版社，2005

[252] 姚瑾英. 建筑施工技术 [M]. 北京：中国建筑工业出版社，2007

[253] NRCA. Roofing and waterproofing Manual (5rd ed.) [S] 2006

[254] NRCA. Water proofing and damp roofing Manual [S]. 1990

[255] BS 5950-1：2000 Structural use of steelwork in building. Part I：code of practice for design—Rolled and welded sections [S]. British Standard，2000

[256] BS 3692：2001 ISO metric precision hexagon bolts screws and nuts—Specification [S]. British Standard，2001

[257] BSEN1090-2-2008 钢结构和铝结构的实施标准——钢结构的执行用技术要求 [S]. 2008

[258] BS1387-1985 钢管和管件标准 [S]. 1985

[259] British Standard 1139-1991 金属脚手架标准 [S]. 1991

[260] British Standard 1387-1985 钢管和管件标准 [S]. 1985

[261] 蓝天. 空间钢结构的应用与发展 [J]. 建筑结构学报，2001 (4)：2-8

[262] 郭明明，周观根. 大跨空间钢结构工程的施工技术 [J]. 浙江建筑，2002 (S1)：11-13

[263] 吴欣之，严时汾，罗仰祖. 国家大剧院钢结构方案初探 [A]. 第九届空间结构学术会议论文集 [C]. 萧山，2000

[264] 范重，刘先明，范学伟，等. 国家体育场大跨度钢结构设计与研究 [J]. 建筑结构学报，2007 (2)：1-16

[265] 范重. 空间结构设计中的探索与创新 [C]. 第六届全国土木工程研究生学术论坛（清华大学），北京，2008

[266] 林错错，王元清，石永久. 露天日照条件下钢结构构件的温度场分析 [J]. 钢结构，2010 (8)：34-43，31

[267] AISC 303-05 Code of standard practice for steel building bridges [S]. 2005

[268] AWS D1. 1-D1. 1M-2008 钢结构焊接规范 [S]. 2008

[269] AISC 360-05 Specification for Structural Steel Buildings [S]，2005

[270] 金德义. 大连世界贸易大厦钢结构设计与施工 [M]. 北京：中国建筑工业出版社，2002

[271] 王景文. 钢结构工程施工与质量验收实用手册 [M]. 北京：中国建筑工业出版社，2003

[272] 王国凡. 钢结构焊接制造 [M]. 北京：化学工业出版社，2004